U0191068

冲压工艺及模具设计

（第二版）

主　编　查五生
参　编　吴开霞
主　审　赵　平

重庆大学出版社

内容提要

本书共9章,以拉深、冲裁、弯曲等冲压工序的基本知识及其模具结构为重点内容,同时介绍连续模设计、大型覆盖件成型、板料成型性能的相关知识,以贴合冲压加工的发展方向。本书图文并茂,简明扼要,叙述深入浅出,注重理论与实践的结合,突出解决实际问题的特点。

本书适合于材料成型或机械类模具设计与制造相关专业(方向)的本科生使用,也适用于相关专业的高职高专学生,还可供有关工程技术人员参考。

图书在版编目(CIP)数据

冲压工艺及模具设计/查五生主编.--2版.--重庆:重庆大学出版社,2020.1(2022.12重印)
材料成型及控制工程专业本科系列规划教材
ISBN 978-7-5624-8642-8

Ⅰ.①冲… Ⅱ.①查… Ⅲ.①冲压—工艺—高等学校—教材②冲模—设计—高等学校—教材 Ⅳ.①TG38

中国版本图书馆CIP数据核字(2020)第000499号

冲压工艺及模具设计
(第二版)
主 编 查五生
参 编 吴开霞
主 审 赵 平
策划编辑:杨粮菊
责任编辑:李定群 高鸿宽 版式设计:杨粮菊
责任校对:邬小梅 责任印制:张 策
*
重庆大学出版社出版发行
出版人:饶帮华
社址:重庆市沙坪坝区大学城西路21号
邮编:401331
电话:(023) 88617190 88617185(中小学)
传真:(023) 88617186 88617166
网址:http://www.cqup.com.cn
邮箱:fxk@cqup.com.cn (营销中心)
全国新华书店经销
POD:重庆新生代彩印技术有限公司
*
开本:787mm×1092mm 1/16 印张:17.5 字数:437千
2020年1月第2版 2022年12月第5次印刷
ISBN 978-7-5624-8642-8 定价:46.00元

第二版前言

冲压加工是金属塑性成形方法之一，具有优质、高效、节能、节材、成本低的显著优点，广泛应用于机械、汽车、电子和家电等国民经济多个领域，成为材料成形的重要手段，具有不可替代的作用。

本书编制依据材料成型及控制工程专业（方向）本科课程设置的教学内容要求，吸收了现有相关教材的精华，总结了作者多年来从事冲压工艺及模具设计本科教学和生产实践的经验。在内容取材上，重点介绍了拉深、冲裁、弯曲等冲压工序的基本知识及其模具结构，同时采用较多的篇幅和独立的章节介绍了连续模设计、大型覆盖件成形、板料成形性能的相关知识，以贴合冲压加工的发展方向。在内容深度上，注重理论与实践的结合，深入浅出，理论叙述以能够解释实际问题为限，突出解决实际问题的特点。文字叙述结合大量的图片和表格，简明扼要，力求好懂易学。

本书适合于材料成形或机械类模具设计与制造相关专业（方向）的本科生使用，也适用于相关专业（方向）的高职高专学生，还可供有关工程技术人员参考。

全书由西华大学查五生教授主编，除第 9 章由四川大学锦城学院吴开霞编写外，第 1 章至第 8 章均由查五生教授编写。全书由西华大学赵平教授主审。

由于编者学识与水平有限，书中难免存在错误与不妥之处，敬请读者指正。

编　者

2019 年 10 月

目录

第1章 冲压加工概述

冲压是一种基本的塑性加工方法，它是利用安装在压力机上的模具，在常温下对材料施加外力，使其产生分离或变形，从而获得具有一定尺寸、形状和性能的工件。其加工对象一般为金属板料，故又称为板料冲压；又由于在常温下加工，故也常称为冷冲压。

1.1 冲压工序的分类

冲压方法多种多样，但根据成形特点，冲压工艺可分为分离工序和成形工序两大类。分离工序是将冲压件沿一定的轮廓线相互分离，冲压时板料所受应力超过强度极限，从而导致一部分与另一部分分开，如落料、冲孔、切断、切边等。成形工序是在不破坏材料的前提下，施加外力使其产生塑性变形，获得所需形状与尺寸，如拉深、弯曲、翻边等。表1.1列出了常见的冲压基本工序。

表1.1 冲压的基本工序

类别	工序		简图	工序性质
分离	冲裁	落料	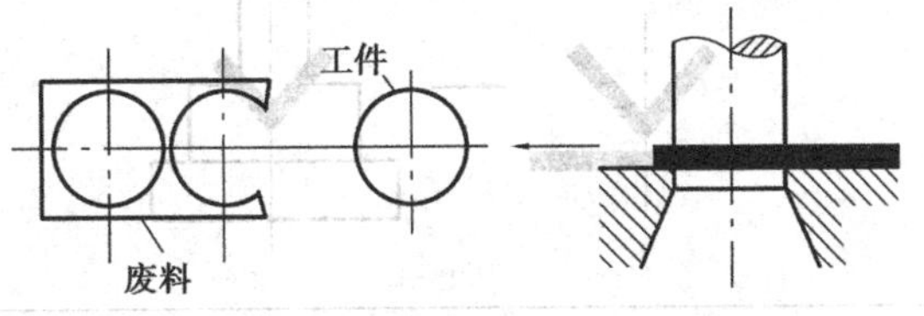	用模具沿封闭轮廓线冲切板料，冲下的部分是工件
		冲孔	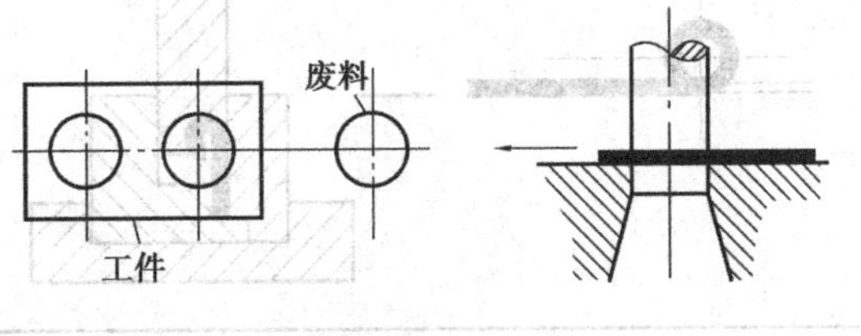	用模具沿封闭轮廓线冲切板料，冲下的部分是废料

续表

类别	工　序	简　图	工序性质
分离	剪切	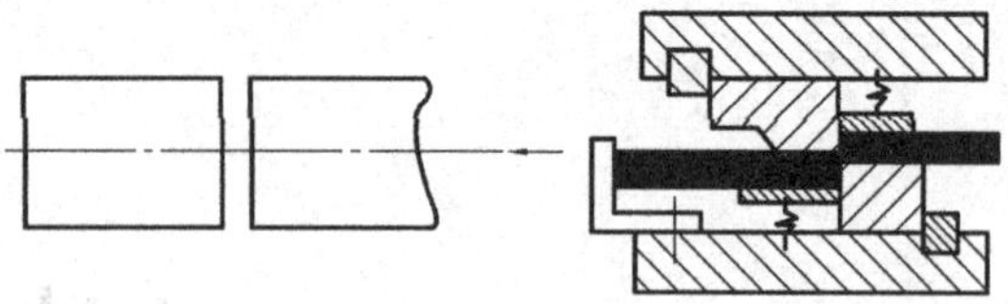	用剪或模具切断板料，切断线不封闭
	切口	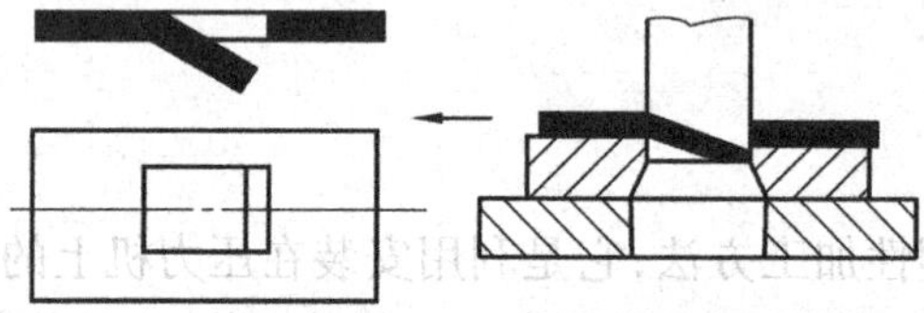	用模具将板料冲切成部分分离，切口部分发生弯曲
	切边	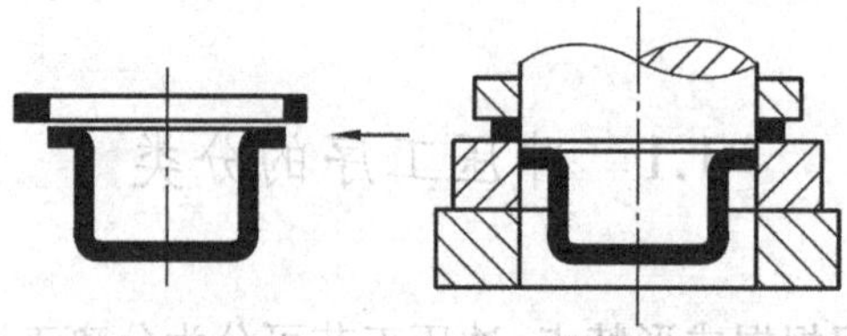	将成形后的半成品的边缘修切整齐或切成一定形状
	剖切	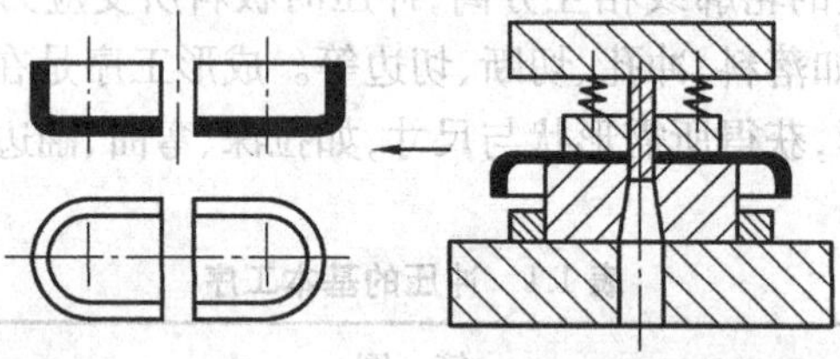	将半成品切开成两个或几个工件
成形	弯曲	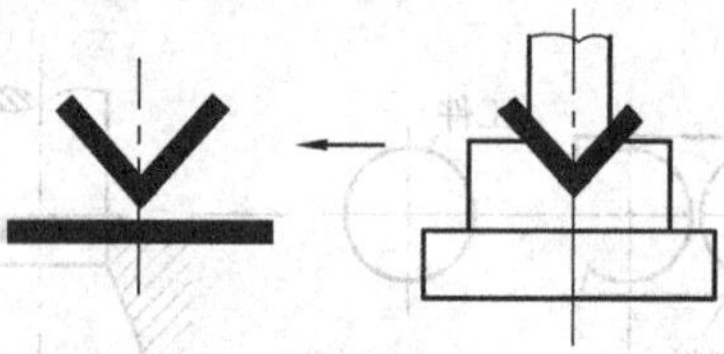	将板料沿直线弯成各种形状
	卷圆	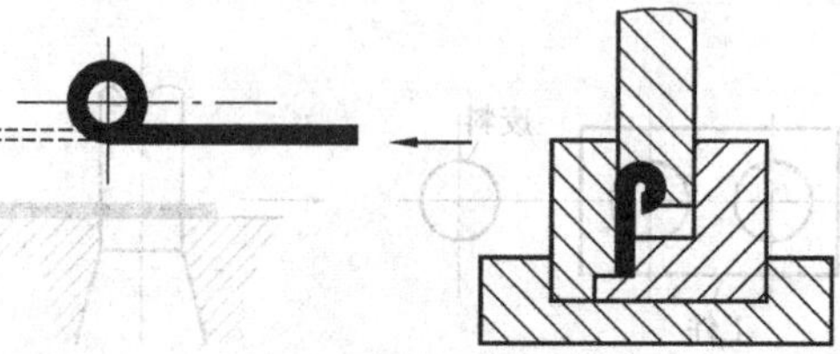	将板料端部卷圆

续表

类别	工序		简图	工序性质
成形	扭曲		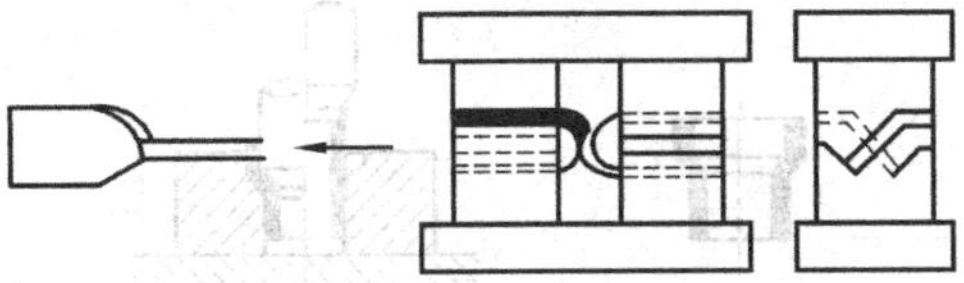	将坯料的一部分相对于另一部分扭转一个角度
	拉深		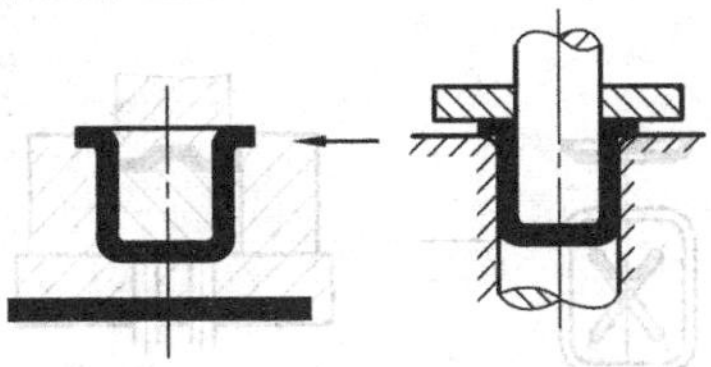	将板料毛坯制成各种空心工件
	变薄拉深		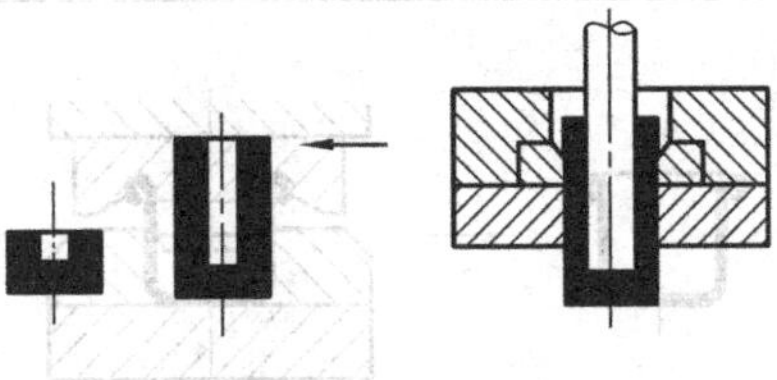	将拉深后的空心半成品进一步加工成为侧壁厚度小于底部厚度的工件
	翻边	内孔翻边	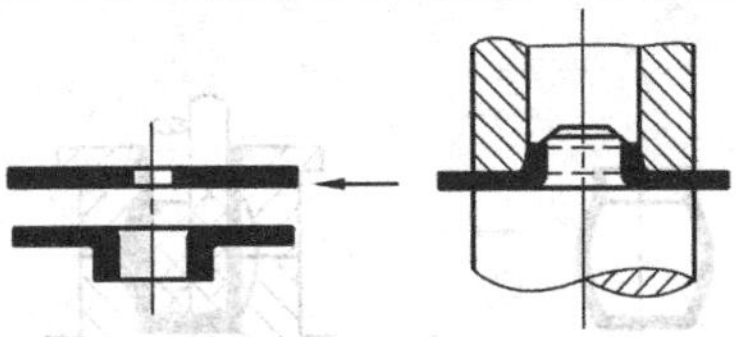	在预先冲孔的半成品上或未经冲孔的板料上冲制出竖立的边缘
		外缘翻边	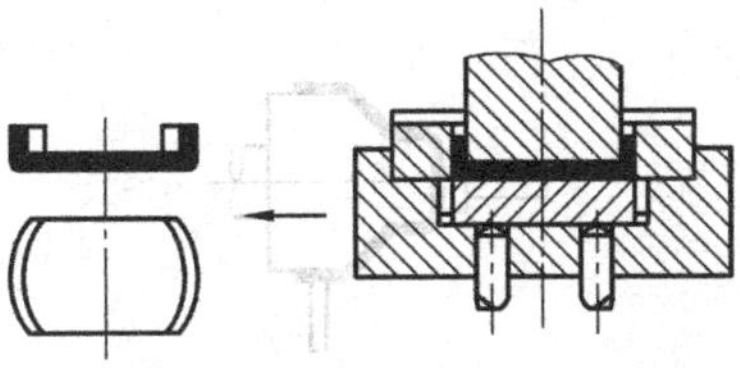	将板料半成品的边缘沿曲线或圆弧翻出竖立的边缘
	缩口		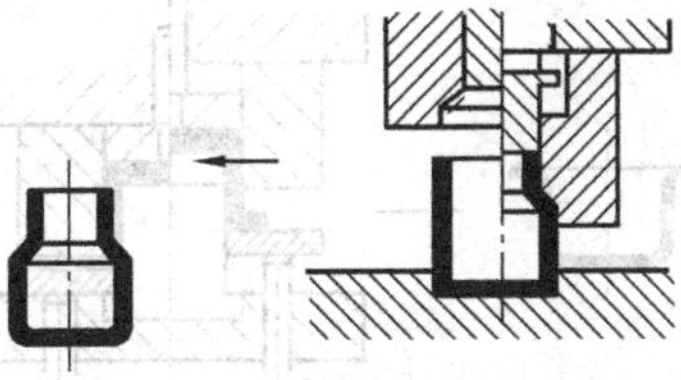	将空心毛坯或管状毛坯的口部缩小

续表

类别	工 序	简 图	工序性质
	扩口	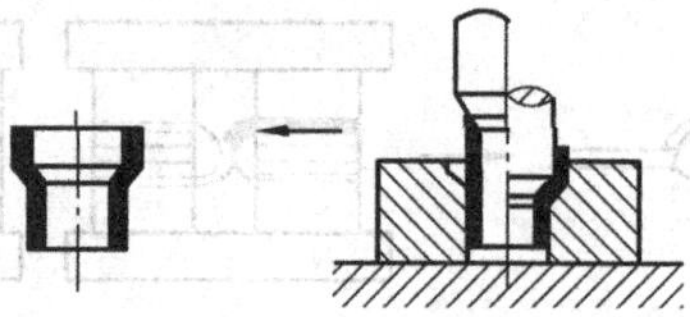	将空心毛坯或管状毛坯的口部扩大
	起伏	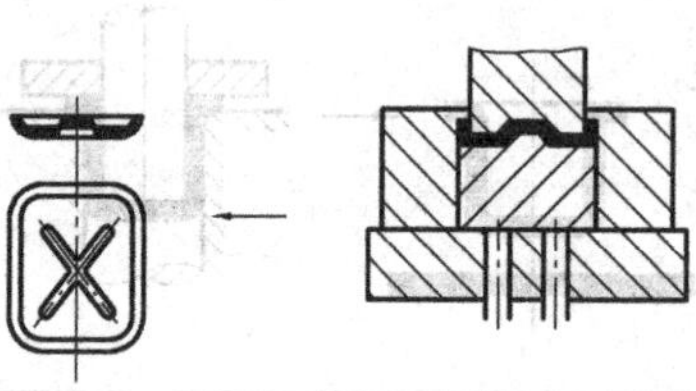	在板料毛坯或半成品上压出筋条、花纹或文字
	卷边	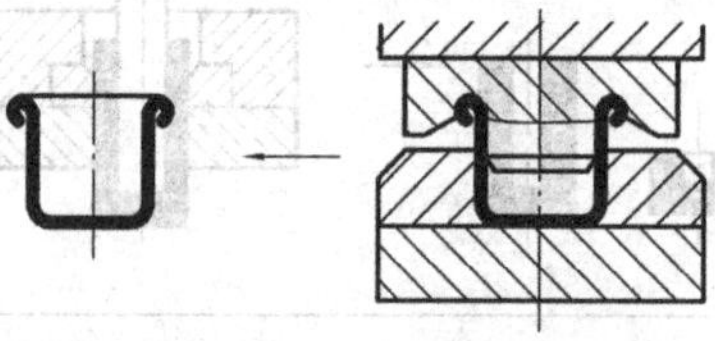	将空心件的边缘卷成圆边
成形	胀形	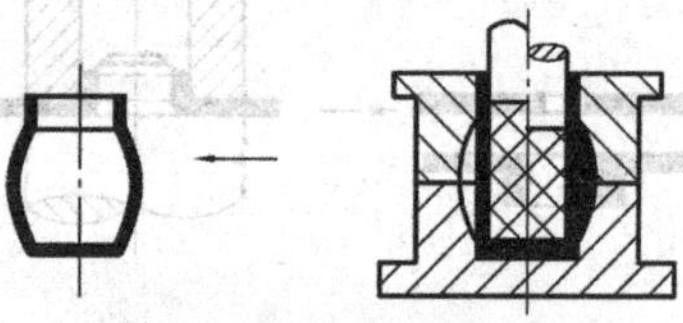	使空心毛坯或管状毛坯的一部分沿径向扩张成凸肚形
	旋压	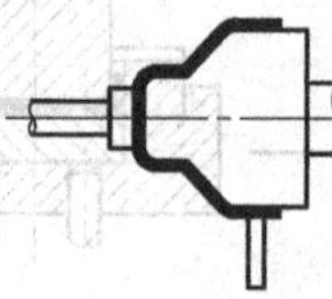	在旋转状态下用赶棒或滚轮使毛坯逐步成形
	整形	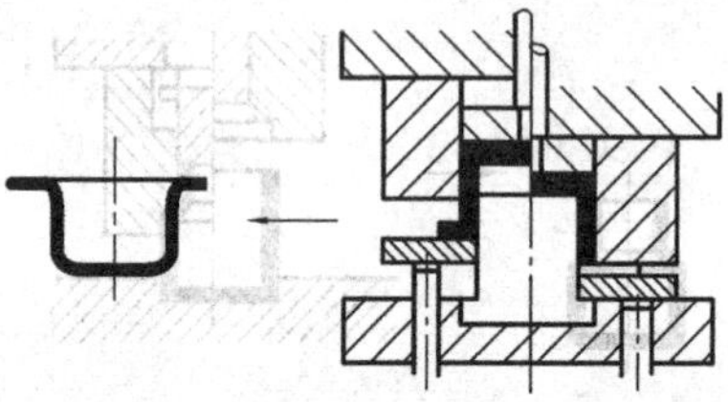	将形状不太准确的半成品校正成形，以提高工件精度或获得较小的圆角半径

续表

类别	工 序	简 图	工序性质
成形	校平	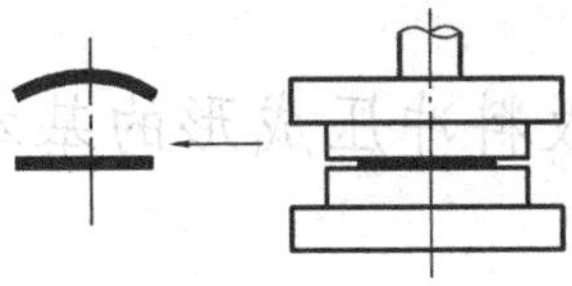	将不平的工件压平
	压印	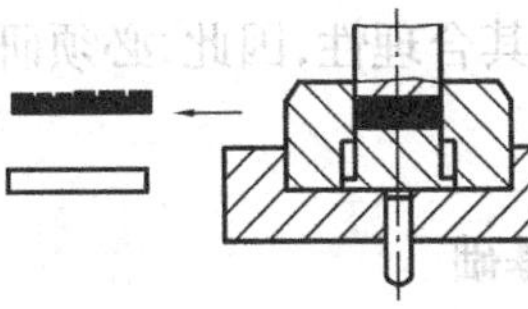	改变工件厚度，在工件表面上压出文字或花纹
	冷挤压	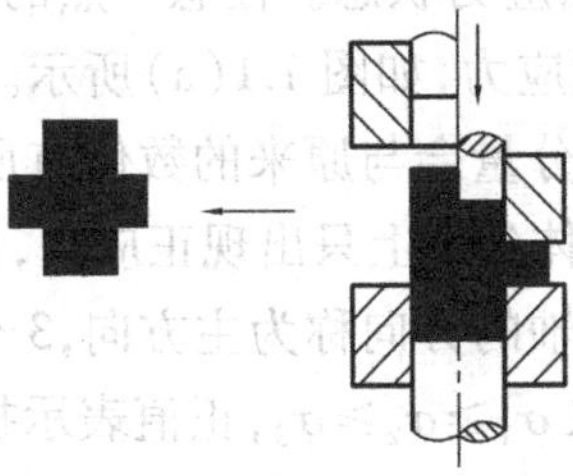	在三向压应力状态下，材料从凸、凹模间隙或凹模模口流动，将毛坯变成空心件或横截面不等的制品

与其他加工方法相比，冷冲压工艺有以下特点：

①冲压制品具有良好的质量，如表面光洁，精度较高，尺寸稳定，互换性好；质量轻，刚性好，强度高；冲压工艺还可加工其他加工方法难以加工的工件，如薄壳零件，带有翻边、起伏、加强筋的工件等。

②冲压制品不需要或仅需少量的切削加工，材料利用率高，工件的材料成本较低。

③生产效率高，操作简单，易于实现机械化和自动化。装备先进的生产线，可实现送料、冲压、取件、废料清除的全自动机械化操作，劳动强度低。

④冲压加工所用的模具，结构一般比较复杂，生产周期较长、成本较高。因此，冲压工艺多用于成批、大量生产，单件、小批量生产受到一定限制。

冲压加工的诸多突出优点，使其在机械制造、电子、电器等各行各业中都得到了广泛的应用。大到汽车的覆盖件，小到钟表及仪器、仪表元件，大多是由冲压方法加工的。目前，采用冷冲压工艺所获得的冲压制品，在现代汽车、拖拉机、电机、电器、仪器、仪表及各种电子产品和人们日常生活中都占有十分重要的地位。据粗略统计，在汽车制造业中，有60%~70%的零件是采用冲压工艺制成的；在机电及仪器、仪表生产中，也有60%~70%的零件是采用冷冲压工艺来完成的；在电子产品中，冲压件的数量占零件总数的85%以上；在飞机、导弹、各种枪弹与炮弹的生产中，冲压件所占的比例也相当大。人们日常生活中用的金属制品，冲压件所占的比例更大,如锅、餐具、水洗槽等都是冷冲压制品。在许多先进的工业国家里,冲压生产和模具工业得到高度的重视,如美国和日本模具工业的产值已超过机床工业,成为重要的产业部门。

1.2 板料冲压成形的基本理论

在冲压成形过程中,外力通过模具作用于毛坯,使之产生塑性变形,同时在其内部引起抵抗变形的内力,单位面积上的内力称为应力。毛坯内各点的应力应变状态以及它们之间的相互关系等,决定了冲压工艺的性质及其合理性,因此,必须研究点的应力状态和应变状态及其对整个毛坯变形状态的影响。

1.2.1 板料冲压成形中的力学基础

(1)点的应力状态

毛坯内一点的受力状况称为点应力状态。任意一点的应力状态可以用 9 个应力分量来表示,其中 3 个为正应力、6 个为切应力,如图 1.1(a)所示。坐标系选取方向不同,虽然不改变该点的应力状态,但是 9 个应力分量会与原来的数值有所不同。对于任何一种应力状态,总存在这样一组坐标系,使得单元体各面上只出现正应力,而没有切应力,如图 1.1(b)所示。这时的 3 个坐标轴称为主轴,坐标轴的方向称为主方向,3 个正应力称为主应力,分别用 σ_1,σ_2,σ_3 表示。一般规定按代数值取 $\sigma_1 \geqslant \sigma_2 \geqslant \sigma_3$,正值表示拉应力,负值表示压应力。以主应力表示的点应力状态称为主应力状态。可能出现的主应力状态共 9 种,如图 1.2 所示。

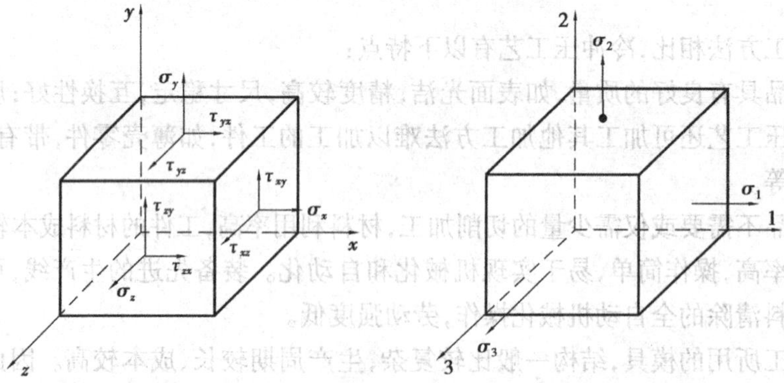

(a)任意坐标系　　(b)主轴坐标系

图 1.1　点的应力状态

单元体的 3 个主应力中,若其中一个主应力等于零,则称为平面应力状态或两向应力状态。板料成形时,大多数情况下板厚方向的应力很小,与其他两个方向的应力相比,往往可忽略不计。因此,板料成形一般可按平面应力状态处理。例如,拉深变形的凸缘区,常忽略厚度方向的压应力,处理成切向受压、径向受拉的两向应力状态;内孔翻边的孔边缘变形区,处理成径向和切向的两向拉应力状态;缩口成形的变形区,处理成径向和切向的两向压应力状态。

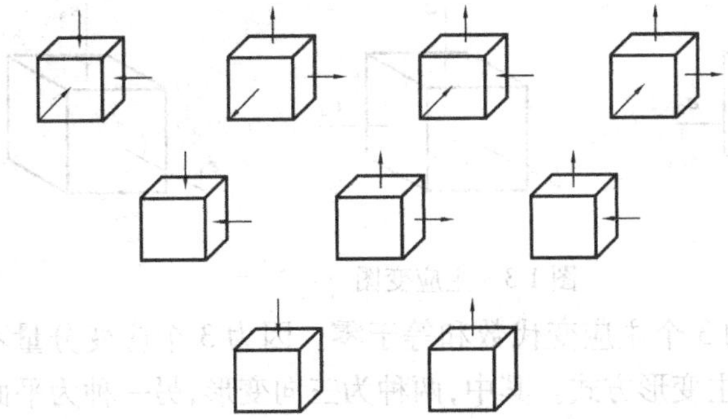

图1.2　主应力图

如果3个主应力中有两个为零，只在一个方向有应力，就称为直线应力状态或单向应力状态。

如果3个主应力都相等，则称为球应力状态。这种应力状态中无切应力，所有方向都是主方向，所有方向的主应力都相等。深水中的微小物体所受到的就是这样一种应力状态（三向等压），因此，三向等压应力又称为静水压力。

单元体上3个正应力的平均值称为平均应力，用 σ_m 表示，即

$$\sigma_m = \frac{\sigma_1 + \sigma_2 + \sigma_3}{3}$$

任何一种应力状态都可以看成是由两种应力状态叠加而成的，其中一种是球应力状态。球应力状态的各应力分量大小等于平均应力 σ_m，应力的存在只能改变物体的体积，而不能改变物体的形状。另一种应力状态是偏应力状态，它是由实际的应力状态减去球应力状态而得到的，此状态能使物体产生形状变化。

主应力图中，压应力分量越多，数值越大，则金属的塑性越高，但变形抗力大大增加；反之，拉应力分量越多，数值越大，则金属的塑性越低。板料冲压中的精密冲裁、校正弯曲、校平、整形等工序，毛坯处于三向压应力状态，具有较大的静水压力，致使变形抗力增大，工序所需冲压力较大。

（2）**点的应变状态**

变形毛坯内一点的变形情况称为点的应变状态。一点的应变状态也是用单元体的变形来表示的，用3个正应变分量、6个切应变分量，共9个应变分量来确定该点的应变状态。

应变状态具有与应力状态非常相似的性质，对于任何一种应变状态，同样存在主轴坐标系。在主轴坐标系内，单元体只有3个正应变分量，而没有切应变分量。沿主轴方向的3个正应变分量为主应变，用 ε_1，ε_2，ε_3 表示，如图1.3所示。值得注意的是，主应变状态只有3种，即两拉一压、两压一拉、一拉一压。通常情况下，应变主轴方向与应力主轴方向不一定重合，但在研究问题时，可近似认为应变主轴与应力主轴方向重合。

实践证明，塑性变形时，物体主要发生形状的改变，而体积的变化很微小，可忽略不计，即认为塑性变形时体积保持不变，物体塑性变形前的体积等于变形后的体积，这就是塑性变形时的体积不变条件。

以应变的形式表示，有

$$\varepsilon_1 + \varepsilon_2 + \varepsilon_3 = 0$$

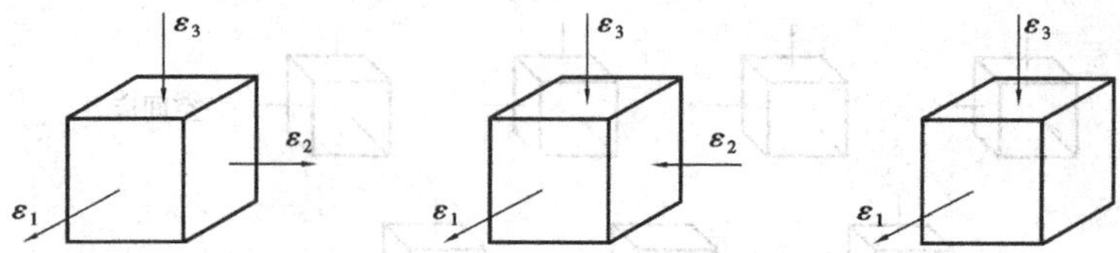

图 1.3　主应变图

由上式可知，塑性变形的 3 个主应变代数和等于零。因为 3 个应变分量不可能为同号，所以塑性变形只可能有 3 种主变形方式。其中，两种为三向变形，另一种为平面变形。

1.2.2　屈服准则

低碳钢单向拉伸时，当金属的应力达到屈服应力时，材料就发生屈服，由弹性变形状态进入塑性变形状态。可是，对于两向或三向的复杂应力状态，不能只根据某一个应力分量来判断一点是否已经屈服、进入塑性状态，而要同时考虑其他应力分量的作用。只有当各个应力分量之间符合一定关系时，该点才开始屈服。这种关系称为屈服准则，或称为塑性条件。

法国工程师屈雷斯卡（Tresca）提出的塑性条件认为，无论是何种应力状态，只要最大切应力达到某一定值时，材料就屈服。其表达式为

$$\tau_{max} = \frac{\sigma_1 - \sigma_3}{2} = \frac{\sigma_s}{2}$$

或

$$\sigma_1 - \sigma_3 = \sigma_s$$

此塑性条件计算简单，但是由于忽略了中间主应力的影响，因此仍有不足。

德国学者密塞斯（Mises）于 1913 年提出，当变形金属中某点的 3 个主应力的组合满足以下关系时，材料即开始屈服，进入塑性状态，即

$$\frac{1}{\sqrt{2}}\sqrt{(\sigma_1 - \sigma_2)^2 + (\sigma_2 - \sigma_3)^2 + (\sigma_1 - \sigma_3)^2} = \sigma_s$$

当 $\sigma_2 = \sigma_1$，或 $\sigma_2 = \sigma_3$ 时，得

$$\sigma_1 - \sigma_3 = \sigma_s$$

与屈雷斯卡准则一致。

当 $\sigma_2 = \frac{\sigma_1 + \sigma_3}{2}$，即中间主应力等于最大主应力与最小主应力的平均值时，得

$$\sigma_1 - \sigma_3 = 1.155\sigma_s$$

因此，屈雷斯卡准则和密塞斯准则可统一写为

$$\sigma_1 - \sigma_3 = \beta\sigma_s$$

上式用来表达冲压成形过程中材料的屈服条件。式中，β 是反映中间主应力影响的系数，变化范围为 $1 \leqslant \beta \leqslant 1.155$。

1.2.3　冲压变形分区及趋向性控制

(1)冲压变形分区

冲压成形时,应力-应变状态不同的各部分可能产生不同的变形方式,或者不产生变形。因此,在成形的某一瞬间,同一冲压件可划分为不同区域。应力状态满足屈服准则的区域,产生塑性变形,称为变形区,是分析冲压工艺时的主要研究对象;应力状态没有满足屈服准则的区域,不会产生塑性变形,称为非变形区。而非变形区又可以分为已发生过塑性变形的已变形区,或是尚未变形而将要进行塑性变形的待变形区,或是始终不发生塑性变形的不变形区。若非变形区承受力的作用,则称为传力区。

如图1.4(a)所示的拉深,毛坯凸缘 A 的外径逐渐缩小,同时向模具中心移动。经过凹模圆角流入模具间隙,形成工件的侧壁 B。因此圆筒件拉深时,毛坯凸缘是变形区,侧壁部分是已变形区(同时又是传力区),与凸模接触的部分则是始终没有参与变形的非变形区。如图1.4(b)所示的带孔毛坯翻边时,其孔径逐渐扩大,与此同时,与凸模下面接触的毛坯部分 A 翻转成侧壁 B,故凸模下面的毛坯是变形区,侧壁既是已变形区,又是传力区。如图1.4(c)所示管状毛坯缩口时,毛坯与模具锥面接触部分 A 径向缩小,转化成口部 B,故 A 是变形区,B 是已变形区,其余部分 C 是非变形区,又是传力区,其上部是待变形区。如图1.4(d)所示的弯曲,变形只发生在弯曲中心角对应的区域,而直边部分不发生变形,故 A 是变形区,C 是始终没有参与变形的非变形区。

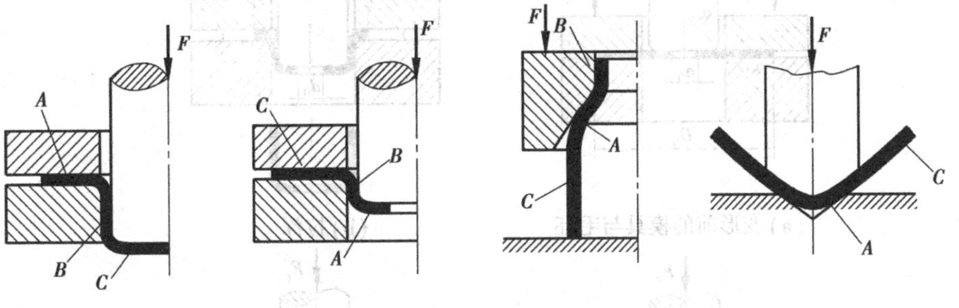

图1.4　冲压成形时毛坯的分区

(2)变形趋向性及其控制

在冲压成形过程中,毛坯内各部分的应力-应变状态不同,就有可能产生不同的变形方式,即具有不同的变形趋向。变形趋向性就是毛坯内某个部位以某种方式变形的可能性。以缩口变形为例,毛坯变形区 A 和传力区 B 都受到力的作用,这两部分都有可能产生不同方式的变形。变形区 A 可能产生的变形是直径减小的缩口变形和在切向压应力作用下的起皱变形;传力区 B 可能产生的变形是直筒部分的镦粗变形和纵向失稳变形,也就是说,缩口成形具有这4种变形趋向。

冲压成形的最基本要求,就是使毛坯的特定部位产生预期的变形,而同时又必须保证变形区和其他部位不产生任何不必要的变形。因此,在工艺及模具设计时,必须使变形区成为变形的相对弱区,施加较小的变形力就首先屈服,产生塑性变形;非变形区要成为变形的相对强区,不会先于弱区而屈服变形。如上述的缩口成形,只有当毛坯的口部产生正常的缩口变形，同时避免产生起皱、镦粗和纵向失稳时，才能得到质量符合要求的缩口零件。为了达到这一目的，必须使 A 区成为变形弱区，在变形力的作用下首先发生屈服而产生塑性变形，C 区成为相对强区，在同样受力的情况下不发生屈服变形，使缩口工艺正常进行。

因此，必须对冲压成形中毛坯的变形进行有效的控制，保证"弱区必先变形，变形区应为弱区"，这在冲压工艺中具有重要的工程意义。在冲压生产中，毛坯的变形区和传力区在一定的条件下是可以互相转化的，改变某些条件，就可以实现对变形趋向性的控制。

1）改变毛坯各部分的相对尺寸

如图 1.5(a) 所示的环形毛坯，当外径 D_0、内孔 d_0 及外径和内孔与凸模直径 d_p 具有不同的比值（D_0/d_p 和 d_0/d_p）时，在同一个模具中进行冲压成形，可得到拉深、扩孔、翻边、胀形等不同的变形趋向，从而获得形状完全不同的零件。

拉深变形时，欲使（D_0-d_p）的环形凸缘部分拉入凹模、转化成侧壁，同时筒底的内孔 d_0 不发生变形，必须使凸缘区成为弱区，而（d_p-d_0）的环形筒底区成为强区。因此，D_0，d_0 都必须足够小。D_0 小，凸缘区容易发生变形而成为弱区；d_0 小，内孔 d_0 不容易发生变形而成为强区。一般认为，$D_0/d_p<1.5\sim2$，$d_0/d_p<0.15$ 时，产生外径收缩的拉深变形，而内孔不变形，如图 1.5(b) 所示。

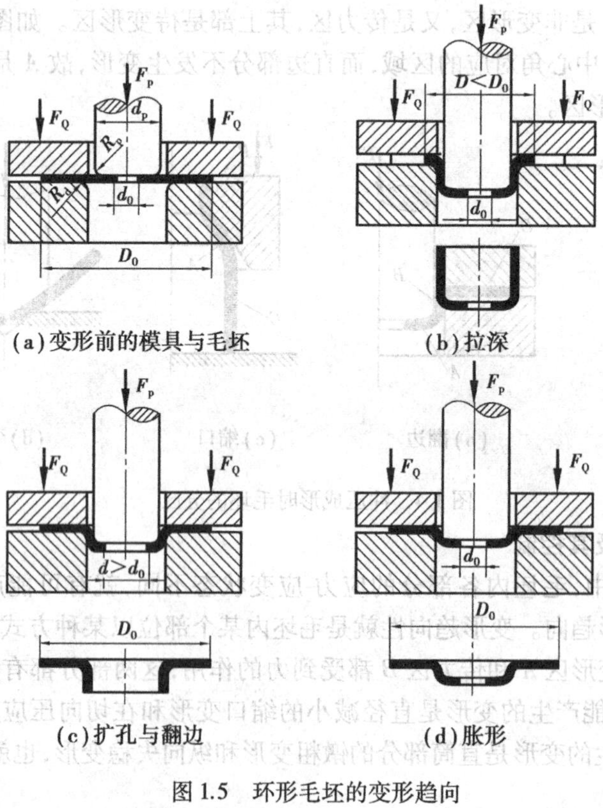

(a) 变形前的模具与毛坯　(b) 拉深

(c) 扩孔与翻边　(d) 胀形

图 1.5　环形毛坯的变形趋向

扩大内孔和翻边变形时，凸缘区必须是强区，内孔周围的环形筒底区必须是弱区。当 D_0，d_0 都较大，即 $D_0/d_p>2.5$，$d_0/d_p>0.2\sim0.3$ 时，满足这一条件。内孔扩大达到一定变形程度后，成为内孔翻边，如图 1.5(c) 所示。

环形毛坯胀形时，凸缘及内孔的尺寸均不能改变，这两个区域均必须是变形强区，通过毛坯中间部分的厚度变薄、面积增大，达到胀形的目的。当 D_0 较大、d_0 很小甚至为零，即 $D_0/d_p>2.5$，$d_0/d_p<0.15$ 时，凸缘区成为强区，内孔周围的环形筒底区虽为弱区，但由于扩孔翻边的变形抗力大为增加，施加外力时胀形变形先于扩孔翻边，获得胀形变形，如图 1.5(d)所示。

由上述可知，用圆柱形凸模冲压环形毛坯时，成形方式与几何参数 d_p/D_0（近似等于拉深系数）和 d_0/d_p（近似等于翻边系数）有关。若用 d_0/d_p 作横坐标，d_p/D_0 作纵坐标，便可得到如图 1.6（Ⅰ）区所示的回转对称形状成形时的冲压成形区域图。根据参数 d_0/d_p 和 d_p/D_0 的不同，该部分图形划分为拉深成形区 δ、胀形成形区 α、扩孔区 β 和圆孔翻边区 γ。其中，β 和 γ 共同组成伸长类翻边区。

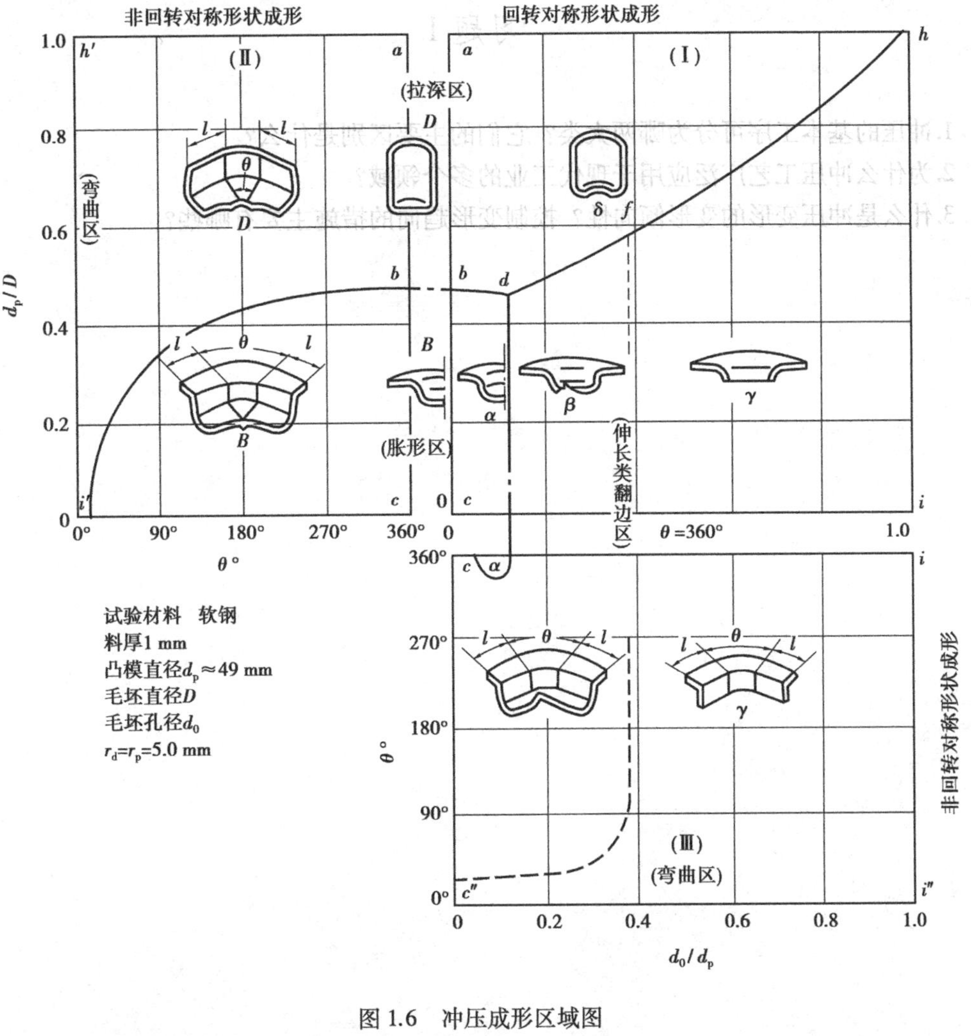

图 1.6 冲压成形区域图

2）改变模具工作部分的几何形状和尺寸

增大凸模的圆角半径 R_p、减小凹模的圆角半径 R_d，如图 1.5(a)所示，可使翻边的阻力减小、拉深的阻力增大，有利于翻边变形；反之，减小凸模的圆角半径和增大凹模圆角半径，则有利于拉深变形。

3）改变毛坯与模具接触表面之间的摩擦阻力

增大图 1.5 中的压边力 F_Q，使毛坯和压边圈及凹模表面之间的摩擦阻力增大，不利于拉深变形，而有利于翻边和胀形；反之，减小压边力，或在凹模与毛坯之间进行润滑，减小毛坯与凹模表面的摩擦阻力，增加凸模表面与毛坯的摩擦阻力，则有利于拉深变形。

4）改变毛坯局部温度

主要采用局部加热或深冷的办法，降低变形区的变形抗力，或提高传力区的强度，从而达到控制变形趋向的目的。

习题 1

1. 冲压的基本工序可分为哪两大类？它们的主要区别是什么？
2. 为什么冲压工艺广泛应用于现代工业的多个领域？
3. 什么是冲压变形的变形倾向性？控制变形趋向的措施主要有哪些？

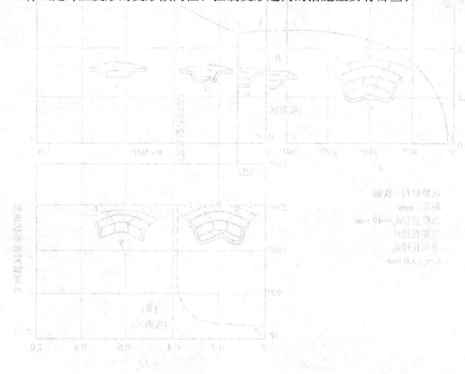

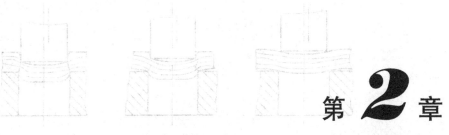

第2章 冲裁工艺及冲裁模具

利用冲裁模在压力机的作用下使板料分离的冲压工艺,称为冲裁。冲裁工艺的种类很多,常用的有切断、落料、冲孔、切边、切口及剖切等。冲裁是冲压工艺的最基本工序之一,在冲压加工中应用极广,它既可直接冲出各种形状的平板零件,也可为弯曲、拉深等成形工序准备坯料,还可在已成形的工件上进行切边、切口和冲孔等再加工。

根据冲裁变形机理的不同,冲裁工艺可分为普通冲裁和精密冲裁两大类。所谓普通冲裁,是由凸、凹模刃口之间产生剪切裂缝的形式实现板料分离。本章主要学习普通冲裁的相关知识。

2.1 冲裁变形过程分析

如图 2.1 所示为普通冲裁示意图,凸模 1 与凹模 2 具有与工件轮廓一样的刃口,但凸、凹模之间设有一定的间隙。当压力机滑块推动凸模下行时,便将凸、凹模之间的板料冲裁成所需的工件。

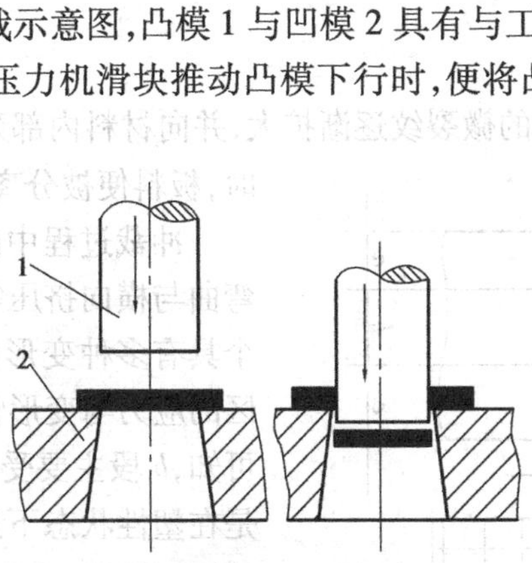

图 2.1 普通冲裁示意
1—凸模;2—凹模

冲裁过程是在瞬间完成的,但大致可分为弹性变形、塑性变形和断裂分离 3 个变形阶段,如图 2.2 所示。

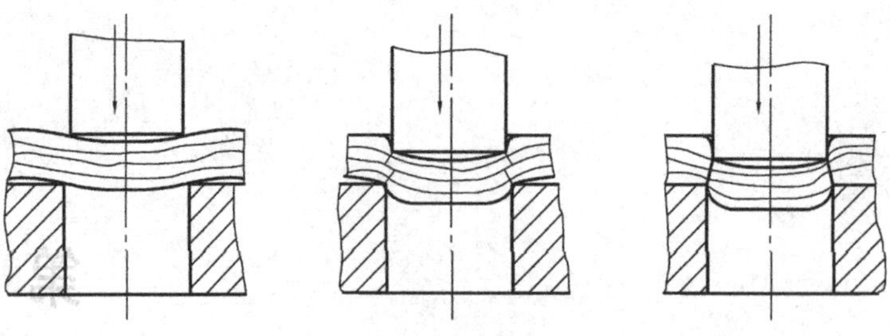

(a)弹性变形　　(b)塑性变形　　(c)断裂分离

图 2.2　冲裁变形过程

2.1.1　弹性变形阶段

如图 2.2(a)所示，当凸模开始接触板料并下压时，凸模与凹模刃口周围的板料产生应力集中，使材料产生弹性压缩、弯曲、拉伸等变形，并被略微地挤入凹模洞口。此时，凸模下的材料略有弯曲，凹模上的材料则略微上翘。间隙越大，这种弯曲和上翘越严重。随着凸模继续压入，材料内部的应力不断增大，直到达到材料的弹性极限。

2.1.2　塑性变形阶段

当凸模继续压入，与凸模和凹模接触处板料的应力达到屈服点，产生塑性变形。凸模切入板料，凹模洞口也有板料挤入。由于弯曲、拉伸等作用，板料剪切面的边缘形成塌角；由于凸模、凹模的塑性切入，在剪切断面上形成一小段光亮且与板面垂直的区域。随着凸模的下压，应力不断加大，变形区的应力达到材料的抗剪强度，同时材料的硬化加剧，刃口侧面处的板料中出现微裂纹，冲裁变形力此时达到最大。微裂纹的出现表明材料发生了破坏，塑性变形阶段结束。

2.1.3　断裂分离阶段

凸模继续下压，已经形成的微裂纹逐渐扩大，并向材料内部延伸。当上、下裂纹相遇重合时，板料便被分离，从而完成冲裁过程。

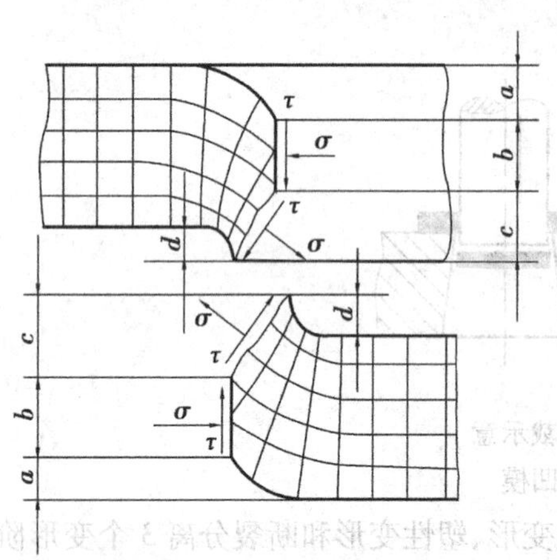

图 2.3　冲裁变形区的应力分布

冲裁过程中除了剪切变形外，还有拉伸、弯曲与横向挤压等变形。因此，冲裁变形是一个具有多种变形的复杂工艺。板料冲裁变形区的应力与变形情况如图 2.3 所示。由图 2.3 可知，b 段主要受切应力 τ 和压应力 σ 的作用，是在塑性状态下通过原子面之间的滑移实现剪切变形的，成为较光洁、平整的光亮部分。c 段受凸、凹模间隙的影响，除了切应力 τ 外，还受正向拉应力 σ 的作用，这种应力状态促使冲裁变形区的塑性下降，最终必然产生裂纹，而在分离面上形成粗糙的断裂部分。从图中还可以看到，裂纹产生的位置并非正对着刃口,而是在离刃口不远的侧面上,这是因为模具的刃口不可能是绝对锋利的。因此,从冲裁原理上讲,冲裁件产生毛刺是不可避免的。

普通冲裁获得的冲裁断面,一般可划分为4个区域:圆角带、光亮带、断裂带和毛刺,如图2.4所示。这4个区域的形成与表现出的特征有很大的区别。

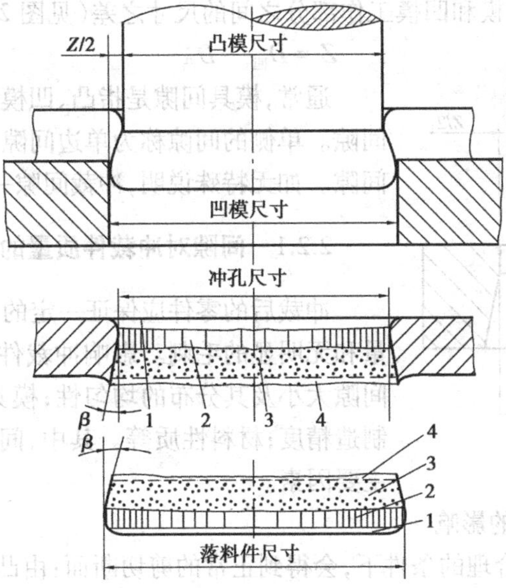

图2.4　冲裁断面组成区域

1—圆角带;2—光亮带;3—断裂带;4—毛刺

(1)**圆角带**

圆角带又称塌角带,形成于冲裁过程中弹性变形的后期和塑性变形开始阶段。整体的板料是连续的,凸模下降而在板料中产生的拉伸、弯曲变形,导致凸模、凹模侧边的材料出现拉入圆角。随凸模的继续下降,变形进入塑性阶段,已经形成的圆角成为永久性圆角。冲裁结束后,圆角就残留在冲裁断面上。材料塑性越好,凸、凹模之间的间隙越大,形成的圆角也越大。

(2)**光亮带**

光亮带紧挨着塌角,形成于塑性变形阶段。由于凸模的挤入,板料产生塑性剪切变形,内部产生相对滑移,产生光洁的滑移面。光亮带垂直于底面,高度占整个断面的1/3~1/2,光亮带所占比例越大,冲裁断面体现出的质量越好。材料塑性越好,凸模与凹模之间的间隙越小,光亮带的高度越高。

(3)**断裂带**

断裂带紧挨着光亮带,产生于冲裁变形后期的断裂阶段。随拉应力的持续增大,金属原子层的彼此分离和晶间变形导致裂纹的产生和扩展,形成撕裂面,表面粗糙、无光泽,并带有4°~6°的斜度(见图2.4中的β角),质量较差。凸模与凹模的间隙越大,断裂带高度越大,且斜度也增大。

(4)**毛刺**

毛刺位于断裂带的边缘。刃口侧面的材料中产生微裂纹时,就产生了初始毛刺;材料的撕裂、分离,又使毛刺进一步拉长,形成永久性毛刺,并残留在工件上。

2.2 冲裁间隙

冲裁间隙是指冲裁凸模和凹模工作部分之间的尺寸之差（见图 2.5），即

$$Z = D_{凹} - D_{凸}$$

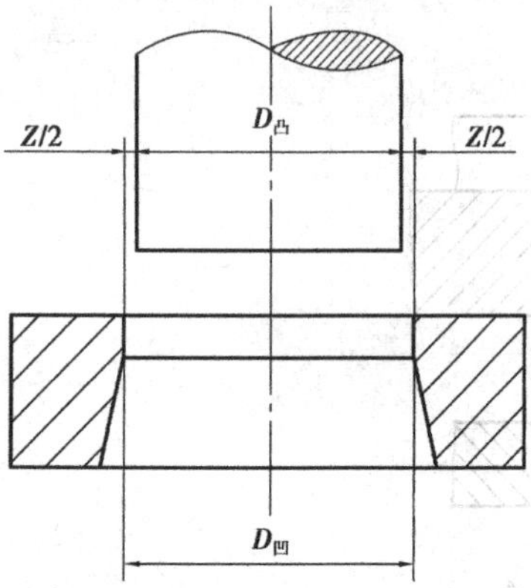

图 2.5 冲裁间隙

通常，模具间隙是指凸、凹模侧壁之间的间隙，即侧边间隙。单侧的间隙称为单边间隙；两侧间隙之和称为双边间隙。如无特殊说明，冲裁间隙一般是指双边间隙。

2.2.1 间隙对冲裁件质量的影响

冲裁后的零件应保证一定的尺寸精度、良好的断面质量和无明显的毛刺。影响冲裁件质量的因素有：凸、凹模间隙大小及其分布的均匀性；模具刃口状态；模具结构与制造精度；材料性质等。其中，间隙值大小与均匀程度是主要因素。

（1）间隙对断面质量的影响

普通冲裁时，在间隙合理的条件下，会得到正常的剪切断面：由凸模和凹模刃口所产生的裂纹重合；冲裁件断面圆角带微小；正常的既光亮又与板平面垂直的光亮带；其断裂带虽然粗糙但比较平坦，虽有斜度但并不大；虽有毛刺但不明显。虽然，这样的断面质量也不尽如人意，但从冲裁的变形机理分析，这样的断面质量已是正常的了。

当间隙过大或过小时，就会使上、下裂纹产生的位置不能正对，扩展后不能重合，从而不能得到正常的剪切断面。

如图 2.6(a) 所示，如间隙过大，使凸模产生的裂纹相对于凹模产生的裂纹向里移动一个距离。板料受拉伸、弯曲的作用加大，使剪切断面圆角带加大，光亮带的高度缩短，断裂带的高度和锥度均增加，有明显的拉断毛刺，冲裁件平面可能产生“穹弯”现象。

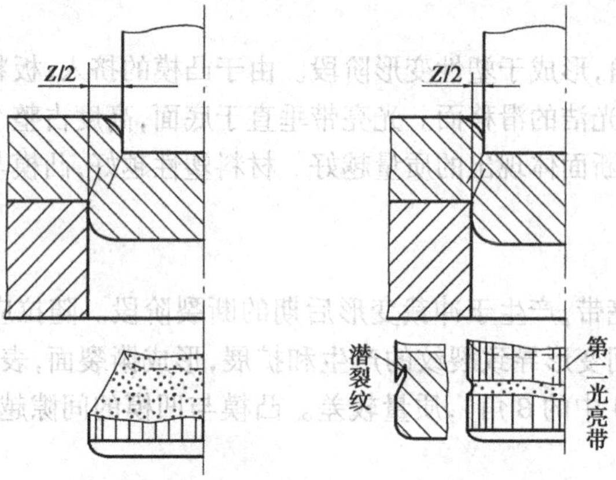

(a) 间隙过大　　(b) 间隙过小

图 2.6 冲裁间隙对断面质量的影响

如图2.6(b)所示，如间隙过小，会使凸模产生的裂纹向外移动一个距离。上、下裂纹不重合，出现二次剪切，产生略带倒锥的、潜伏着裂纹的第二个光亮带。由于间隙过小，板料与模具的挤压作用加大，最后分离时冲裁件上产生较尖锐的挤出毛刺。

(2)冲裁间隙对尺寸精度的影响

冲裁件的尺寸精度与多种因素有关，如冲模的制造精度、材料性质、冲裁间隙和冲裁件的形状等，但冲裁间隙是影响冲裁件尺寸精度的主要因素之一。

当间隙适当时，在冲裁过程中，板料的变形区受单一剪切力作用而分离，冲裁后的回弹较小，冲裁件相对凸模和凹模尺寸的偏差也较小。若间隙过大，板料在冲裁过程中除受剪切外还产生较大的拉伸与弯曲变形，冲裁后由于回弹的作用，将使冲裁件的尺寸向实体方向收缩。对于落料件，其尺寸将会小于凹模尺寸；对于冲孔件，孔的尺寸将会大于凸模尺寸。若间隙过小，则板料在冲裁过程中除受剪切外，还会受到较大的挤压作用，冲裁后同样由于回弹作用，将使冲裁件的尺寸向实体的反方向胀大。对于落料件，其尺寸将会大于凹模尺寸；对于冲孔件，孔的尺寸将会小于凸模尺寸。

(3)冲裁间隙对毛刺大小的影响

由冲裁过程的分析可知，冲裁件不可避免地带有微小的毛刺，在不影响使用的前提下，这是允许的。若产品不允许带有毛刺，则必须在冲裁后增加除毛刺的辅助工序。正常冲裁中允许的毛刺高度见表2.1。

表2.1　毛刺的允许高度/mm

料　厚	生产时	试模时
<0.3	≤0.05	≤0.015
0.5~1.0	≤0.10	≤0.030
1.5~2.0	≤0.15	≤0.050

冲裁间隙不合理是产生高度较大的毛刺的主要原因，如上所述，间隙过大，毛刺会被明显地拉长，产生粗大的毛刺；间隙过小，会产生尖锐的挤出毛刺；若间隙分布不均匀，会导致局部的间隙过大或过小，改变毛刺的形状与大小。

2.2.2　间隙对模具寿命的影响

冲裁过程中，被冲材料会对凸、凹模产生反作用力，如图2.7所示。由于材料的弯曲，模具表面与材料的接触面仅局限在刃口附近的狭小区域，刃口承受着极大的垂直压力 F 和侧压力 N，这种高压使刃口与被冲材料接触面之间产生局部附着，当接触面相对滑动时，附着部分就产生剪切而引起附着磨损。随着磨损量的加大，会引起刃口磨耗，甚至崩刃。

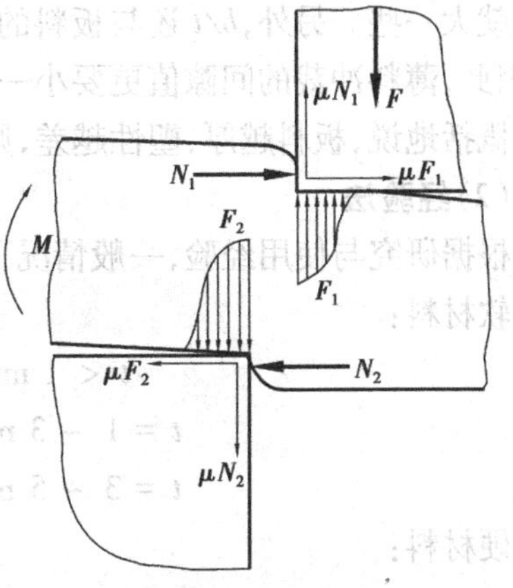

图2.7　冲裁时作用于模具刃口部分的力

接触压力越大，相对滑动距离越长，模具材料越软，则磨损量越大。当模具间隙变小时，作用在模具上的垂直力、侧压力、摩擦力等接触压力均增大；间隙小时，光亮带高度增大，摩擦距离增长，摩擦发热严重。因此，采用小间隙将使磨损加剧，甚至发生粘连。

为了提高模具寿命，一般需要采用较大间隙。若采用小间隙，就必须提高模具硬度与模具制造光洁度、精度，改善润滑条件，以减少磨损。

2.2.3 冲裁间隙值的确定

由以上分析可知，凸、凹模间隙对冲裁件质量、模具寿命有很大的影响，因此，设计模具时一定要选择一个合理的间隙，以提高冲压件质量和模具寿命，降低冲裁力。考虑到模具制造中的偏差及使用中的磨损，通常选择一个适当的范围作为合理间隙，只要间隙在这个范围内，就可以冲出良好的工件。这个范围的最小值称为最小合理间隙 Z_{min}，最大值称为最大合理间隙 Z_{max}。取较小的间隙有利于提高冲件的质量，取较大的间隙则有利于提高模具的寿命。

确定具体间隙值的方法有理论计算法、经验法和查表法 3 种。

(1)理论计算法

理论计算法的依据是保证裂纹重合，以获得良好的断面，如图 2.8 所示。

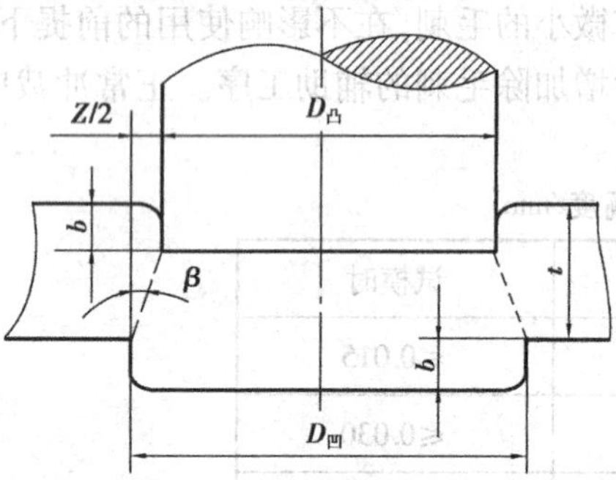

图 2.8 冲裁过程中产生裂纹的瞬时状态

由图 2.8 中的几何关系可得

$$Z = 2(t - b)\tan\beta = 2t\left(1 - \frac{b}{t}\right)\tan\beta$$

式中 t——板料厚度；

b/t——产生裂纹时凸模压入板料的相对深度(即光亮带的相对高度)；

β——最大切应力方向与垂线间的夹角。软钢 $\beta = 5° \sim 6°$；中硬钢 $\beta = 4° \sim 5°$；硬钢 $\beta = 4°$。

由上式可知，合理间隙值取决于 t，b/t，β 等 3 个因素。由于 β 值的变化不大，影响合理间隙值的大小主要取决于板料厚度和材料性质。

板料厚度增大，间隙数值应正比地增大；反之，板料越薄，则间隙越小。

材料塑性好，光亮带所占的相对高度 b/t 越大，间隙数值就小。而塑性差的硬材料，间隙数值就大一些。另外，b/t 还与板料的厚度有关。对同一种材料来说，薄料的 b/t 比厚料的 b/t 大，因此，薄料冲裁的间隙值更要小一些。

概括地说，板料越厚，塑性越差，则间隙越大；材料越薄，塑性越好，则间隙越小。

(2)经验法

根据研究与使用经验，一般情况下间隙值与料厚的关系，可采用下面公式粗略计算。

软材料：

$t < 1$ mm　　$Z = (6\% \sim 8\%) \times t$

$t = 1 \sim 3$ mm　　$Z = (10\% \sim 15\%) \times t$

$t = 3 \sim 5$ mm　　$Z = (15\% \sim 20\%) \times t$

硬材料：

$t < 1$ mm　　$Z = (8\% \sim 10\%) \times t$

$t = 1 \sim 3$ mm　　$Z = (11\% \sim 17\%) \times t$

$$t = 3 \sim 5\ \text{mm} \quad Z = (17\% \sim 25\%) \times t$$

(3)**查表法**

查表法是实际中应用最多的一种方法。表 2.2 为初始间隙值较大的汽车拖拉机行业常用的间隙表,适用于较低精度的冲裁件;表 2.3 为初始间隙值较小的电器仪表行业常用的间隙表,适用于较高精度的冲裁件。

表 2.2　冲裁模初始双面间隙(汽车拖拉机行业用)/mm

板料厚度	08,10,35,09Mn,Q235		Q345(16Mn)		40,50		65Mn	
	Z_{min}	Z_{max}	Z_{min}	Z_{max}	Z_{min}	Z_{max}	Z_{min}	Z_{max}
<0.5	极小间隙							
0.5	0.040	0.060	0.040	0.060	0.040	0.060	0.040	0.060
0.6	0.048	0.072	0.048	0.072	0.048	0.072	0.048	0.072
0.7	0.064	0.092	0.064	0.092	0.064	0.092	0.064	0.092
0.8	0.072	0.104	0.072	0.104	0.072	0.104	0.064	0.092
0.9	0.090	0.126	0.090	0.126	0.090	0.126	0.090	0.126
1.0	0.100	0.140	0.100	0.140	0.100	0.140	0.090	0.126
1.2	0.126	0.180	0.132	0.180	0.132	0.180		
1.5	0.132	0.240	0.170	0.240	0.170	0.230		
1.75	0.220	0.320	0.220	0.320	0.220	0.320		
2.0	0.246	0.360	0.260	0.380	0.260	0.380		
2.1	0.260	0.380	0.280	0.400	0.280	0.400		
2.5	0.360	0.500	0.380	0.540	0.380	0.540		
2.75	0.400	0.560	0.420	0.600	0.420	0.600		
3.0	0.460	0.640	0.480	0.660	0.480	0.660		
3.5	0.540	0.740	0.580	0.780	0.580	0.780		
4.0	0.640	0.880	0.680	0.920	0.680	0.920		
4.5	0.720	1.000	0.680	0.960	0.780	1.040		
5.5	0.940	1.280	0.780	1.100	0.980	1.320		
6.0	1.080	1.400	0.840	1.200	1.140	1.500		
6.5			0.940	1.300				
8.0			1.200	1.680				

注:冲裁皮革、石棉和纸板时,间隙取 08 钢的 25%。

表 2.3 冲裁模初始双面间隙(电器仪表行业用)/mm

板料厚度	软铝		纯铜、黄铜、软钢 (ω_C0.08%~0.2%)		杜拉铝、中等硬钢 (ω_C0.3%~0.4%)		硬钢 (ω_C0.5%~0.6%)	
	Z_{min}	Z_{max}	Z_{min}	Z_{max}	Z_{min}	Z_{max}	Z_{min}	Z_{max}
0.2	0.008	0.012	0.010	0.014	0.012	0.016	0.014	0.018
0.3	0.012	0.018	0.015	0.021	0.018	0.024	0.021	0.027
0.4	0.016	0.024	0.020	0.028	0.024	0.032	0.028	0.036
0.5	0.020	0.030	0.025	0.035	0.030	0.040	0.035	0.045
0.6	0.024	0.036	0.030	0.042	0.036	0.048	0.042	0.054
0.7	0.028	0.042	0.035	0.049	0.042	0.056	0.049	0.063
0.8	0.032	0.048	0.040	0.056	0.048	0.064	0.056	0.072
0.9	0.036	0.054	0.045	0.063	0.054	0.072	0.063	0.081
1.0	0.040	0.060	0.050	0.070	0.060	0.080	0.070	0.090
1.2	0.060	0.084	0.072	0.096	0.084	0.108	0.096	0.120
1.5	0.075	0.105	0.090	0.120	0.105	0.135	0.120	0.150
1.8	0.090	0.126	0.108	0.144	0.126	0.162	0.144	0.180
2.0	0.100	0.140	0.120	0.160	0.140	0.180	0.160	0.200
2.2	0.132	0.176	0.154	0.198	0.176	0.220	0.198	0.242
2.5	0.150	0.200	0.175	0.225	0.200	0.250	0.225	0.275
2.8	0.168	0.224	0.196	0.252	0.224	0.280	0.252	0.308
3.0	0.180	0.240	0.210	0.270	0.240	0.300	0.270	0.330
3.5	0.245	0.315	0.280	0.350	0.315	0.385	0.350	0.420
4.0	0.280	0.360	0.320	0.400	0.360	0.440	0.400	0.480
4.5	0.315	0.405	0.360	0.450	0.405	0.495	0.450	0.540
5.0	0.350	0.450	0.400	0.500	0.450	0.550	0.500	0.600
6.0	0.480	0.600	0.540	0.660	0.600	0.720	0.660	0.780
7.0	0.560	0.700	0.630	0.770	0.700	0.840	0.770	0.910
8.0	0.720	0.880	0.800	0.960	0.880	1.040	0.960	1.120
9.0	0.810	0.990	0.900	1.080	0.990	1.170	1.080	1.260
10.0	0.900	1.100	1.000	1.200	1.100	1.300	1.200	1.400

注:1.初始间隙的最小值相当于间隙的公称数值。

2.初始间隙的最大值是考虑到凸模和凹模的制造公差所增加的数值。

3.在使用过程中,由于模具工作部分的磨损,间隙将有所增加,因而间隙的使用最大数值要超过表列数值。

对于薄料，间隙很小。如板料厚度小于0.2~0.3 mm，则可认为是无间隙模具。薄料冲裁的工艺性很差，对模具的精度要求很高，在模具结构上应采取一些特殊的措施来满足冲裁时无间隙的要求。

设计凸模和凹模工作部分尺寸时，应保证冲裁间隙的合理数值；模具装配时，必须保证间隙沿封闭轮廓线均匀分布，以取得满意的效果。

2.3　凸模和凹模工作部分尺寸的计算

凸模和凹模工作部分的尺寸及公差直接影响冲裁件的尺寸精度，合理的间隙值也要靠凸模和凹模工作部分的尺寸及公差来保证。因此，确定合理的凸模和凹模工作部分的尺寸及公差是非常重要的工艺计算，是冲裁模具设计的关键。

2.3.1　尺寸计算的原则

(1)计算基准的选定

如本章2.1节所述，冲裁断面不很整齐，由圆角带、光亮带、断裂带和毛刺4个部分组成，冲裁件的尺寸不能由圆角、毛刺和倾斜的断裂带来确定，而是决定于呈柱体的光亮带。

冲孔时，板料孔与轴类零件配合的是它的最小尺寸，在不考虑弹性变形的情况下，这一最小尺寸又决定于光亮带的柱体；与柱体紧密接触、尺寸近似相等的是凸模，凸模的尺寸决定了光亮带的尺寸，进而决定了内孔的尺寸，即

冲孔尺寸 = 光亮带尺寸 = 凸模刃口尺寸

同理，落料件与孔类零件配合的是它的最大尺寸，这一最大尺寸又决定于光亮带的柱体部分尺寸；与柱体紧密接触、尺寸近似相等的是凹模，凹模的尺寸决定了光亮带的尺寸，进而决定了落料件的外形尺寸，即

落料尺寸 = 光亮带尺寸 = 凹模刃口尺寸

这是计算凸模和凹模尺寸的主要依据。落料时，落料件的尺寸是由凹模决定的，凹模是设计基准，间隙应由减小凸模尺寸来取得。对于冲孔件，凸模是设计基准，间隙应由增大凹模尺寸来取得。

(2)考虑磨损规律

模具使用过程中难免会出现磨损，凹模磨损后会增大落料件的尺寸，凸模磨损后会减小冲孔件的尺寸。为了提高模具寿命，在设计、制造新模具时，应把凹模尺寸尽量制作小，趋向于落料件的最小极限尺寸；把凸模尺寸尽量制作大，趋向于冲孔件的最大极限尺寸；由于间隙在模具磨损后也会增大，在设计凸模和凹模时，取初始间隙的最小值 $Z_{\min}$。

(3)合理选择模具的制造偏差

凸模和凹模的制造偏差直接决定了模具制造精度，而模具制造精度对冲裁件的尺寸精度有直接影响。表2.4为当冲模具有合理间隙与锋利刃口时，其制造精度与冲裁件精度的关系。

表 2.4 冲裁件精度与模具制造精度的关系

冲模制造精度	材料厚度 t/mm											
	0.5	0.8	1.0	1.6	2	3	4	5	6	8	10	12
IT7—IT6	IT8	IT8	IT9	IT10	IT10	—	—	—	—	—	—	—
IT8—IT7	—	IT9	IT10	IT10	IT12	IT12	IT12	—	—	—	—	—
IT9	—	—	—	IT12	IT12	IT12	IT12	IT12	IT14	IT14	IT14	IT14

冲模的精度越高，冲裁件的精度也越高，但相应的模具制造成本会增加。普通冲裁件所能达到的经济精度为 IT14—IT10 级，要求高的可达到 IT10—IT8 级，厚料比薄料更差。若要进一步提高冲裁件的质量，则要在冲裁后加整修工序或采用精密冲裁法。

因此，模具刃口尺寸计算时，应该选用合理的模具制造偏差。选用偏差的方法有以下 3 种：

①根据冲裁件的精度等级，模具的精度等级比冲裁件高 2~4 级，冲裁件一般为 IT14—IT8 级，模具一般为 IT9—IT6 级。

②取工件公差 Δ 的 1/4~1/3。

③直接查表确定，表 2.5 列出了简单形状冲裁时模具的制造偏差。

表 2.5 简单形状冲裁时模具的制造偏差/mm

公称尺寸	凸模偏差 $\delta_凸$	凹模偏差 $\delta_凹$	公称尺寸	凸模偏差 $\delta_凸$	凹模偏差 $\delta_凹$
≤18	−0.020	+0.020	>180~260	−0.030	+0.045
>18~30	−0.020	+0.025	>260~360	−0.035	+0.050
>30~80	−0.020	+0.030	>360~500	−0.040	+0.060
>80~120	−0.025	+0.035	>500	−0.050	+0.070
>120~180	−0.030	+0.040			

偏差值的标注按“入体原则”标注。入体原则：对被包容尺寸（轴的外径，实体长、宽、高），其最大加工尺寸就是基本尺寸，上偏差为零；对包容尺寸（孔径、槽宽），其最小加工尺寸就是基本尺寸，下偏差为零。因此，凸模的刃口尺寸为被包容尺寸，公差标注为 $d_{凸}{}_{-\delta_凸}^{\ 0}$，凹模的刃口尺寸为包容尺寸，公差标注为 $d_{凹}{}_{\ 0}^{+\delta_凹}$。

值得注意的是，不仅模具尺寸按“入体原则”标注，未注明公差的冲压件，选定和标注公差，也按照“入体原则”。

(4)考虑模具制造的特点

制造模具时，常用以下两种方法来保证合理间隙：一种是分别加工法；另一种是配合加工法。

分别加工法就是分别规定凸模和凹模的尺寸和公差，分别进行制造，用凸模和凹模的尺寸及公差来保证间隙要求。这种加工方法必须把模具的制造公差控制在间隙的变动范围之内，增加了模具制造难度，因此，这种方法主要用于形状简单、间隙较大的模具，或用精密设备加工凸模和凹模的模具。用分别加工的凸模和凹模，具有互换性，制造周期短，便于成批制造。

配合加工法是用凸模和凹模相互单配的方法来保证合理间隙。加工后，凸模和凹模必须配合使用，不能互换。通常，落料件选择凹模为基准模，冲孔件选择凸模为基准模。在作为基准模的零件图上标注尺寸与公差，相配的非基准模的零件图上，只标注与基准模相同的基本尺寸，而不必标注公差，但应注明按基准模的实际尺寸配作，保证间隙值位于 $Z_{min} \sim Z_{max}$。这种方法多用于冲裁件的形状复杂、间隙较小的模具。

根据上述尺寸计算原则，冲裁件的凸模和凹模的尺寸及公差分布状态如图 2.9 所示。

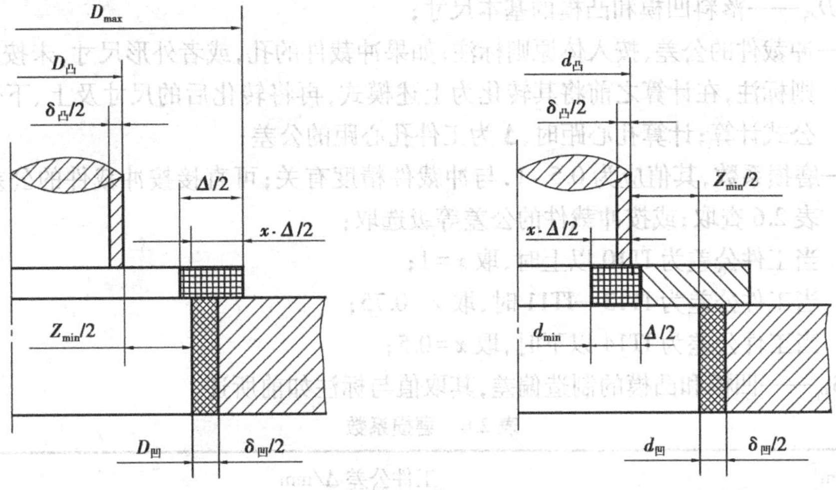

(a) 落料　　　　(b) 冲孔

图 2.9　凸模和凹模的尺寸及公差分布

2.3.2　分别加工时凸模和凹模尺寸的计算

如上所述，凸模和凹模分别加工法适用于形状简单、间隙较大的模具，因此，选用这种加工法的模具，必须同时满足两个条件：一是形状简单，主要包括圆形、矩形、方形等冲裁件模具；二是模具间隙较大，模具制造公差与间隙满足下述关系，即

$$|\delta_{凸}| + |\delta_{凹}| \leq Z_{max} - Z_{min}$$

也就是说，新制造的模具应该保证初始间隙不超过允许的变动范围 $Z_{min} \sim Z_{max}$，如图 2.10 所示，以提高模具的使用寿命。

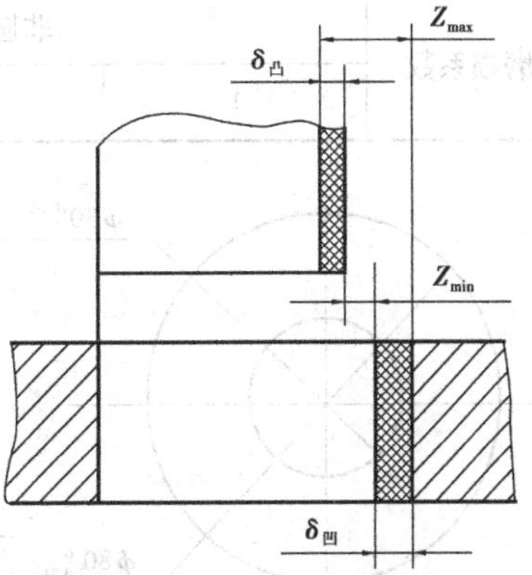

图 2.10　凸模和凹模分别加工时的间隙变动范围

(1) 冲孔模计算

设工件孔的尺寸为 $d^{+\Delta}_{0}$，则

$$d_{凸} = (d + x\Delta)^{0}_{-\delta_{凸}}$$

$$d_{凹} = (d_{凸} + Z_{min})^{+\delta_{凹}}_{0} = (d + x\Delta + Z_{min})^{+\delta_{凹}}_{0}$$

(2)**落料模计算**

设落料件的外形尺寸为 $D_{-\Delta}^{\ 0}$，则

$$D_{凹}=(D-x\Delta)_{\ 0}^{+\delta_{凹}}$$

$$D_{凸}=(D_{凹}-Z_{\min})_{-\delta_{凸}}^{\ 0}=(D-x\Delta-Z_{\min})_{-\delta_{凸}}^{\ 0}$$

(3)**孔心距计算**

当工件上需要冲制多个孔时，孔心距的尺寸精度由凹模孔心距来保证，凹模孔心距的基本尺寸取在工件孔心距公差带的中点上，按双向对称偏差标注，即

$$L_{凹}=(L_{\min}+\Delta/2)\pm\Delta/8$$

式中 $d_{凸}$，$d_{凹}$——冲孔凸模和凹模的基本尺寸；

$D_{凹}$，$D_{凸}$——落料凹模和凸模的基本尺寸；

Δ——冲裁件的公差，按入体原则标注；如果冲裁件的孔，或者外形尺寸，未按照入体原则标注，在计算之前将其转化为上述模式，再将转化后的尺寸及上、下偏差代入公式计算；计算孔心距时，Δ 为工件孔心距的公差；

x——磨损系数，其值应为 0.5~1，与冲裁件精度有关；可直接按冲裁件的公差值 Δ 由表 2.6 查取；或按冲裁件的公差等级选取：

当工件公差为 IT10 以上时，取 $x=1$；

当工件公差为 IT13—IT11 时，取 $x=0.75$；

当工件公差为 IT14 以下时，取 $x=0.5$；

$\delta_{凹}$，$\delta_{凸}$——凹模和凸模的制造偏差，其取值与标注如前所述。

表 2.6 磨损系数

材料厚度/mm	工件公差 Δ/mm				
1	≤0.16	0.17~0.35	≥0.36	<0.16	≥0.16
1~2	≤0.20	0.21~0.41	≥0.42	<0.20	≥0.20
2~4	≤0.24	0.25~0.49	≥0.50	<0.24	≥0.24
>4	≤0.30	0.31~0.59	≥0.60	<0.30	≥0.30
磨损系数	非圆形 x 值			圆形 x 值	
	1	0.75	0.5	0.75	0.5

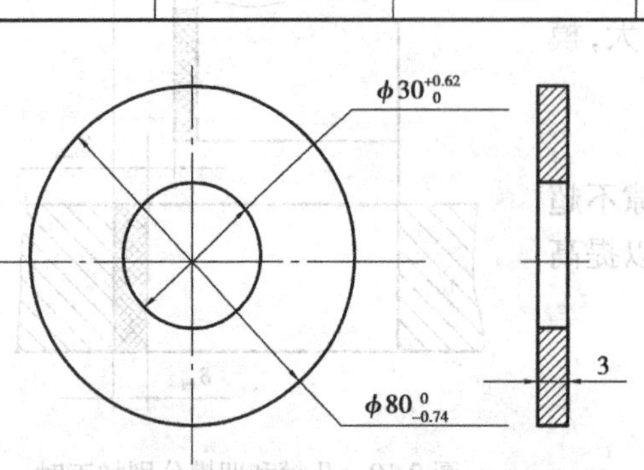

图 2.11 垫圈

例 2.1 冲制如图 2.11 所示的垫圈，材料为 Q235 钢，分别计算落料和冲孔的凸模和凹模工作部分的尺寸。

解 1)确定最大、最小间隙及其差值

该垫圈精度不高，查表 2.2 得

$$Z_{\min}=0.46\ \text{mm},$$
$$Z_{\max}=0.64\ \text{mm},$$
$$Z_{\max}-Z_{\min}=0.18\ \text{mm}$$

2)确定凸模、凹模制造偏差

落料部分：

$$\delta_{凹}=+0.03\ \text{mm},\delta_{凸}=-0.02\ \text{mm}$$

冲孔部分：

$$\delta_{凹}=+0.025\ \text{mm},\delta_{凸}=-0.02\ \text{mm}$$

3)判断分开加工的条件

落料部分：

$$|\delta_{凸}|+|\delta_{凹}|=0.05<Z_{max}-Z_{min}=0.18$$

且形状简单，满足分开加工的条件。

冲孔部分：

$$|\delta_{凸}|+|\delta_{凹}|=0.045<Z_{max}-Z_{min}=0.18$$

且形状简单，也满足分开加工的条件。

4)选取磨损系数

根据工件的形状、厚度及公差，查表2.6，得出磨损系数 x 为0.5。

5)计算落料凹模、凸模尺寸

$$D_{凹}=(D-x\Delta)^{+\delta_{凹}}_{0}=(80-0.5\times0.74)^{+0.03}_{0}\ \text{mm}=79.63^{+0.03}_{0}\ \text{mm}$$

$$D_{凸}=(D_{凹}-Z_{min})^{0}_{-\delta_{凸}}=(79.63-0.46)^{0}_{-0.02}\ \text{mm}=79.17^{0}_{-0.02}\ \text{mm}$$

6)计算冲孔凸模、凹模尺寸

$$d_{凸}=(d+x\Delta)^{0}_{-\delta_{凸}}=(30+0.5\times0.62)^{0}_{-0.02}\ \text{mm}=30.31^{0}_{-0.02}\ \text{mm}$$

$$d_{凹}=(d_{凸}+Z_{min})^{+\delta_{凹}}_{0}=(30.31+0.46)^{+0.025}_{0}\ \text{mm}=30.77^{+0.025}_{0}\ \text{mm}$$

2.3.3　配合加工时凸模和凹模尺寸的计算

复杂形状的冲裁件，或者冲裁间隙较小、难以满足分开加工条件的薄料，模具制造需要采用配合加工法。配合加工又称单配加工，这种方法模具制造公差要求低，应用较广泛。

(1)模具尺寸性质的区分

在计算复杂形状的凸模和凹模工作部分的尺寸时，往往会发现在一个凸模或凹模上，同时存在着3类不同性质的尺寸，这些尺寸需要区别对待。

第一类：凸模或凹模在磨损后会增大的尺寸。

第二类：凸模或凹模在磨损后会减小的尺寸。

第三类：凸模或凹模在磨损后基本不变的尺寸。

例如，冲裁如图2.12所示的工件，尺寸 a,b,c 对凸模来说是属于第二类尺寸，对于凹模来说则是属于第一类尺寸；尺寸 d 对于凸模来说是属于第一类尺寸，对于凹模来说则是属于第二类尺寸；尺寸 e 对于凸模和凹模来说都是属于第三类尺寸。

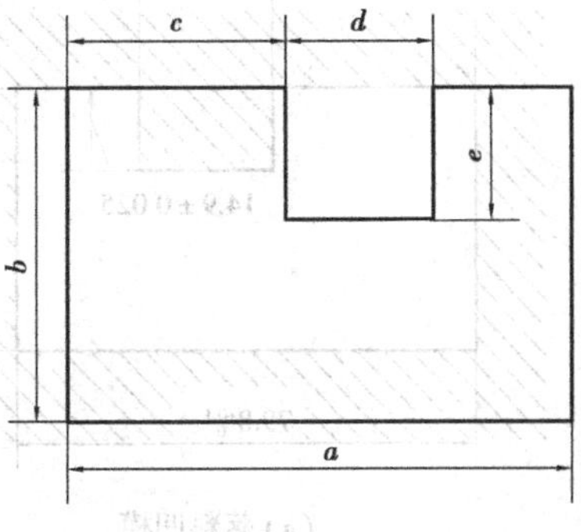

图2.12　冲裁件尺寸分类

(2)落料模计算

落料模以凹模为基准，因此，先确定凹模尺寸：

第一类尺寸＝(工件最大极限尺寸$-x\Delta$)$^{+\delta_{凹}}_{0}$

第二类尺寸=(工件最小极限尺寸+$x\Delta$)$_{-\delta_{凹}}^{\ 0}$

第三类尺寸=工件上该尺寸的中间尺寸±$\delta_{凹}/2$

凸模尺寸按凹模尺寸配制,保证双面间隙为 $Z_{max}\sim Z_{min}$。$\delta_{凹}$ 通常取 Δ 的 1/4。

(3)**冲孔模计算**

冲孔模以凸模为基准,因此,先确定凸模尺寸:

第一类尺寸=(工件最小极限尺寸+$x\Delta$)$_{-\delta_{凸}}^{\ 0}$

第二类尺寸=(工件最大极限尺寸−$x\Delta$)$_{\ 0}^{+\delta_{凸}}$

第三类尺寸=工件上该尺寸的中间尺寸±$\delta_{凸}/2$

凹模尺寸按凸模尺寸配制,保证双面间隙为 $Z_{max}\sim Z_{min}$。$\delta_{凸}$ 通常取 Δ 的 1/4。

例 2.2 计算冲裁如图 2.12 所示冲裁件的凸模和凹模尺寸。冲裁件材料为 10 钢,冲裁件的尺寸为 $a=80_{-0.40}^{\ 0}$ mm,$b=40_{-0.34}^{\ 0}$ mm,$c=35_{-0.34}^{\ 0}$ mm,$d=(22\pm0.14)$ mm,$e=15_{-0.20}^{\ 0}$ mm,厚度 $t=$ 1 mm。

解 该冲裁件属落料件,选取凹模为计算基准,只计算落料凹模尺寸及制造公差,凸模由凹模的实际尺寸按间隙要求配作。

由表 2.2 查得间隙值为 $Z_{min}=0.100$ mm,$Z_{max}=0.140$ mm。由表 2.6 查得磨损系数:尺寸 80 mm的 $x=0.5$,其余尺寸均为 $x=0.75$。

落料凹模中,a,b,c 均为第一类尺寸,d 为第二类尺寸,e 为第三类尺寸,代入不同的公式,计算为

$$a_{凹}=(80-0.5\times0.4)_{\ \ 0}^{+\left(\frac{1}{4}\right)\times0.4}\ \text{mm}=79.80_{\ 0}^{+0.1}\ \text{mm}$$

$$b_{凹}=(40-0.75\times0.34)_{\ \ 0}^{+\left(\frac{1}{4}\right)\times0.34}\ \text{mm}=39.75_{\ \ 0}^{+0.085}\ \text{mm}$$

$$c_{凹}=(35-0.75\times0.34)_{\ \ 0}^{+\left(\frac{1}{4}\right)\times0.34}\ \text{mm}=34.75_{\ \ 0}^{+0.085}\ \text{mm}$$

$$d_{凹}=(22-0.14+0.75\times0.28)_{-\left(\frac{1}{4}\right)\times0.28}^{\ 0}\ \text{mm}=22.07_{-0.07}^{\ \ 0}\ \text{mm}$$

$$e_{凹}=(15-0.1)\pm(1/8)\times0.2\ \text{mm}=(14.90\pm0.025)\ \text{mm}$$

落料凸模的基本尺寸与凹模相同,分别是 79.80 mm,39.75 mm,34.75 mm,22.07 mm,14.90 mm,与凹模现场配制的间隙范围为 0.10~0.14 mm。落料凸、凹模尺寸如图 2.13 所示。

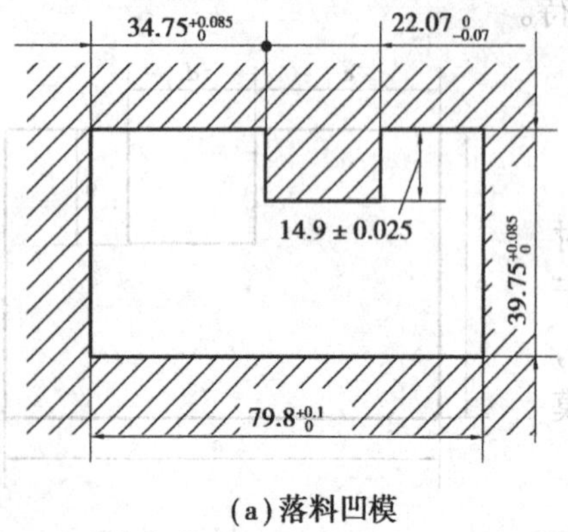

(a)落料凹模

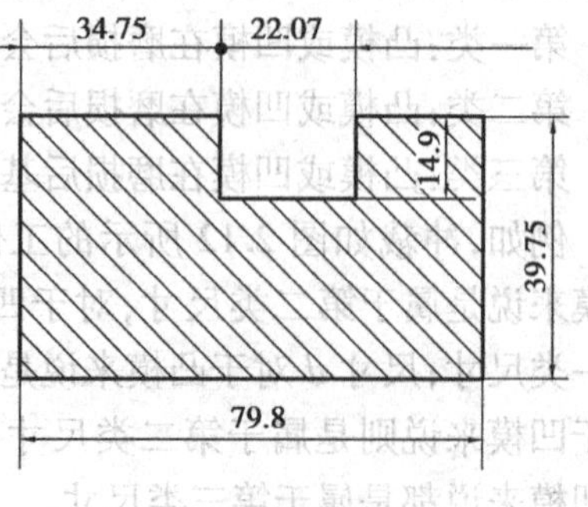

(b)落料凸模

图 2.13 落料凸、凹模尺寸

2.4　冲裁力的计算

2.4.1　冲裁力的计算

冲裁力是指落料或冲孔时材料对凸模的最大抵抗力，也就是压力机此时应具有的最小压力。冲裁力是选择压力机和设计模具强度的主要依据。

在冲裁过程中，冲裁力的大小是不断变化的，如图 2.14 所示。*AB* 段为弹性变形阶段，板料上的冲裁力随凸模的下压直线增加；*BC* 段为塑性变形阶段，冲裁力在 *C* 点达到最大值，此时产生裂纹；*CD* 是断裂阶段。到达 *D* 点，上、下裂纹重合，板料已经分离。*DE* 所用的压力，仅是克服摩擦阻力，推出已分离的料。冲裁力是指板料作用在凸模上的最大抗力，用出现裂纹时（即图中的 *C* 点）板料内剪切变形区的切应力作为材料的抗剪强度 τ（MPa）。

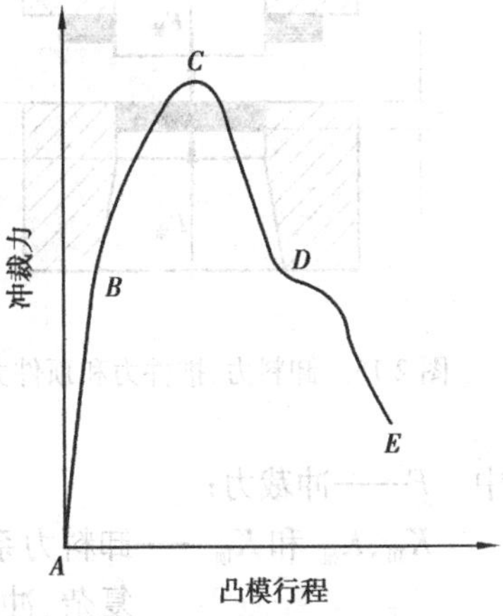

图 2.14　冲裁力变化曲线

普通平刃口冲裁的冲裁力 F(N) 为

$$F = KLt\tau$$

式中　L——冲裁轮廓线长度，mm；

t——板料厚度，mm；

K——安全系数，是考虑到刃口钝化、间隙不均匀、材料力学性能与厚度波动等因素而增加的，通常取 1.3；

τ——材料的抗剪强度，MPa。

一般情况下，材料的抗拉强度 σ_b 与抗剪强度 τ 的关系为 $\sigma_b \approx 1.3\tau$，因此，冲裁力算为

$$F = Lt\sigma_b$$

当板料较厚或冲裁件较大，所产生的冲裁力过大或压力机吨位不够时，可采用以下 3 种方法来降低冲裁力：

（1）加热冲裁

将材料加热后冲裁，可大大降低其抗剪强度。钢材加热到 700～900 ℃，冲裁力只及常温的 1/3，甚至更小。

（2）斜刃冲裁

将凸模或凹模刃口制成斜刃口，整个刃口不是与冲裁件周边同时接触，而是逐步切入，以减小冲裁力。落料时，应将斜刃制作在凹模上，冲孔时应将斜刃制作在凸模上。刃口倾斜程度越大，冲裁力越小，但凸模需进入凹模越深，板料的弯曲较严重，因此，倾斜高度一般为 (1～2)t。

（3）阶梯冲裁

在多凸模冲裁时，将凸模设计成不同高度，采用阶梯布置，使各个凸模接触材料、完成冲裁的时间顺序有先有后，冲裁力最大值不同时出现，从而降低某瞬时的总冲裁力。

2.4.2 卸料力、推件力和顶件力的计算

冲裁后材料的弹性恢复,使落件或冲孔废料卡紧在凹模型孔内,板料紧箍在凸模上。为了使冲裁继续进行,必须将紧箍在凸模上的板料卸下,将卡紧在凹模内的工件或废料向下推出或向上顶出。

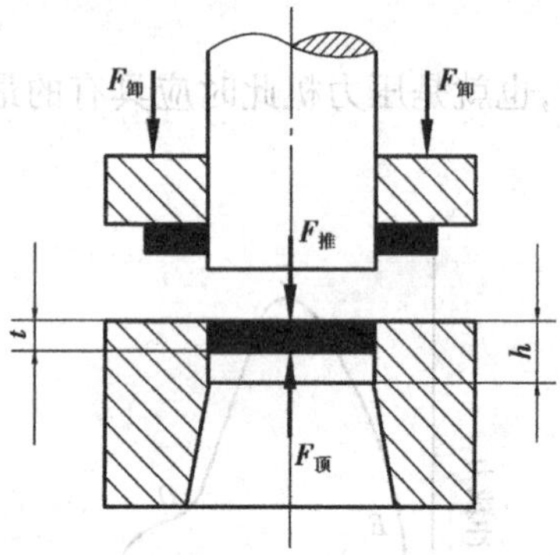

图 2.15 卸料力、推件力和顶件力

从凸模上卸下板料所需的力,称为卸料力 $F_{卸}$;从凹模内向下推出工件或废料所需的力,称为推件力 $F_{推}$;从凹模内向上顶出工件或废料所需的力,称为顶件力 $F_{顶}$,如图 2.15 所示。

$F_{卸}$,$F_{推}$ 和 $F_{顶}$ 与冲件轮廓的大小和形状、冲裁间隙、材料种类和厚度、润滑情况、凹模洞口形状等因素有关。在实际生产中,常用下列经验公式计算,即

$$F_{卸} = K_{卸} F$$

$$F_{推} = nK_{推} F$$

$$F_{顶} = K_{顶} F$$

式中 F——冲裁力;

$K_{卸}$,$K_{推}$ 和 $K_{顶}$——卸料力系数、推件力系数、顶件力系数,由表 2.7 查取;当冲裁件形状复杂、冲裁间隙较小、润滑较差、材料强度高时,应取较大的值;反之,则应取较小的值;

n——滞留在凹模内的冲件数,$n=h/t$(h 为凹模洞口直壁的高度,t 为料厚)。

表 2.7 卸料力、推件力和顶件力系数

料厚/mm		$K_{卸}$	$K_{推}$	$K_{顶}$
钢	≤0.1	0.06~0.09	0.1	0.14
	>0.1~0.5	0.04~0.07	0.065	0.08
	>0.5~2.5	0.025~0.06	0.05	0.06
	>2.5~6.5	0.02~0.05	0.045	0.05
	>6.5	0.015~0.04	0.025	0.03
铝、铝合金		0.03~0.08	0.03~0.07	
紫铜、黄铜		0.02~0.06	0.03~0.09	

注:卸料力系数 $K_{卸}$ 在冲多孔、大搭边和轮廓复杂时取上限值。

$F_{卸}$ 与 $F_{顶}$ 是选择卸料装置与弹顶器的橡皮或弹簧的依据。

在计算冲裁所需的总冲压力 $F_{总}$时,需要根据模具的具体结构,对 $F_{卸}$,$F_{推}$和 $F_{顶}$进行取舍。

采用弹压卸料装置和自然漏料方式时

$$F_{总} = F + F_{卸} + F_{推}$$

采用弹压卸料装置和弹性顶件装置时

$$F_{总} = F + F_{卸} + F_{顶}$$

采用刚性卸料装置和自然漏料方式时

$$F_{总} = F + F_{推}$$

2.4.3　模具压力中心的确定

冲压力合力的作用点称为模具的压力中心。对于中小型模具,压力中心必须与模柄中心线大体重合;对于大型模具,压力中心必须位于压力机滑块中心线附近的允许范围内,否则,滑块就会因偏心载荷而歪斜。这会引起凸、凹模间隙不均,造成刃口和其他零件的损坏,降低模具寿命,甚至损坏模具;还会加剧压力机导轨和模具的不正常磨损,影响压力机精度和寿命。

压力中心计算时,采用力矩平衡原则,即合力对某轴之力矩等于各分力对同轴的力矩之和。在假设冲裁力沿冲裁刃口均匀布置(板材厚度及抗剪强度相等)的条件下,用冲裁轮廓线的尺寸大小来代替冲裁力的大小。

形状简单而对称的工件,如圆形、正多边形、矩形等,冲裁的压力中心就是冲裁件的几何中心。形状复杂的工件、多凸模冲裁的压力中心则用解析法或作图法来确定。表 2.8 列出了单凸模复杂形状冲裁、多凸模冲裁解析法计算压力中心的公式。

表 2.8　冲裁模压力中心计算

简　图	计算公式	说　明
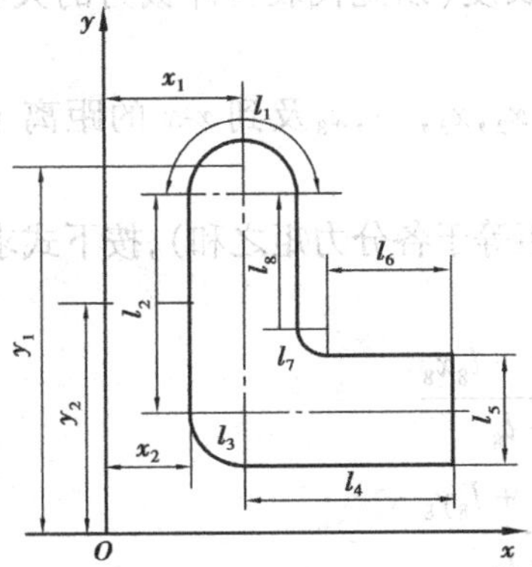	$x=\dfrac{l_1x_1+l_2x_2+\cdots+l_nx_n}{l_1+l_2+\cdots+l_n}$ $y=\dfrac{l_1y_1+l_2y_2+\cdots+l_ny_n}{l_1+l_2+\cdots+l_n}$	视冲裁力为均布线载荷,(x_1,y_1)为刃口段 l_1 的合力中心坐标,其余类推 (x,y)为压力中心坐标
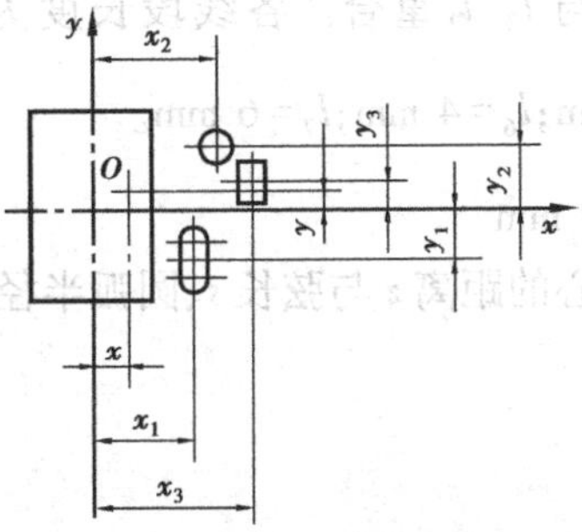	$x=\dfrac{L_1x_1+L_2x_2+\cdots+L_nx_n}{L_1+L_2+\cdots+L_n}$ $y=\dfrac{L_1y_1+L_2y_2+\cdots+L_ny_n}{L_1+L_2+\cdots+L_n}$	(x_1,y_1)为已知图形的冲裁合力中心坐标,L_1 为相应图形的刃口周边长,其余类推 (x,y)为压力中心坐标

冲裁模压力中心的计算示例如下:

(1)单凸模复杂形状冲裁时,压力中心计算过程

①按比例画出凸模工作部分剖面的轮廓图,并标出基本尺寸,如图2.16所示。

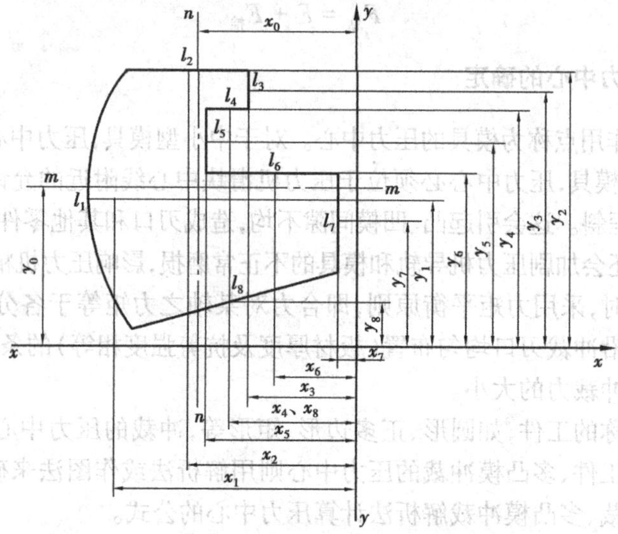

图2.16 复杂形状单凸模压力中心计算示例

②在轮廓内外任意距离处选定计算坐标系。

③将轮廓线分成若干基本线段,计算各基本线段的长度(以此代表各冲裁力的大小)l_1,l_2,l_3,…,l_8。

④计算基本线段重心位置到坐标轴 y-y 的距离 $x_1,x_2,x_3,\cdots,x_8$ 及到 x-x 的距离 $y_1,y_2,y_3,\cdots,y_8$。

⑤根据力矩平衡原理(对同一轴线各分力之和的力矩等于各分力矩之和),按下式求出压力中心到 y-y 轴的距离 x_0 和 x-x 轴的距离 y_0。即

$$x_0 = \frac{l_1x_1 + l_2x_2 + l_3x_3 + \cdots + l_8x_8}{l_1 + l_2 + l_3 + \cdots + l_8}$$

$$y_0 = \frac{l_1y_1 + l_2y_2 + l_3y_3 + \cdots + l_8y_8}{l_1 + l_2 + l_3 + \cdots + l_8}$$

例2.3 冲制如图2.17所示的工件,求其压力中心。

解 将工件轮廓分为7段,坐标轴 x-x 和 y-y 分别与 l_3,l_1 重合。各线段长度为:$l_1=12.5$ mm;$l_2=21.5$ mm;$l_3=28$ mm;$l_4=4$ mm;$l_5=\frac{\pi R}{2}=3.9$ mm;$l_6=4$ mm;$l_7=6$ mm。

$$l_1 + l_2 + l_3 + \cdots + l_7 = 79.9 \text{ mm}$$

各直线段的重心在线段的中心点,而圆弧的重心到圆心的距离 z 与弦长 s、圆弧半径 R、弧长 b 的关系为

$$z = R\frac{\sin\alpha}{\alpha} = R\frac{s}{b}$$

此处,圆心角为$\frac{\pi}{2}$rad(见图2.18),因此有 $s=\sqrt{2}R$,$b=\frac{\pi R}{2}$;

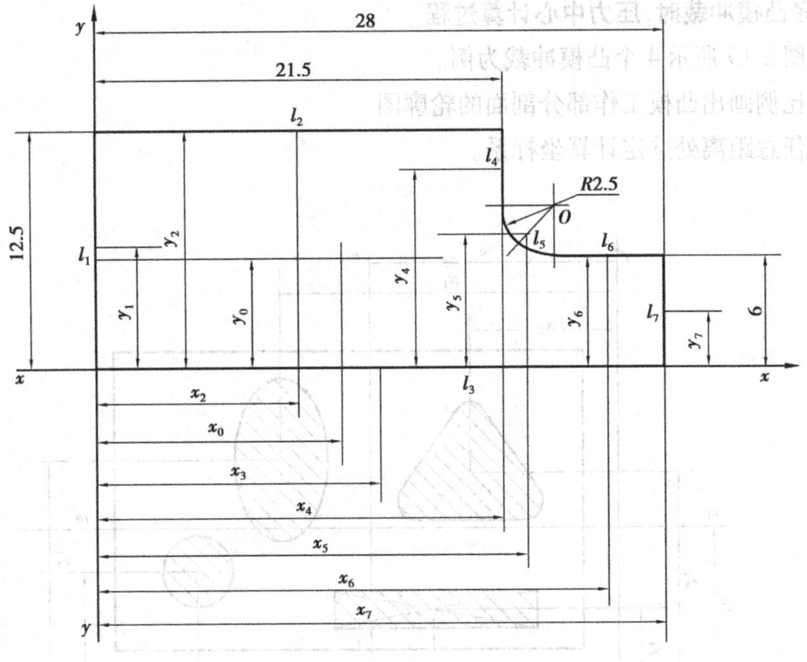

图 2.17　冲裁工件压力中心计算

求得

$$z = \frac{2\sqrt{2}}{\pi}R = 0.9R = 2.25\ \text{mm}$$

转化到 x,y 坐标轴方向时

$$OE = OF = z\sin\frac{\pi}{4} = 2.25\sin\frac{\pi}{4} \approx 1.6\ \text{mm}$$

因此，各线段重心为

$x_1 = 0\ \text{mm}, x_2 = 10.7\ \text{mm}, x_3 = 14\ \text{mm}$,

$x_4 = 21.5\ \text{mm}, x_5 = 24\ \text{mm} - 1.6\ \text{mm} = 22.4\ \text{mm}$,

$x_6 = 26\ \text{mm}, x_7 = 28\ \text{mm}$

$y_1 = 6.25\ \text{mm}, y_2 = 12.5\ \text{mm}, y_3 = 0\ \text{mm}$,

$y_4 = 10.5\ \text{mm}, y_5 = 8.5\ \text{mm} - 1.6\ \text{mm} = 6.9\ \text{mm}$,

$y_6 = 6\ \text{mm}, y_7 = 3\ \text{mm}$

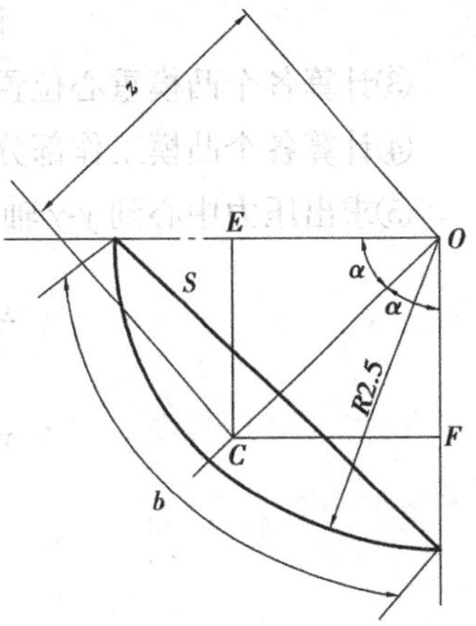

图 2.18　圆弧重心的确定

代入关系式，得出工件压力中心的坐标为

$$x_0 = \frac{12.5\times 0 + 21.5\times 10.7 + 28\times 14 + 4\times 21.5 + 3.9\times 22.4 + 4\times 26 + 6\times 28}{79.9}\ \text{mm}$$

$$= 13.3\ \text{mm}$$

$$y_0 = \frac{12.5\times 6.25 + 21.5\times 12.5 + 28\times 0 + 4\times 10.5 + 3.9\times 6.9 + 4\times 6 + 6\times 3}{79.9}\ \text{mm}$$

$$= 5.7\ \text{mm}$$

(2)**多凸模冲裁时,压力中心计算过程**

以如图 2.19 所示 4 个凸模冲裁为例。

①按比例画出凸模工作部分剖面的轮廓图。

②在任意距离处选定计算坐标系。

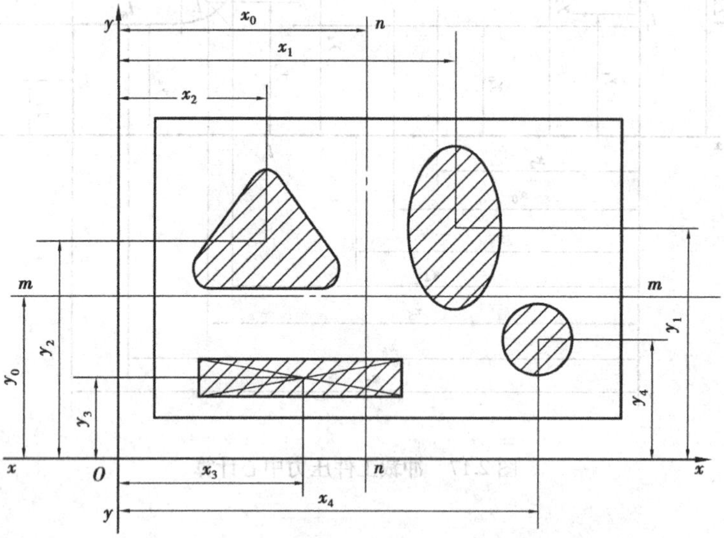

图 2.19 多凸模冲裁压力中心计算示例

③计算各个凸模重心位置到坐标轴 y-y 的距离 x_1,x_2,x_3,x_4 及到 x-x 的距离 y_1,y_2,y_3,y_4。

④计算各个凸模工作部分剖面轮廓的周长 L_1,L_2,L_3,L_4。

⑤求出压力中心到 y-y 轴的距离 x_0 和 x-x 轴的距离 y_0。即

$$x_0 = \frac{L_1x_1 + L_2x_2 + L_3x_3 + \cdots + L_8x_8}{L_1 + L_2 + L_3 + \cdots + L_8}$$

$$y_0 = \frac{L_1y_1 + L_2y_2 + L_3y_3 + \cdots + L_8y_8}{L_1 + L_2 + L_3 + \cdots + L_8}$$

2.5 冲裁工件的排样

冲裁件在条料上的布置方法称为排样。合理排样是降低成本、保证制件质量和提高模具寿命的有效措施。

如图 2.20 所示的冲裁件,它可以有许多排样方法。图 2.20 中列出了 5 种排样方案。

方案 1:直排。从 1 420 mm×710 mm 整块板料上,剪裁 42 次,剪成宽 33 mm 的条料 43 条,每条冲 64 件,共可冲 2 752 件。

方案 2:斜对排。剪裁 46 次,剪成宽 30.5 mm 的条料 46 条,每条冲 62 件,共可冲 2 852 件。冲裁时,要翻转条料或要用双落料凸模的冲模。

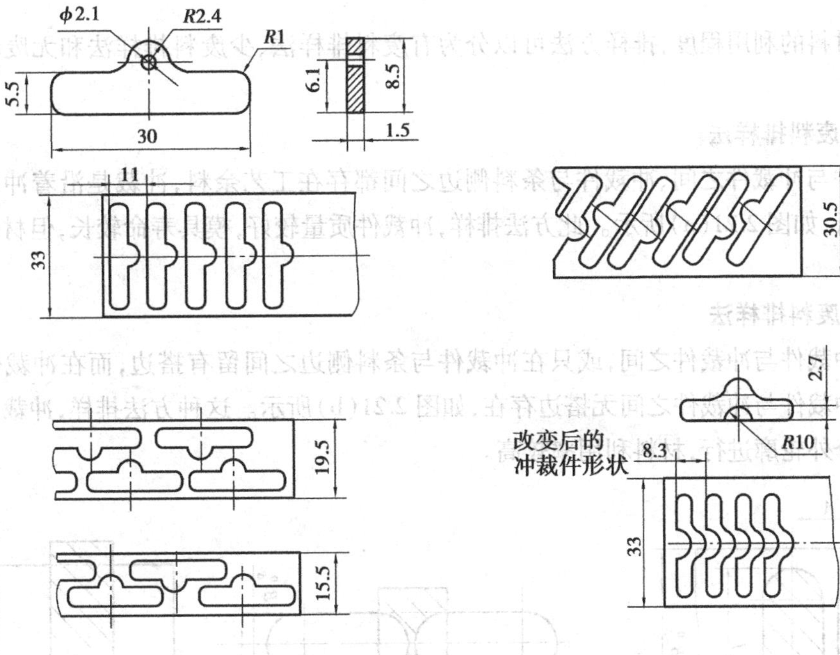

图 2.20　冲裁件的多种排样设计

方案 3:直对排。剪裁 72 次,剪成宽 19.5 mm 的条料 72 条,每条冲 44 件,共可冲 3 168 件,也要翻转条料或用双凸模冲模。

方案 4:另一种直对排。剪裁 91 次,剪成宽 15.5 mm 的条料 91 条,每条冲 35 件,由于废料部分更少,共可冲 3 185 件。

方案 5:在保证冲件使用性能的前提下,适当改变冲裁件形状,仍采用直排,剪裁 42 次,剪成宽 33 mm 的条料 43 条,每条冲 85 件,共可冲 3 655 件。

从这个例子中可知,排样涉及材料利用率、操作方式和模具结构,是冲压工艺设计的重要内容之一。

2.5.1　排样原则

①提高材料利用率。冲裁件生产批量常常很大,材料利用率是一项很重要的经济指标,所以材料费用常会占冲件总成本的 60%以上。提高材料利用率主要应从减少工艺废料着手,设计出合理的排样方案。

②操作方便、安全,减轻工人的劳动强度。条料在冲裁过程中翻动要少,在材料利用率相同或相近时,应尽可能选条料宽、进距小的排样方法。

③模具结构简单、寿命较高。

④保证冲裁件的质量和制件对板料纤维方向的要求。

排样设计的内容包括:选择排样方法;确定搭边的数值;计算条料宽度及送料步距;画出排样图;核算材料的利用率。

2.5.2 排样方法

根据材料的利用程度，排样方法可以分为有废料排样法、少废料排样法和无废料排样法3种。

(1)**有废料排样法**

冲裁件与冲裁件之间、冲裁件与条料侧边之间都存在工艺余料，冲裁是沿着冲裁件的封闭轮廓进行，如图2.21(a)所示。此方法排样，冲裁件质量较好，模具寿命较长，但材料利用率较低。

(2)**少废料排样法**

只在冲裁件与冲裁件之间，或只在冲裁件与条料侧边之间留有搭边，而在冲裁件与条料侧边或在冲裁件与冲裁件之间无搭边存在，如图2.21(b)所示。这种方法排样，冲裁只沿着冲裁件的部分外轮廓进行，材料利用率较高。

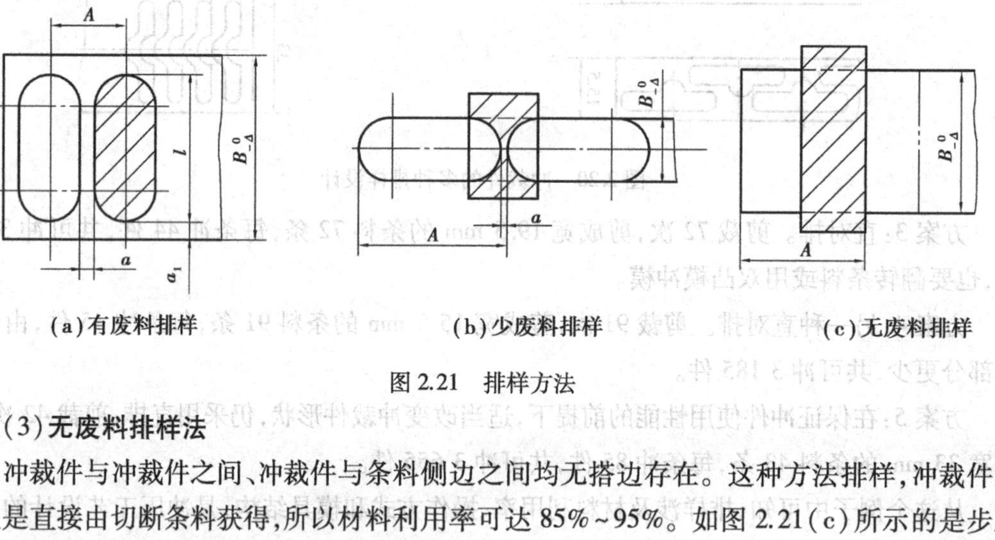

图2.21 排样方法

(3)**无废料排样法**

冲裁件与冲裁件之间、冲裁件与条料侧边之间均无搭边存在。这种方法排样，冲裁件实际上是直接由切断条料获得，所以材料利用率可达85%~95%。如图2.21(c)所示的是步距为2倍工件宽度的一模两件无废料排样。

采用少、无废料排样法，材料利用率高，但条料本身的宽度公差、条料导向与定位所产生的误差都会直接影响冲裁件尺寸，使冲裁件的精度降低；同时，模具因单面受力而加快磨损，寿命降低。为此，排样时必须全面权衡利弊。

2.5.3 排样方式

冲裁件在条料上的布置方式主要有直排、斜排、对排、多排及混合排等，见表2.9。可根据不同的冲裁件形状加以选用，形状较复杂的冲裁件，要采用多方案比较，从中选择一个比较合理的方案设计排样图。

表2.9　排样方式

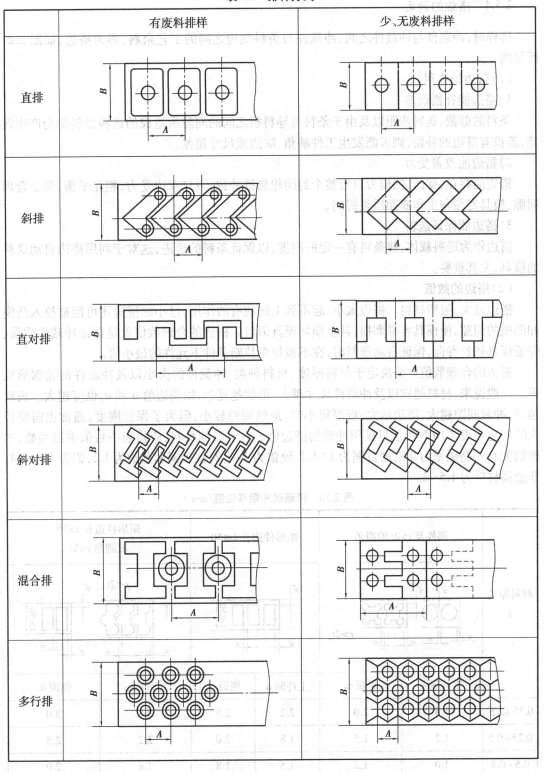

	有废料排样	少、无废料排样
直排	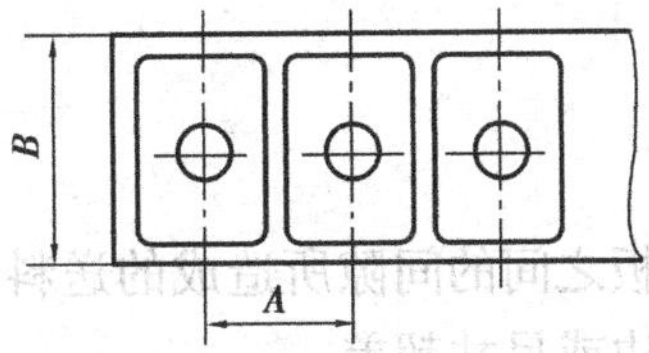	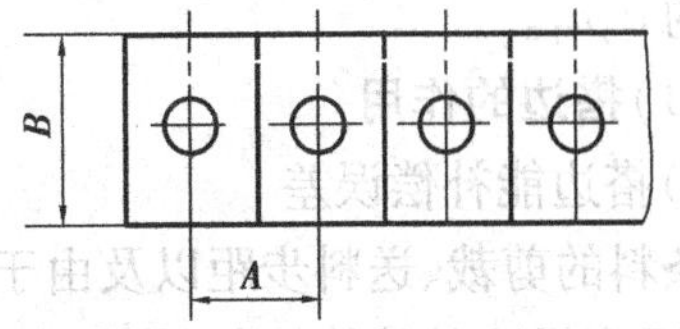
斜排	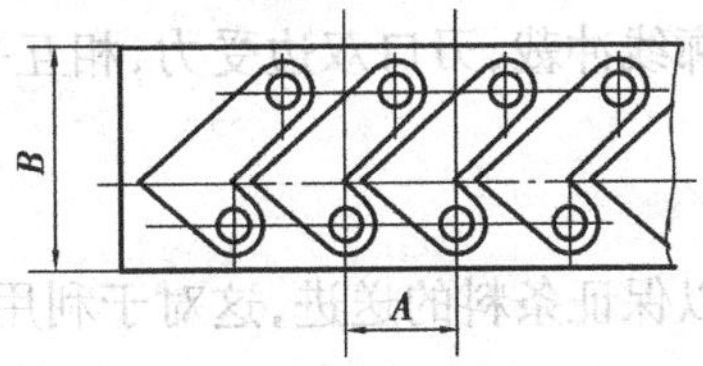	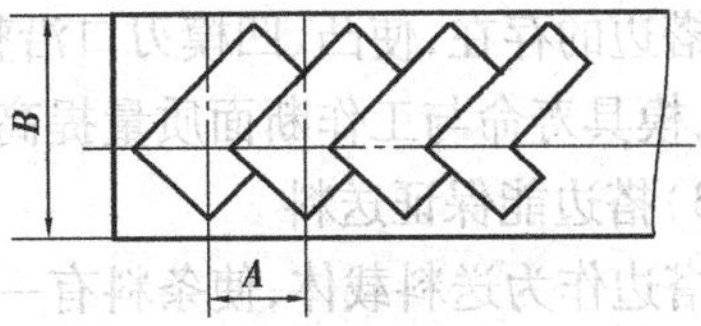
直对排	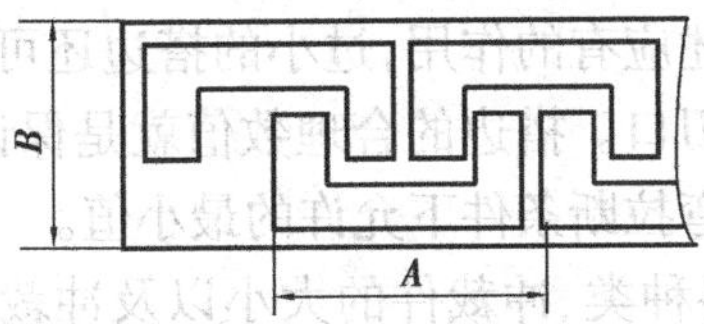	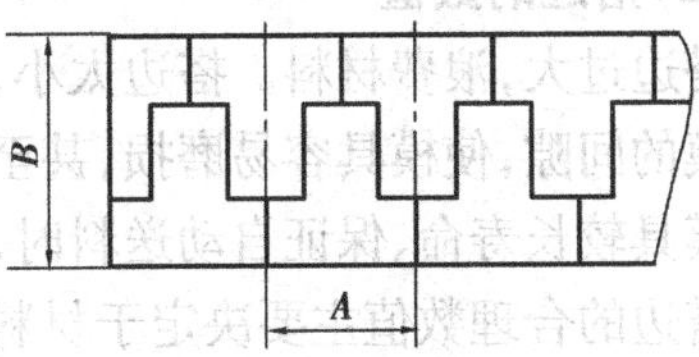
斜对排	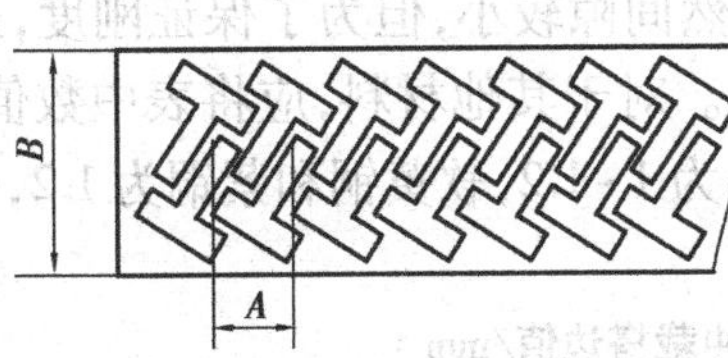	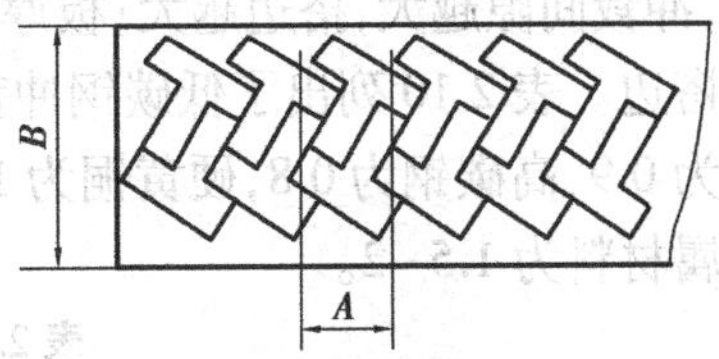
混合排	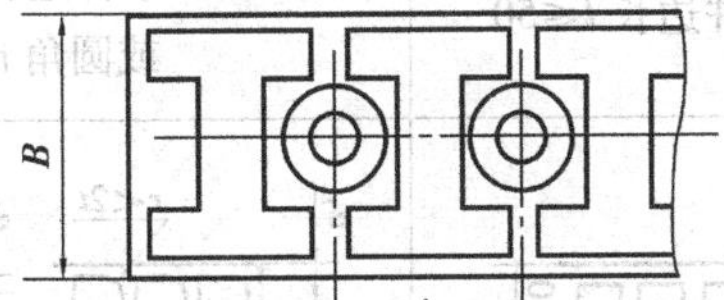	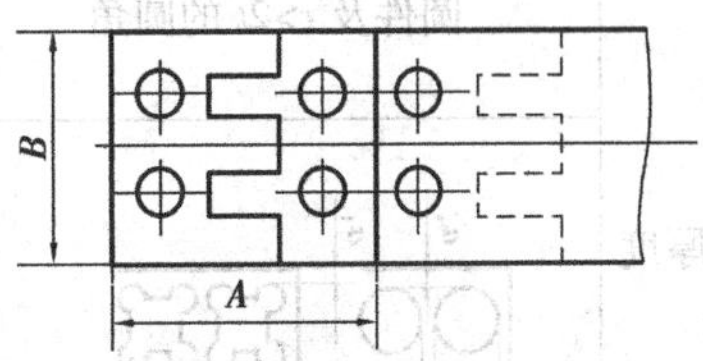
多行排	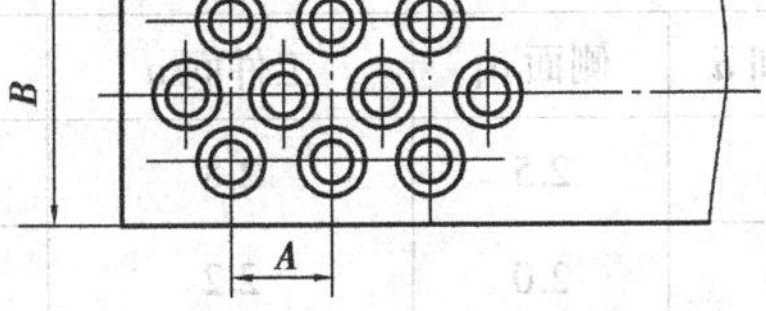	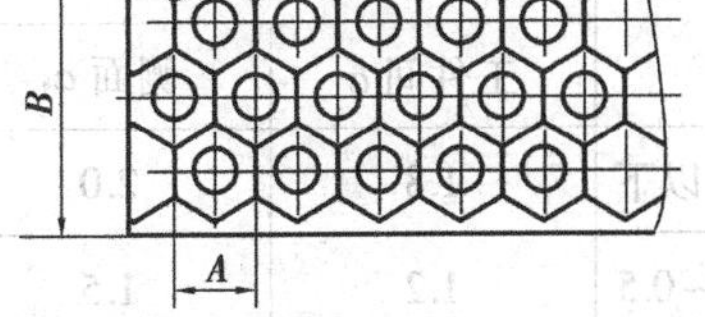

2.5.4 搭边的确定

排样时，冲裁件与冲裁件之间、冲裁件与条料侧边之间的工艺余料，称为搭边，如图 2.21 所示的 a，a_1。

（1）搭边的作用

1）搭边能补偿误差

条料的剪裁、送料步距以及由于条料与导料板之间的间隙所造成的送料歪斜都会产生误差，若没有搭边的补偿，则可能发生工件缺角、缺边或尺寸超差。

2）搭边能改善受力

搭边的存在，使凸、凹模刃口沿整个封闭轮廓线冲裁，刃口双边受力，相互平衡，保证合理间隙，模具寿命与工作断面质量提高。

3）搭边能保证送料

搭边作为送料载体，使条料有一定的刚度，以保证条料的送进，这对于利用搭边自动送料的模具，尤其重要。

（2）搭边的数值

搭边过大，浪费材料。搭边太小，起不到上述应有的作用，过小的搭边还可能被拉入凸模和凹模的间隙，使模具容易磨损，甚至损坏模具刃口。搭边的合理数值就是保证冲裁件质量、保证模具较长寿命、保证自动送料时，在不被拉弯拉断条件下允许的最小值。

搭边的合理数值主要决定于材料厚度、材料种类、冲裁件的大小以及冲裁件的轮廓形状等。一般说来，材料越软以及冲裁件尺寸越大，形状越复杂，则搭边值 a 和 a_1 也应越大。板料越厚，冲裁间隙越大，搭边越大；板厚很小时，虽然间隙较小，但为了保证刚度，通常也需要较大的搭边。表 2.10 列出了低碳钢冲裁的搭边值。对于其他材料，应将表中数值乘以系数：中碳钢为 0.9，高碳钢为 0.8，硬黄铜为 1~1.1，硬铝为 1~1.2，软黄铜和紫铜为 1.2，铝为 1.3~1.4，非金属材料为 1.5~2。

表 2.10 低碳钢冲裁搭边值/mm

材料厚度 t	圆件及 $r>2t$ 的圆角		矩形件边长 $l \leqslant 50$		矩形件边长 $l>50$ 或圆角 $r<2t$	
	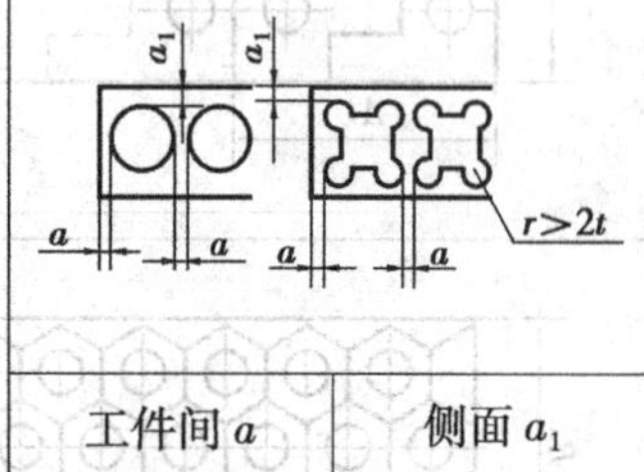		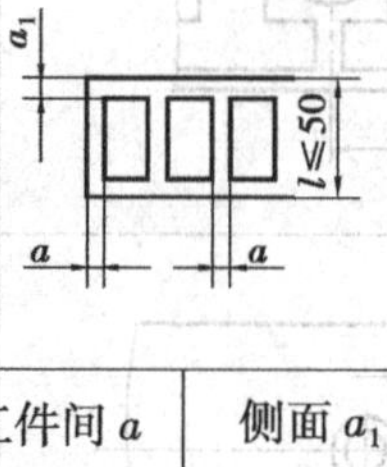		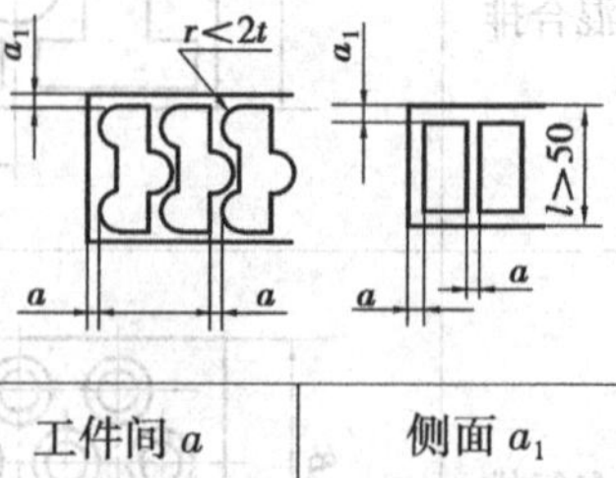	
	工件间 a	侧面 a_1	工件间 a	侧面 a_1	工件间 a	侧面 a_1
0.25 以下	1.8	2.0	2.2	2.5	2.8	3.0
0.25~0.5	1.2	1.5	1.8	2.0	2.2	2.5
0.5~0.8	1.0	1.2	1.5	1.8	1.8	2.0

续表

材料厚度 t	圆件及 $r>2t$ 的圆角		矩形件边长 $l\leqslant 50$		矩形件边长 $l>50$ 或圆角 $r<2t$	
	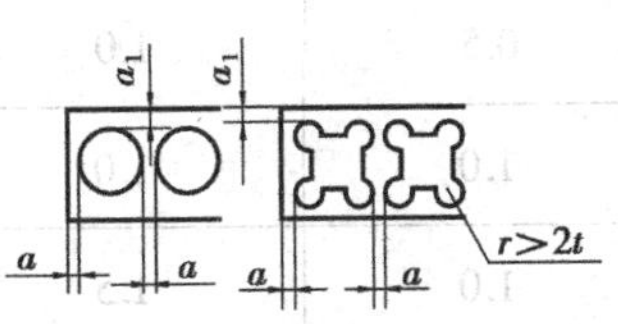		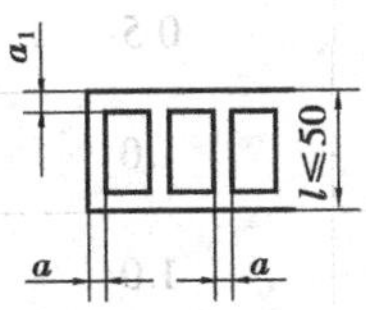		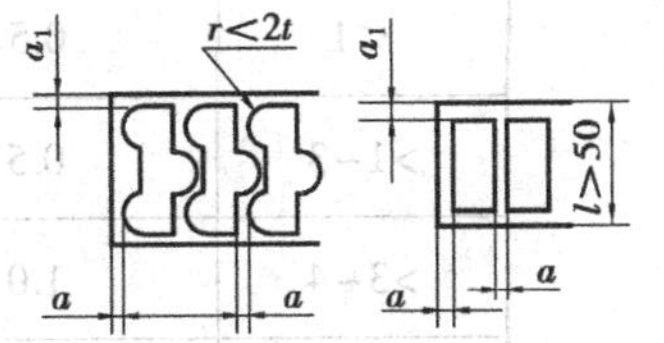	
	工件间 a	侧面 a_1	工件间 a	侧面 a_1	工件间 a	侧面 a_1
0.8~1.2	0.8	1.0	1.2	1.5	1.5	1.8
1.2~1.5	1.0	1.2	1.5	1.8	1.8	2.0
1.6~2.0	1.2	1.5	1.8	2.0	2.0	2.2
2.0~2.5	1.5	1.8	2.0	2.2	2.2	2.5
2.5~3.0	1.8	2.2	2.2	2.5	2.5	2.8
3.0~3.6	2.2	2.5	2.5	2.8	2.8	3.2
3.5~4.0	2.5	2.8	2.8	3.2	3.2	3.5
4.5~5.0	3.0	3.5	3.5	4.0	4.0	4.5
5.0~12	$0.6t$	$0.7t$	$0.7t$	$0.8t$	$0.8t$	$0.9t$

2.5.5　送料步距和条料宽度的计算

选定排样方法和确定搭边值之后，就要计算送料步距和条料宽度，这样才能画出排样图。

(1)送料步距

条料在模具上每次送进的距离称为送料步距(简称步距或进距)。每个步距可冲出一个零件，也可冲出几个零件。送料步距的大小应为条料上两个对应冲裁件的对应点之间的距离。如图2.21(a)所示，每次只冲一个零件，步距 A 的计算公式为

$$A = D + a$$

式中　D——平行于送料方向的冲裁件宽度；

a——冲裁件之间的搭边值。

(2)条料宽度

条料是由板料剪裁下料而得，为保证送料顺利，规定条料剪裁的上偏差为零，下偏差为负值($-\Delta$)，Δ 的取值可参照表2.11。条料在模具上送进时一般都有导向，当使用导料板导向而又无侧压装置时，在宽度方向也会产生送料误差。因此，计算条料宽度 B 时，应保证在这两种误差的影响下，仍能保证在冲裁件与条料侧边之间有一定的搭边值 a_1。

表 2.11　条料宽度的下偏差 Δ/mm

条料厚度	条料宽度			
	≤50	>50~100	>100~200	>200~400
≤1	0.5	0.5	0.5	1.0
>1~3	0.5	1.0	1.0	1.0
>3~4	1.0	1.0	1.0	1.5
>4~6	1.0	1.0	1.5	2.0

当导料板之间有侧压装置时，或用手将条料紧贴单边导料板（或两个单边导料销）时，如图 2.22 所示，设冲裁件与送料方向垂直的最大尺寸为 D，条料宽度按下式计算，即

$$B = (D + 2a_1 + \Delta)_{-\Delta}^{\ 0}$$

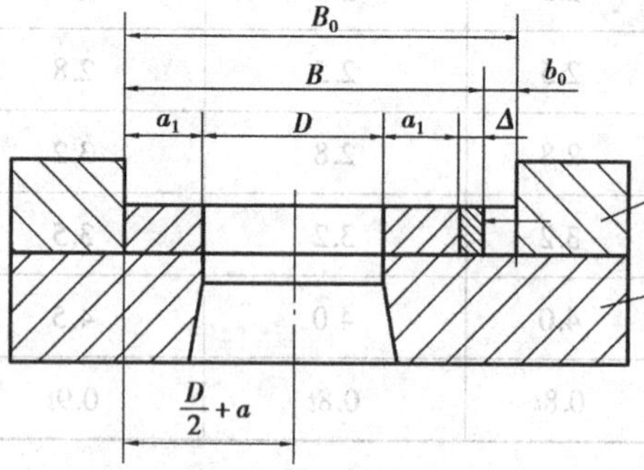

图 2.22　有侧压的条料宽度
1—导料板；2—凹模

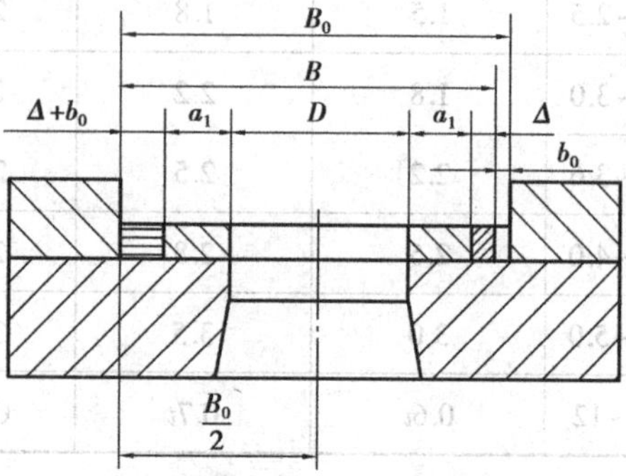

图 2.23　无侧压的条料宽度

当条料在无侧压装置的导料板之间送料时，条料与导料板之间可能存在间隙 b_0（b_0 的取值参见表 2.12），如图 2.23 所示，此时的条料宽度应为

$$B = (D + 2a_1 + 2\Delta + b_0)_{-\Delta}^{\ 0}$$

表 2.12　条料与导料板之间的间隙 b_0/mm

条料厚度	无侧压装置			有侧压装置	
	条料宽度				
	≤100	>100~200	>200~300	≤100	>100
≤1	0.5	0.5	1	5	8
>1~5	0.8	1	1	5	8

此宽度的条料不论靠向哪一边，即使是最小的极限尺寸（即 $B-\Delta$），仍能保证冲裁时的搭边值 a_1。

（3）**条料的裁剪方向**

条料是由板料剪裁而得，宽度一经决定，就可以裁板。板料一般为长方形，但存在平行轧制方向的纵向和垂直轧制方向的横向，因此，裁板时也就有沿轧制方向的纵裁和垂直轧制方向的横裁，如图 2.24 所示。

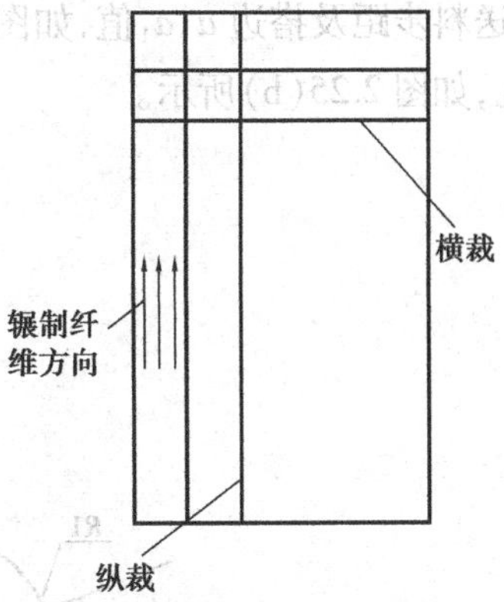

图 2.24　板料的纵裁和横裁

纵裁时，裁板次数少，条料长度较长，冲压时调换条料次数少，工人操作方便，生产效率较高，通常情况下应尽可能纵裁，但纵裁的条料太长而移动不便时，或条料太重（超过 12 kg）而使工人劳动强度太大时，或横裁的板料利用率显著高于纵裁时，或纵裁不能满足弯曲件坯料对纤维方向要求时，需要采用横裁。

2.5.6　材料的利用率

材料利用率是衡量排样经济性和合理性的主要指标，通常是以一个步距内零件的实际面积与所用毛坯面积的百分率来表示，即

$$\eta = \frac{S_1}{S_0} \times 100\% = \frac{S_1}{AB} \times 100\%$$

式中　S_1——一个步距内零件的实际面积；

S_0——一个步距内所需毛坯面积，为送料步距 A 与条料宽度 B 的乘积。

准确的利用率，还应考虑料头、料尾及裁板时边料消耗情况，此时条料的总利用率 η_0 为

$$\eta_0 = \frac{ns_2}{LB} \times 100\%$$

式中　n——条料上实际冲裁的零件数；

L——条料长度；

B——条料宽度；

S_2——一个零件的实际面积。

冲裁所产生的废料可分为两种：一种是由于制件的各种内孔产生的废料，称设计废料，它决定于制件的形状；另一种来源于搭边以及不可避免的料头和料尾，称工艺废料，它决定于制件的冲压方法和排样方式。要提高材料利用率，主要应从减少工艺废料着手，即设计合理的排样方案，选择合适的板料规格及合理的裁料法，利用废料冲制小件等，也可在不影响设计要求的前提下，改变零件结构。

2.5.7　排样图

最终的排样设计用排样图表达，它是编制冲压工艺和设计模具的重要工艺文件，一张完整的模具装配图在其右上角应画出冲裁件图及排样图。在排样图上应标注条料宽度及其公

差、送料步距及搭边 a,a_1 值，如图 2.25 所示。排样图中，冲裁件只需画出外形，而不需要画出内孔，如图 2.25(b)所示。

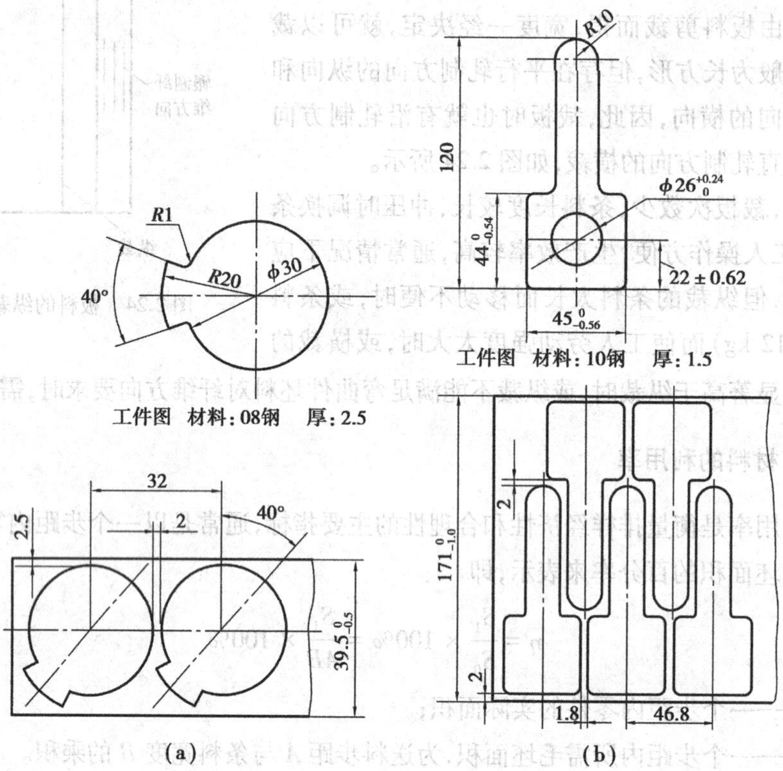

图 2.25　排样图示例

采用斜排方法排样时，还应注明倾斜角度的大小。必要时，还可用双点画线画出条料在送料时定位元件的位置。对有纤维方向要求的排样图，则应用箭头表示条料的纹向。

2.6　冲裁模的典型结构

冲裁模是从条料、带料或半成品上使材料沿规定轮廓产生分离的模具。冲裁模按工序性质，可分为落料模、冲孔模、切边模、切口模、切断模及剖切模；按工序的组合程度，可分为单工序模、复合模和连续模；按凸模、凹模的布置位置，可分为正装模和倒装模；按导向方式，可分为无导向的开式模和有导向的导板模、导柱模、滚珠导柱模等。

2.6.1　单工序模

压力机在一次冲压行程中只完成一道工序的模具称为单工序模，也称为简单模，是一种单工位、单工序的模具，其特点是模具结构简单，但生产率低、冲压件累积误差较大，主要用于批量不大、精度要求不高的工件生产。

如图2.26所示为导柱式单工序模，上、下模之间的相对运动用导柱3与导套2的间隙配合导向，且凹模在下，为正装冲裁模。

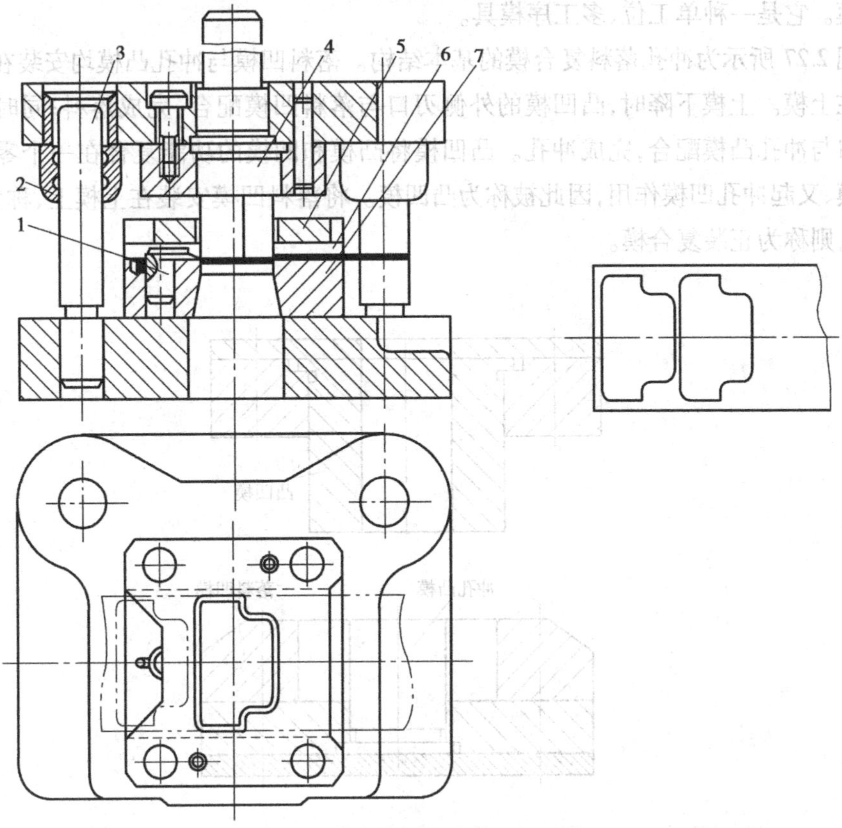

图2.26　导柱式单工序冲裁模

1—挡料销；2—导套；3—导柱；4—凸模；5—刚性卸料板；6—导料板；7—凹模

该模具的工作原理为：冲裁凸模由固定板、联接螺钉和定位销钉安装在上模上，上模用压入式模柄安装在压力机滑块的固定孔内，可随滑块上下运动。凹模、导料板、挡料销和卸料板安装在下模上，下模用压板固定在压力机的工作台上。工作时，条料由导料板6导向而送进，由挡料销1定位。当上模随滑块下降时，凸模4冲落凹模7上面的板料，获得与模具刃口形状一致、大小相近的工件。冲裁结束后，工件卡在凹模刃口内，由后续冲裁时凸模的推压，实现逐个自然漏料。紧紧箍在凸模上的废料，随凸模一起上升一小段距离，由固定卸料板将其从凸模上脱卸下来。至此，完成一个落料过程，条料再送进一个步距，进行下一个工件的落料。

采用导柱式导向机构，虽然模具的轮廓尺寸和质量有所增加，制造难度有所增大，但动作可靠，凸、凹模间隙均匀，制件尺寸精度较高，模具使用寿命长。凸模与凹模采用正装布置，凹模在下，制件从落料孔中自然漏料，操作方便，是单工序冲裁模的首选。

2.6.2 复合模

经一次送料、定位,压力机一次冲压行程在模具的同一工位同时完成几道工序的模具,称为复合模。它是一种单工位、多工序模具。

如图 2.27 所示为冲孔落料复合模的基本结构。落料凹模与冲孔凸模均安装在下模,凸凹模安装在上模。上模下降时,凸凹模的外侧刃口与落料凹模配合,完成落料;同时,凸凹模的内侧刃口与冲孔凸模配合,完成冲孔。凸凹模将凸模和凹模的功能复合在一个零件上,既起落料凸模、又起冲孔凹模作用,因此被称为凸凹模。将落料凹模安装在上模上,称为倒装复合模;反之,则称为正装复合模。

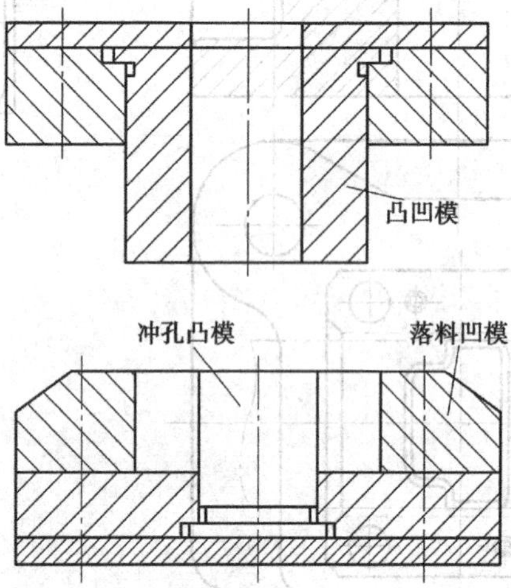

图 2.27　冲孔落料复合模基本结构

复合模虽然模具结构较复杂,制造精度要求较高,制造难度较大,但一次行程完成多个工序,生产效率高,多个工序之间的位置精度由模具保证,冲压件精度好,因此,适用于生产批量大、精度要求较高的工件。

如图 2.28 所示为落料冲孔倒装复合模。其各部件的名称均符合冷冲模相关标准。

凸凹模 21 安装在下模上,冲孔凸模 16 和落料凹模 7 安装在上模上。条料由定位销 6(共 3 个,两个导料一个挡料)定位,冲裁时,上模向下运动,因弹性卸料板 5 和安装在凹模型孔内的推件板 20 分别高出凸凹模和落料凹模的工作面约 0.5 mm,且落料凹模 7 上与定位销对应的部位加工出了凹窝,条料首先被压紧。随上模的继续下降,冲孔与落料的冲裁同时完成。此时,冲下的工件卡在凹模型孔内,冲孔废料积聚在凸凹模的型孔中,板料箍紧在凸凹模上,而弹簧 4 被压缩,弹性卸料板 5 相对凸凹模的上表面向下移动一个工作距离。上模回程时,被压缩的弹簧回弹,推动卸料板向上移动而复位,就将箍紧在凸凹模上的板料脱卸。卡在凹模型孔内的工件,借助打料横杆(随滑块一起上下运动)与挡头螺钉(固定在压力机的机身上)之间的撞击力,被打杆 12、推板 13、推杆 15 和推件板 20 组成的刚性推件装置推出,人工引出。积聚在凸凹模型孔中的冲孔废料,由后续冲裁时凸模的推压,实现逐

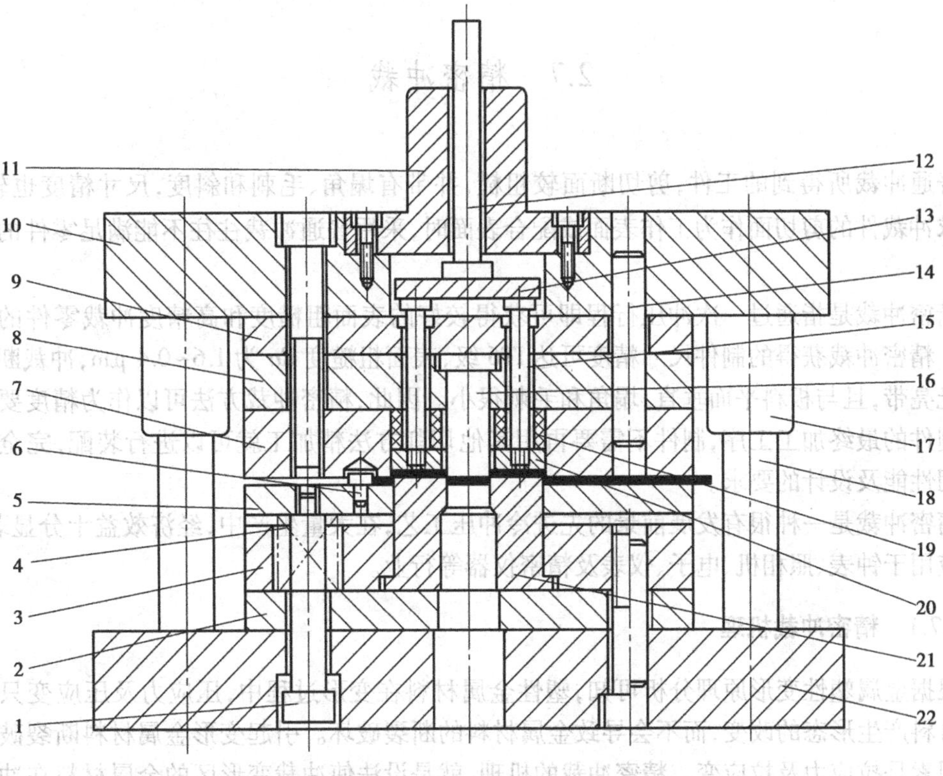

图2.28　落料冲孔倒装复合模

1—卸料螺钉；2,9—垫板；3,8—固定板；4—弹簧；5—卸料板；6—定位销；

7—凹模；10—上模座；11—模柄；12—打杆；13—推板；

14—圆柱销；15—联接推杆；16—凸模；17—导套；18—导柱；

19—橡胶弹性体；20—推件板；21—凸凹模；22—下模座

个自然漏料。

采用倒装复合模，废料能直接从压力机工作台孔中落下，操作方便、安全，生产效率高，应用较广泛。

2.6.3　连续模

经一次送料、定位，压力机滑块一次行程在不同工位同时完成几道工序的模具，称为连续模，又称为级进模。它是一种多工位、多工序模具。

连续模的模具结构较复杂，调整安装不方便，冲压件尺寸的累积误差较大，但生产率高，易于实现自动操作，主要用于批量大、精度要求不高、不宜采用复合模（凸凹模壁厚太薄）的工件。

连续模的特点、工艺设计要点及典型结构，在第6章中将专门介绍，在此不再赘述。

2.7 精密冲裁

普通冲裁所得到的工件,剪切断面较粗糙,并带有塌角、毛刺和斜度,尺寸精度也较低。当要求冲裁件的剪切面作为工作表面或配合表面时,采用普通冲裁往往不能满足零件的技术要求。

精密冲裁是指通过一次冲压行程即可获得较好的表面粗糙度和高精度冲裁零件的工艺方法。精密冲裁获得的制件尺寸精度可达 IT6 级,表面粗糙度 Ra 为 1.6~0.4 μm,冲裁断面全部为光亮带,且与板料平面垂直,塌角和毛刺很小。因此,精密冲裁方法可以作为精度要求较高的制件的最终加工工序,制件不需要再用其他切削方法精加工就可以进行装配,完全能满足使用性能及设计的要求。

精密冲裁是一种很有发展前景的先进冷冲压工艺,在大量生产中,经济效益十分显著,已广泛应用于钟表、照相机、电子、仪表及精密仪器等行业。

2.7.1 精密冲裁机理

根据金属塑性变形原理分析可知,塑性金属材料在变形过程中,压应力及压应变只能使金属材料产生形态的改变,而不会导致金属材料的断裂破坏。引起变形金属材料断裂破坏的主要因素是拉应力及拉应变。精密冲裁的机理,就是设法使冲裁变形区的金属材料在冲模刃口处进行纯塑性剪切变形,这样就杜绝了微裂纹的产生及断面撕裂破坏的可能性,从而获得高质量的以纯塑性变形方式分离的冲裁件断面。

2.7.2 精密冲裁工艺措施及过程

为保证冲裁过程能在纯塑性变形情况下进行,与普通冲裁相比,精密冲裁工艺与模具采取了多项措施,如图 2.29 所示。

(1)采用 V 形齿圈压板,并施加较大的压边力 F_2

在凸模接触板料之前,齿圈压板首先压紧板料,较大的压边力 F_2 使材料变形区的单位压力等于或稍大于材料的屈服强度 σ_s,同时 V 形齿压入材料内部。当凸模冲入材料时,V 形齿内侧对变形区产生一个较大的径向压力,阻止因凸模的挤压而使刃口周围的金属向外扩张流动,因而增强了冲裁变形区内部的压应力状态。

(2)采用极小的冲裁间隙

精密冲裁双面间隙一般为材料厚度的 1%~1.5%,约为普通冲裁的 1/10。极小的间隙可防止冲裁过程中变形金属产生弯矩和拉应力,增强变形区的静水压力效应。

(3)采用顶板施加顶力

在凸模压入板料的同时,顶板也从板料的反面施加反向顶力,使板料变形区呈三向压应力状态,增加了金属的塑性变形,并使精密冲裁件平直,不产生"穹弯"现象。

(4)模具刃口处采用适当的小圆角

落料凹模或冲孔凸模,刃口带有 R=0.01~0.03 mm 的小圆角,可避免刃口处应力集中,消除或抑制微裂纹的产生,使金属材料顺利挤入凹模洞口。

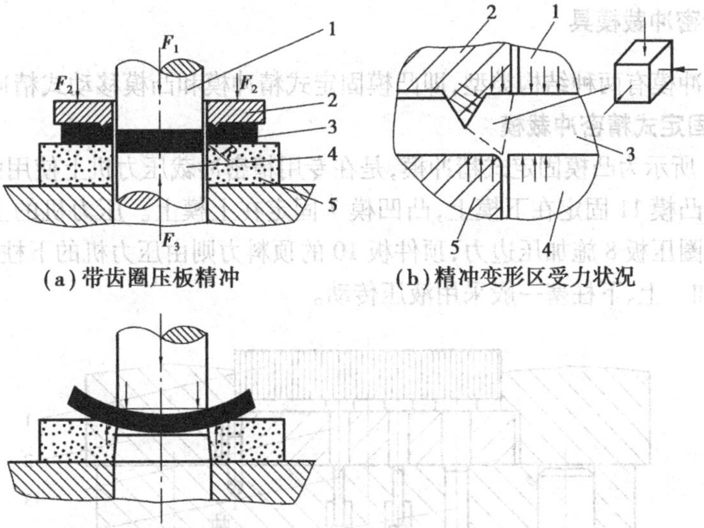

(a) 带齿圈压板精冲　(b) 精冲变形区受力状况

(c) 普通冲裁

图 2.29　精密冲裁原理

1—凸模；2—齿圈压板；3—工件；4—顶板；5—凹模

在上述工艺条件下进行冲裁时，由于有 V 形齿圈压板的强力压边以及顶板与冲裁凸模的共同作用，在间隙很小的情况，坯料的变形区处于强烈三向压应力状态，如图 2.29(b) 所示，提高了材料的塑性，抑制了剪切过程中裂纹的产生，克服了普通冲裁过程中出现的弯曲—拉伸—撕裂现象，以塑性剪切变形的方式完成材料的分离，冲裁断面几乎全是光亮带，表面粗糙度值小，尺寸精确，质量好。

采用复合模具冲制垫圈的过程，如图 2.30 所示。

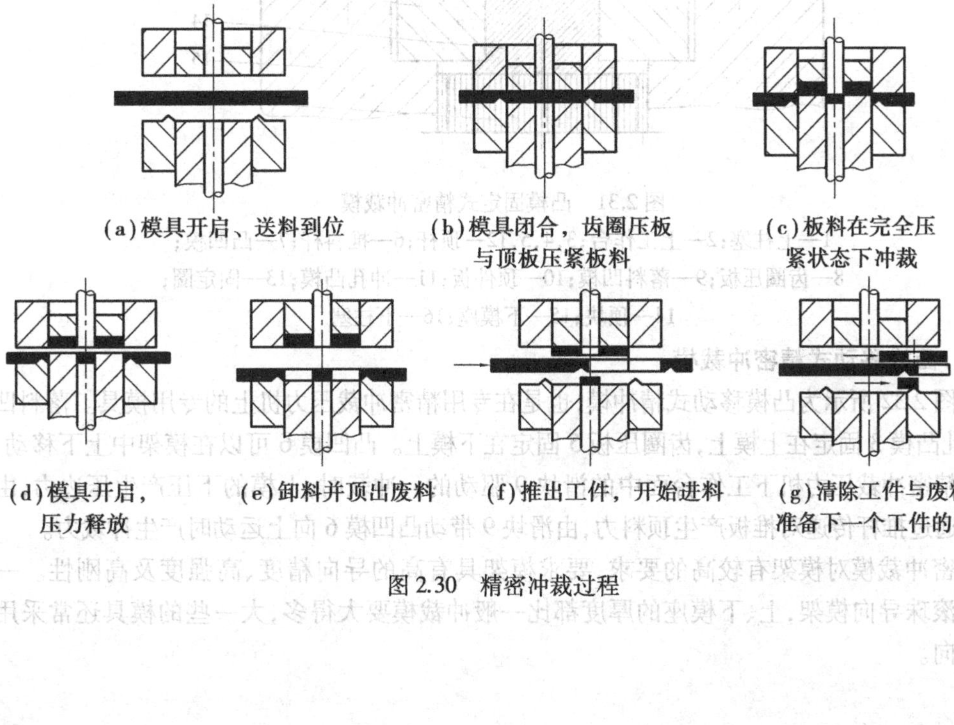

(a) 模具开启、送料到位　(b) 模具闭合，齿圈压板与顶板压紧板料　(c) 板料在完全压紧状态下冲裁

(d) 模具开启，压力释放　(e) 卸料并顶出废料　(f) 推出工件，开始进料　(g) 清除工件与废料，准备下一个工件的冲裁

图 2.30　精密冲裁过程

2.7.3 精密冲裁模具

常用的精冲模有两种结构类型,即凸模固定式精冲模和凸模移动式精冲模。

(1)**凸模固定式精密冲裁模**

如图 2.31 所示为凸模固定式精冲模,是在专用精密冲裁压力机上使用的专用模具。落料凹模 9 及冲孔凸模 11 固定在下模上,凸凹模 7 固定在上模上。压力机的上柱塞 1 通过顶杆 5,对模具的齿圈压板 8 施加压边力,顶件板 10 的顶料力则由压力机的下柱塞 16 通过顶块 14 与顶杆 12 施加。上、下柱塞一般采用液压传动。

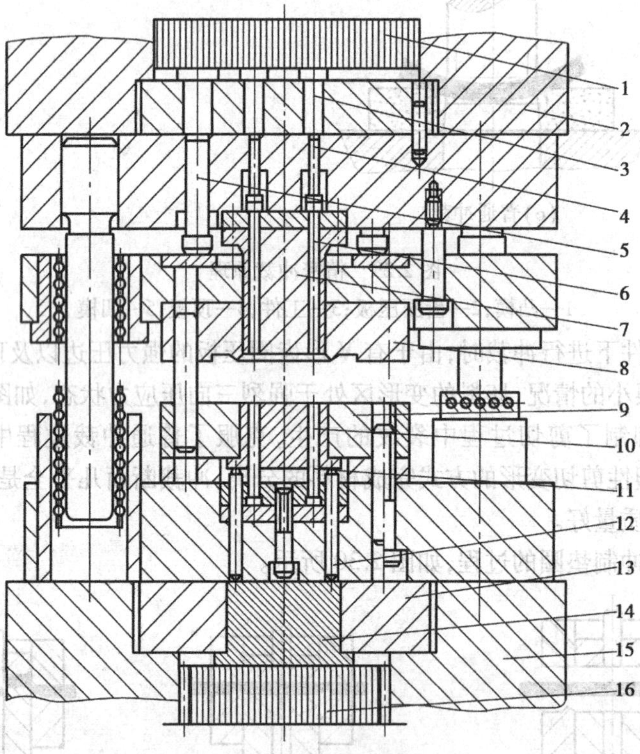

图 2.31　凸模固定式精密冲裁模

1—上柱塞;2—上工作台;3,4,5,12—顶杆;6—推料杆;7—凸凹模;
8—齿圈压板;9—落料凹模;10—顶件板;11—冲孔凸模;13—固定圈;
14—顶块;15—下模座;16—下柱塞

(2)**凸模移动式精密冲裁模**

如图 2.32 所示为凸模移动式精冲模,也是在专用精密冲裁压力机上的专用模具。落料凹模 4 及冲孔凸模 3 固定在上模上,齿圈压板 5 固定在下模上。凸凹模 6 可以在模架中上下移动,它是由在精密冲裁压力机下工作台面中的滑块 9 驱动的。冲裁时,上模的下压产生压边力,由上柱塞 2 通过推杆传递对推板产生顶料力,由滑块 9 带动凸凹模 6 向上运动时产生冲裁力。

精密冲裁模对模架有较高的要求,要求模架具有高的导向精度、高强度及高刚性。一般多采用滚珠导向模架,上、下模座的厚度都比一般冲裁模要大得多,大一些的模具还常采用四导柱导向。

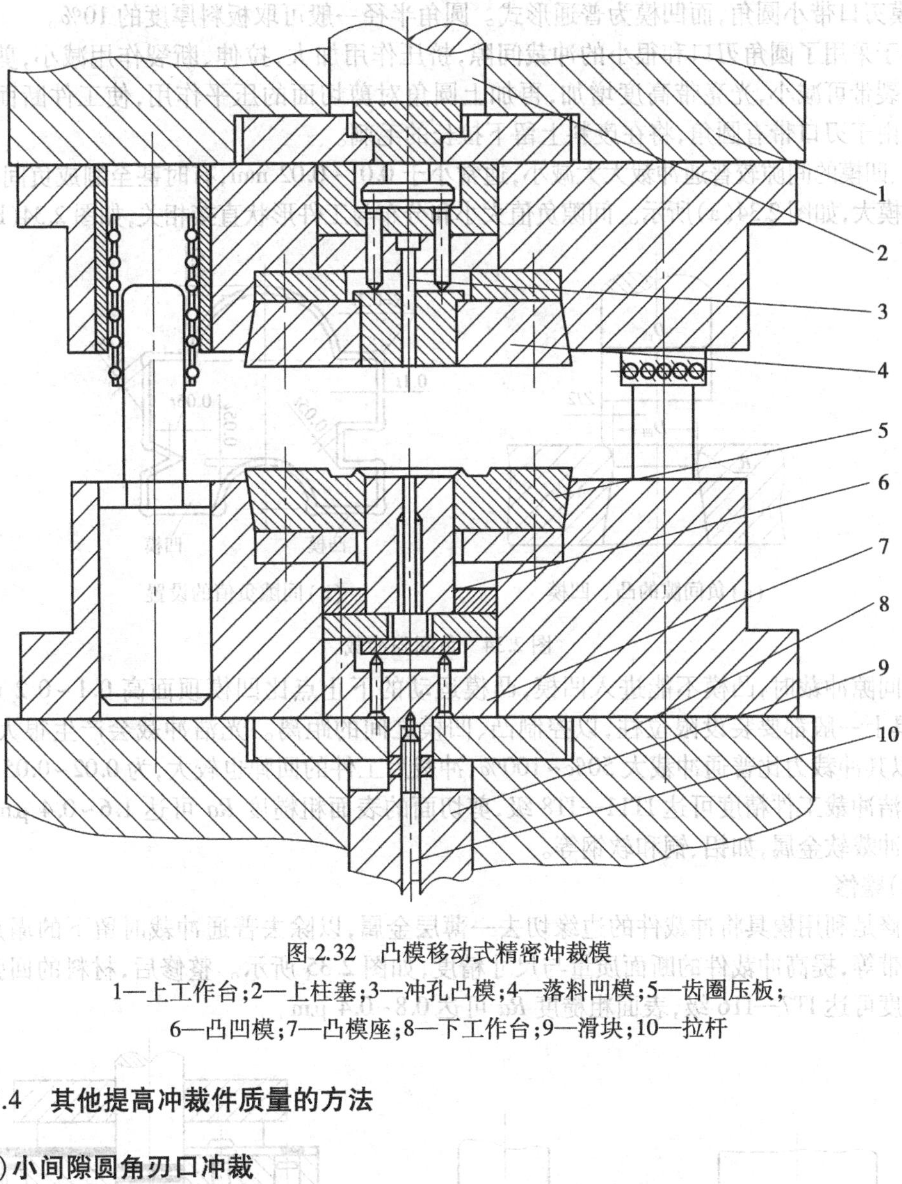

图 2.32　凸模移动式精密冲裁模

1—上工作台；2—上柱塞；3—冲孔凸模；4—落料凹模；5—齿圈压板；
6—凸凹模；7—凸模座；8—下工作台；9—滑块；10—拉杆

2.7.4　其他提高冲裁件质量的方法

(1)小间隙圆角刃口冲裁

小间隙圆角刃口冲裁又称光洁冲裁，如图 2.33 所示。与普通冲裁方法相比，其特点是采用了小圆角刃口和很小的冲裁间隙。落料时，凹模刃口带小圆角，凸模仍为普通形式。冲孔

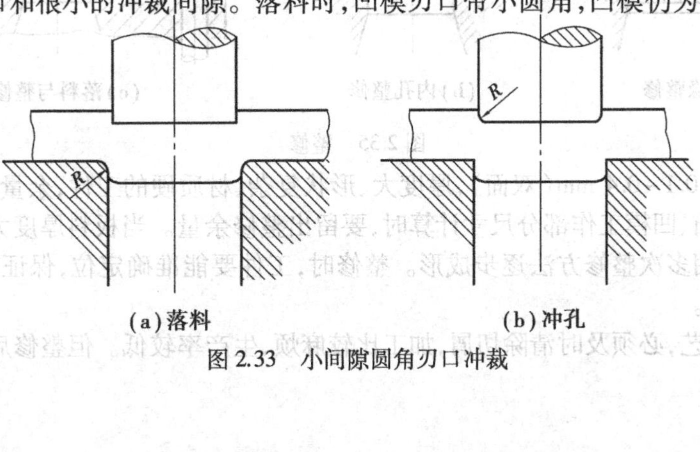

(a)落料　　(b)冲孔

图 2.33　小间隙圆角刃口冲裁

时，凸模刃口带小圆角，而凹模为普通形式。圆角半径一般可取板料厚度的 10%。

由于采用了圆角刃口和很小的冲裁间隙，挤压作用加大，拉伸、断裂作用减小，剪切断面上的剪裂带可减小，光亮带高度增加，再加上圆角对剪切面的压平作用，使工件断面质量提高。但由于刃口带有圆角，将在废料上留下拉长的毛刺。

凸、凹模的间隙较普通冲裁大大减小，通常小于 0.01～0.02 mm，有时甚至制成负间隙，即凸模比凹模大，如图 2.34(a)所示。间隙负值大小和分布与工件形状直接相关，如图 2.34(b)所示。

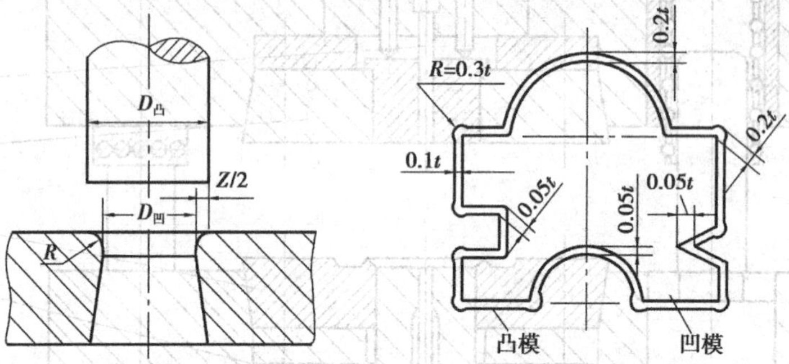

(a)负间隙的凸、凹模　　(b)间隙负值的设置

图 2.34　负间隙冲裁

负间隙冲裁时，凸模不能进入凹模，凸模运动的下止点比凹模顶面高 0.1～0.2 mm。因此，模具上一般都要装设限位柱，以控制凸、凹模之间的距离。光洁冲裁会产生很大的挤压力，所以其冲裁力比普通冲裁大 50%～100%，冲裁后工件的回弹也较大，为 0.02～0.05 mm。

光洁冲裁工件精度可达 IT11—IT8 级，剪切面的表面粗糙度 *Ra* 可达 1.6～0.4 μm。它主要用于冲裁软金属，如铝、铜和软钢等。

(2)整修

整修是利用模具将冲裁件的边缘切去一薄层金属，以除去普通冲裁时留下的塌角、毛刺与断裂带等，提高冲裁件的断面质量与尺寸精度，如图 2.35 所示。整修后，材料的回弹较小，工件精度可达 IT7—IT6 级，表面粗糙度 *Ra* 可达 0.8～0.4 μm。

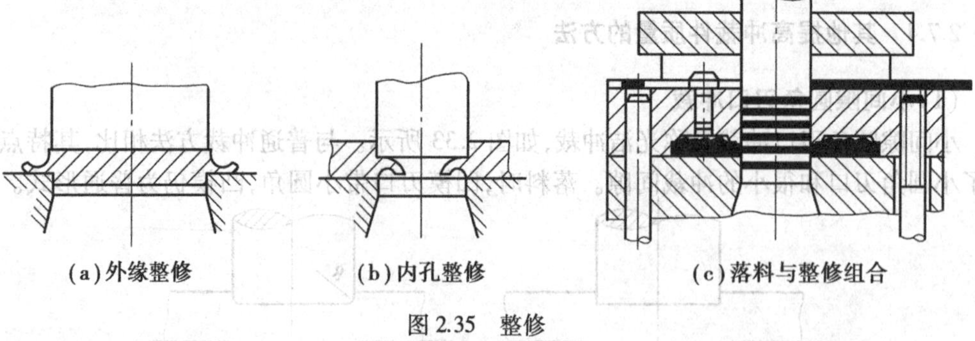

(a)外缘整修　　(b)内孔整修　　(c)落料与整修组合

图 2.35　整修

整修余量为 0.1～0.4 mm(双面)，厚度大、形状复杂、材质硬的工件，余量要取大值，整修前冲孔、落料的凸、凹模工作部分尺寸计算时，要留出整修余量。当板料厚度大于 3 mm，或形状复杂时，要采用多次整修方法逐步成形。整修时，工件要能准确定位，保证余量均匀，且将圆角带向着凹模。

采用整修工艺，必须及时清除切屑，加工比较麻烦，生产率较低。但整修后冲裁件质量较高，其使用不受材料软硬、塑性好坏的限制。因此，在用其他方法提高冲件质量有困难时，可考虑采用整修的方法。

习题 2

1. 冲裁断面一般分为哪几个区域？确定冲裁模具刃口尺寸时，冲孔以凸模为基准、落料以凹模为基准，为什么？

2. 什么是冲裁间隙？它对冲裁件质量、模具寿命各有什么影响？

3. 冲裁模具刃口尺寸计算的原则有哪些？

4. 冲裁凸模与凹模分别加工必须满足的条件是什么？如图 2.36 所示的工件，材料为 Q235，试确定其冲裁凸模、凹模刃口尺寸，并计算冲裁力。

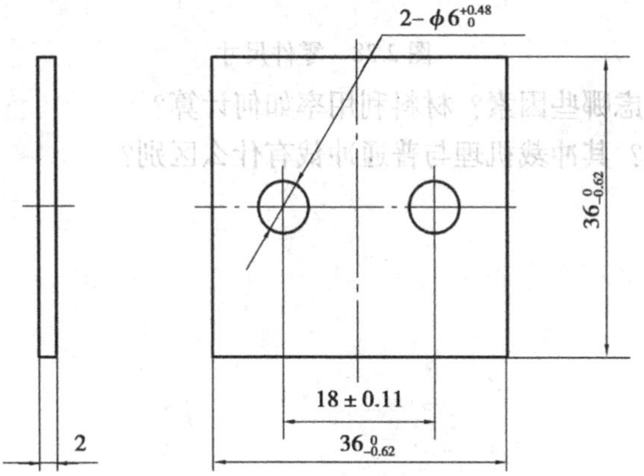

图 2.36　工件图

5. 什么是冲裁模具的配合加工？如图 2.37 所示为某工件冲孔形状及尺寸，材料为 10 钢，厚度为 1 mm，试确定冲孔凸模与凹模刃口尺寸。

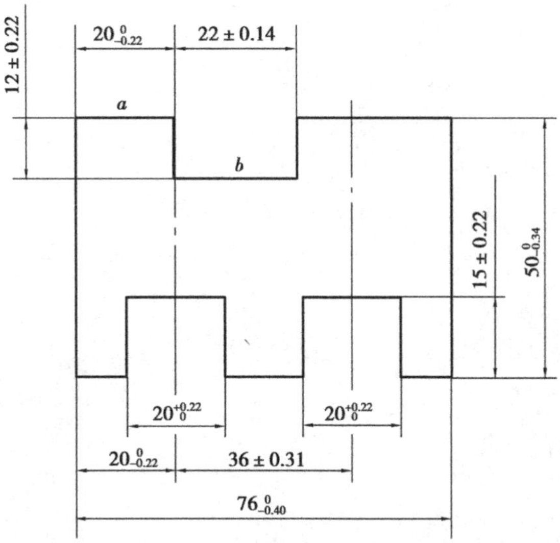

图 2.37　冲孔的形状与尺寸

6.某零件的形状与尺寸如图 2.38 所示,计算零件的冲裁压力中心。

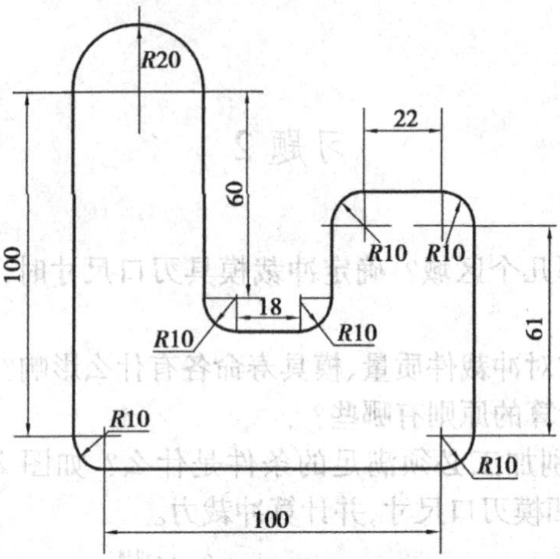

图 2.38　零件尺寸

7.排样设计时要考虑哪些因素?材料利用率如何计算?

8.什么是精密冲裁?其冲裁机理与普通冲裁有什么区别?

第3章 弯曲工艺与弯曲模具

将金属材料沿弯曲线弯成一定的角度和形状的工艺方法，称为弯曲。弯曲是冲压的基本工序之一，在冲压生产中应用很广。弯曲加工的类型很多，按弯曲件的形状可分为V形、L形、U形、Z形、O形等，如图3.1所示；根据弯曲成形所用的模具及设备的不同，弯曲方法可分为压弯、拉弯、折弯、滚弯等。但最常见的是在压力机上进行压弯。本章主要介绍在压力机上进行压弯的工艺和弯曲模具设计。

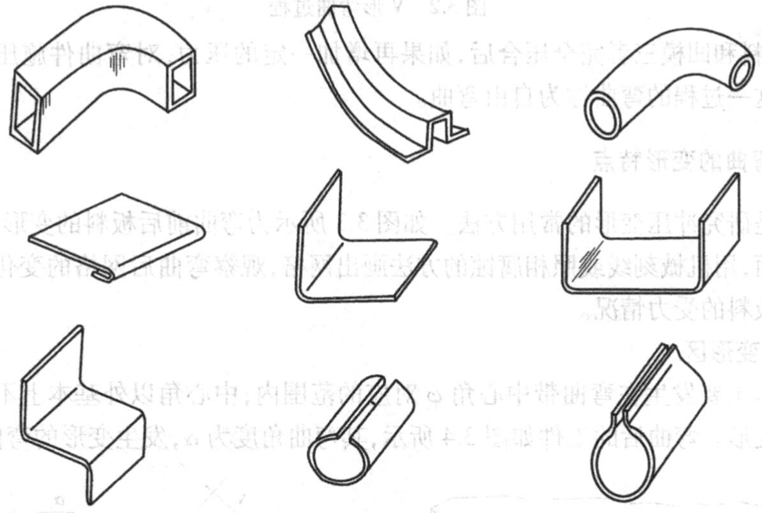

图3.1 各种典型弯曲件示意

3.1 弯曲变形分析

3.1.1 弯曲变形过程

如图3.2所示表示出了V形件的弯曲过程。开始弯曲时，板料发生弹性弯曲，内侧半径大于凸模的圆角半径，随着凸模的下压，板料的直边与凹模V形表面逐渐靠紧，弯曲内侧半径逐渐减小，弯曲力臂也逐渐减小，板料与凸模发生3点接触。凸模进一步下压，板料发生塑性变形，塑性变形首先在板料的内外表层产生，然后由表层向中心扩展。当凸模、板料和凹模三者完全压合，板料的内侧弯曲半径及弯曲力臂达到最小时，弯曲过程结束，弯曲半径与凸模半径一致。

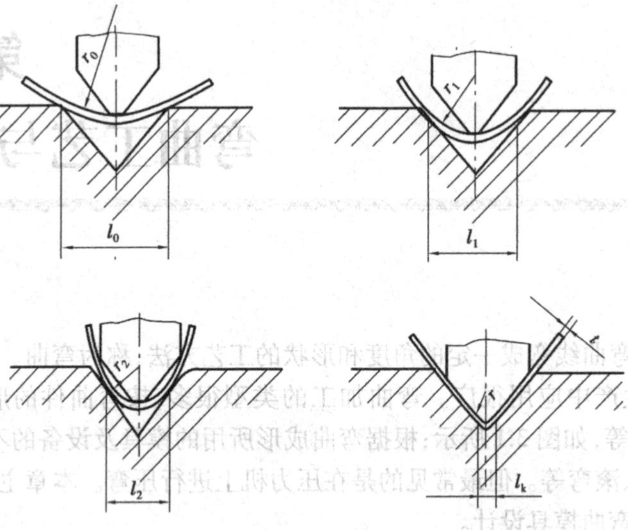

图3.2　V形弯曲过程

凸模、板料和凹模三者完全压合后，如果再增加一定的压力，对弯曲件施压，则称为校正弯曲。没有这一过程的弯曲称为自由弯曲。

3.1.2　弯曲的变形特点

网格法是研究冲压变形的常用方法。如图3.3所示为弯曲前后板料的变形情况。在弯曲前的板料侧面，用机械刻线或照相腐蚀的方法画出网格，观察弯曲后网格的变化情况，就可分析出变形时板料的受力情况。

(1)**弯曲变形区**

弯曲变形主要发生在弯曲带中心角 φ 对应的范围内，中心角以外基本上不变形，即直边部分基本不变形。弯曲后的工件如图3.4所示，其弯曲角度为 α，发生变形的弯曲带中心角为

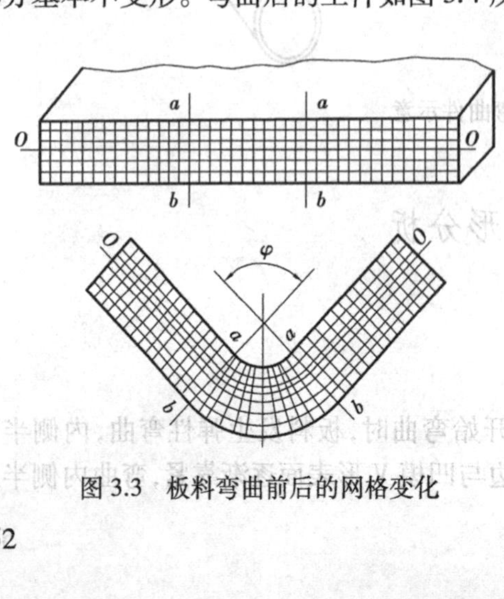

图3.3　板料弯曲前后的网格变化

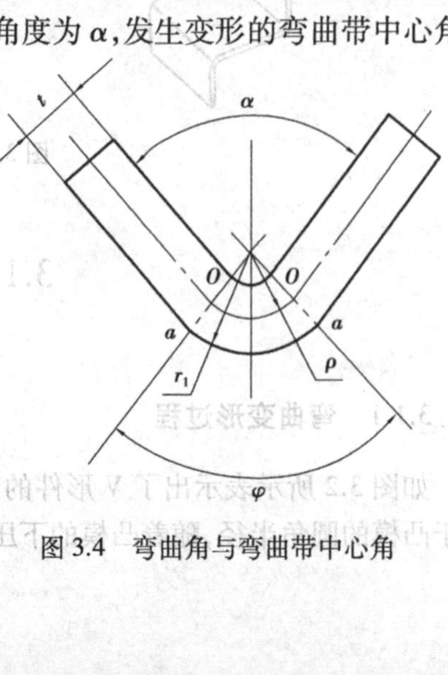

图3.4　弯曲角与弯曲带中心角

φ,两者为互补关系,即

$$\varphi = 180° - \alpha$$

(2)**长度方向的变形**

变形区内,网格由变形前的正方形变成了变形后的扇形。靠近凹模的外侧,长度伸长,即 $\overset{\frown}{bb} > \overline{bb}$;靠近凸模的内侧,长度缩短,即 $\overset{\frown}{aa} < \overline{aa}$。由内外表面至板料中心,其缩短与伸长的程度逐渐变小。在缩短和伸长的两个变形区之间,必然有一层金属,它的长度在变形前后没有变化,这层金属称为中性层。

(3)**厚度方向的变形**

内层长度方向缩短,导致厚度增加,但由于凸模紧压板料,厚度增加不明显。外层长度伸长,厚度要变薄。在整个厚度上,增厚量小于变薄量,因此,在弯曲变形区内板料有变薄现象,使弹性变形时位于板料厚度中间的中性层,在弯曲变形结束后发生内移,靠近凸模一侧。

(4)**宽度方向的变形**

内层材料受压缩,使宽度增加;外层材料受拉伸,使宽度减小。但无论是增加还是减小,都要受到相邻金属的约束。因此,根据板料宽度的不同,板料宽度方向的变形分为两种。宽板(板料宽度与厚度之比 $b/t>3$)弯曲,材料在宽度方向的变形会受到很大的相邻金属的限制,横断面几乎不变,基本保持为矩形;窄板($b/t \leqslant 3$)弯曲,宽度方向变形约束较小,断面变成了内宽外窄的扇形。如图3.5所示为两种情况下的断面变化情况,对于一般的板料弯曲来说,大部分属宽板弯曲,即横截面为近似矩形。

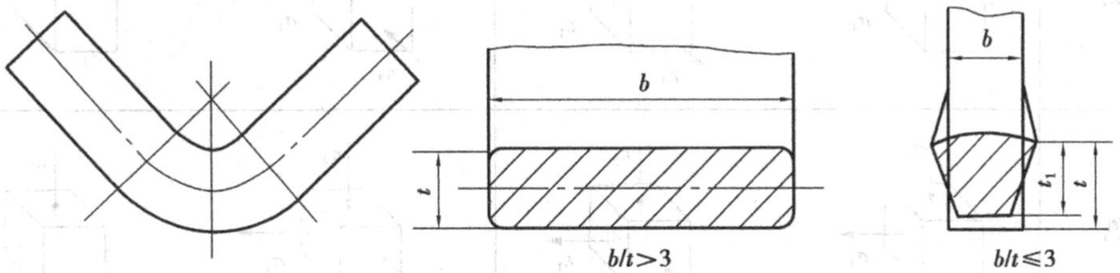

图3.5　板料弯曲后的断面形状

3.1.3　弯曲变形时的应力、应变状态

(1)**应变状态**

1)长度方向

外侧为拉伸应变,内侧为压缩应变,无论拉伸还是压缩应变,ε_1的绝对值最大,均为主应变。

2)厚度方向

根据塑性变形体积不变条件可知,板料的宽度和厚度方向必然产生与 ε_1 符号相反的应变。在板料的外侧,长度方向主应变 ε_1 为拉应变,所以厚度方向的 ε_2 为压应变,使板料增厚;在板料的内侧,长度方向主应变 ε_1 为压应变,所以厚度方向的应变 ε_2 为拉应变,使板料减薄。

3)宽度方向

弯曲窄板($b/t \leqslant 3$)时,材料在宽度方向变形的约束较小,故外侧应为与长度方向主应变 ε_1 符号相反的压应变,内侧为拉应变;弯曲宽板($b/t>3$)时,材料之间宽度方向的变形相互制约,材料的流动受阻,故外、内侧沿宽度方向的应变 ε_3 近似为零。

(2) **应力状态**

1) 长度方向

外侧受拉应力，内侧受压应力，均为绝对值最大的主应力 σ_1。

2) 厚度方向

弯曲过程中，在凸模作用下，变形区内外层材料在厚度方向相互挤压，产生压应力 σ_2。

3) 宽度方向

弯曲窄板($b/t\leqslant 3$)时，由于材料在宽向的变形不受限制，因此，其内、外侧的应力均为零；弯曲宽板($b/t>3$)时，外侧材料在宽度方向的收缩受阻而产生拉应力 σ_3，内侧宽度方向拉伸受阻而产生压应力 σ_3。

板料在弯曲过程中的应力、应变状态见表 3.1。

表 3.1　弯曲过程中的应力应变状态

板宽 / 内外侧	$b\leqslant 3t$	$b>3t$
	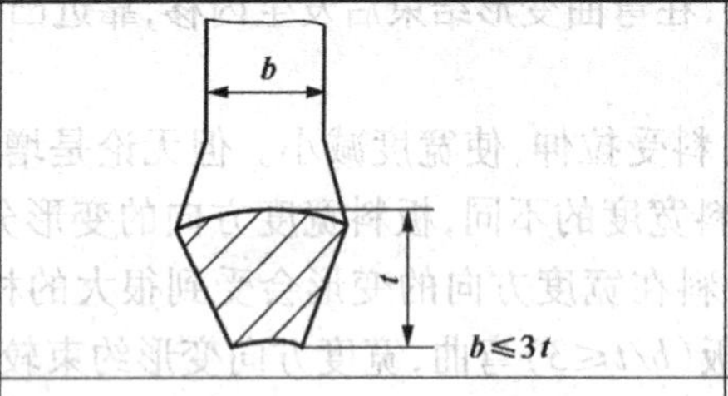	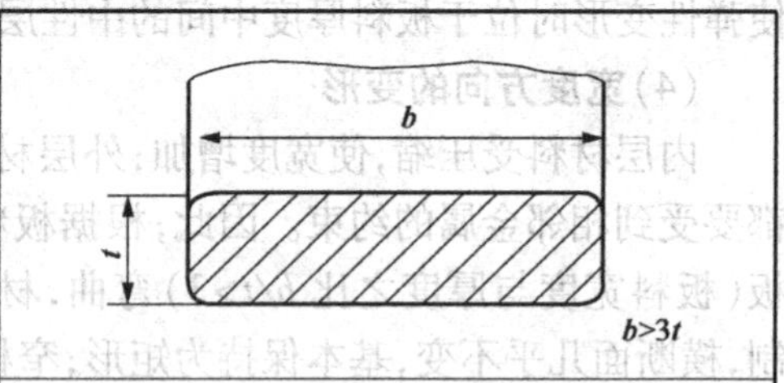
内侧	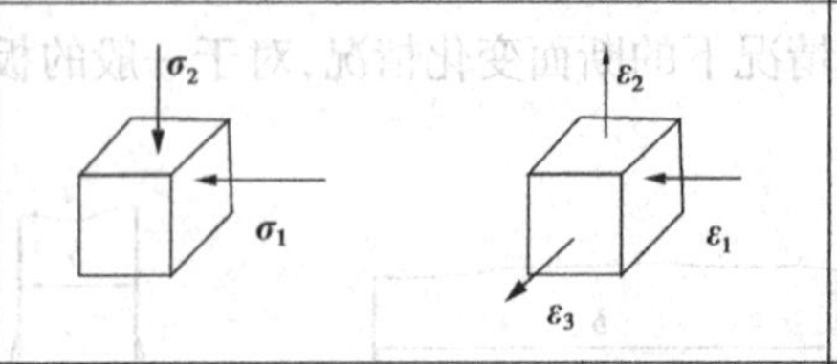	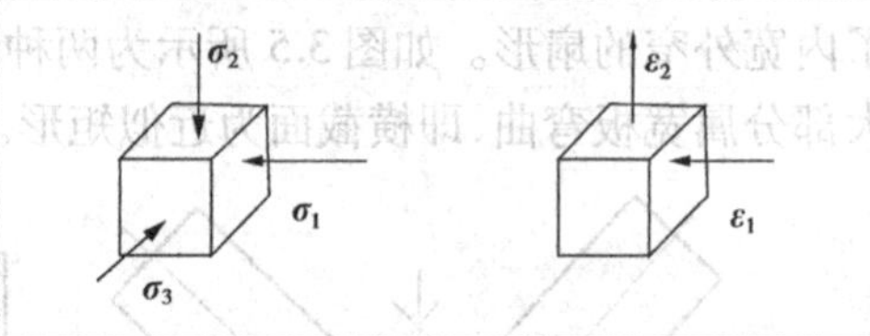
外侧	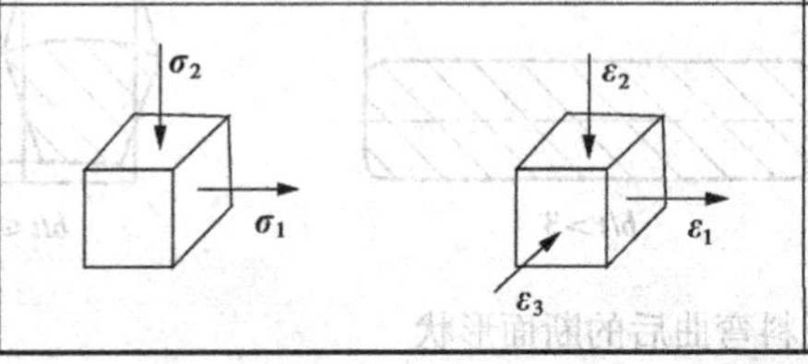	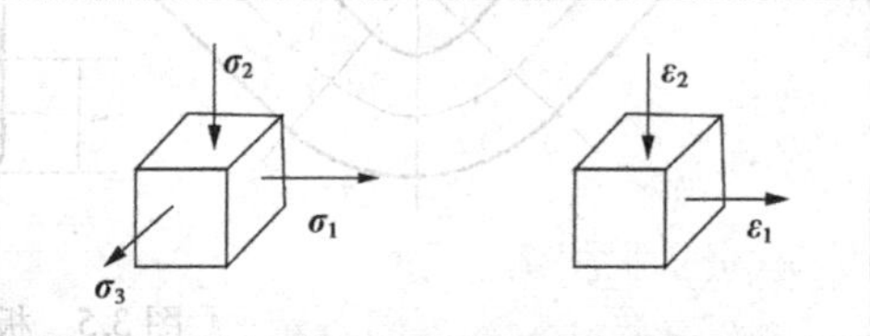

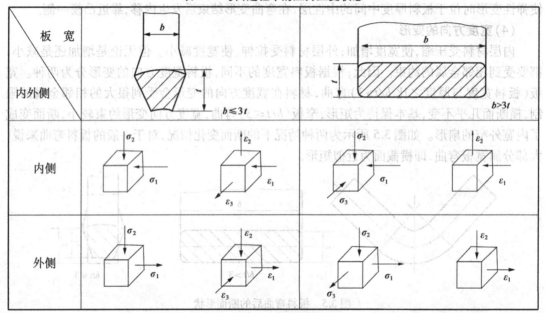

由表 3.1 可知，对应力而言，宽板弯曲是三向应力状态，窄板弯曲则是两向的平面应力状态；对应变而言，窄板弯曲是三向应变状态，宽板弯曲则是两向的平面应变状态。

3.2　弯曲件的质量分析

弯曲件的主要质量问题有弯裂、回弹、偏移及翘曲等。

3.2.1　弯裂及其控制

(1) **弯曲系数 k 及最小相对弯曲半径 r_{min}/t**

弯曲系数 k 为弯曲件内侧半径 r 与料厚的比值，即

$$k=\frac{r}{t}$$

弯曲系数 k 与弯曲件最外层金属的伸长率有很直接的关系，因此，常用弯曲系数 k 来表示弯曲的变形程度。

在图 3.4 中，设弯曲件中性层的曲率半径为 ρ，弯曲带中心角为 φ，则最外层金属的伸长率 $\delta_{外}$ 为

$$\delta_{外}=\frac{\widehat{aa}-\widehat{oo}}{\widehat{oo}}=\frac{(r_1-\rho)\varphi}{\rho\varphi}=\frac{r_1-\rho}{\rho}$$

设中性层位置在板厚中间，且弯曲后料厚保持不变，则

$$\rho=r+\frac{t}{2}$$

$$r_1=r+t$$

$$\delta_{外}=\frac{(r+t)-\left(r+\frac{t}{2}\right)}{r+\frac{t}{2}}=\frac{\frac{t}{2}}{r+\frac{t}{2}}=\frac{1}{2\frac{r}{t}+1}$$

将 $k=\frac{r}{t}$ 代入上式，得

$$\delta_{外}=\frac{1}{2k+1}$$

从上式中可知，弯曲件最外层金属的伸长率决定于弯曲系数 k，k 越小，外侧伸长率越大，弯曲变形程度越大。而 k 为弯曲件内侧半径 r 与料厚的比值，对于一定厚度的材料，弯曲半径越小，外层材料的伸长率越大。

对于常用的弯曲材料而言，其伸长率 δ 是有限的，当外边缘材料的伸长率达到并超过材料的极限伸长率 δ 后，就必然会导致弯裂。在保证毛坯最外层纤维不发生破裂的前提下，所能获得的弯曲零件内表面最小圆角半径与弯曲材料厚度的比值 r_{min}/t，称为最小相对弯曲半径。

将材料的极限伸长率 δ 代入上式，可求得 r_{min}/t，即

$$\frac{r_{min}}{t}=\frac{1-\delta}{2\delta}$$

(2) 影响最小相对弯曲半径 r_{min}/t 的因素

1) 材料的力学性能

材料的塑性越好，伸长率 δ 值越大，最小相对弯曲半径越小。

2) 板材的宽度

窄板（$b/t\leqslant 3$）弯曲时，在板料宽度方向的应力为零，宽度方向材料的流动越容易，可以改善弯曲圆角外侧的拉应力状态，减小最小相对弯曲半径。

3) 板料的热处理状态

退火后的板料塑性好，可减小 r_{min}/t。而冷作硬化后的板料，塑性降低，r_{min}/t 增大。

4) 板料的表面质量

下料时板料边缘的冷作硬化、毛刺以及板料表面带有划伤等缺陷，弯曲时受到拉伸应力而易于破裂，使许可的最小相对弯曲半径增大。

5）材料的纤维方向

材料经过轧制（碾压）后会形成纤维状组织，使板料呈现各向异性。沿纤维方向的力学性能较好，不易拉裂。因此，当折弯线与纤维组织方向垂直时，r_{min}/t 数值最小，平行时 r_{min}/t 最大。为了获得较小的弯曲半径，应使折弯线与轧制方向垂直。在双向弯曲时，应使折弯线与纤维方向呈一定的角度，如图 3.6 所示。

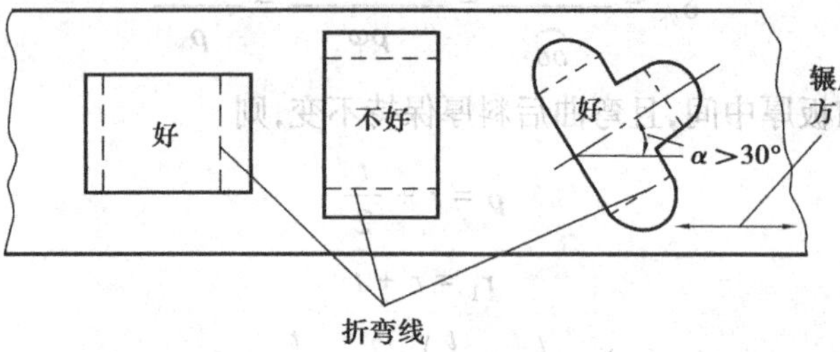

图 3.6　材料纤维方向对 r_{min}/t 的影响

6）弯曲件角度 α

弯曲过程中，由于材料的相互牵连，圆角变形区的变形受到附近直边的影响，实际上扩大了弯曲变形区范围，分散了集中在圆角部分的弯曲应变，对圆角外层纤维濒于拉裂的极限状态有所缓解，使最小相对弯曲半径减小。弯曲件角度 α 越大，弯曲带中心角 φ 越小，直边部分参与变形的分散效应越显著，最小相对弯曲半径 r_{min}/t 越小。在弯曲件角度 α 大于 90°时，这种影响更明显。

影响板料最小相对弯曲半径的因素较多，其数值一般由试验方法确定。表 3.2 为最小弯曲半径的数值。

表 3.2　最小弯曲半径

材　料	退火或正火的		冷作硬化的	
	弯曲线位置			
	垂直辗压纹向	平行辗压纹向	垂直辗压纹向	平行辗压纹向
08,10	$0.1t$	$0.4t$	$0.4t$	$0.8t$
15,20	$0.1t$	$0.5t$	$0.5t$	$1t$
25,30	$0.2t$	$0.6t$	$0.6t$	$1.2t$
35,40	$0.3t$	$0.8t$	$0.8t$	$1.5t$
45,50	$0.5t$	$1t$	$1t$	$1.7t$
55,60	$0.7t$	$1.3t$	$1.3t$	$2t$
65Mn,T7	t	$2t$	$2t$	$3t$
Cr18Ni9	$1t$	$2t$	$3t$	$4t$
软杜拉铝	$1t$	$1.5t$	$1.5t$	$2.5t$
硬杜拉铝	$2t$	$3t$	$3t$	$4t$

续表

材　料	退火或正火的		冷作硬化的	
	弯曲线位置			
	垂直辗压纹向	平行辗压纹向	垂直辗压纹向	平行辗压纹向
磷铜	—	—	$1t$	$3t$
半硬黄铜	$0.1t$	$0.35t$	$0.5t$	$1.2t$
软黄铜	$0.1t$	$0.35t$	$0.35t$	$0.8t$
紫铜	$0.1t$	$0.35t$	$1t$	$2t$
铝	$0.1t$	$0.35t$	$0.5t$	$1t$
镁合金 MB1	加热到 300~400 ℃		冷作硬化状态	
	$2t$	$3t$	$6t$	$8t$
钛合金 BT5	加热到 300~400 ℃		冷作硬化状态	
	$3t$	$4t$	$5t$	$6t$

注:表中数据用于弯曲带中心角 $\varphi \geqslant 90°$,断面质量良好的情况。

(3)**弯裂及其防止措施**

弯裂又称拉裂,如图 3.7 所示,是弯曲变形失效形式之一,发生在弯曲半径 r 过小的情况下,尤其当板材厚度 t 较大时更易产生,因为 r 越小、t 越大,变形程度越大,更容易导致弯裂。

弯裂多发生在弯曲半径及弯曲角度要求过于严格的情况下,防止弯裂的主要措施如下:

①在满足使用要求的前提下,适当增大圆角半径,减小变形程度。

②选用退火状态或塑性较好的材料。

③采用两次弯曲工艺,第一次弯曲成较大的半径,退火后再按要求弯曲成小半径工件。

④加热弯曲,将坯料加热到一定温度,提高其塑性。

⑤将板料上的大毛刺去除,小毛刺放在弯曲圆角的内侧。

⑥对较厚的材料实行开槽弯曲,在最小相对弯曲半径一定的情况下,减小弯曲变形区的厚度,就可以弯曲较小半径,如图 3.8 所示。

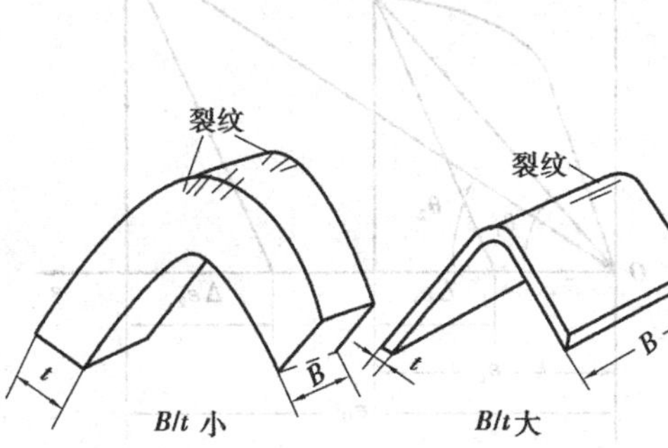

图 3.7　弯曲件的弯裂

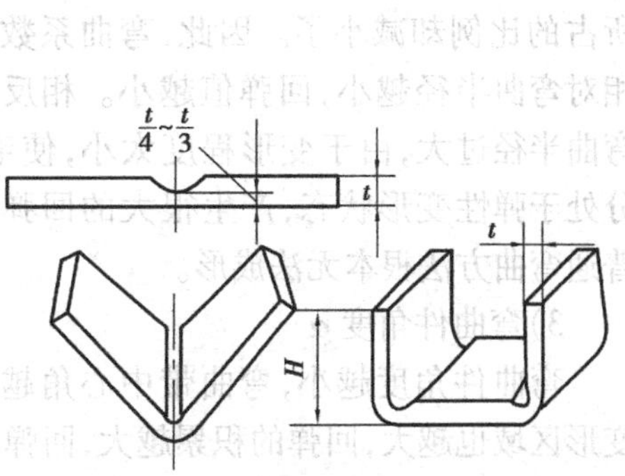

图 3.8　小半径弯曲件的开槽弯曲

3.2.2 弯曲回弹及其控制

弯曲变形结束、载荷卸除后，工件不受外力作用，弹性恢复使弯曲件的弯曲角度和半径与模具的形状尺寸不一致，这种现象称为回弹，如图 3.9 所示。

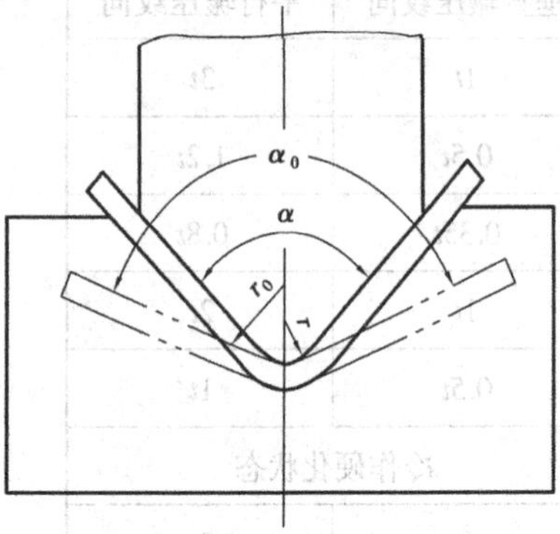

图 3.9 弯曲时的回弹

(1)回弹的表现形式

弯曲回弹表现在弯曲件的弯曲角度和半径增大。卸载前板料的内半径为 r(与凸模的半径吻合)，在卸载后增加至 r_0；卸载前板料的弯曲件角度为 α(与凸模顶角吻合)，卸载后增大到 α_0。半径增量 Δr 和角度的增量 $\Delta\alpha$ 为

$$\Delta r = r_0 - r$$

$$\Delta\alpha = \alpha_0 - \alpha$$

如前所述，弯曲变形区在外加的弯曲力矩作用下，内侧产生切向压应力，外侧产生切向拉应力，这些应力中的一部分为弹性应力。卸载后，变形区产生相反的弹性应力，外侧为压应力、内侧为拉应力，在它们的共同作用下，工件弯曲角度及半径均大于模具尺寸。这是产生弯曲回弹的根本原因，也是塑性变形“卸载弹性恢复规律”的体现。

(2)影响回弹的因素

1)材料的力学性能

材料的屈服强度 σ_s 越高，发生塑性变形前的弹性变形量越大，卸载后的回弹也越大；弹性模量 E 越大，则抵抗弹性变形的能力越强，弹性变形小，回弹也就较小。也就是说，材料的屈模比(屈服强度 σ_s 与弹性模量 E 的比值)σ_s/E 越大，材料的回弹值越大。

2)弯曲系数 k

弯曲变形区的变形由两部分组成，即弹性变形和塑性变形。弯曲系数 k 减小时，弯曲毛坯外侧表面在长度方向上的总变形程度增大，意味着塑性变形和弹性变形成分同时增大，但在总变形中，弹性变形所占的相对比例则变小。由图 3.10 可知，当总的变形程度为 ε_p 时，弹性变形所占的比例为 $\Delta\varepsilon_1/\varepsilon_p$，当总的变形程度由 ε_p 增大到 ε_Q 时，弹性变形在总的变形中所占的比例为 $\Delta\varepsilon_2/\varepsilon_Q$，显然，$\Delta\varepsilon_1/\varepsilon_p>\Delta\varepsilon_2/\varepsilon_Q$，即随着总的变形程度的增加，弹性变形在总的变形中所占的比例却减小了。因此，弯曲系数 k 越小，相对弯曲半径越小，回弹值越小。相反，若相对弯曲半径过大，由于变形程度太小，使毛坯大部分处于弹性变形状态，产生很大的回弹，以致用普通弯曲方法根本无法成形。

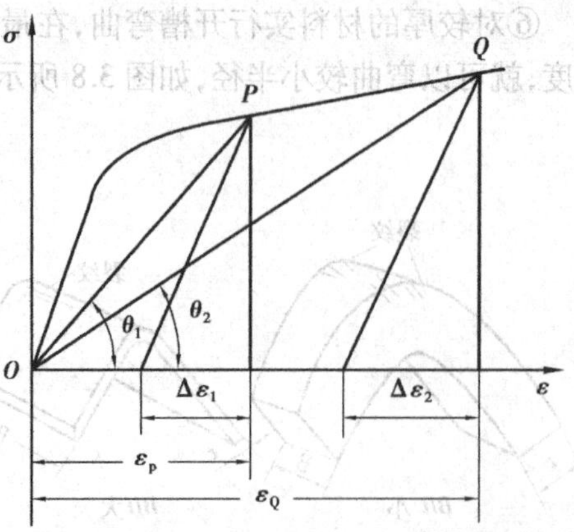

图 3.10 弯曲系数对回弹的影响

3)弯曲件角度 α

弯曲件角度越小，弯曲带中心角越大，弯曲变形区域也越大，回弹的积累越大，回弹角 $\Delta\alpha$ 也越大，但对曲率半径的影响不大。

4）弯曲方式

与自由弯曲相比，校正弯曲施加足够大的弯曲力，增加了变形区塑性变形程度，改变了变形区的应力状态，回弹较小。

5）模具间隙

模具间隙直接影响 U 形件弯曲的回弹量，间隙大，材料处于松动状态，回弹就大；间隙小，材料被挤紧，回弹就小；若将 U 形件弯曲模设计成活动的形式，在侧边施加水平作用力，将会大大减小回弹，提高弯曲件尺寸精度。

6）工件形状

在工件形状复杂、一次弯曲成形的数量越多的情况下，若互相之间有牵制作用，将会使回弹减小。

弯曲回弹的影响因素很多，而且各因素又相互影响，形状复杂的工件更是如此，因此，弯曲回弹问题成为板料成形的难题之一，引起了众多科研工作者和工程技术人员的关注。

（3）回弹值的大小

由于理论计算的复杂及不准确，回弹值一般来自于经验数据。当 $r/t<5$ 时，弯曲半径的回弹值不大，只考虑角度的回弹，其值可由表 3.3、表 3.4 或其他手册查出。当 $r/t>10$ 时，弯曲系数较大，工件角度及曲率半径都有较大的回弹，其计算见本章 3.5 节。

表 3.3　90°单角自由弯曲的回弹角 $\Delta\alpha$

材　料	r/t	材料厚度 t/mm		
		<0.8	0.8～2	>2
软钢 $\sigma_b=350$ MPa	<1	4°	2°	0°
软黄铜 $\sigma_b\leqslant350$ MPa	1～5	5°	3	1°
铝、锌	>5	6°	4	2°
中硬钢 $\sigma_b=(400\sim500)$ MPa	<1	5°	2°	
硬黄铜 $\sigma_b=(350\sim400)$ MPa	1～5	6°	3°	1°
硬青铜	>5	8°	5°	3°
硬钢 $\sigma_b>550$ MPa	<1	7°	4°	2°
	1～5	9°	5°	3°
	>5	12°	7°	5°
硬铝 2A12	<2	2°	3°	4.5°
	2～5	4°		8.5°
	>5	6.5°		14°
超硬铝 7A04	<2	2.5°	5°	8°
	3～5	4°	8°	11.5°
	>5	7°	12°	19°

表 3.4　单角校正弯曲的回弹角 $\Delta\alpha$

材　料	r/t		
	≤1	>1~2	>2~3
Q235	-1°~1°30′	0°~2°	1°30′~2°30′
纯铜、铝、黄铜	0°~1°30′	0°~3°	2°~4°

(4)**减小弯曲回弹的措施**

由于回弹的影响,弯曲件尺寸与形状精度都较差。因此,为了将回弹量控制在允许的范围内,可以在零件结构、弯曲工艺及模具设计等方面采取措施。

1)改进弯曲件结构设计

弯曲回弹量与材料性能、弯曲系数及弯曲角的截面惯性矩有关,因此,弯曲件结构设计时,应从这几方面着手。

为增大弯曲角的截面惯性矩,提高其抗弯强度,在变形区压制加强筋(见图 3.11(a)、(b)),或预弯成形边翼(见图 3.11(c))。如果增设加强筋或成形边翼,会增大压弯难度,但却增加了弯曲件的刚性,使回弹减小。

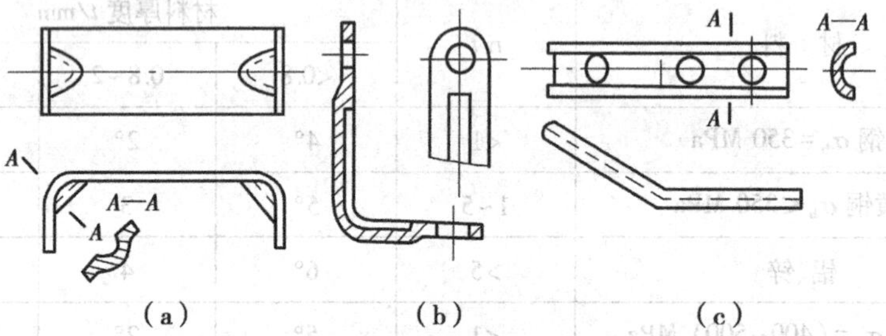

图 3.11　改进零件结构减小回弹

在条件许可的情况下,选用弹性模量大、屈服强度低、性能稳定均匀的材料,以减小回弹量。在保证不出现弯裂的前提下,尽量使弯曲系数为 1~2,以增大变形程度,减小回弹。

2)改变变形区应力状态

弯曲时板料变形区外侧受拉、内侧受压,而卸载后的弹性应力与此相反,是产生回弹的根本原因。因此,改变弯曲变形的应力状态,使内外层应力方向一致,会有效地减小回弹。

①校正弯曲法

将凸模的角部设计成局部凸起的形状,如图 3.12 所示,弯曲变形终了时,凸模压力集中作用在弯曲变形区,加大变形区的变形程度,迫使内侧也产生伸长变形,改变弯曲变形区外拉内压的应力状态,使其成为三向受压的应力状态,从而减小回弹。校正弯曲适用于厚度大于 0.8 mm、塑性较好的材料,当弯曲变形区金属的校正压缩量为板厚的 2%~5%时,就会产生较好的效果,因此,校正弯曲成为减小回弹最常用的方法。

②纵向加压法

在弯曲过程结束时,用凸模上设置的凸肩对弯曲件的端部纵向加压(见图 3.13),使内外层金属都处于压应力状态,改变了变形区的应力状态,减小了回弹。

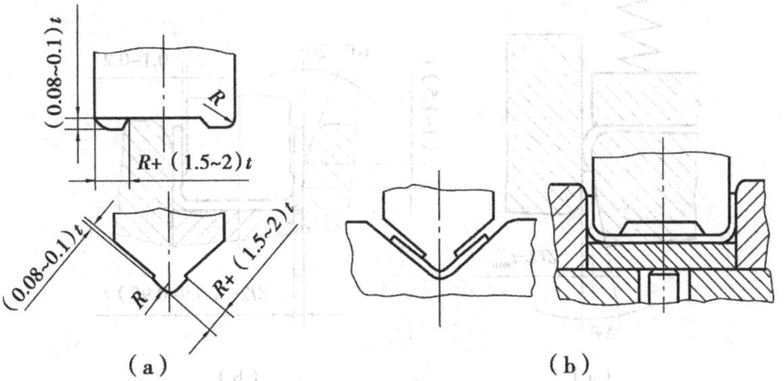

图3.12　校正弯曲法

③拉弯法

拉弯法是在弯曲的同时使板料承受一定的拉应力,如图3.14所示。拉应力的数值应使弯曲件变形区内的合成应力(即施加的拉应力与弯曲件内侧的压应力之和)大于材料的屈服强度,因而使工件的整个断面都处于塑性拉伸变形范围内,内、外层应力方向取得了一致,卸载时内、外层的反向弹性应力也方向一致,避免了二者的叠加,故可大大减小工件的回弹。拉弯法主要用于相对弯曲半径很大的工件的成形,为了提高精度,变形终了阶段再加大拉力,进行"补拉"。

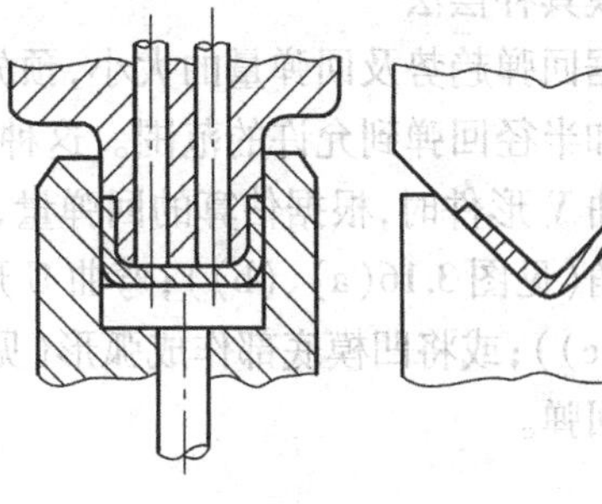

图3.13　端部纵向加压法

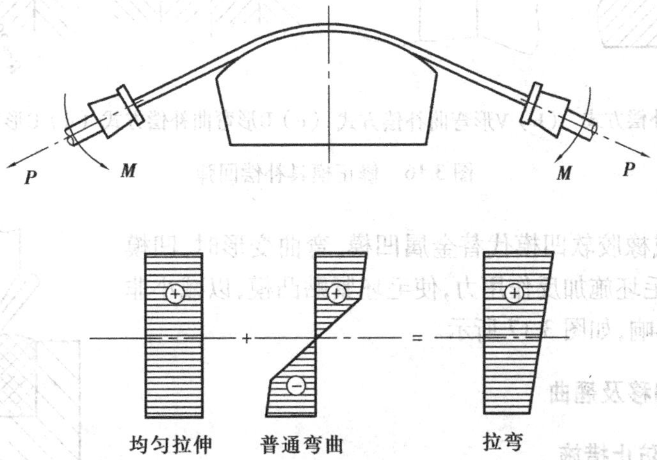

图3.14　拉弯及其应力分布

对于小型的、材料具有一定塑性的单角或双角弯曲件,可采用增大压料力、减小模具间隙的办法,使弯角处材料被挤压、变薄、拉伸,内外层均为拉应变,以减小回弹,如图3.15所示。

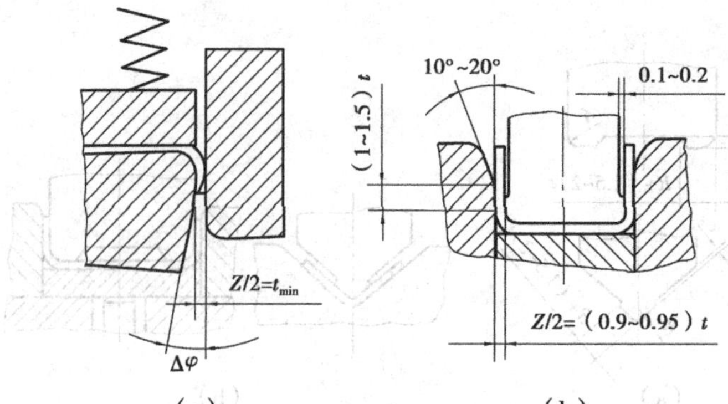

图 3.15 增加拉应变减小回弹

3)改进模具结构

①模具补偿法

根据回弹趋势及回弹量的大小,预先修正模具工作部分的形状和尺寸,使出模后弯曲件的角度和半径回弹到允许的范围。这种方法简单易行,在实际生产中被广泛应用。

弯曲 V 形件时,根据估算的回弹量,将凸模的圆角半径预先制作小些,顶角的角度减去一个回弹角(见图 3.16(a)、(b));弯曲 U 形件时,将凸模两侧分别制作出等于回弹量的斜度(见图 3.16(c));或将凹模底部作成弧形(见图 3.16(d)),利用底部向下回弹的作用,补偿两直边的向外回弹。

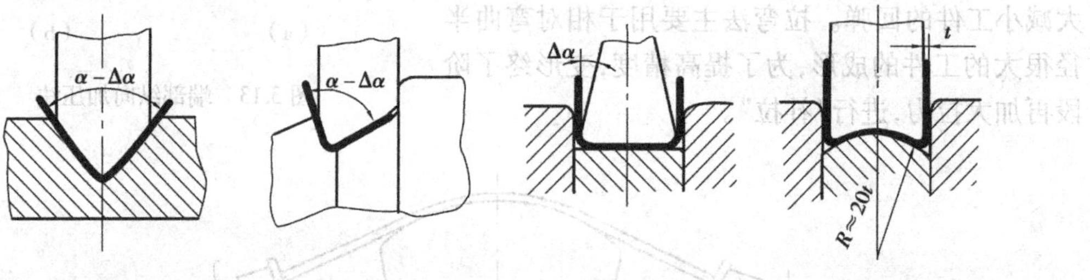

(a)V形弯曲补偿方式 (b)V形弯曲补偿方式 (c)U形弯曲补偿方式 (d)U形弯曲补偿方式

图 3.16 修正模具补偿回弹

②软模法

采用聚氨酯或橡胶软凹模代替金属凹模,弯曲变形时,凹模同时发生变形,对毛坯施加反作用力,使毛坯紧贴凸模,以减小非变形区对回弹的影响,如图 3.17 所示。

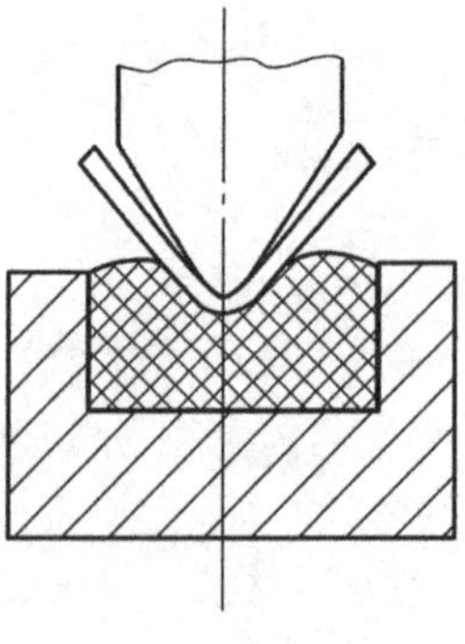

图 3.17 软模弯曲

3.2.3 弯曲偏移及翘曲

(1)偏移及其防止措施

弯曲过程中,板料沿凹模圆角滑移,会受到凹模圆角处摩擦阻力的作用。当板料各边所受的摩擦阻力不等时,毛坯会沿工件的长度方向移动,改变了弯曲线的位置,使工件两直边的尺寸不符合要求,这种现象称为偏移。

产生偏移的原因很多,主要有以下 4 点:

①制件毛坯形状不对称,如图3.18(a)、(b)所示。

②工件结构不对称,如图3.18(c)所示。

③弯曲模结构不合理,如图3.18(d)、(e)所示。

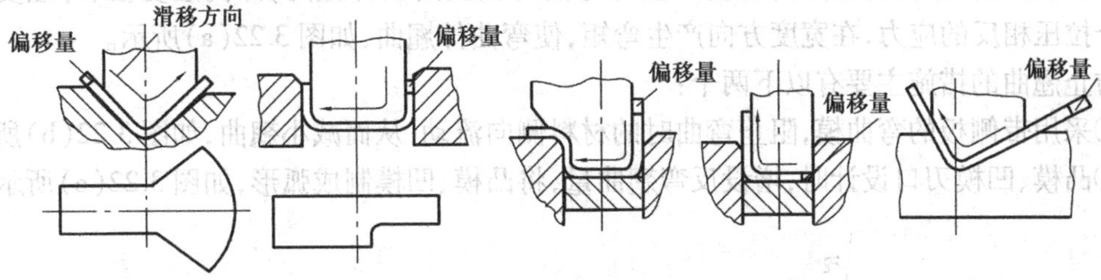

(a)　(b)　(c)　(d)　(e)

图3.18　弯曲偏移

④凸模与凹模的圆角不对称、间隙不对称。

为防止偏移,可采用以下措施:

①采用压料装置,将毛坯压紧,使毛坯位置相对固定,防止毛坯的滑动,如图3.19(a)、(b)所示。还可在凸模上设置一个尖端凸起的定位尖(见图3.19(c)),凸模下行时,定位尖首先插入毛坯,从而对毛坯定位。

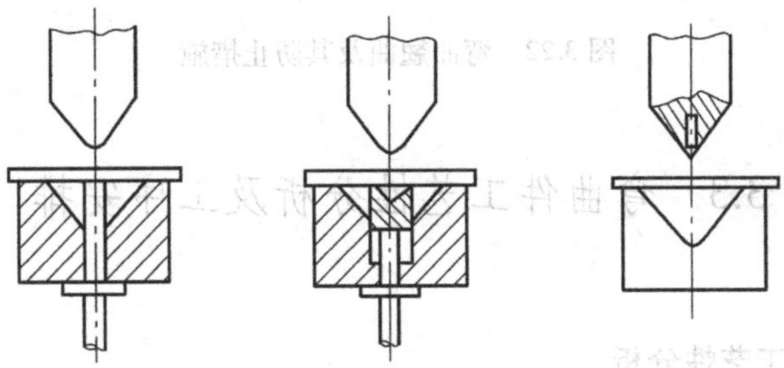

(a)　(b)　(c)

图3.19　压料装置防止偏斜

②利用毛坯上的孔,或设计工艺孔,用定位销插入孔内,弯曲时使毛坯无法移动,如图3.20所示。

③将不对称形状的弯曲件组合成对称弯曲件,弯曲时受力均匀,不容易产生偏移,如图3.21所示。弯曲完成后,切断成不对称件。

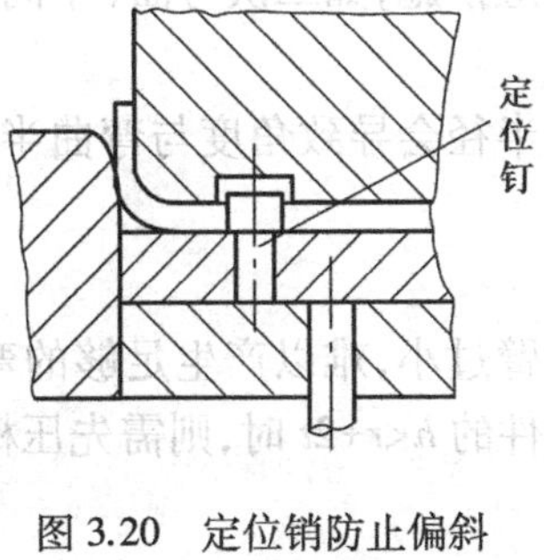

图3.20　定位销防止偏斜

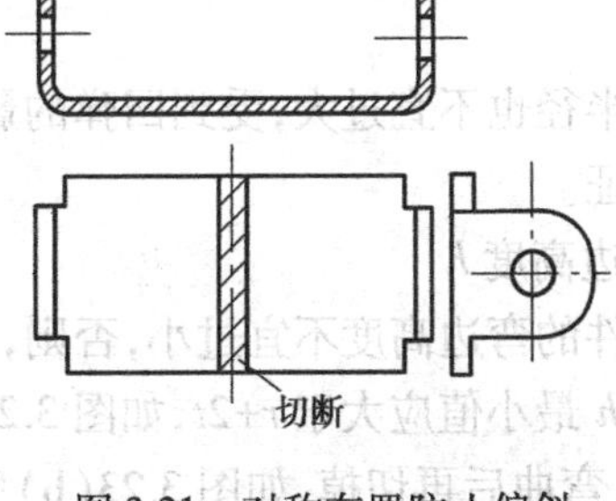

图3.21　对称布置防止偏斜

④模具制造准确，间隙调整一致。

(2)**翘曲及其防止措施**

宽板弯曲时，宽度方向的内层为压应力，外层为拉应力，见表 3.1；卸载后，在产生弯曲角度与半径回弹的同时，宽度方向也会产生与弯曲时相反的回弹应力，即内层受拉、外层受压，这两个拉压相反的应力，在宽度方向产生弯矩，使弯曲件翘曲，如图 3.22(a)所示。

防止翘曲的措施主要有以下两个：

①采用带侧板的弯曲模，阻止弯曲时的材料侧向流动，从而减小翘曲，如图 3.22(b)所示。

②凸模、凹模刃口设计时，增设反弯翘曲量，将凸模、凹模制成弧形，如图 3.22(c)所示。

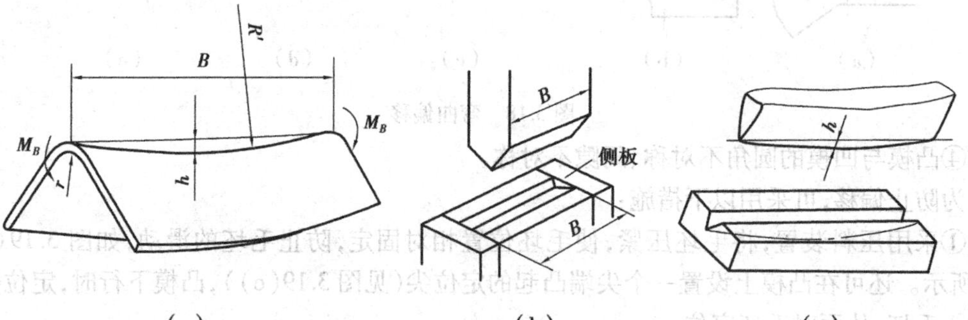

图 3.22　弯曲翘曲及其防止措施

3.3　弯曲件工艺性分析及工序安排

3.3.1　弯曲件的工艺性分析

具有良好工艺性的弯曲件，能简化弯曲工艺过程和提高弯曲件的精度，并有利于模具的设计和制造。在设计弯曲工艺与模具时，首先需要分析弯曲件的工艺性，以便有针对性地采取相关措施，保证弯曲工艺的实施。

(1)**弯曲件的最小弯曲半径和直边高度**

1)弯曲半径

在料厚一定的情况下，弯曲件的弯曲半径不宜小于最小弯曲半径，否则会产生弯裂。当工件所需的弯曲半径小于表 3.2 所列数值时，必须采取相应措施，如二次弯曲(中间退火)、开槽弯曲等。

弯曲半径也不宜过大，受到回弹的影响，过大的弯曲半径会导致角度与弯曲半径的精度都不易保证。

2)直边高度 h

弯曲件的弯边高度不宜过小，否则，弯曲时的弯曲力臂过小，难以产生足够的弯曲力矩。弯边高度 h 最小值应大于 $r+2t$，如图 3.23(a)所示。若工件的 $h<r+2t$ 时，则需先压槽，或增加弯边高度，弯曲后再切掉，如图 3.23(b)所示。

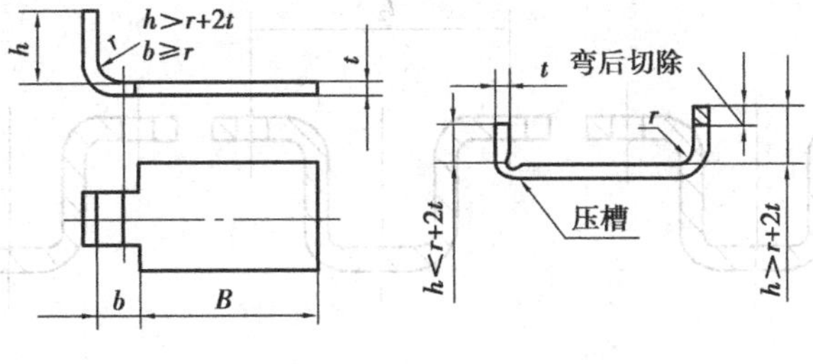

图3.23 弯曲件的直边高度

(2)**弯曲件的孔边距** L

孔边距 L 是指弯曲件孔边至弯曲半径 r 中心的距离，如图3.24所示。弯曲有孔的工件时，如果孔位于弯曲变形区内，则弯曲时孔会发生变形，因此，必须使孔处于变形区之外。一般情况下，孔边距根据材料厚度确定，当 $t<2$ mm 时，$L \geqslant t$；当 $t \geqslant 2$ mm 时，$L \geqslant 2t$。

如果孔边距 L 过小，可在弯曲之后再冲孔。还可采取措施转移变形区，使其避开已经存在的孔，如冲凸缘形缺口或月牙槽（见图3.25（a）、（b）），或在弯曲变形区内冲工艺孔（见图3.25（c））。

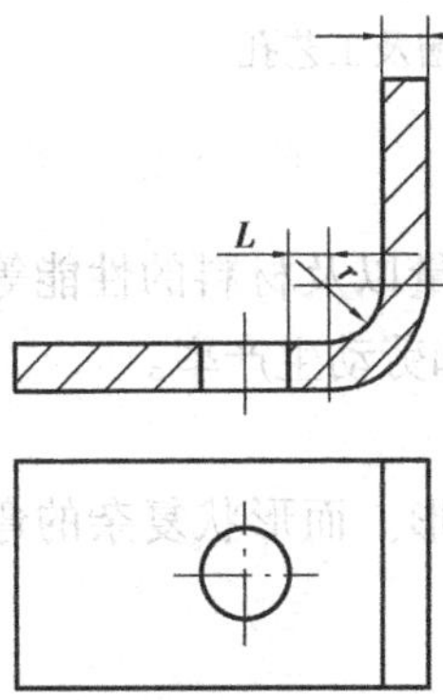

图3.24 弯曲件的孔边距

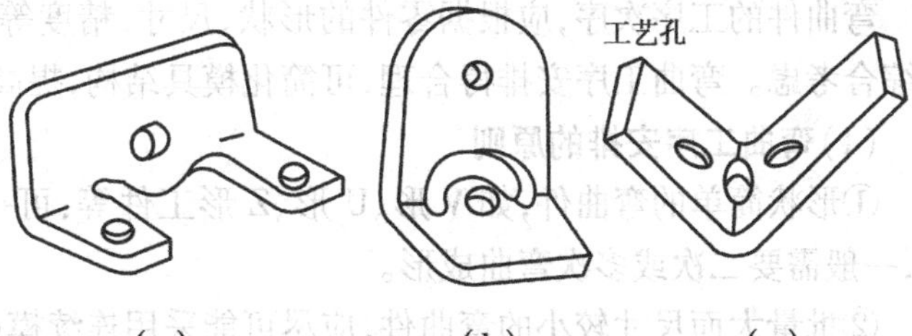

图3.25 防止孔变形的措施

(3)**弯曲件的尺寸标注**

尺寸标注对弯曲件的工序安排有很大的影响。如图3.26所示为弯曲件孔的位置尺寸的3种标注法。其中如图3.26（a）所示的标注法，孔的位置精度不受坯料展开长度和回弹的影响，将大大简化冲压工艺和模具设计。因此，在不要求弯曲件有一定装配关系时，应尽量从冲压工艺方便的角度来标注尺寸。采用图3.26（a）所示的方法标注尺寸，工件可先落料冲孔，然后压弯成形，工艺比较简单；采用如图3.26（b）、（c）所示方法标注尺寸的工件，冲孔只能在压弯成形后进行。

(4)**工艺孔或切槽的增添**

增添的工艺孔，一种是用于定位，对于弯曲形状较复杂或需多次弯曲的工件，为了防止毛坯偏移，在结构允许的条件下，可在工件不变形部位设置定位工艺孔，如图3.27所示。

另一种工艺孔或切槽是为了改变弯曲线的位置，避免角部畸变和产生裂纹，如图3.28所示。

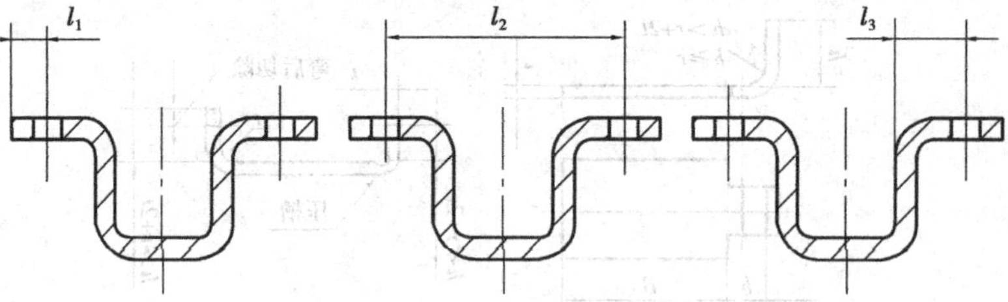

(a)　　　　(b)　　　　(c)

图 3.26　尺寸标注对弯曲工序安排的影响

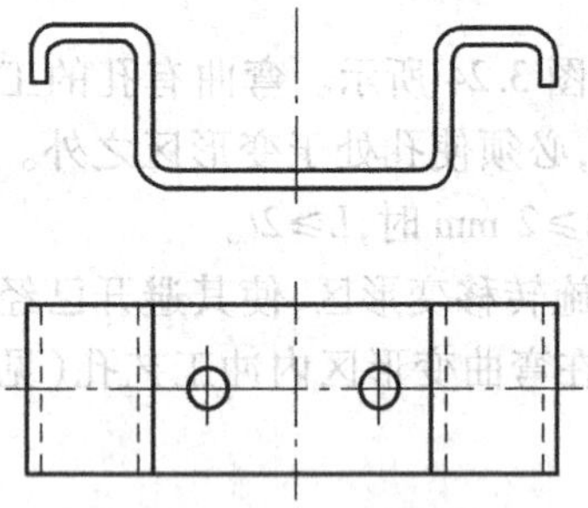

图 3.27　定位工艺孔的设置

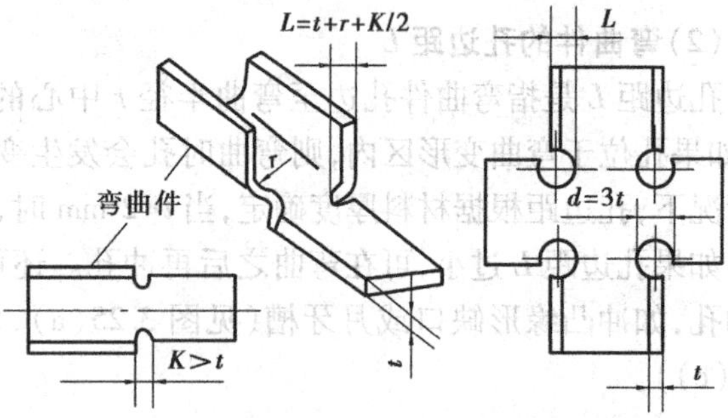

图 3.28　预冲工艺槽及工艺孔

3.3.2　弯曲工序安排

弯曲件的工序次序，应根据零件的形状、尺寸、精度等级、生产批量以及材料的性能等因素综合考虑。弯曲工序安排得合理，可简化模具结构，提高零件质量和劳动生产率。

(1)弯曲工序安排的原则

①形状简单的弯曲件，如 V 形、U 形、Z 形工件等，可一次弯曲成形。而形状复杂的弯曲件，一般需要二次或多次弯曲成形。

②批量大而尺寸较小的弯曲件，应尽可能采用连续模或复合模。

③需多次弯曲时，一般是先弯两端，后弯中间，前次弯曲应考虑后次弯曲定位的可靠性，后次弯曲不能影响前次已弯成的形状。

④采用对称弯曲原则。当弯曲件几何形状不对称时，为避免压弯时坯料偏移，应尽量采用成对弯曲，然后再切成两件的工艺。

(2)典型弯曲件的工序次序

如图 3.29—图 3.31 所示分别为两次弯曲、三次弯曲以及多次弯曲成形的工序次序安排的例子，可供参考。

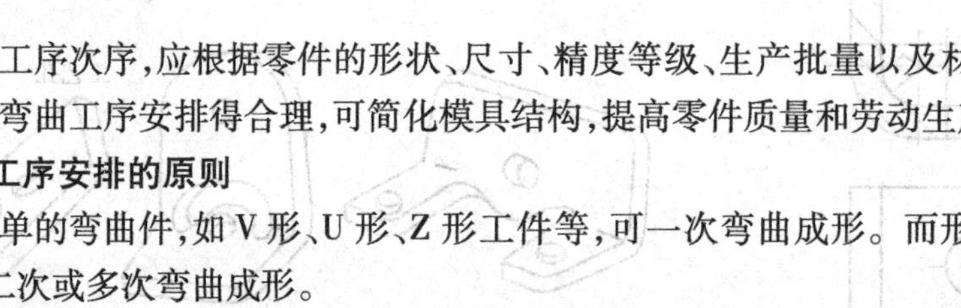

图 3.29　两道工序弯曲成形

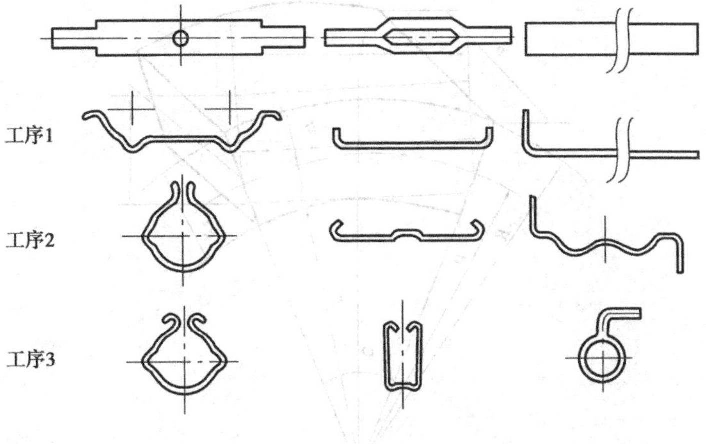

图 3.30 三道工序弯曲成形

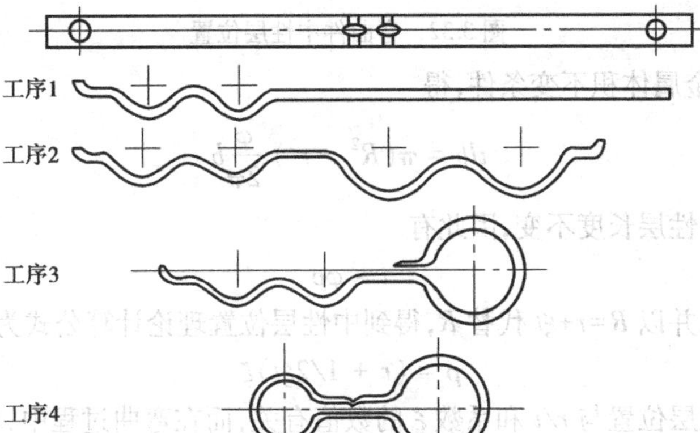

图 3.31 多道工序弯曲成形

3.4 弯曲工艺计算

弯曲工艺计算主要包括毛坯尺寸的计算和弯曲力的计算。

3.4.1 弯曲件毛坯展开尺寸的计算

弯曲时,毛坯宽度方向的总尺寸变化较小,一般以弯曲件成品的宽度作为毛坯的宽度,因此,毛坯尺寸计算主要是长度方向尺寸的展开计算。在长度方向,弯曲时外层材料受拉变长,内层材料受压缩短,变形前后的尺寸都会发生变化,弯曲件成品的外层、内层长度都不能作为毛坯的长度。弯曲过程中,只有弯曲中性层在弯曲变形的前后长度不变,因此,可以用中性层长度作为计算弯曲部分展开长度的依据。

(1)弯曲中性层位置的确定

设板料弯曲前的长度、宽度和厚度分别为 l,b 和 t,弯曲后成为外半径 R、内半径 r、厚度 ξt(ξ 为变薄系数)、弯曲带中心角为 φ 的形状(见图 3.32)。

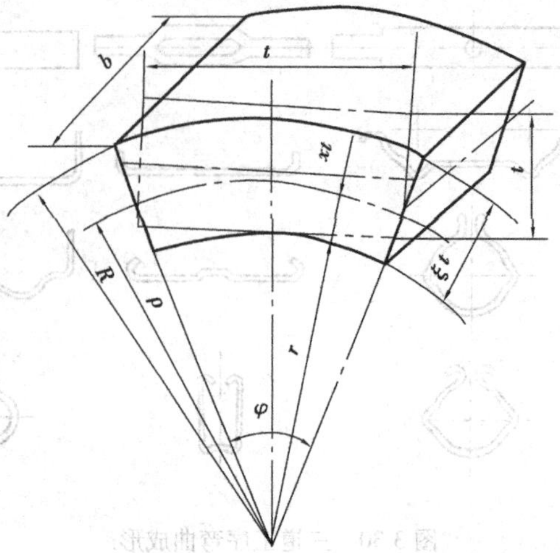

图 3.32 弯曲件中性层位置

根据变形前后金属体积不变条件，得

$$tlb = \pi(R^2 - r^2)\frac{\varphi}{2\pi}b$$

塑性弯曲后，中性层长度不变，因此有

$$l = \varphi\rho$$

将其代入上式，并以 $R=r+\xi t$ 代替 R，得到中性层位置理论计算公式为

$$\rho = (r + 1/2\xi t)\xi$$

可知，弯曲中性层位置与 r/t 和系数 ξ 的数值有关，而在弯曲过程中，相对弯曲半径 r/t 和系数 ξ 是不断变化的，意味着中性层位置也在不断改变。自由弯曲时，板料都会有少许减薄，即 $\xi<1$，使 $\rho<r+(1/2)t$，说明中性层偏离了板料厚度的中间位置，发生了向内侧（凸模侧）的移动。r/t 值越小，系数 ξ 值也越小，中性层位置的内移量也越大。

实际中，为了便于计算，一般用经验公式确定中性层的曲率半径，即

$$\rho = r + xt$$

式中 x——中性层位移系数，与变形程度有关，其值见表 3.5。

表 3.5 弯曲中性层位移系数

r/t	0.1	0.2	0.3	0.4	0.5	0.6	0.7	0.8	1	1.2
x	0.21	0.22	0.23	0.24	0.25	0.26	0.28	0.3	0.32	0.33
r/t	1.3	1.5	2	2.5	3	4	5	6	7	≥8
x	0.34	0.36	0.38	0.39	0.4	0.42	0.44	0.46	0.48	0.5

（2）弯曲件毛坯展开长度计算

确定了中性层的位置后，就可进行弯曲件毛坯展开长度的计算。

1）有圆角半径的弯曲件

一般将 $r>0.5t$ 的弯曲件称为有圆角半径的弯曲件，如图 3.33 所示。有圆角半径的弯曲

件，毛坯展开尺寸等于弯曲件直线部分长度和圆弧部分长度的总和，即

$$L = \sum l_{直线} + \sum l_{圆弧}$$

式中　L——弯曲件毛坯长度；

$l_{直线}$——直线部分各段长度；

$l_{圆弧}$——圆弧部分各段长度，它与弯曲带中心角 φ 及中性层曲率半径 ρ 的关系为

$$l_{圆弧} = \frac{2\pi\rho}{360^\circ}\varphi = \frac{\pi\varphi}{180^\circ}(r + xt)$$

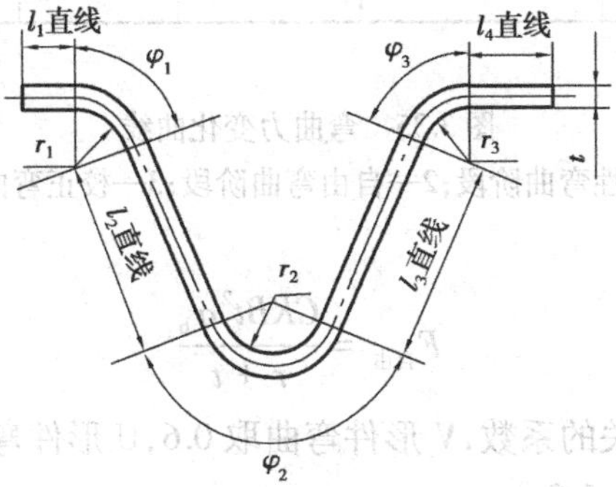

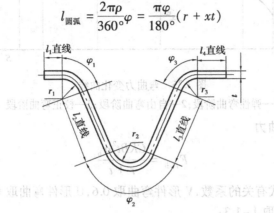

图 3.33　有圆角半径弯曲件

2）无圆角半径的弯曲件

无圆角半径弯曲件是指 $r \leqslant 0.5t$ 的弯曲件，如图 3.34 所示。其展开长度根据毛坯与工件体积相等，并考虑弯曲材料变薄的情况进行计算。

当弯曲角为 90°时，有

$$L = l_1 + l_2 + x't$$

式中　x'——修正系数，一般取 0.4~0.6。

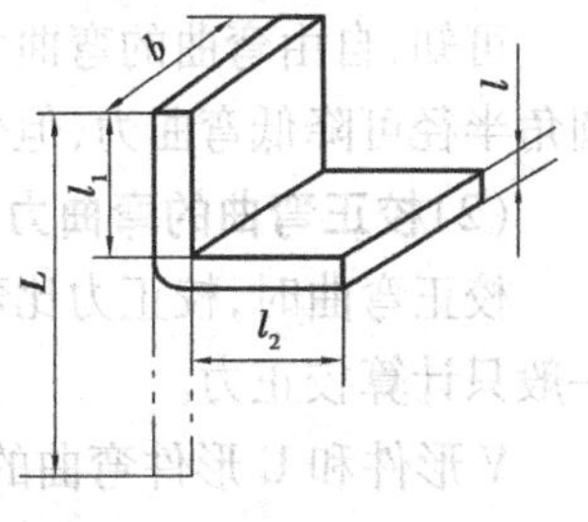

图 3.34　无圆角半径弯曲件

板料弯曲时，板料厚度会有所减薄，势必会使长度增加，弯曲系数越小，变形量越大，减薄量越大，长度的增加值也就越大。另外，上述公式没有考虑材料性能、模具结构、弯曲方式等因素对弯曲变形的影响。因此，用上述公式计算出来的毛坯展开长度仅仅是一个参考值，与实际所需的长度有一定的误差，只能用于形状简单、弯角个数少和尺寸公差要求不高的弯曲件。对于形状复杂、弯角较多及尺寸公差较小的弯曲件，应先用上述公式进行初步计算，确定试弯坯料，待试模合格后再确定准确的毛坯长度，并据此设计落料模。

3.4.2　弯曲力计算

弯曲力是设计弯曲模和选择压力机吨位的重要依据，必须对弯曲力进行计算。材料弯曲时，首先发生弹性变形；其次变形区的外层金属进入塑性状态，并逐步向中心扩展，完成自由弯曲；最后凸模、凹模与坯料互相接触，并冲击零件，进行校正弯曲。如图 3.35 所示为各阶段弯曲力变化曲线。弹性弯曲阶段的弯曲力较小，自由弯曲阶段的弯曲力较大，且基本上不随行程的变化而变化；校正弯曲阶段，由于模具与坯料的刚性接触，弯曲力急剧增加，远远大于自由弯曲阶段的弯曲力。

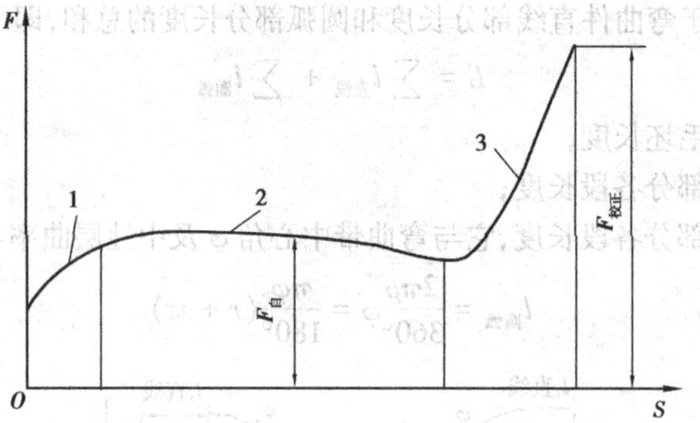

图 3.35 弯曲力变化曲线

1—弹性弯曲阶段;2—自由弯曲阶段;3—校正弯曲阶段

(1)自由弯曲的弯曲力

$$F_{自由} = \frac{CKBt^2\sigma_b}{r+t}$$

式中 C——与弯曲形式有关的系数,V 形件弯曲取 0.6,U 形件弯曲取 0.7;

K——安全系数,取 1~1.3;

B——板料宽度,mm;

r——弯曲件的内弯曲半径,mm;

σ_b——材料的抗拉强度,MPa;

t——板料厚度,mm。

可知,自由弯曲的弯曲力随材料抗拉强度、板料宽度、板料厚度的增加而增加,增大凸模圆角半径可降低弯曲力,但变形程度减小,回弹会增加。

(2)校正弯曲的弯曲力

校正弯曲时,校正力比弯曲力大得多,而且两个力不同时出现,因此,若采用校正弯曲时,一般只计算校正力。

V 形件和 U 形件弯曲的校正力 $F_{校正}$(N)均按下式计算,即

$$F_{校正} = A \times p$$

式中 A——校正部分的投影面积,mm^2;

p——产生校正弯曲所需的最小的单位面积校正力,MPa;其值见表 3.6。

表 3.6 单位面积最小校正力 p/MPa

材 料	料厚 t/mm		材 料	料厚 t/mm	
	≤3	>3~10		≤3	>3~10
铝	30~40	50~60	25~35 钢	100~120	120~150
黄铜	60~80	80~100	钛合金(BT1)	160~180	180~210
10—20 钢	80~100	100~120	钛合金(BT3)	160~200	200~260

必须指出,曲柄压力机上校正弯曲时,校模深浅(即压力机闭合高度的调整)和工件厚度

的微小变化，都会显著地改变校正弯曲力的数值大小，因此，调整闭合高度时必须加以小心，防止因弯曲力急剧增大而导致的压力机过载。

(3)弯曲时压力机吨位的确定

自由弯曲时，压力机吨位 $F_{机}$ 为

$$F_{机} \geqslant F_{自由} + F_Q$$

式中　F_Q——顶件力(或压料力)，取自由弯曲力的30%~80%。

校正弯曲时，弯曲力远远大于顶件力，顶件力可忽略不计，即

$$F_{机} \geqslant F_{校正}$$

3.5　弯曲模工作部分尺寸的确定

弯曲模工作部分尺寸的确定主要包括凸模和凹模的圆角半径、凹模深度、U形件模具间隙及尺寸等结构参数的确定。

3.5.1　凸模的圆角半径

当弯曲件的弯曲系数较小时($k<5$)，弯曲半径的回弹较小，凸模圆角半径设计时可以忽略回弹，此时，凸模的圆角半径等于弯曲件的弯曲半径。

当弯曲系数较大($k \geqslant 5$)时，工件不仅角度有回弹，弯曲半径也有较大的回弹，凸模圆角半径 $r_{凸}$ 和角度 $\alpha_{凸}$ 与工件的圆角半径 r 和角度 α 的关系为

$$r_{凸} = \frac{r}{1 + 3\dfrac{\sigma_s r}{Et}} = \frac{1}{\dfrac{1}{r} + 3\dfrac{\sigma_s}{Et}}$$

$$\alpha_{凸} = \alpha - (180° - \alpha)\left(\frac{r}{r_{凸}} - 1\right)$$

式中　t——毛坯的厚度，mm；

E——弯曲材料的弹性模量，MPa；

σ_s——弯曲材料的屈服强度，MPa。

若假设 $\gamma = 3\dfrac{\sigma_s}{E}$，上式可简化为

$$r_{凸} = \frac{r}{1 + \gamma k}$$

式中　k——弯曲系数；

γ——简化系数，常用的钢板取0.003 2~0.006 8。

例3.1　如图3.36(a)所示工件，材料为7A04超硬铝板，$\sigma_s = 460$ MPa，$E = 70\ 000$ MPa。求凸模的工作部分尺寸。

解　1)计算工件中间部分弯曲凸模尺寸

已知 $r_1 = 12$ mm，$\alpha_1 = 90°$，$t = 1$ mm。

而工件的弯曲系数 $r_1/t = 12>5$，因此，工件的弯曲半径和角度都有回弹，凸模设计时必须

加以修正。

由公式可知，有

$$r_{凸_1} = \frac{1}{\frac{1}{r} + 3\frac{\sigma_s}{Et}}$$

$$= \frac{1}{\frac{1}{12} + 3 \times \frac{460}{70\,000} \times 1}\ \text{mm} = 9.7\ \text{mm}$$

$$\alpha_{凸_1} = \alpha - (180° - \alpha)\left(\frac{r}{r_{凸}} - 1\right)$$

$$= 90° - (180° - 90°) \times \left(\frac{12}{9.7} - 1\right) = 68.66°$$

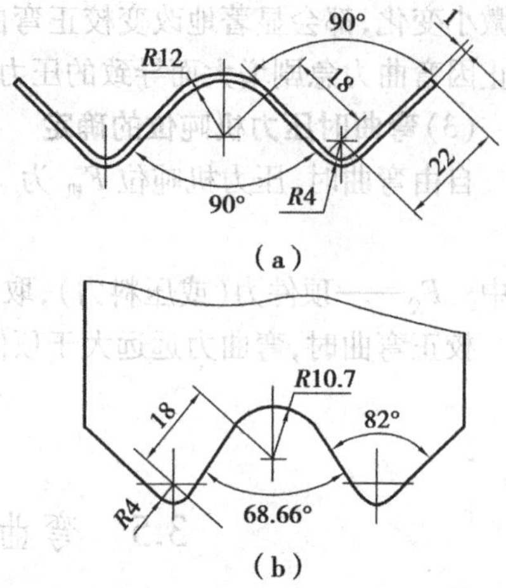

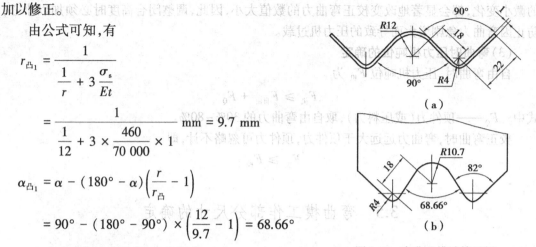

图 3.36　弯曲凸模计算示例

2）确定工件两侧部分弯曲凸模尺寸

此部分弯曲系数 $r_2/t=4/1=4<5$，故弯曲半径的回弹值不大，可忽略不计，凸模的圆角半径即为工件的圆角半径；角度的回弹须模具补偿，当料厚为 1 mm 时，超硬铝 7A04 的回弹角为 8°，因此得

$$r_{凸_2} = 4\ \text{mm}, \alpha_{凸_2} = 90° - 8° = 82°$$

根据回弹值确定的凸模工作部分尺寸如图 3.36(b) 所示。

3.5.2　凹模的圆角半径

如图 3.37 所示为弯曲凸模和凹模的结构尺寸。U 形件弯曲时，凹模圆角半径 $r_{凹}$ 不能过小，否则，会增大毛坯沿凹模圆角滑进的阻力，使毛坯表面擦伤。两边的凹模圆角半径 $r_{凹}$ 应一致，以减小弯曲时毛坯的偏移。

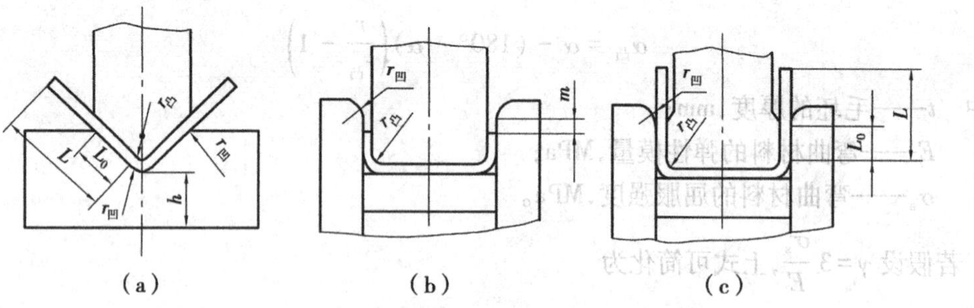

图 3.37　弯曲模结构尺寸

实际生产中，按材料的厚度决定凹模圆角半径：

$t < 0.5$ mm　　$r_{凹} = (6 \sim 12)\ t$

$t = 0.5 \sim 2$ mm　　$r_{凹} = (3 \sim 6)\ t$

$t = 2 \sim 4$ mm　　$r_{凹} = (2 \sim 3)\ t$

$t > 4$ mm　　$r_{凹} = (1.5 \sim 2.5)\ t$

当板料厚度较小时取大值，反之取小值。

对于 V 形件凹模，其底部可开槽，或取 $r_{凹} = (0.6 \sim 0.8)(r_{凸} + t)$。

3.5.3 凹模的深度

凹模深度决定了板料的进模深度，对于常见的V形、U形弯曲件，直边部分不需要全部进入凹模，只有直边长度较小且尺寸精度要求高的工件，才要求直边全部进入凹模。弯曲凹模深度 L_0要适当。若过小，则工件两端的自由部分较长，弯曲零件回弹大，不平直；若过大，则浪费模具材料，且需较大的压力机工作行程。

弯曲V形件时，凹模深度 L_0及底部最小厚度 h(见图3.37(a))可查表3.7。

表3.7 V形件弯曲的凹模深度及底部最小厚度/mm

弯曲件边长 L/mm	材料厚度 t/mm					
	<2		2~4		>4	
	h	L_0	h	L_0	h	L_0
>10~25	20	10~15	22	15	—	—
>25~50	22	15~20	27	25	32	30
>50~75	27	20~25	32	30	37	35
>75~100	32	25~30	37	35	42	40
>100~150	37	30~35	42	40	47	50

弯曲U形件时，若弯边高度不大，或要求两边平直，则凹模深度应大于零件高度，如图3.37(b)所示，图中凹模深度的裕量 m 值见表3.8。如果弯曲件边长较大，而对平直度要求不高时，可采用如图3.37(c)所示的凹模形式，凹模深度 L_0值见表3.9。

表3.8 U形件弯曲的凹模深度裕量/mm

材料厚度 t/mm	≤1	1~2	2~3	3~4	4~5	5~6	6~7	7~8	8~10
m	3	4	5	6	8	10	15	20	25

表3.9 U形件弯曲的凹模深度/mm

弯曲件边长 L/mm	材料厚度 t/mm				
	≤1	1~2	2~4	4~6	6~10
<50	15	20	25	30	35
50~75	20	25	30	35	40
75~100	25	30	35	40	40
100~150	30	35	40	50	50
150~200	40	45	55	65	65

3.5.4 凸模与凹模之间的间隙

V形件弯曲时，凸模与凹模之间的间隙是由调节压力机的装模高度来控制的，模具设计时不需考虑。U形件弯曲的模具间隙，直接影响弯曲件的回弹、表面质量和弯曲力。间隙过小，会使零件边部壁厚减薄，降低凹模寿命；间隙过大，则回弹增大，工件的精度降低。精度要求一般的弯曲件，凸模与凹模单边间隙 Z（见图 3.38（c））与材料厚度基本尺寸 t、材料厚度的上偏差 Δ 以及间隙系数 c（见表 3.10）的关系为

$$Z = t_{max} + ct = t + \Delta + ct$$

当工件精度要求较高时，其间隙值应适当减小，取 $Z=t$。

实际中，还可根据弯曲件材质确定单边间隙，冷轧钢板为 1.05 t；热轧钢板不小于 1.1t；有色金属为 $t_{min}+ct$。

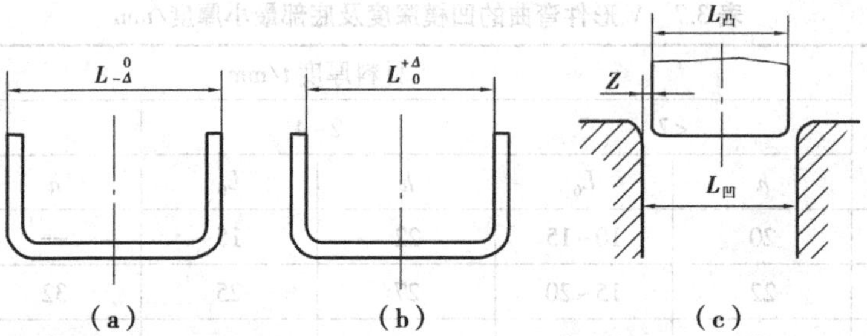

图 3.38　弯曲件的标注及宽度尺寸

表 3.10　U 形件弯曲模的间隙系数 c 值

弯曲件高度 H /mm	材料厚度/mm								
	$b/H\leq 2$				$b/H>2$				
	<0.5	0.6~2	2.1~4	4.1~5	<0.5	0.6~2	2.1~4	4.1~7.5	7.6~12
10	0.05	0.05	0.04	—	0.10	0.10	0.08	—	—
20	0.05	0.05	0.04	0.03	0.10	0.10	0.08	0.06	0.06
35	0.07	0.05	0.04	0.03	0.15	0.10	0.08	0.06	0.06
50	0.10	0.07	0.05	0.04	0.20	0.15	0.10	0.06	0.06
70	0.10	0.07	0.05	0.05	0.20	0.15	0.10	0.10	0.08
100	—	0.07	0.05	0.05	—	0.15	0.10	0.10	0.08
150	—	0.10	0.07	0.05	—	0.20	0.15	0.10	0.10
200	—	0.10	0.07	0.07	—	0.20	0.15	0.15	0.10

3.5.5　U 形件弯曲凸模和凹模的宽度

U 形件弯曲凸模和凹模宽度尺寸，与工件尺寸的标注形式有关，计算原则是：工件标注外形尺寸（见图 3.38（a）），则模具以凹模为基准件，间隙取在凸模上；工件标注内形尺寸（见图 3.38（b）），则模具以凸模为基准件，间隙取在凹模上。

当工件标注外形时

$$L_凹 = (L_{max} - 0.75\Delta)_{\ 0}^{+\delta_凹}$$

$$L_{凸} = (L_{凹} - 2Z)_{-\delta_{凸}}^{\ 0}$$

当工件标注内形时

$$L_{凸} = (L_{min} + 0.75\Delta)_{-\delta_{凸}}^{\ 0}$$

$$L_{凹} = (L_{凸} + 2Z)_{\ 0}^{+\delta_{凹}}$$

式中　L_{max}——弯曲件宽度的最大尺寸；

L_{min}——弯曲件宽度的最小尺寸；

$L_{凸}$——凸模宽度；

$L_{凹}$——凹模宽度；

Δ——弯曲件宽度的尺寸公差；

$\delta_{凸}$，$\delta_{凹}$——凸模和凹模的制造偏差，一般按 IT9—IT7 级选用，且凸模比凹模高一级。

3.6　弯曲模的典型结构

弯曲模的结构形式是多种多样的，取决于弯曲件的形状及弯曲工序的安排。

3.6.1　V 形件弯曲模

V 形件形状简单，能一次弯曲成形。V 形件的弯曲方法通常有两种：一是沿弯曲件角平分线方向的 V 形弯曲法；二是垂直于一边方向上的 L 形弯曲法。

如图 3.39 所示为简单的 V 形件弯曲模。这种模具结构简单，在压力机上安装及调整方便，对材料厚度的公差要求不严，工件在冲程末端得到不同程度的校正，因而回弹较小。板料前后方向由定位销 2 定位，顶杆 1 既起顶料作用，又起压料作用，可防止材料偏移，适用于一般 V 形件的弯曲。防止材料偏移的方式除了顶杆外，还包括定位尖、V 形顶板等，如图 3.19 所示。

如图 3.40 所示的 L 形弯曲模，用于弯曲两直边长度相差较大的单角弯曲件。长度较大的直边夹紧在凸模 2 与压料板 4 之间，另一直边沿凹模 1 圆角滑动，而成直立状态。由于有顶板及定位销，可有效防止弯曲时坯料的偏移。靠板 5 的作用是克服上、下模之间水平方向的错移力，同时也为顶板起导向作用，防止其窜动。

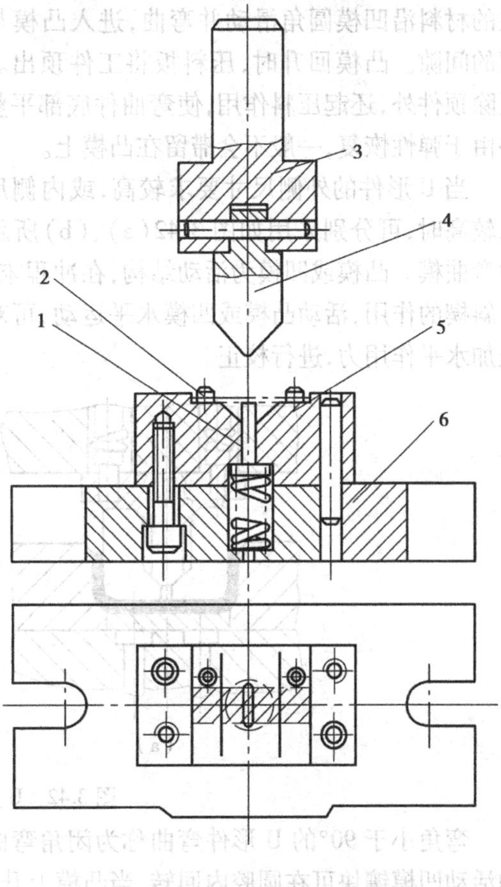

图 3.39　V 形件弯曲模典型结构
1—顶杆；2—定位销；3—模柄；
4—凸模；5—凹模；6—下模座

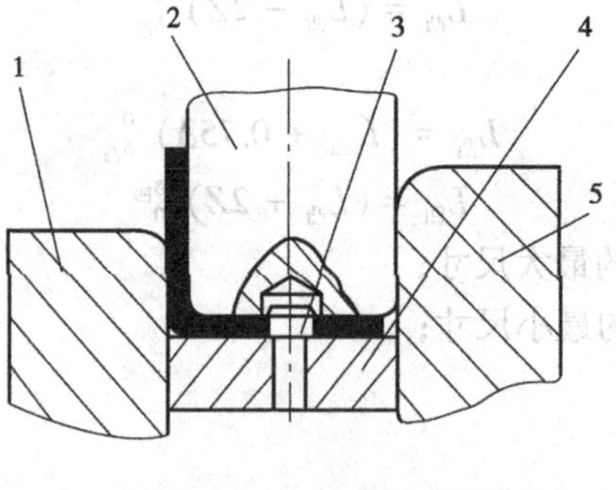

图 3.40　L 形件弯曲模

1—凹模；2—凸模；3—定位销；4—压料板；5—靠板

3.6.2　U 形件弯曲模

如图 3.41 所示为一般 U 形件弯曲模，在凸模的一次行程中能将两个角同时弯曲。冲压时，毛坯被压在凸模 1 与压料板 4 之间逐渐下降，两端未被压住的材料沿凹模圆角滑动并弯曲，进入凸模与凹模间的间隙。凸模回升时，压料板将工件顶出。压料板除顶件外，还起压料作用，使弯曲件底部平整。工件由于弹性恢复，一般不会滞留在凸模上。

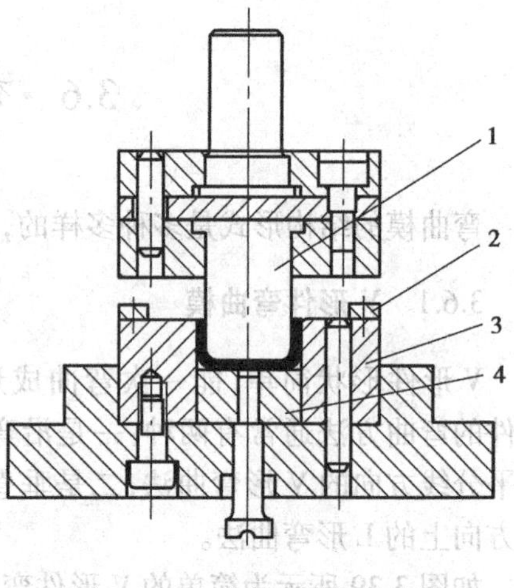

图 3.41　U 形弯曲模典型结构

1—凸模；2—定位板；3—凹模；4—压料板

当 U 形件的外侧尺寸要求较高，或内侧尺寸要求较高时，可分别采用如图 3.42(a)、(b)所示形式的弯曲模。凸模或凹模为活动结构，在冲程末端，由于斜楔的作用，活动凸模或凹模水平运动，可对侧壁施加水平作用力，进行校正。

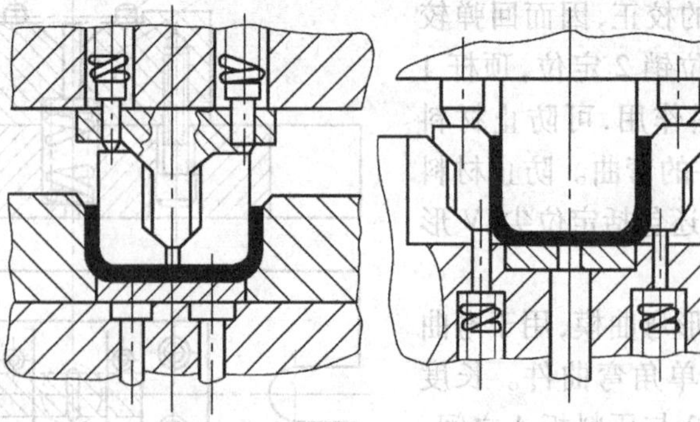

图 3.42　U 形弯曲校正模

弯角小于 90°的 U 形件弯曲称为闭角弯曲。如图 3.43 所示为摆动式闭角弯曲模。两侧的活动凹模镶块可在圆腔内回转，当凸模上升后，弹簧使活动凹模镶块摆动、复位。如图 3.44 所示为斜楔式闭角弯曲模，毛坯首先在凸模 8 的作用下被压成 U 形件。随着上模座 4 继续向下移动，弹簧 3 被压缩，装于上模座 4 上的两块斜楔 2 压向滚柱 1，使装有滚柱 1 的活动凹模块5,6分别向中间移动,将U形件两侧边向里弯成小于90°的角度。当上模回程时,弹簧7使凹模块复位。

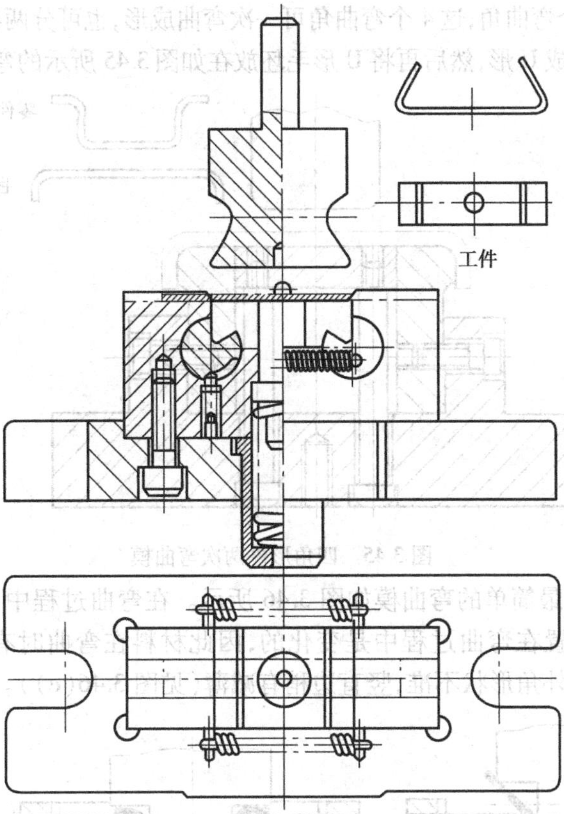

图 3.43　摆动式闭角弯曲模

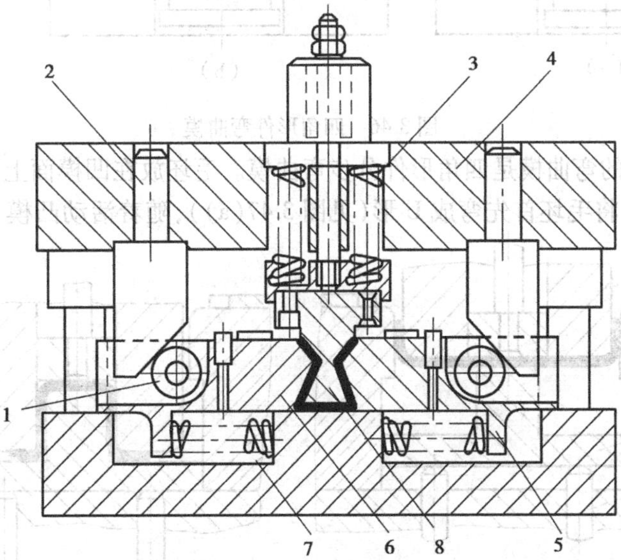

图 3.44　斜楔式闭角弯曲模

1—滚柱;2—斜楔;3—弹簧;4—上模座;5,6—凹模块;7—弹簧;8—凸模

3.6.3 四角形件弯曲模

四角形件带有4个弯曲角,这4个弯曲角可一次弯曲成形,也可分两次弯曲成形。两次弯成时,第一次先将毛坯弯成U形,然后再将U形毛坯放在如图3.45所示的弯曲模中弯成四角形件。

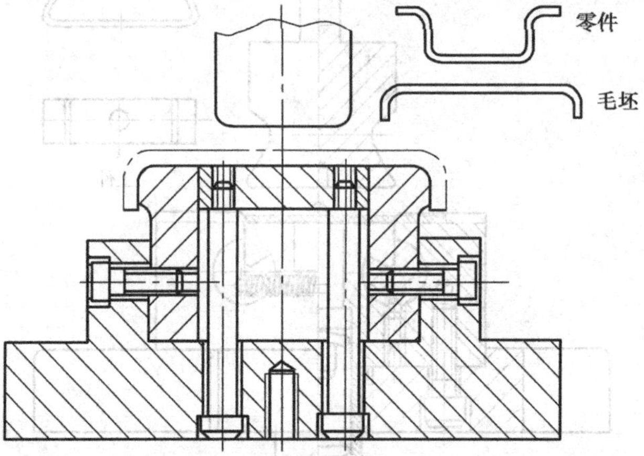

图3.45 四角形件两次弯曲模

一次弯曲成形时,最简单的弯曲模如图3.46所示。在弯曲过程中(见图3.46(a)),由于外角c处的弯曲线位置在弯曲过程中是变化的,因此材料在弯曲时有拉长现象(见图3.46(b)),零件脱模后,其外角形状不准,竖直边稍有减薄(见图3.46(c))。

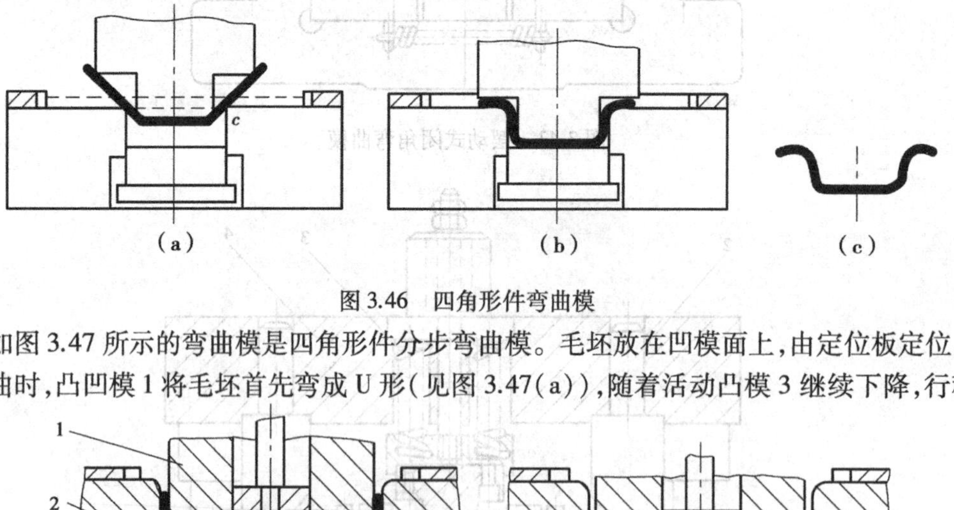

图3.46 四角形件弯曲模

如图3.47所示的弯曲模是四角形件分步弯曲模。毛坯放在凹模面上,由定位板定位。开始弯曲时,凸凹模1将毛坯首先弯成U形(见图3.47(a)),随着活动凸模3继续下降,行程终

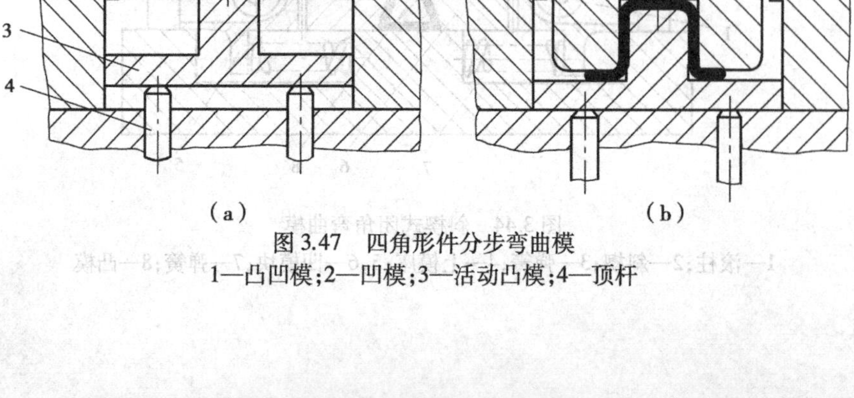

图3.47 四角形件分步弯曲模

1—凸凹模;2—凹模;3—活动凸模;4—顶杆

了时，将 U 形工件压成四角形（见图 3.47(b)）。

3.6.4　圆形件弯曲模

圆形件的弯曲方法根据圆的不同直径而各不相同。

(1)圆筒直径 $d \geq 20$ mm 的大圆形件

大圆形件可分别采用三次弯曲法、二次弯曲法和一次弯曲法。

如图 3.48 所示，用 3 道工序弯曲大圆，这种方法生产率低，适合于材料厚度较大的工件。

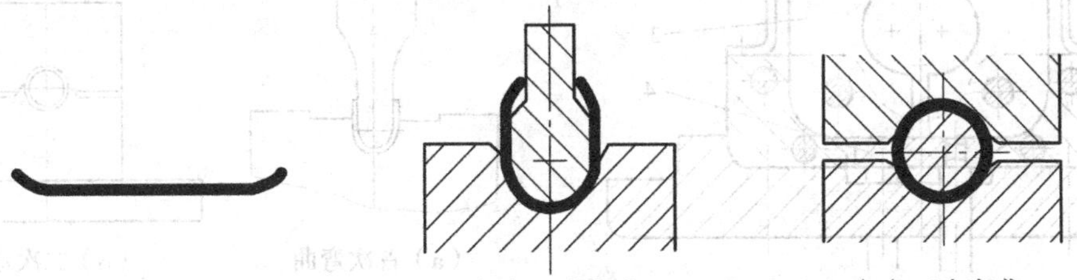

(a) 首次弯曲　(b) 二次弯曲　(c) 三次弯曲

图 3.48　大圆三次弯曲模

如图 3.49 所示，用两道工序弯曲大圆，先预弯成 3 个 120°的波浪形，然后用第二副模具弯成圆形，工件顺凸模轴线方向取下。

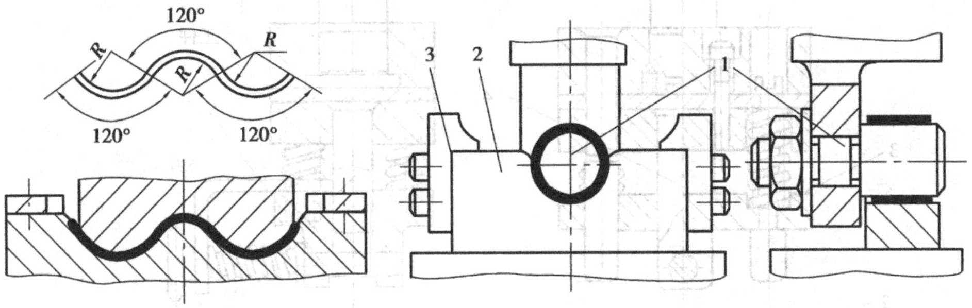

(a) 首次弯曲　(b) 二次弯曲

图 3.49　大圆二次弯曲模

1—凸模；2—凹模；3—定位板

如图 3.50 所示，用凹模能摆动的弯曲模一次弯曲成形，凸模下行先将坯料压成 U 形，凸模继续下行，摆动凹模将 U 形弯成圆形。工件可顺凸模轴线方向推开支撑取下。

(2)直径 $d \leq 5$ mm 的小圆形件

小圆形件可以采用两种方法弯曲，一种方法是用两副简单弯曲模，先弯成 U 形，再将 U 形弯成圆形，如图 3.51 所示。另一种方法是将两道工序合并，一次压弯成形，如图 3.52 所示。坯料以凹模固定板 1 上的定位槽定位。当上模下行时，芯轴凸模 5 与下凹模 2 首先将坯料弯成 U 形。上模继续下行时，芯轴凸模 5 带动压料板 3 压缩弹簧，由上凹模 4 将零件最后弯曲成形。上模回程后，工件留在芯轴凸模上，拔出芯轴凸模，工件自动落下。该结构中，上模弹簧的压力必须大于首先将坯料压成 U 形时的压力，才能弯曲成圆形。

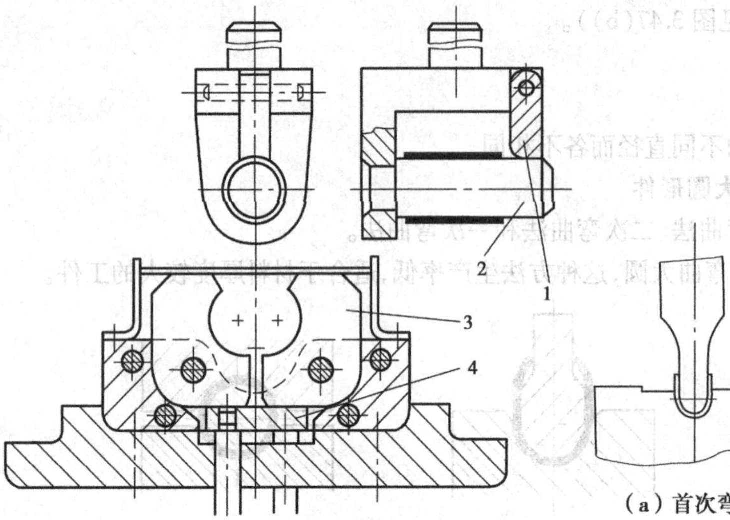

图 3.50　大圆一次弯曲模

1—支撑;2—凸模;3—摆动凹模;4—顶板

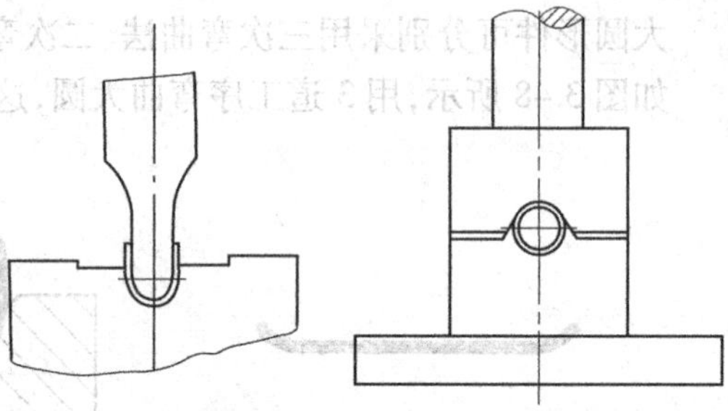

（a）首次弯曲　（b）二次弯曲

图 3.51　小圆两次弯曲模

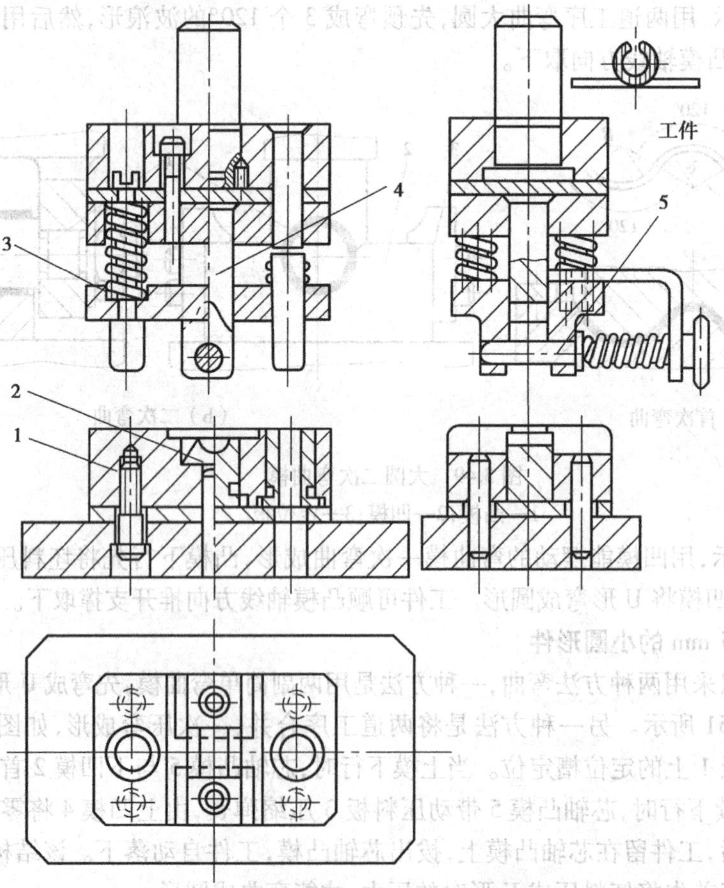

图 3.52　小圆一次弯曲模

1—凹模固定板;2—下凹模;3—压料板;4—上凹模;5—芯轴凸模

习题 3

1.什么是应变中性层？分析其产生的机理。

2.弯曲的变形程度用什么来表示？为什么可用它来表示？影响弯曲极限变形程度的因素有哪些？

3.什么是弯曲回弹？其产生的根本原因是什么？

4.弯曲回弹的影响因素有哪些？试述减小弯曲件回弹的常用措施。

5.试分别计算如图 3.53 所示两个弯曲件的毛坯长度。

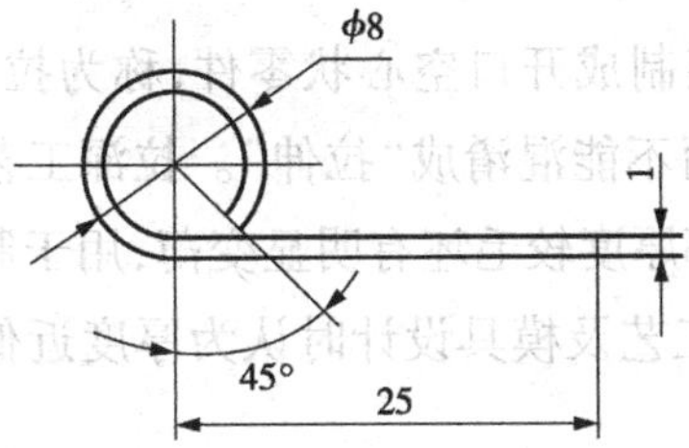

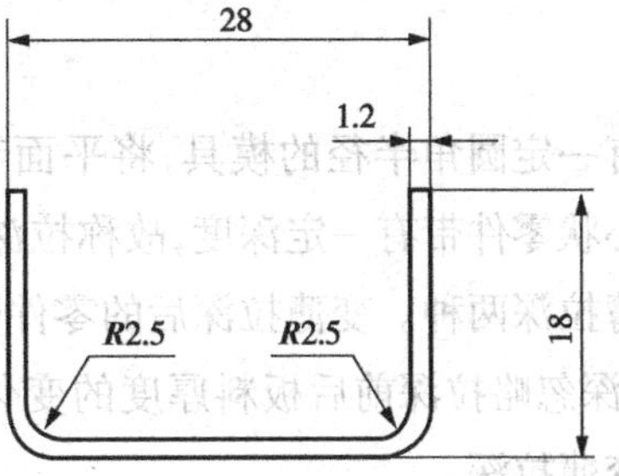

图 3.53　弯曲件示意图

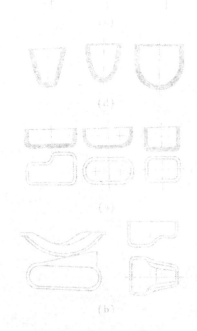

第4章 拉深工艺及拉深模具

利用具有一定圆角半径的模具，将平面毛坯制成开口空心状零件，称为拉深，也称为拉延。由于空心状零件带有一定深度，故称拉深，而不能混淆成"拉伸"。拉深工艺可分为不变薄拉深和变薄拉深两种。变薄拉深后的零件壁部厚度较毛坯有明显变薄，用于制造薄壁空心件；不变薄拉深忽略拉深前后板料厚度的变化，工艺及模具设计时认为厚度近似不变。本章主要介绍不变薄拉深。

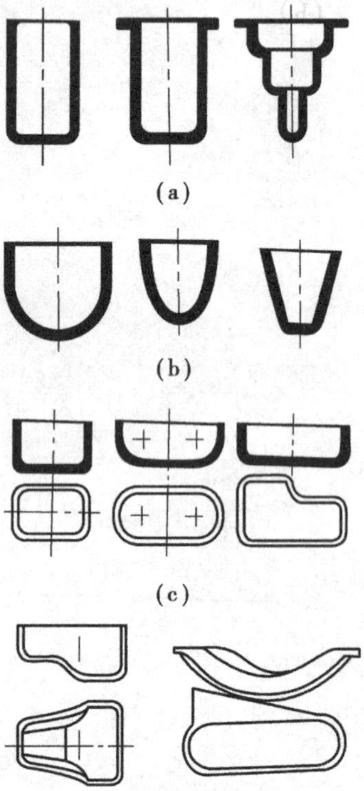

图 4.1　拉深件的分类

拉深工艺是应用最广泛的冲压成形方法，用拉深方法可制成筒形、阶梯形、锥形、球形、方盒形及其他不规则形状的零件。如果和其他冲压成形工艺配合，还可制造形状更加复杂的零件，并且拉深件尺寸精度较高，强度与刚度大，材料消耗少。因此，在汽车、飞机、电器、仪表、电子等工业部门以及日常生活用品的生产中，拉深工艺占据相当重要的地位。拉深工艺可在普通的单动压力机上进行（拉深较浅的工件），也可在专用的双动、三动拉深压力机或液压机上进行。

拉深件的种类很多，按变形力学特点拉深件可分为以下 4 种基本类型（见图 4.1）：圆筒形零件（见图 4.1(a)）、曲面形零件（见图 4.1(b)）、盒形零件（见图 4.1(c)）及非旋转体曲面形状零件（见图 4.1(d)）。

在拉深过程中，这些不同形状拉深件的变形区位置、变形性质、毛坯各部位的应力状态和分布规律等都有相当大的差别，因此，拉深工艺参数的确定、工序数目与工艺顺序的安排等都不一样。

4.1　拉深变形分析

4.1.1　拉深变形过程

如图 4.2 所示为正装拉深模工作部分结构，拉深模具一般由 3 大件组成，即凸模、凹模和压边圈。拉深凸模和凹模与冲裁模不同的是其工作部分没有锋利的刃口，而是分别有一定圆角半径$R_{凸}$与$R_{凹}$，并且其单面间隙稍大于板料厚度。

预制的平板毛坯准确放置在凹模上，凸模和压边圈随压力机滑块的下降而一起下降，压边圈首先接触板料，并与凹模一起对板料的凸缘区施加压边力；凸模继续下降，模端面与板料接触，对板料施加作用力，在板料的各个区域均建立不同的应力状态；当应力状态满足塑性条件时，凸缘区产生塑性变形，在径向拉应力的作用下，沿径向向中心移动，不断进入凹模变成筒壁；凸缘直径逐渐缩小，筒壁不断增高，最后完成拉深，如图 4.3 所示。

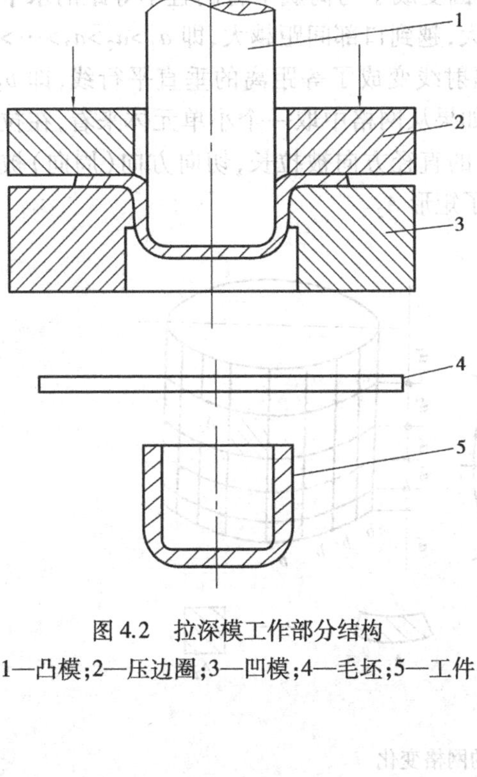

图 4.2　拉深模工作部分结构

1—凸模；2—压边圈；3—凹模；4—毛坯；5—工件

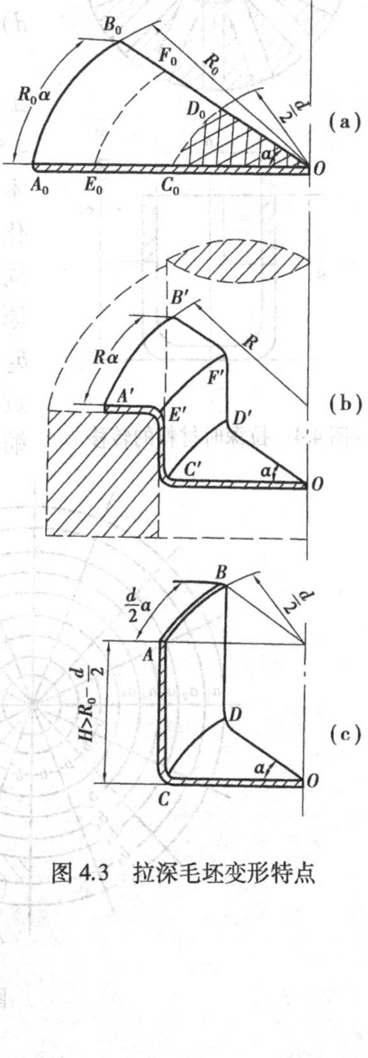

图 4.3　拉深毛坯变形特点

4.1.2 拉深时材料的转移

从平板毛坯变为带有一定深度的空心零件,材料拉深过程中形状和尺寸发生非常大的变化,似乎不可想象,这来源于材料的塑性变形。被拉深材料必须具有一定的塑性,拉深过程中能够产生塑性流动;模具作用于板料的力,必须使变形区进入塑性状态,从而产生塑性流动和材料的转移。

图 4.3 选择毛坯上的一个扇形部分,拉深之前其形状为扇形 $C_0D_0F_0E_0$,凸模将其拉入凹模后,成为侧壁的一部分,形状也由扇形转变为矩形 $C'D'F'E'$。从扇形转变为矩形,表明毛坯发生了材料转移。

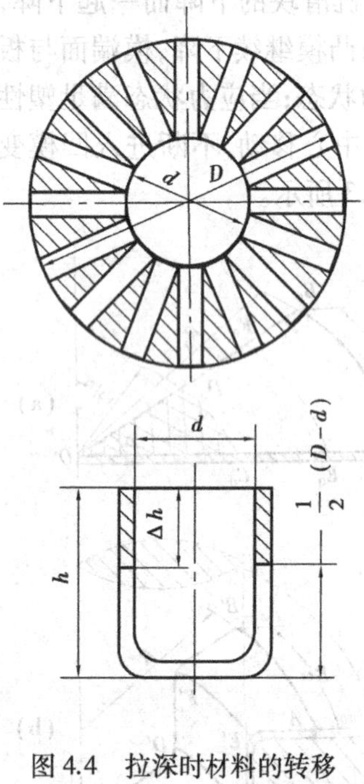

图 4.4 拉深时材料的转移

如图 4.4 所示,表示了拉深过程中材料的转移。若将平板毛坯的三角形阴影部分切去,将留下的窄条沿着直径为 d 的圆周弯折过来,再加以焊接,就成为一个高度 $h=(D-d)/2$ 的圆筒形工件。但是,在实际的拉深过程中,并没有把这“多余三角形”材料切掉,而是这部分材料因为塑性流动而转移了,使得拉深后工件的高度增加了 Δh,总高度已经大于 $(D-d)/2$,工件壁厚也略有增加。

用网格实验法也验证了金属的这种流动状态。在圆形毛坯上画出间距 a 相等的同心圆和等角度的辐射线,如图 4.5所示。观察拉深后的网格可知,在筒形件底部的网格基本上保持原来的形状,而筒壁部分的网格则发生了很大的变化。原来的同心圆变成了与筒底平行的且不等距的水平圆周线,间距 a 增大,越到口部间距越大,即 $a_1>a_2>a_3>\cdots>a$,原来等角度的辐射线变成了等距离的垂直平行线,即 $b_1=b_2=b_3=\cdots=b$。如果从网格中取一个小单元体来看,在拉深过程中,扇形 A_1 的直径方向被拉长,切向方向(周向)被压缩,拉深后变成了矩形 A_2。

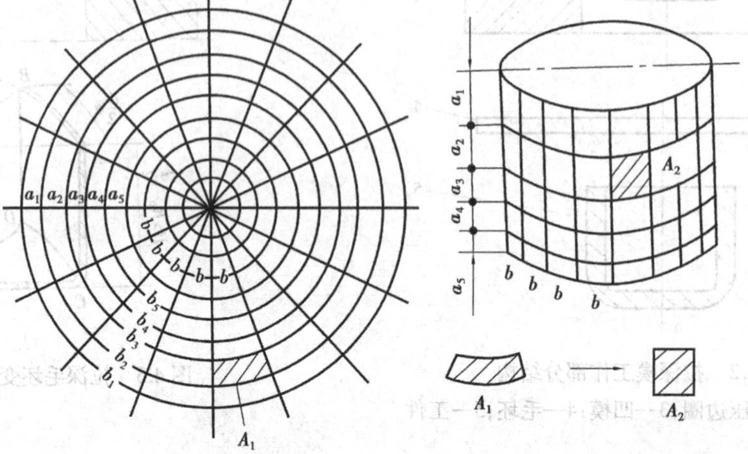

图 4.5 拉深时的网格变化

拉深过程中，毛坯的中心部分成为筒形件的底部，基本不变形，是不变形区。毛坯的凸缘部分（即 $D-d$ 的环形部分）是主要变形区，大量互相联系、紧密结合的毛坯上的扇形小单元体，均径向被拉长，切向被压缩，宏观上就表现为平板状毛坯拉深成为带有一定深度的空心零件，拉深过程实质上也就是将毛坯的凸缘部分材料逐渐转移到筒壁部分的过程。凸缘部分扇形单元体的应力状态如图4.6所示。由于拉深力的作用，在单元体的径向产生拉应力 σ_1，又由于凸缘部分材料之间相互的挤压作用，在切向产生压应力 σ_3。在 σ_1 与 σ_3 的共同作用下，凸缘部分材料发生塑性变形，其“多余三角形”材料沿着径向被挤出，并不断地被拉入凹模洞口内，形成圆筒形件。

4.1.3　拉深过程中各部分的应力、应变状态分析

拉深过程中，各部位的应力、应变状态是不同的，同一部位的应力、应变状态又是随拉深进程而发生变化的。以带压边圈的直壁圆筒形件的首次拉深为例，如图4.7(a)所示为拉深过程中的某一时刻的状态；如图4.7(b)所示为拉深时的受力情况，毛坯上作用的力除了拉深力外，还有压边力和摩擦力；如图4.7(c)所示为各变形区的应力、应变状态，σ_1，ε_1 表示毛坯的径向应力与应变；σ_2，ε_2 表示毛坯的厚度方向应力与应变；σ_3，ε_3 表示毛坯的切向应力与应变。

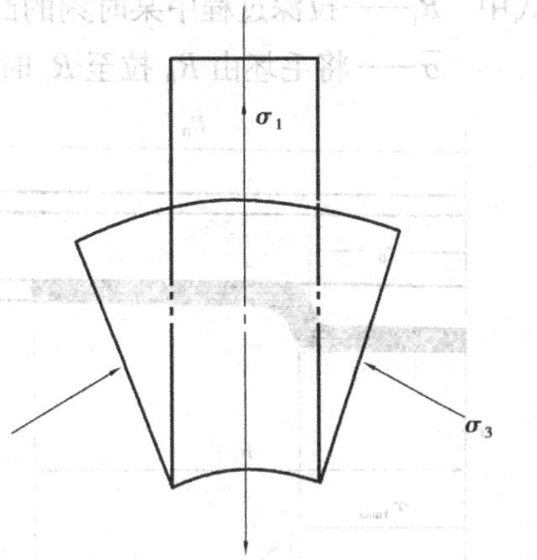

图4.6　拉深时扇形单元的受力与变形

根据应力、应变状态的不同，可将拉深过程中的毛坯划分为以下5个区域。

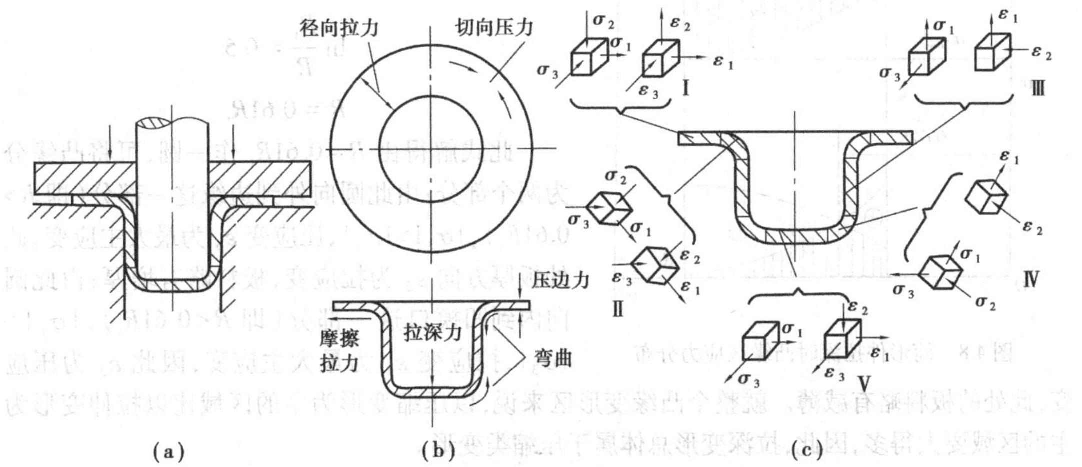

图4.7　拉深过程中毛坯各部分的应力应变状态

(1)平面凸缘部分Ⅰ

平面凸缘部分Ⅰ是拉深时的主要变形区。径向受拉应力 σ_1、切向受压应力 σ_3 的作用，厚度方向由于压边力而产生压应力 σ_2，呈两压一拉的应力状态。应变状态为径向拉应变 ε_1、切向压应变 ε_3，由于其最大主应变是切向压缩应变，ε_3 的绝对值最大，板厚方向将产生拉应变 ε_2，板料略有变厚。

在拉深过程中,凸缘区内的部位不同,径向拉应力 σ_1 与切向压应力 σ_3 数值大小是不同的,且随拉深的进行、凸缘直径的减小,这些应力大小也是发生变化的。当毛坯由 R_0 被拉深到 R_t 时,凸缘变形区的任意半径 R 处 σ_1 与 σ_3 的大小可根据力学的平衡条件与塑性条件导出,其关系式为

$$\sigma_1 = 1.1 \times \overline{\sigma} \times \ln \frac{R_t}{R}$$

$$\sigma_3 = 1.1 \times \overline{\sigma} \times \left(1 - \ln \frac{R_t}{R}\right)$$

式中 R_t——拉深过程中某时刻的凸缘半径;

$\overline{\sigma}$——将毛坯由 R_0 拉至 R_t 时,凸缘变形区金属变形抗力的平均值。

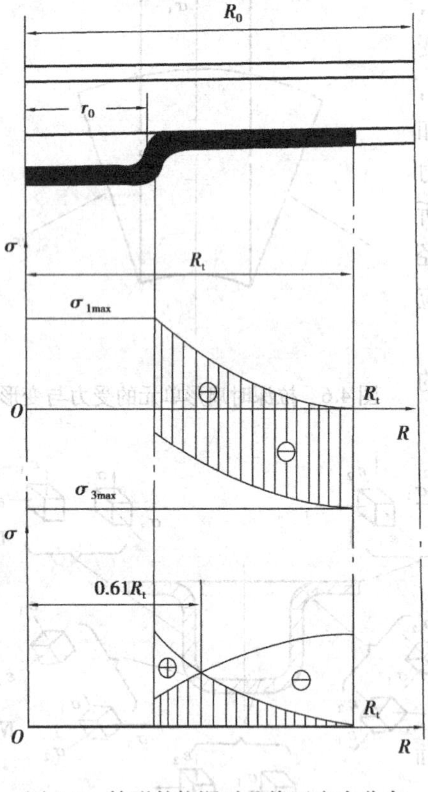

图 4.8　筒形件拉深时凸缘区应力分布

凸缘变形区内,σ_1 与 σ_3 呈对数曲线规律分布,如图 4.8 所示为其应力分布图。可知,在拉深凹模入口处,R 值最小,为 r_0,径向拉应力 σ_1 的值最大;且由内向外,σ_1 值逐渐降低。在凸缘的外边缘处,R 值最大,为 R_t,σ_3 的绝对值最大,表明切向压应力最大;且由外向内,σ_3 值逐渐降低。

由于 σ_1 与 σ_3 的变化趋势相反,二者绝对值相等的位置 R 可推导如下:

令 $|\sigma_1| = |\sigma_3|$,则

$$1.1 \times \overline{\sigma} \times \ln \frac{R_t}{R} = 1.1 \times \overline{\sigma} \times \left(1 - \ln \frac{R_t}{R}\right)$$

$$\ln \frac{R_t}{R} = 0.5$$

$$R = 0.61R_t$$

此式解得由 $R = 0.61R_t$ 作一圆,可将凸缘分为两个部分:由此圆向外到边缘这一部分(即 $R > 0.61R_t$),$|\sigma_3| > |\sigma_1|$,压应变 ε_3 为最大主应变,此处板厚方向 ε_2 为拉应变,板料略有增厚;由此圆向内到凹模口这一部分(即 $R < 0.61R_t$),$|\sigma_1| > |\sigma_3|$,拉应变 ε_1 为最大主应变,因此 ε_2 为压应变,此处的板料略有减薄。就整个凸缘变形区来说,以压缩变形为主的区域比以拉伸变形为主的区域要大得多,因此,拉深变形总体属于压缩类变形。

(2)**凹模圆角部分Ⅱ**

凹模圆角部分Ⅱ属于由凸缘进入筒壁的过渡变形区。径向受拉应力 σ_1、切向受压应力 σ_3 的作用。由于凹模圆角的压力和弯曲作用,厚度方向承受压应力 σ_2,凹模圆角半径越小,弯曲压力越大,σ_2 越大,弯曲开裂的可能就越大。

径向受拉应力作用而产生拉应变 ε_1,切向受压应力的作用而产生压应变 ε_3,且 ε_1 是绝对值最大的主应变,ε_3 和 ε_2 是压应变,材料厚度减薄。

(3)**筒壁部分Ⅲ**

筒壁部分Ⅲ的这部分材料已经形成筒形,基本不再发生变形,是已变形区。但它又是传力区,在继续拉深时,凸模作用的拉深力要经过筒壁传递到凸缘部分,因此,径向承受拉应力 σ_1 的作用。在间隙合适时厚度方向上将不受应力作用,即 σ_2 为零。切向受凸模的限制不能自由收缩,σ_3 也是拉应力。径向受拉应力的作用而产生拉应变 ε_1;由于筒形件的直径受凸模的阻碍而不再发生变化,其切向应变 ε_3 为零;因此,厚度方向的应变 ε_2 为压应变。

由于筒壁区的应力、应变状态均为平面状态,因此其切向应力 σ_3(中间应力)为轴向拉应力 σ_1 的 1/2,即 $\sigma_3=\sigma_1/2$。

(4)**凸模圆角部分Ⅳ**

凸模圆角部分Ⅳ是筒壁与圆筒底部的过渡变形区,承受径向拉应力 σ_1 和切向拉应力 σ_3 的共同作用,由于凸模的压力和弯曲作用,厚度方向存在压应力 σ_2。应变状态与筒壁部分相同,即径向拉应变 ε_1,厚度方向压应变 ε_2,但是,其压应变 ε_2 引起的变薄现象比筒壁部分严重得多,导致筒壁直段与凸模圆角相切的部位成为拉深过程中的危险区域。

(5)**筒底部分Ⅴ**

筒底部分Ⅴ直接接收凸模施加的拉深力,并将其传给筒壁,因此,属于传力区。它受双向平面拉伸作用,产生拉应力 σ_1 与 σ_3。平面方向的应变为拉应变 ε_1 与 ε_3,板厚方向的压应变 ε_2。但由于摩擦力的制约,其双向拉应力较小,材料一般不会进入塑性状态,仅发生弹性变形,板料的变薄甚微,可忽略不计。

综上分析可知,拉深时的应力、应变是复杂的、变化的,凸缘区、筒壁区、筒底区等主要区域的主要应力如图 4.9 所示。凸缘区的径向拉应力、切向压应力是拉深过程得以进行的关键,它们的共同作用使凸缘区材料产生剧烈的塑性变形,径向伸长、切向缩短,由扇形转变为矩形。筒壁和筒底只起传力作用,拉深过程中不再产生变形。

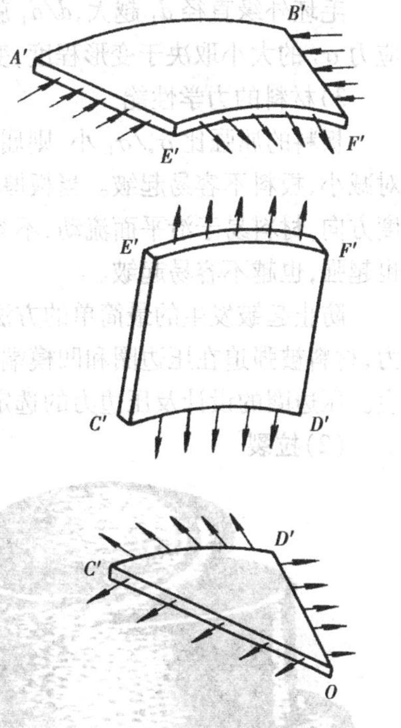

图 4.9　主要拉深区域内应力示意

4.1.4　拉深件质量分析

拉深过程中,毛坯各部分的应力状态不同,导致应变状态也各不相同,可能产生的失效形式也不同。

(1)**起皱**

凸缘变形区的每个小扇形块,拉深时切向均受到 σ_3 压应力的作用。当 σ_3 过大,板料厚度又较薄时,σ_3 超过材料所能承受的临界压应力,凸缘区就会失稳弯曲而拱起。当沿着圆周的每个小扇形块都拱起时,凸缘的整个周围就会产生波浪形的连续弯曲,这种现象称为起皱,如图 4.10 所示。起皱在拉深薄料时更容易发生,而且首先在 σ_3 值最大的凸缘外缘开始形成。

变形区一旦起皱,对拉深的正常进行是非常不利的。毛坯起皱后,拱起的皱褶很难通过凸、凹模间隙被拉入凹模。如果强行拉入,则拉应力迅速增大,容易使毛坯因受过大的拉力而导致断裂报废。即使模具间隙较大,或者起皱不严重,拱起的皱褶能勉强被拉进凹模内形成筒壁,皱褶也会留在工件的侧壁上,影响工件的表面质量。并且,皱褶还会加剧与模具间的摩擦,使得模具磨损严重,寿命大为降低。

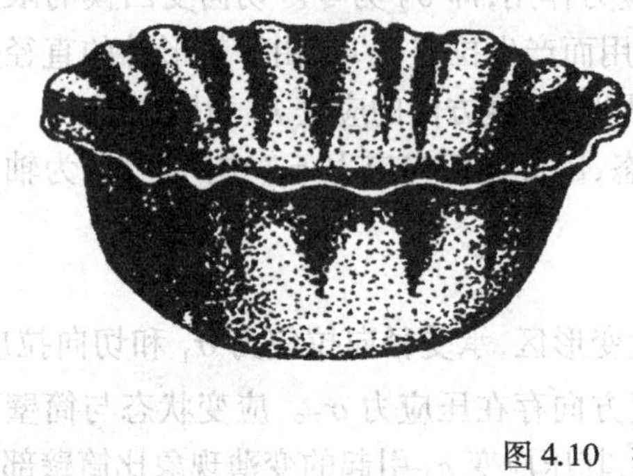

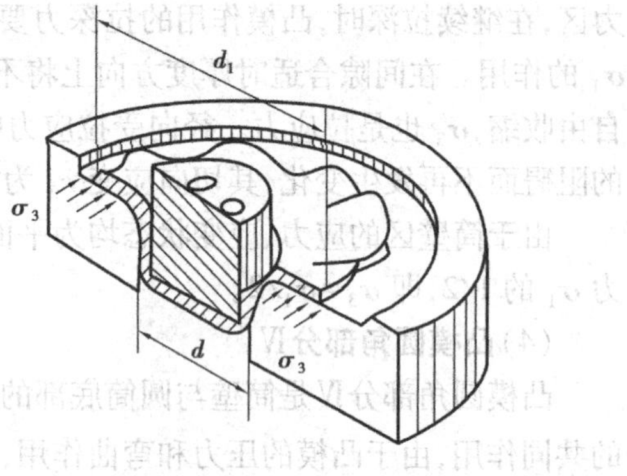

图 4.10 拉深起皱

起皱是否发生,主要取决于以下因素:

1)凸缘部分材料的相对厚度 $t/(d_1-d)$

凸缘部分材料的失稳与压杆两端受压失稳相似,凸缘相对厚度(相当于压杆的粗细)越大,意味着 t 较大而(d_1-d)较小,即变形区较小、较厚,因此抗失稳能力强,稳定性好,不易起皱;反之,材料抗纵向弯曲能力弱,容易起皱。

2)拉深变形程度 d/d_1

毛坯外缘直径 d_1 越大,d/d_1 就越小,变形程度就越大。理论分析表明,拉深时的切向压应力 σ_3 的大小取决于变形程度,变形程度越大,凸缘变形区的 σ_3 越大,越容易起皱。

3)材料的力学性能

板料的屈强比 σ_s/σ_b 小,则屈服强度低,变形抗力平均值小,变形区内的切向压应力也相对减小,板料不容易起皱。当板厚各向异性系数大于1时,板料在宽度方向上的变形易于厚度方向,材料易于沿平面流动,不容易起皱。此外,材料的弹性模量 E 越大,抵抗失稳的能力也越强,也越不容易起皱。

防止起皱发生的最简单的方法是设置压边圈。采用压边圈,对板料施加大小合适的压边力,材料被强迫在压边圈和凹模端面间的缝隙中流动,稳定性得到大大增加,起皱就不容易发生。压边圈的设计及压边力的选定,见本章4.7节。

(2)拉裂

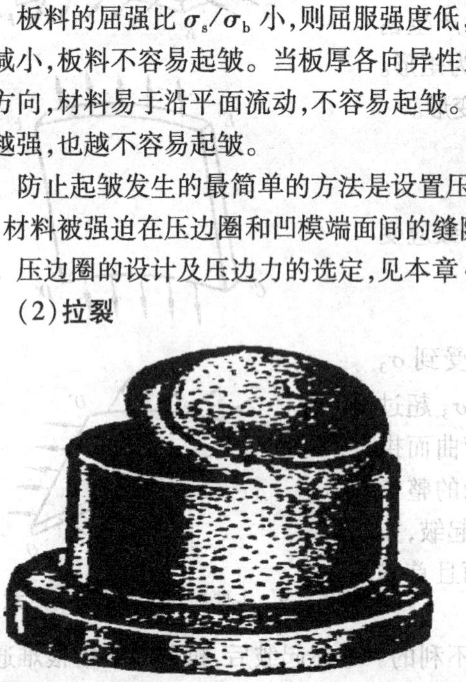

图 4.11 拉深开裂

拉深过程中,筒壁与凸模圆角相接处出现与筒壁垂直的裂纹,这种现象称为拉裂,常出现在筒壁直段与凸模圆角相切的危险区域,如图4.11所示。

1)出现拉裂的主要原因

此处出现拉裂的主要原因有以下3个:

①抗拉强度最低

拉深的筒形件,筒壁的上部是由凸缘部分的外边缘转移而来,其切向压缩量大,由于变形程度大,加工硬化现象也显著,因此硬度也比原来的板料高。靠近凸模圆角的筒壁底部，是由凸缘部分的内边缘转移而来，此处为“多余三角形材料”的尖部，几乎没有切向压缩量，材料的变形程度很小，加工硬化现象较小，材料的抗拉强度也就较低。如图 4.12 所示，整个筒壁部由上向下，硬度逐渐降低，强度逐渐变小，在靠近凸模圆角的底部，抗拉强度最低。

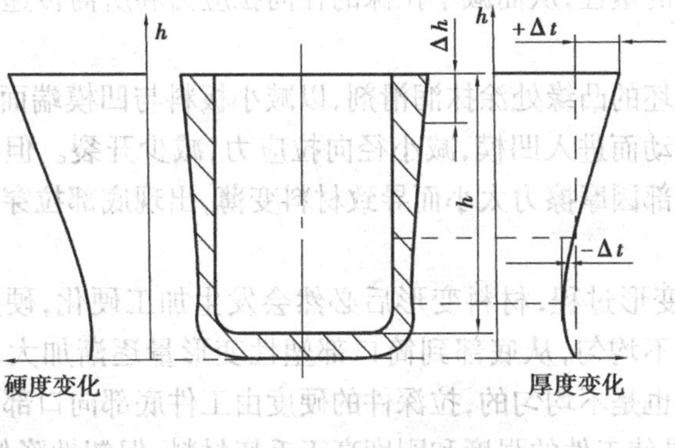

图 4.12　筒形件拉深壁厚与硬度的变化

②厚度最小

筒壁底部形成于拉深初期，其厚度不但没有因为凸缘区的切向压缩而增加，反而因为塑性变形而减薄，成为整个筒壁厚度最小的区域。如图 4.13 所示为某拉深件的厚度变化具体数值，其最大增厚量可达板厚的 20%～30%，最大的减薄量可达板厚的 10%～18%。在筒壁与凸模圆角相接处的地方，变薄最为严重。

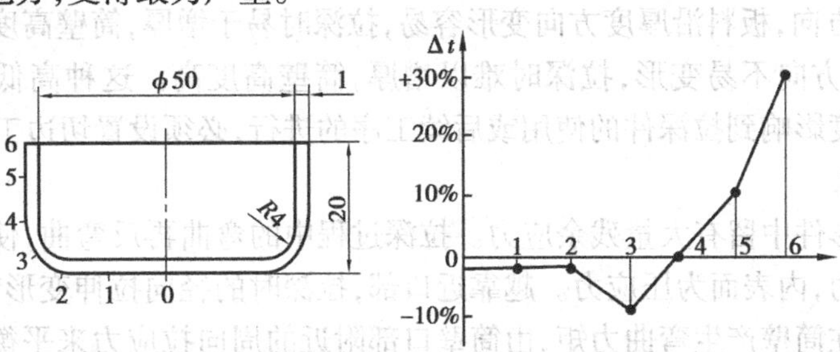

图 4.13　筒形件拉深各处的厚度

③不利的应力状态

此处紧邻凸模圆角区，径向和切向均为拉应力，厚度方向为压应力，两拉一压的应力状态，会降低材料的塑性，使其承受变形的能力减弱。

从上面的分析可知，筒壁与凸模圆角相接处，材料厚度最小，抗拉强度最低，且呈两拉一压的应力状态，成为筒壁部最薄弱的区域，拉深时最容易破裂。

2）防止拉裂采取的措施

为了防止筒壁拉裂，在拉深工艺设计时，可采取以下措施：

①控制合理的变形程度

变形程度越小，所需的径向拉应力也越小，通过筒壁传递的拉深力就可减小，可以避免开裂的发生。

②选用合理的凸、凹模间隙及圆角半径

较大的间隙，使筒壁材料不会减薄，可增大承载面积；较大的拉深凹模圆角半径，使材料易于流动,可减小径向拉应力;而较大的凸模圆角半径,可减小弯曲压力和板厚方向的压应力,从而避免开裂。

③采用中间退火

对于多次拉深的工件,必要时在拉深道次之间增加退火工序,以消除加工硬化,减小材料的抗拉强度,提高材料的塑性,从而减小拉深的径向拉应力和所需传递的拉深力。

④合理润滑

拉深开始前,在毛坯的凸缘处涂抹润滑剂,以减小板料与凹模端面、板料与压边圈之间的摩擦力,使材料易于流动而进入凹模,减小径向拉应力,减少开裂。但必须注意的是,筒底部分不能有润滑,以免底部因摩擦力太小而导致材料变薄,出现底部拉穿。

(3)**硬化**

拉深是一个塑性变形过程,材料变形后必然会发生加工硬化,硬度和强度增加,塑性下降。此外,拉深时变形不均匀,从底部到筒口部塑性变形量逐渐加大,加工硬化的程度也不同,拉深后材料的性能也是不均匀的,拉深件的硬度由工件底部向口部逐渐增加。

加工硬化的好处是使工件的强度和刚度高于毛坯材料,但塑性降低又使材料在进一步拉深时变形困难。在工艺设计时,特别是多次拉深时,应合理选择各次的变形量,并考虑半成品件是否需要退火处理以恢复其塑性,对一些硬化能力强的不锈钢、耐热钢材料更应注意。

(4)**凸耳**

拉深后的圆筒件口部出现的高度差异,即为凸耳,如图 4.14 所示。凸耳一般有 4 个,有时是 2 个或 6 个。凸耳产生的原因是板料塑性的各向异性,与板料的板厚方向性系数 r 直接相关,r 值低的角度方向,板料沿厚度方向变形容易,拉深时易于增厚,筒壁高度低;r 值高的角度方向,板料沿厚度方向不易变形,拉深时难以增厚,筒壁高度高。这种高低差异就形成了凸耳。若凸耳的高度影响到拉深件的使用或后续工序的进行,必须设置切边工序,将凸耳去除。

(5)**残余应力**

拉深后的筒形件中留有大量残余应力。拉深过程中的弯曲再反弯曲,使筒形件外表面的残余应力为拉应力,内表面为压应力。越靠近口部,拉深时的径向拉伸变形量越小,残余应力越大。残余应力在筒壁产生弯曲力矩,由筒壁口部附近的周向拉应力来平衡。这种周向拉应力的存在,会引起筒壁应力腐蚀,导致口部开裂,如图 4.15 所示。若拉深过程中使板料变薄,整个断面产生屈服,可大大减少残余应力。

图 4.14　拉深凸耳

图 4.15　残余应力腐蚀开裂

在上述的拉深失效形式中,起皱与拉裂最易出现。一般情况,起皱可通过使用压边圈等方法加以解决,不会成为拉深工艺的主要障碍,而拉裂问题常常难以解决,成为了拉深的主要破坏形式。因此,确定拉深的变形程度应以不出现拉裂为前提。

4.2 拉深系数及多次拉深

4.2.1 拉深系数的概念和意义

拉深系数是指拉深后筒形件直径与拉深前毛坯(或半成品)直径的比值,用 m 表示。如图 4.16 所示为多次拉深时拉深件高度 h 和直径 d 的变化过程,直径为 D 的毛坯,经过多次拉深才获得所需的产品尺寸,拉深过程中拉深件的直径 d 逐次减小,直至 d_n,高度 h 随之逐次增大,最终为 h_n。

各拉深道次的拉深系数如下:

第一次拉深为

$$m_1 = \frac{d_1}{D}$$

以后各次拉深为

$$m_2 = \frac{d_2}{d_1}$$

$$\vdots$$

$$m_n = \frac{d_n}{d_{n-1}}$$

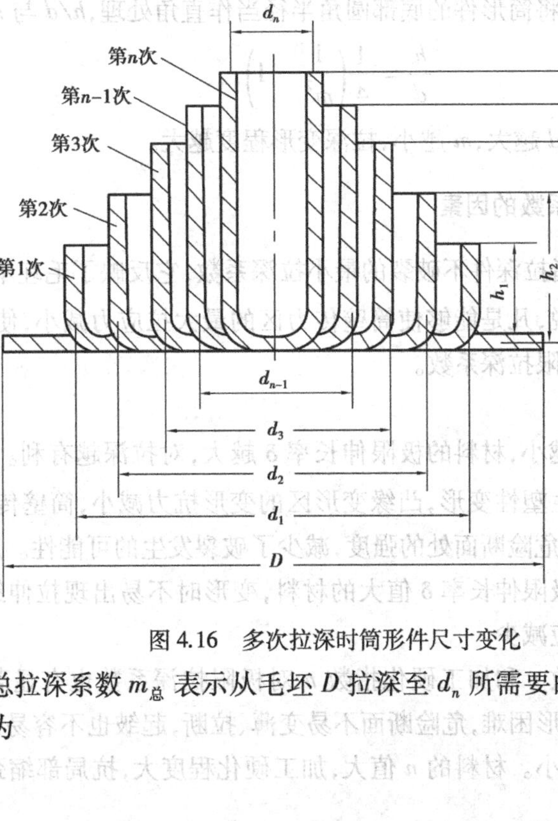

图 4.16 多次拉深时筒形件尺寸变化

而拉深件的总拉深系数 $m_总$ 表示从毛坯 D 拉深至 d_n 所需要的拉深系数,它与各次拉深的拉深系数关系为

$$m_{总}=\frac{d_n}{D}=\frac{d_1}{D}\cdot\frac{d_2}{d_1}\cdot\cdots\cdot\frac{d_{n-1}}{d_{n-2}}\cdot\frac{d_n}{d_{n-1}}=m_1\cdot m_2\cdot\cdots\cdot m_{n-1}\cdot m_n$$

即总拉深系数为各次拉深系数的乘积。

拉深系数表示了拉深前后毛坯直径的变化量,即毛坯外缘在拉深时的切向压缩变形大小,反映了拉深过程中的变形程度。拉深系数的数值小于1,其值越小,拉深前后毛坯直径的差异越大,拉深变形程度越大。例如,用相同直径 D 的毛坯拉深两个直径不同的工件,拉深系数小的小直径工件,需要转移的"多余三角形"材料多,变形程度大。

采用的拉深系数的大小是否合理,关系到拉深工艺的成败。若采用的拉深系数过大,则拉深变形程度小,材料的塑性能力未充分发挥,拉深次数增加,相应的模具及生产成本增加。若采用的拉深系数过小,则拉深变形程度过大,工件局部变薄严重,甚至出现拉裂。实际生产中,为了减少拉深次数,一般采用尽可能小的拉深系数,但拉深系数的减小有一个限度,这个限度就被称为极限拉深系数 m_{min}。

表示拉深变形程度的指标,除了拉深系数外,还有拉深比和相对拉深高度。

拉深比为拉深系数的倒数,为拉深前毛坯(或半成品)直径与拉深后筒形件直径的比值,用 k 表示,即

$$k_n=\frac{1}{m_n}=\frac{d_{n-1}}{d_n}$$

拉深比越大,拉深变形程度越大。

相对拉深高度是指拉深件高度与直径的比值,用 h/d 表示。h/d 越大,筒形件越细长,拉深变形程度越大。实际上,将筒形件的底部圆角半径当作直角处理,h/d 与 m 的关系为

$$\frac{h}{d}=\frac{1}{4}\left(\frac{1}{m^2}-1\right)$$

这一关系式也说明,h/d 越大,m 越小,拉深变形程度越大。

4.2.2 影响极限拉深系数的因素

极限拉深系数 m_{min} 是指拉深件不破裂的最小拉深系数,它反映了毛坯本身所具有的承受拉深变形的能力。总的来说,凡是能够使筒壁传力区的最大拉应力减小,使危险断面强度增加的因素,都有利于减小极限拉深系数。

(1)材料的力学性能

材料的屈强比 σ_s/σ_b 越小,材料的极限伸长率 δ 越大,对拉深越有利。因为 σ_s 小,材料就容易进入塑性状态而产生塑性变形,凸缘变形区的变形抗力减小,筒壁传力区的拉应力也相应减小;而 σ_b 大,提高了危险断面处的强度,减少了破裂发生的可能性。所以 σ_s/σ_b 越小,越能减小极限拉深系数。极限伸长率 δ 值大的材料,变形时不易出现拉伸细颈,危险断面的严重变薄和拉断现象也相应减少。

材料的板厚方向性系数 r 和加工硬化指数 n 对极限拉深系数也有显著的影响。r 值越大,说明板料在厚度方向变形困难,危险断面不易变薄、拉断,起皱也不容易发生,因而对拉深有利,极限拉深系数可以减小。材料的 n 值大,加工硬化程度大,抗局部缩颈失稳能力强,总

体成形极限提高。

(2)**板料的相对厚度 t/D**

相对厚度 t/D 越大，凸缘抵抗失稳起皱的能力越大，可减小压边力和摩擦阻力，需筒壁传递的拉应力也减小，有利于减小极限拉深系数。

(3)**模具结构**

1)模具间隙

模具间隙小，材料进入间隙后的挤压力增大，摩擦力和所需拉深力也增大，极限拉深系数增大。

2)凸、凹模圆角半径 $R_{凸}$ 和 $R_{凹}$

过小的 $R_{凸}$ 和 $R_{凹}$ 都会使拉深过程中摩擦阻力与弯曲阻力增加，危险断面的变薄加剧；而过大的 $R_{凸}$ 和 $R_{凹}$，则会减小有效的压边面积，使板料的悬空部分增加，使板料易于失稳起皱，对拉深不利。采用合适的 $R_{凸}$ 和 $R_{凹}$，可减小极限拉深系数。

3)模具表面质量

模具表面光滑，表面粗糙度小，摩擦阻力小，极限拉深系数就减小。

(4)**拉深条件**

1)压边条件

采用压边圈并施加大小合适的压边力，对拉深有利，可减小拉深系数。压边力过大，会增加拉深阻力；压边力过小，不足以防止起皱，都对拉深不利。

2)摩擦与润滑条件

凹模(特别是圆角入口处)与压边圈的工作表面应十分光滑，或涂抹润滑剂，可以减小拉深过程中的摩擦阻力，减少传力区危险断面的负荷，可减小极限拉深系数。但凸模工作表面不能非常光滑，也不需要润滑，使凸模工作表面与板料之间保持较大的摩擦阻力，可阻止危险断面的变薄。

3)拉深次数

首次拉深时，材料未硬化，塑性好，极限拉深系数小；以后拉深时，材料产生加工硬化，塑性越来越差，变形越来越困难，极限拉深系数也就逐次增大。

4)工件形状

形状复杂的拉深件，局部位置出现减薄和开裂的可能性大，采用的极限拉深系数较大。

4.2.3　极限拉深系数的确定

理论上，根据拉深时材料的拉应力不超过危险断面强度的原则，可求出首次拉深的极限拉深系数约为0.4，即毛坯直径不能大于工件直径的2倍。生产实际中采用的极限拉深系数 m_{min}，是在一定的拉深条件下用试验方法求出。表4.1、表4.2分别为圆筒形件用压边圈和不用压边圈拉深的极限拉深系数，表4.3为各种材料的首次极限拉深系数和以后各次极限拉深系数的平均值 m_n。

表 4.1　圆筒形件带压边圈拉深的极限拉深系数

拉深系数	毛坯的相对厚度$\frac{t}{D}$/%					
	2.0~1.5	1.5~1.0	1.0~0.6	0.6~0.3	0.3~0.15	0.15~0.08
m_1	0.48~0.50	0.50~0.53	0.53~0.55	0.55~0.58	0.58~0.60	0.60~0.63
m_2	0.73~0.75	0.75~0.76	0.76~0.78	0.78~0.79	0.79~0.80	0.80~0.82
m_3	0.76~0.78	0.78~0.79	0.79~0.80	0.80~0.81	0.81~0.82	0.82~0.84
m_4	0.78~0.80	0.80~0.81	0.81~0.82	0.82~0.83	0.83~0.85	0.85~0.86
m_5	0.80~0.82	0.82~0.84	0.84~0.85	0.85~0.86	0.86~0.87	0.87~0.88

注：1. 表中拉深数据适用于 08，10 和 15Mn 等普通拉深碳钢及软黄铜 H62。对拉深性能较差的材料，如 20，25，Q215，Q235，硬铝等应比表中数值大 1.5%~2.0%；而对塑性更好的，如 05，08，10 等拉深钢及软铝应比表中数值小1.5%~2.0%。

2. 表中数据适用于未经中间退火的拉深。若采用中间退火工序时，可取较表中数值小 2%~3%。

3. 表中较小值适用于大的凹模圆角半径 $R_{凹}=(8\sim15)t$，较大值适用于小的凹模圆角半径 $R_{凹}=(4\sim8)t$。

表 4.2　圆筒形件不带压边圈拉深的极限拉深系数

拉深系数	毛坯的相对厚度$\frac{t}{D}$/%				
	1.5	2.0	2.5	3.0	>3
m_1	0.65	0.60	0.55	0.53	0.50
m_2	0.80	0.75	0.75	0.75	0.70
m_3	0.84	0.80	0.80	0.80	0.75
m_4	0.87	0.84	0.84	0.84	0.78
m_5	0.90	0.87	0.87	0.87	0.82
m_6	—	0.90	0.90	0.90	0.85

注：此表适用于 08，10 及 15Mn 等材料。其余各项同表 4.1 注。

表 4.3　部分材料的极限拉深系数

材　料	牌　号	首次拉深 m_1	以后各次拉深 m_n
铝和铝合金	8A06M，1035M，3A21M	0.52~0.55	0.70~0.75
杜拉铝	2A11M，2A12M	0.56~0.58	0.75~0.80
黄铜	H62	0.52~0.54	0.70~0.72
	H68	0.50~0.52	0.68~0.72
纯铜	T2，T3，T4	0.50~0.55	0.72~0.80
无氧铜		0.52~0.58	0.75~0.82
镍、镁镍、硅镍		0.48~0.53	0.70~0.75
康铜（铜镍合金）		0.50~0.56	0.74~0.84
白铁皮		0.58~0.65	0.80~0.85
酸洗钢板		0.54~0.58	0.75~0.78

续表

材　料	牌　号	首次拉深 m_1	以后各次拉深 m_n
不锈钢、耐热钢及其合金	Cr13	0.52~0.56	0.75~0.78
	Cr18Ni	0.50~0.52	0.70~0.75
	1Cr18Ni9Ti	0.52~0.55	0.78~0.81
	Cr18Ni11Nb，Cr23Ni18	0.52~0.55	0.78~0.80
	Cr20Ni75Mo2A1TiNb	0.46	—
	Cr25Ni60W15Ti	0.48	—
	Cr22Ni38W3Ti	0.48~0.50	—
	Cr20Ni80Ti	0.54~0.59	0.78~0.84
钢	30CrMnSiA	0.62~0.70	0.80~0.84
可伐合金		0.65~0.67	0.85~0.90
钼铱合金		0.72~0.82	0.91~0.97
钽		0.65~0.67	0.84~0.87
铌		0.65~0.67	0.84~0.87
钛合金	工业钝钛	0.58~0.60	0.80~0.85
	TA5	0.60~0.65	0.80~0.85
锌		0.65~0.70	0.85~0.90

注：1.凹模圆角半径 $R_{凹}<6t$ 时，拉深系数取大值。

2.凹模圆角半径 $R_{凹}\geqslant(7\sim8)t$ 时，拉深系数取小值。

3.材料的相对厚度 $t/D\geqslant0.6\%$时，拉深系数取小值。

4.材料的相对厚度 $t/D<0.6\%$时，拉深系数取大值。

由表可知，用压边圈首次拉深时的 m_{min} 为0.5~0.6；以后各次拉深时，m_{min} 的平均值为0.7~0.8，均大于首次拉深，且以后各次的拉深系数逐次增大，而不用压边圈的极限拉深系数又大于用压边圈的极限拉深系数。

在实际生产中，并不是在所有情况下都采用极限拉深系数，而采用大于极限值的拉深系数，因为过于接近极限拉深系数会引起拉深件凸模圆角部位的过分变薄，影响零件质量。

4.2.4　以后各次拉深的特点

当拉深件的总拉深系数小于首次拉深的极限拉深系数时，不能一次拉出，必须采用多次拉深的工艺，以前次拉深的半成品筒形件为毛坯进行拉深，逐次减小筒形件的直径，增大筒形件的高度，如图4.16所示。以后各次拉深时，所用毛坯不是平板而是筒形件，因此，它与首次拉深相比，有许多不同之处。

①首次拉深时，平板毛坯的厚度和力学性能都是均匀的，而以后各次拉深的筒形件毛坯，壁厚与力学性能都不均匀，且材料已经发生了加工硬化。以后各次拉深时，毛坯的筒壁要经过两次弯曲才被凸模拉入凹模内，变形更为复杂，极限拉深系数要比首次拉深大许多，且逐次增大。

②首次拉深时，凸缘变形区是逐渐缩小的。以后各次拉深时，其变形区保持不变，只是在临近拉深终了时，才逐渐缩小。

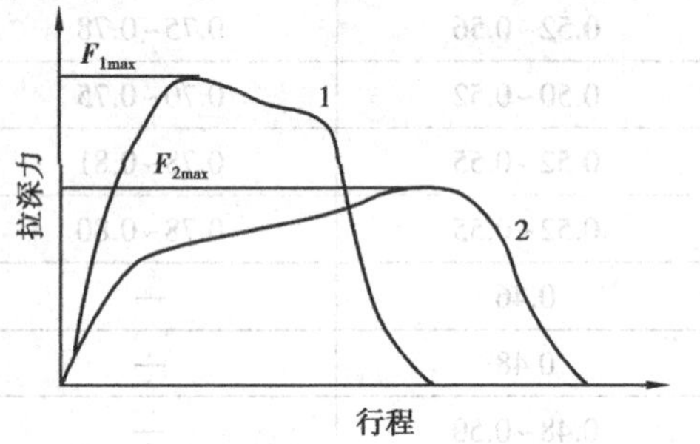

图 4.17 首次拉深与二次拉深的拉深力

1—首次拉深；2—二次拉深

③拉深过程中的拉深力变化不一样。首次拉深时，变形抗力随加工硬化的产生而逐渐增加，但变形区域随凸缘直径的减小而逐渐减小，二者此消彼长，导致拉深力在拉深开始阶段较快增长，达到最大值，随后逐渐减小。以后各次拉深时，变形区保持不变，但毛坯筒形件的硬度与壁厚都沿着高度方向逐渐增加，导致拉深力在整个拉深过程中一直都在增加（见图 4.17），直到拉深的最后阶段才由最大值下降。

④以后各次拉深的危险断面与首次拉深一样，都是在凸模圆角处。首次拉深最大拉深力发生在初始阶段，破裂也发生在拉深的初始阶段；而以后各次拉深的最大拉深力发生在拉深的最后阶段，破裂也就发生在拉深的终了阶段。

⑤以后各次拉深的变形区外缘有筒壁刚性支持，所以稳定性比首次拉深好，不易起皱。只是在拉深的最后阶段，筒壁边缘进入变形区后，变形区的外缘失去了刚性支持，才有起皱的可能。

4.2.5 以后各次拉深的方法

以后各次拉深主要有正拉深与反拉深两种方法，如图 4.18 所示。

以后各次拉深最常用的方法是正拉深，其拉深方向与上一次拉深方向一致。反拉深的拉深方向与上一次拉深方向相反，工件的内外表面发生了互换。与正拉深相比，反拉深具有以下特点：

①反拉深的材料流动方向与前次拉深相反，有利于相互抵消拉深时产生的残余应力。

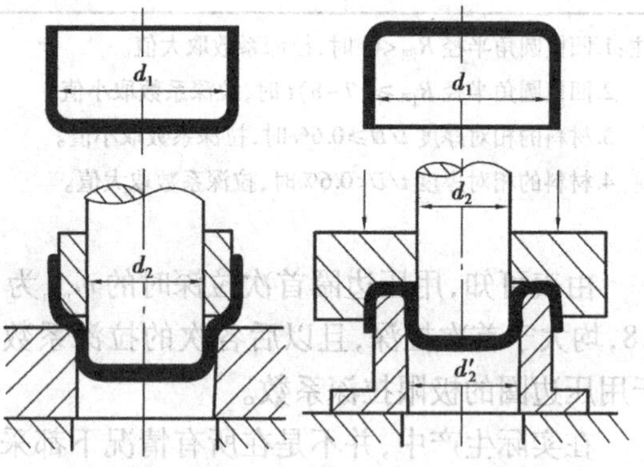

(a)正拉深 (b)反拉深

图 4.18 后续拉深方法

②反拉深时，材料的弯曲与反弯曲次数较少，加工硬化少，有利于成形。正拉深时，位于压边圈圆角部的材料流向凹模圆角处，内圆弧成了外圆弧；而在反拉深时，位于内圆弧处的材料在流动过程中始终处于内圆弧地位。

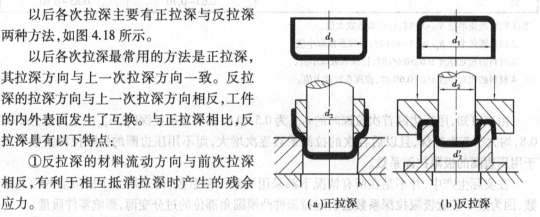

③反拉深时，毛坯与凹模接触面积大，材料的流动阻力也增大，材料不易起皱，因此一般反拉深可不用压边圈，或可以施加较小的压边力，这就避免了由于压边力不适当或压边力不均匀而造成的拉裂。

④反拉深时，其拉深力比正拉深力大 20%左右。

⑤反拉深坯料内径 d_1 套在凹模外面，而工件外径 d_2 通过凹模内孔拉深成形，如图 4.18(b)所示，故凹模壁厚为$(d_1-d_2)/2$。因此，反拉深的拉深系数不能太大，否则凹模壁厚过

薄,强度不足。

反拉深方法主要用于板料较薄的大件和中等尺寸零件的拉深。反拉深后圆筒的最小直径 $d_2=(30\sim90)t$,圆角半径 $r>(2\sim6)t$,一些典型零件的反拉深如图4.19所示。

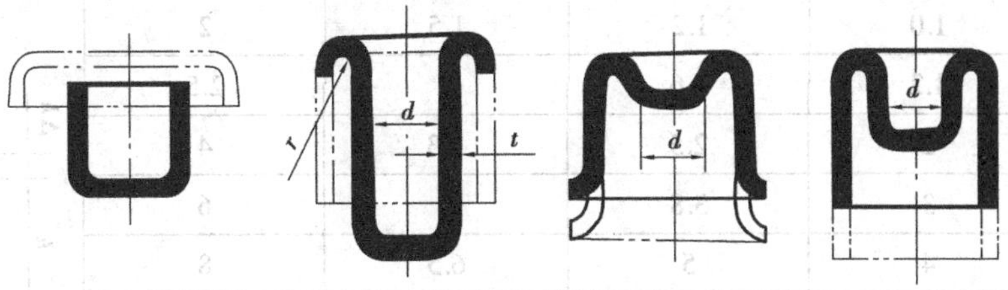

图4.19　典型的反拉深过程

4.3　筒形件拉深的工艺计算

圆筒形件是最典型的拉深件,其工艺计算过程与方法对其他形状的拉深件有借鉴作用。筒形件的工艺计算主要包括毛坯尺寸的计算、拉深次数的确定、半成品尺寸的计算等内容,还包括拉深力及压边力的计算。

4.3.1　旋转体拉深件毛坯尺寸的确定

(1)毛坯形状与尺寸确定的理论依据

1)相似原理

毛坯的形状一般与拉深件截面形状相似,且其周边应为光滑曲线,无急剧转折。这样才能够有利于拉深时金属的塑性流动。因此,对于旋转体拉深件来说,毛坯的形状是圆形。

2)体积不变原理

塑性变形前与塑性变形后,材料的体积是保持不变的,对于拉深而言,也遵从这一规律。如前所述,不变薄拉深的筒形件壁厚是不均匀的,口部增厚而底部减薄,为了简化计算,假设工件的平均厚度与毛坯厚度一致。因此,拉深前后的体积不变就表现为拉深前后的表面积不变,即毛坯的面积等于拉深件的总面积。这样就可根据工件的面积进行毛坯尺寸的计算。

计算毛坯尺寸的具体方法包括等质量法、等体积法、等面积法、分析图解法及作图法等,最常用的是等面积法。

(2)确定修边余量

由于材料塑性的各向异性,以及拉深时材料流动条件的差异,拉深件会出现凸耳现象,口部不平齐,拉深后需要采用切边工序,以将工件口部修平。为了满足切边的要求,拉深件必须在制件高度方向上,或凸缘上,增加尺寸。这一增加的金属则称为修边余量。修边余量是加在制件上的,使计算时拉深件的尺寸增加,而不是直接加在毛坯的尺寸上。表4.4为筒形件的修边余量,表4.5为带凸缘拉深件的修边余量。

表 4.4　筒形件的修边余量 Δh/mm

制件高度 h	制件的相对高度 h/d				附　图
	>0.5~0.8	>0.8~1.6	>1.6~2.5	>2.5~4	
≤10	1.0	1.2	1.5	2	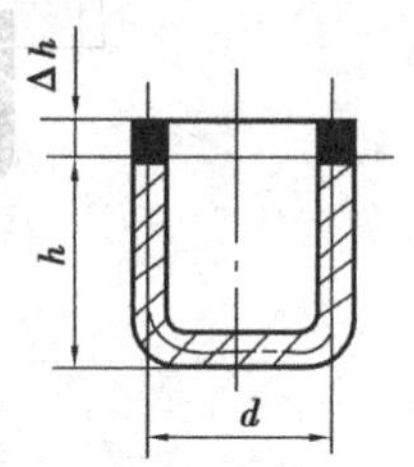
>10~20	1.2	1.6	2	2.5	
>20~50	2	2.5	3.3	4	
>50~100	3	3.8	5	6	
>100~150	4	5	6.5	8	
>150~200	5	6.2	8	10	
>200~250	6	7.5	9	11	
>250	7	8.5	10	12	

表 4.5　带凸缘拉深件的修边余量 Δd/mm

凸缘直径 d_t	凸缘的相对直径 d_t/d				附　图
	≤1.5	>1.5~2	>2~2.5	>2.5	
≤25	1.8	1.6	1.4	1.2	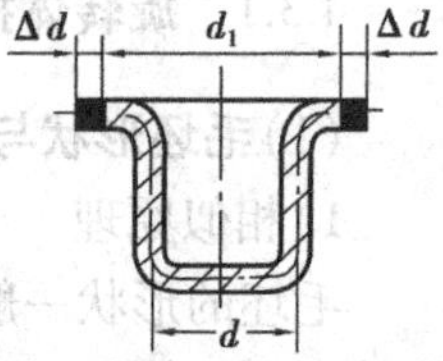
>25~50	2.5	2.0	1.8	1.6	
>50~100	3.5	3.0	2.5	2.2	
>100~150	4.3	3.6	3.0	2.5	
>150~200	5.0	4.2	3.5	2.7	
>200~250	5.5	4.6	3.8	2.8	
>250	6	5	4	3	

(3)简单形状的旋转体拉深件毛坯直径计算

简单形状的旋转体拉深件毛坯直径的计算过程为:先将拉深件划分成若干简单的几何形状,分别求出各部分的面积,并将它们相加,可求得拉深件的面积 A',毛坯的面积 A 等于拉深件的面积 A',据此计算出毛坯直径 D,即

$$A' = a_1 + a_2 + a_3 + \cdots + a_n = \sum a$$

因

$$A = A'$$

故

$$D = \sqrt{\frac{4A'}{\pi}} = \sqrt{\frac{4\sum a}{\pi}}$$

部分简单几何形状的表面积计算公式见表 4.6。

计算时应注意,拉深件的高度或凸缘应包括修边余量。当 $t \geqslant 1$ mm 时,按拉深件的中线尺寸计算;$t<1$ mm 时,选择拉深件的外形尺寸或内部尺寸计算均可,因为二者相差不大。常

用简单形状旋转体拉深件毛坯直径的计算公式可查表4.7。

表4.6　简单几何形状的表面积计算公式

序号	名称	几何形状	面积
1	圆	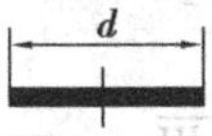	$A=\frac{\pi d^2}{4}=0.785d^2$
2	环	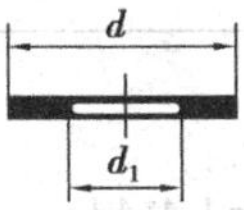	$A=\frac{\pi}{4}(d^2-d_1^2)$
3	筒形	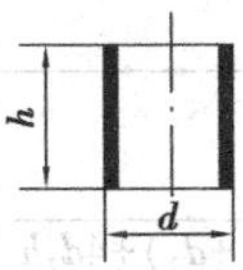	$A=\pi dh$
4	截头锥形	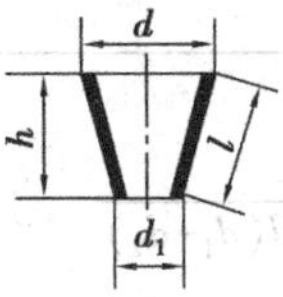	$A=\pi l\frac{d+d_1}{2}$ $l=\sqrt{h^2+\left(\frac{d-d_1}{2}\right)^2}$
5	半球面		$A=2\pi r^2$
6	四分之一的凹球带		$A=\frac{\pi}{2}r(\pi d-4r)$
7	四分之一的凸球带	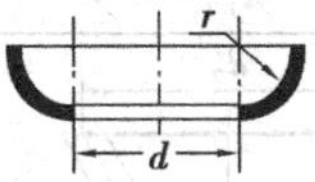	$A=\frac{\pi}{2}r(\pi d+4r)$

表4.7　常用简单形状旋转拉深件毛坯直径计算公式

序号	工件形状	毛坯直径 D
1	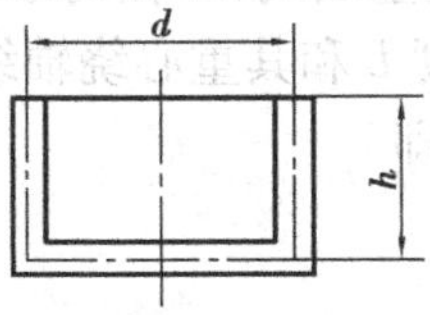	$D=\sqrt{d^2+4dh}$
2	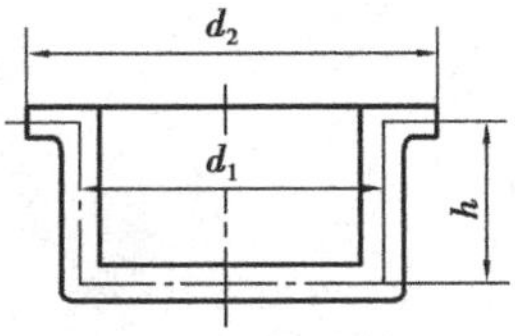	$D=\sqrt{d_2^2+4d_1h}$
3	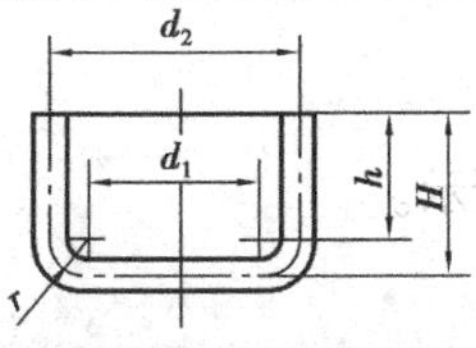	$D=\sqrt{d_1^2+4d_2h+6.28rd_1+8r^2}$ 或 $D=\sqrt{d_2^2+4d_2H-1.72rd_2-0.56r^2}$
4	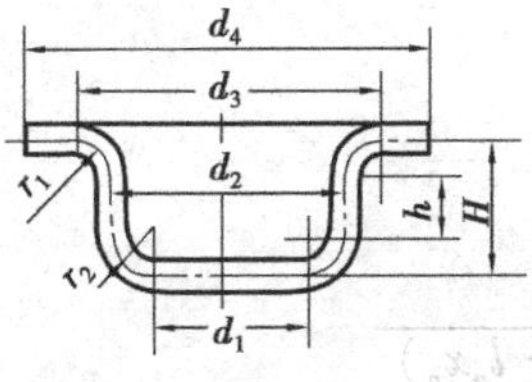	$D=\sqrt{d_1^2+2\pi r_2d_1+8r_2^2+4d_2h+2\pi r_1d_2+4.56r_1^2+d_4^2-d_3^2}$ 若 $r_1=r_2=r$ 时，则 $D=\sqrt{d_1^2+4d_2h+2\pi r(d_1+d_2)+4\pi r^2+d_4^2-d_3^2}$ 或 $D=\sqrt{d_4^2+4d_2H-3.44rd_2}$

续表

序　号	工件形状	毛坯直径 D
5	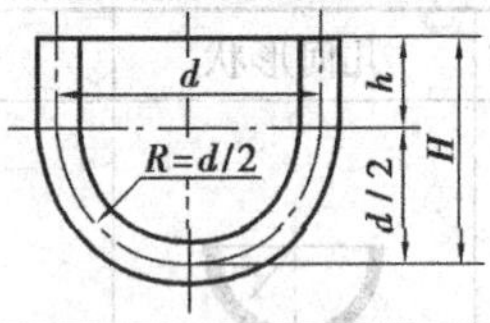	$D=1.414\sqrt{d_2+2dh}$ 或 $D=2\sqrt{dH}$
6	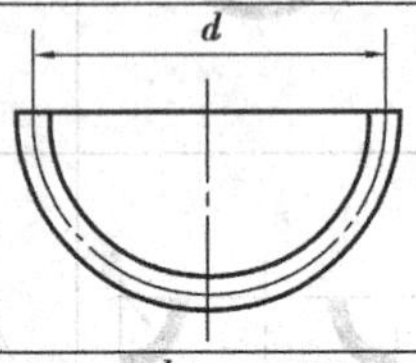	$D=\sqrt{2d^2}=1.414d$
7	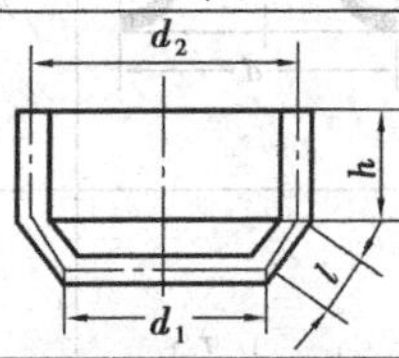	$D=\sqrt{d_1^2+2l(d_1+d_2)+4d_2h}$
8	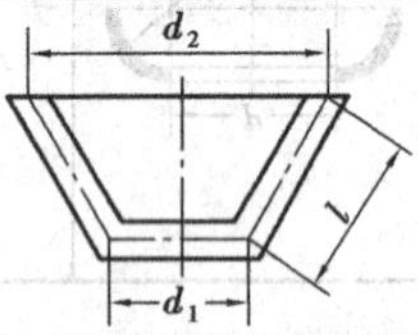	$D=\sqrt{d_1^2+2l(d_1+d_2)}$

(4)**复杂形状旋转体拉深件毛坯直径的确定**

形状复杂的旋转体拉深件毛坯直径的计算可利用久里金法则，即任何形状的母线 AB 绕轴线 O—O 旋转所得到的旋转体，表面积等于母线展开长度 L 和其重心绕轴线旋转所得周长 $2\pi x$ 的乘积，x 为该段母线重心至轴线的距离(见图 4.20)，即

旋转体表面积为

$$A' = 2\pi xL$$

毛坯面积为

$$A = A' = \frac{\pi D^2}{4} = 2\pi xL$$

因此，毛坯直径

$$D = \sqrt{8Lx}$$

1)解析法

解析法适用于直线与圆弧相连接的形状，如图 4.21 所示。

①将母线按直线与圆弧分段 1,2,…,n。

②计算各线段长度 $l_1, l_2, \cdots, l_n$。

③计算各线段的重心至轴线的距离 $x_1, x_2, \cdots, x_n$。

④计算毛坯直径为

$$D = \sqrt{8Lx} = \sqrt{8\sum l_n x_n}$$
$$= \sqrt{8(l_1x_1 + l_2x_2 + \cdots + l_nx_n)}$$

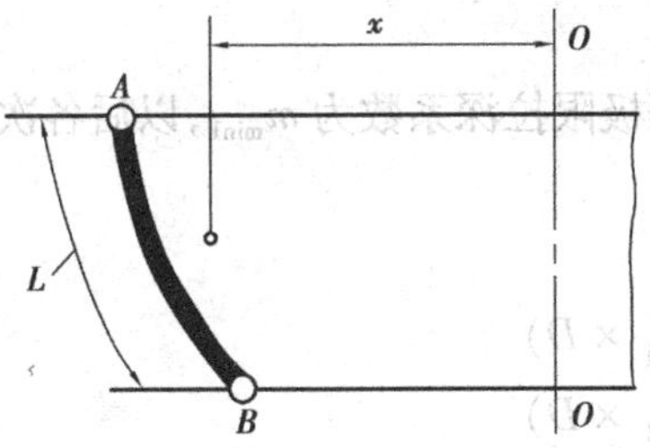

图 4.20　久里金法则示意图

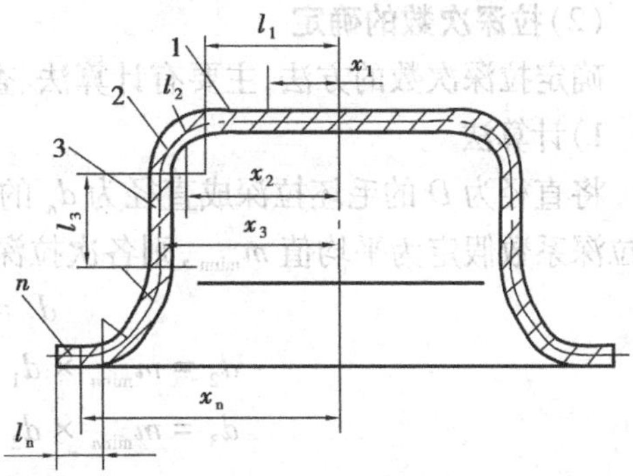

图 4.21　解析法计算的拉深件分段

2）作图解析法

作图解析法适用于曲线连接的形状，如图 4.22 所示。

对于母线为曲线的旋转体拉深件，可将拉深件的母线分成线段 1,2,…,n，将各线段近似当作直线看待，从图上量出各线段 $l_1,l_2,\cdots,l_n$ 及其重心至轴线距离 $x_1,x_2,\cdots,x_n$，然后计算毛坯直径 D。

为计算方便，把各线段长度 $l_1,l_2,\cdots,l_n$ 取成相等，即 $l_1=l_2=\cdots=l_n=l$，则

$$D=\sqrt{8l(x_1+x_2+\cdots+x_n)}$$

用这种方法确定毛坯直径，作图的准确性直接影响毛坯尺寸的大小，为使毛坯尺寸更加准确，作图时，可根据实际情况将拉深件母线按比例放大。

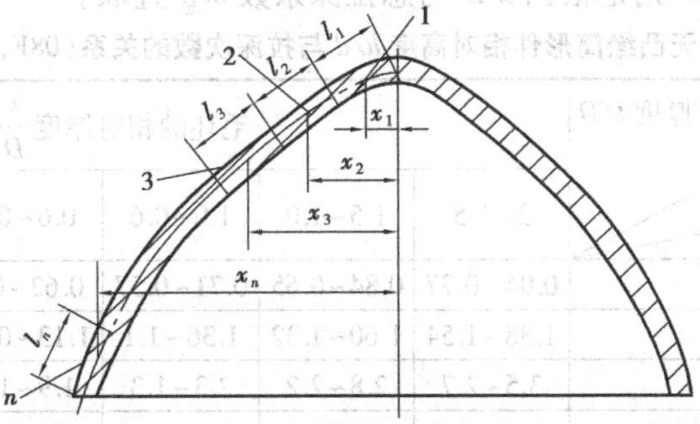

图 4.22　作图法计算的拉深件分段

值得注意的是，无论是简单形状还是复杂形状的拉深件，毛坯尺寸计算时均假设拉深前后板料的厚度不变，加上公式本身的误差，所计算出的毛坯尺寸都存在一定的误差。实际的毛坯尺寸，必须在压力机上用实际的拉深模具实验，修正、确认后才能够真正确定，并据此裁板，或设计落料模具。

4.3.2　拉深次数的确定

(1)判断能否一次拉成

将直径为 D 的毛坯拉深成直径为 d_n 的成品，总拉深系数为 $m_{总}=d_n/D$。判断工件能否一次拉成，仅需比较实际所需的总拉深系数$m_{总}$和首次拉深允许的极限拉深系数 m_{min1}。若$m_{总}\geqslant m_{min1}$，说明该工件的实际变形程度比第一次允许的极限变形程度小，工件可一次拉成。若 $m_{总}<m_{min1}$，则工件不能一次拉成，须多次拉深。

(2)拉深次数的确定

确定拉深次数的方法,主要有计算法、查表法和推算法。

1)计算法

将直径为 D 的毛坯拉深成直径为 d_n 的成品,首次拉深极限拉深系数为 $m_{\min1}$,以后各次极限拉深系数假定为平均值 $m_{\min n}$,则各次拉深最小直径为

$$d_1 = m_{\min1} \times D$$
$$d_2 = m_{\min n} \times d_1 = m_{\min n} \times (m_{\min1} \times D)$$
$$d_3 = m_{\min n} \times d_2 = m_{\min n}^2 \times (m_{\min1} \times D)$$
$$\vdots$$
$$d_n = m_{\min n} \times d_{n-1} = m_{\min n}^{(n-1)} \times (m_{\min1} \times D)$$

等式两边取对数,可得

$$\lg d_n = (n-1)\lg m_{\min n} + \lg(m_{\min1} \times D)$$
$$n = 1 + \frac{\lg d_n - \lg(m_{\min1} \times D)}{\lg m_{\min n}}$$

上式中的 $m_{\min1}$ 和 $m_{\min n}$ 可查表 4.3。计算所得的拉深次数 n,其小数部分的数值,不得四舍五入,而应取较大整数值。

2)查表法

筒形件的拉深次数还可由表格查取。表 4.8 是根据毛坯相对厚度 t/D 与零件的相对高度 h/d 查取拉深次数,表 4.9 则是根据 t/D 与总拉深系数 $m_总$ 查取。

表 4.8 无凸缘筒形件相对高度 h/d 与拉深次数的关系(08F,10F 钢)

相对高度 $\frac{h}{d}$ \ 毛坯相对厚度 t/D / 拉深次数/次	毛坯的相对厚度 $\frac{t}{D}$/%					
	2~1.5	1.5~1.0	1.0~0.6	0.6~0.3	0.3~0.15	0.15~0.08
1	0.94~0.77	0.84~0.65	0.71~0.57	0.62~0.5	0.52~0.45	0.46~0.38
2	1.88~1.54	1.60~1.32	1.36~1.1	1.13~0.94	0.96~0.83	0.9~0.7
3	3.5~2.7	2.8~2.2	2.3~1.3	1.9~1.5	1.6~1.3	1.3~1.1
4	5.6~4.3	4.3~3.5	3.6~2.9	2.9~2.4	2.4~2.0	2.0~1.5
5	8.9~6.6	6.6~5.1	5.2~4.1	4.1~3.3	3.3~2.7	2.7~2.0

注:大的 h/d 值适用于第一道工序的大凹模圆角[$R_凹 \approx (8\sim15)t$]。

小的 h/d 值适用于第一道工序的小凹模圆角[$R_凹 = (4\sim8)t$]。

表 4.9 总拉深系数 $m_总$ 与拉深次数的关系

拉深次数 n	毛坯的相对厚度 $\frac{t}{D}$/%				
	2~1.5	1.5~1.0	1.0~0.5	0.5~0.2	0.2~0.06
2	0.33~0.36	0.36~0.40	0.40~0.43	0.43~0.46	0.46~0.48
3	0.24~0.27	0.27~0.30	0.30~0.34	0.34~0.37	0.37~0.40
4	0.18~0.21	0.21~0.24	0.24~0.27	0.27~0.30	0.30~0.33
5	0.13~0.16	0.16~0.19	0.19~0.22	0.22~0.25	0.25~0.29

注:表中数值适用于 08 及 10 钢的圆筒形拉深件(用压边圈)。

3)推算法

根据各次拉深的极限拉深系数 $m_{\min}$ 计算出各次拉深最小直径,并与工件直径 d 比较,直至 $d_n \leqslant d$,此时的 n 即为所求的次数。

各次拉深最小直径计算为

$$d_1 = m_{\min1} \times D$$
$$d_2 = m_{\min2} \times d_1$$
$$\vdots$$
$$d_n = m_{\min n} \times d_{n-1}$$

在这几种方法中,推算法相对比较准确,应用较多。

4.3.3　筒形件各次拉深的半成品尺寸计算

当筒形件需分若干次拉深时,就必须计算各次半成品的尺寸,作为拉深模具工作部分计算、模具总体结构设计以及压力机选择的依据。

(1)各次实际拉深系数的确定

多次拉深时,确定拉深次数时都根据各次的极限拉深系数 $m_{\min}$来计算,n 次拉深后的直径往往小于工件的直径 d,意味着 n 次拉深的变形程度有富余。富余的变形量应该相对均匀地调整到各个道次,使各个道次的实际拉深系数 $m_{实际}$都大于该道次的极限拉深系数。拉深系数的调整以极限拉深系数为基础,遵从以下3点:

①各次采用的实际拉深系数逐次增加,即

$$m_{实际1} < m_{实际2} < m_{实际3} < \cdots < m_{实际n}$$

②各次拉深变形程度的富余量适当均衡,即

$$m_{实际1} - m_{\min1} \approx m_{实际2} - m_{\min2} \approx \cdots \approx m_{实际n} - m_{\min n}$$

③各次采用的实际拉深系数的乘积,必须等于工件拉深的总拉深系数,即

$$m_{实际1} \cdot m_{实际2} \cdot m_{实际3} \cdot \cdots \cdot m_{实际n} = m_{总} = d/D$$

(2)各次拉深半成品直径的计算

根据调整后的各次拉深系数计算各次半成品直径,使 d_n 等于工件直径 d,即

$$d_1 = m_{实际1} \times D$$
$$d_2 = m_{实际2} \times d_1$$
$$\vdots$$
$$d_n = m_{实际n} \times d_{n-1}$$

为方便其他工艺计算,在不大幅度地改变实际拉深系数的前提下,对计算出的各半成品直径数值适当取整,尽量不要超过一位小数。

(3)各次半成品高度的计算

各次半成品的高度可根据半成品零件的面积与毛坯面积相等的原则求得,如图4.23所示的不带凸缘的筒形件,高度 h 与毛坯直径 D、筒形件中间位置直径 d、中间位置内圆角半径 r 的关系为

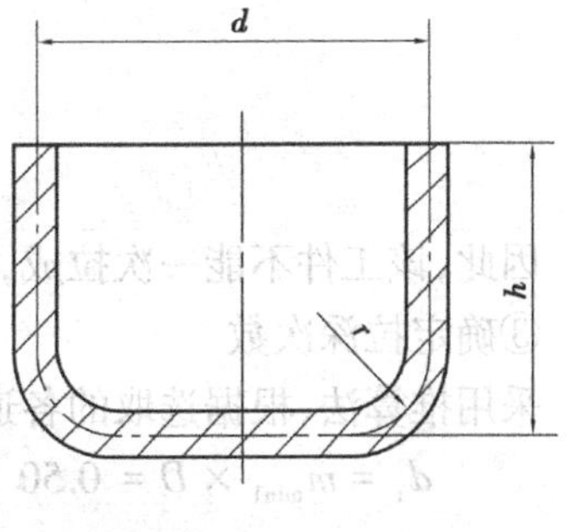

图4.23　筒形件的尺寸

$$D=\sqrt{d^2+4dh-1.72rd-0.56r^2}$$

$$h=0.25\left(\frac{D^2}{d}-d\right)+0.43\frac{r}{d}(d+0.32r)$$

分别计算各次半成品高度 $h_1,h_2,\cdots,h_n$ 时,上式中的 d,r 分别以 $d_1,d_2,\cdots,d_n$ 和 $r_1,r_2,\cdots,r_n$ 代入。

各次半成品的直径及高度计算出后,再根据确定的模具圆角半径,就可以画出工序图,表示出拉深全过程中尺寸的变化。

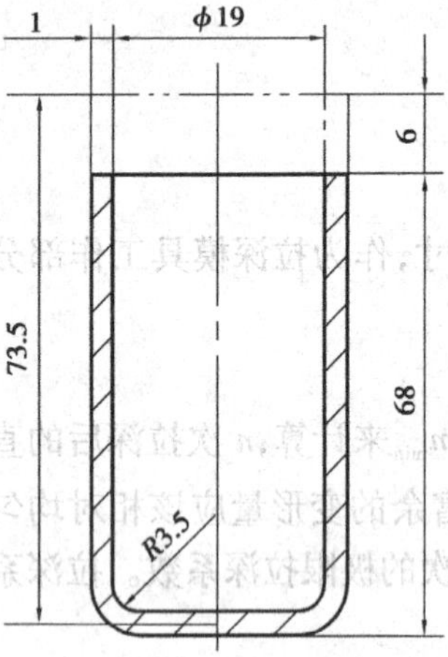

图 4.24　工艺计算的筒形件

具体计算过程、步骤及方法,可参照例 4.1。

例 4.1　如图 4.24 所示的筒形件,材料为 08 钢,料厚 $t=1$ mm,计算其毛坯直径、拉深次数及各个半成品尺寸。

解　1)确定筒形件的计算尺寸

筒形件工艺计算按中线计算,直径 $d=20$ mm,$h=67.5$ mm,$r=4$ mm。

2)确定修边余量 Δh

$h/d=67.5/20\approx3.4$,$h=67.5$ mm,据此查表 4.4,取 $\Delta h=6$ mm;

故拉深件总高度为 $H=67.5\text{ mm}+6\text{ mm}=73.5$ mm

3)计算毛坯直径 D

将筒形件中线尺寸代入毛坯计算公式,尤其是高度应该代入包括修边余量的总高度 H,得

$$\begin{aligned}D&=\sqrt{d^2+4dH-1.72rd-0.56r^2}\\&=\sqrt{20^2+4\times20\times73.5-1.72\times4\times20-0.56\times4^2}\text{ mm}\\&\approx78\text{ mm}\end{aligned}$$

4)确定拉深次数

①选取该工件拉深的各道次极限拉深系数

毛坯相对厚度:$t/D=1/78=1.28\%$,材料为 08 钢带压边圈拉深,查表 4.1,选取的各道次极限拉深系数为

$$m_{\min1}=0.50,m_{\min2}=0.75,m_{\min3}=0.78,m_{\min4}=0.80,m_{\min5}=0.82,\cdots$$

②判断能否一次拉成

零件所要求的总拉深系数为

$$m_{总}=d/D=20/78=0.256$$

得

$$m_{总}=0.256<0.50=m_{\min1}$$

因此,该工件不能一次拉成,需多次拉深。

③确定拉深次数

采用推算法,根据选取的各道次极限拉深系数,推算出各次拉深最小直径为

$$d_1=m_{\min1}\times D=0.50\times78\text{ mm}=39\text{ mm}(\text{大于 }20\text{ mm,一次不能拉成})$$

$$d_2=m_{\min2}\times d_1=0.75\times39\text{ mm}=29.3\text{ mm}(\text{大于 }20\text{ mm,二次不能拉成})$$

$d_3 = m_{\min 3} \times d_2 = 0.78 \times 29.3\ \text{mm} = 22.8\ \text{mm}$(大于 20 mm,三次不能拉成)

$d_4 = m_{\min 4} \times d_3 = 0.80 \times 22.8\ \text{mm} = 18.3\ \text{mm}$(小于 20 mm,四次能够拉成)

因此,该工件的拉深次数确定为 4 次。

5)确定各次拉深半成品尺寸

①调整各次拉深系数

根据拉深系数调整原则,试算后将各次拉深系数调整为

$$m_{实际1} = 0.53, m_{实际2} = 0.76, m_{实际3} = 0.79, m_{实际4} = 0.82$$

②各次半成品直径计算

根据调整后的各次拉深系数,计算出各次拉深的直径,并适当取整为

$$d_1 = m_{实际1} \times D = 0.53 \times 78\ \text{mm} = 41.34 \approx 41\ \text{mm}$$

$$d_2 = m_{实际2} \times d_1 = 0.76 \times 41\ \text{mm} = 31.16 \approx 31\ \text{mm}$$

$$d_3 = m_{实际3} \times d_2 = 0.79 \times 31\ \text{mm} = 24.49 \approx 24.5\ \text{mm}$$

$$d_4 = m_{实际4} \times d_3 = 0.82 \times 24.5\ \text{mm} = 20.09 \approx 20\ \text{mm}$$

③各次半成品圆角半径选取

取各次的 $r_凸$(即半成品底部的内圆角半径)分别为

$$r_{凸1} = 5\ \text{mm}, r_{凸2} = 4.5\ \text{mm}, r_{凸3} = 4\ \text{mm}, r_{凸4} = 3.5\ \text{mm}$$

则各次圆角中线处的圆角半径分别为

$$r_1 = 5.5\ \text{mm}, r_2 = 5\ \text{mm}, r_3 = 4.5\ \text{mm}, r_4 = 4\ \text{mm}$$

④各次半成品拉深高度计算

将拉深道次的半成品 d, r 代入公式

$$h = 0.25\left(\frac{D^2}{d} - d\right) + 0.43\frac{r}{d}(d + 0.32r)$$

可计算出各次的拉深高度为

$$h_1 = 0.25\left(\frac{78^2}{41} - 41\right)\ \text{mm} + 0.43 \times \frac{5.5}{41} \times (41 + 0.32 \times 5.5)\ \text{mm} = 29.3\ \text{mm}$$

$$h_2 = 0.25\left(\frac{78^2}{31} - 31\right)\ \text{mm} + 0.43 \times \frac{5}{31} \times (31 + 0.32 \times 5)\ \text{mm} = 43.6\ \text{mm}$$

$$h_3 = 0.25\left(\frac{78^2}{24.5} - 24.5\right)\ \text{mm} + 0.43 \times \frac{4.5}{24.5} \times (24.5 + 0.32 \times 4.5)\ \text{mm} = 58\ \text{mm}$$

$$h_4 = 73.5\ \text{mm}$$

6)画出工序图,如图 4.25 所示。

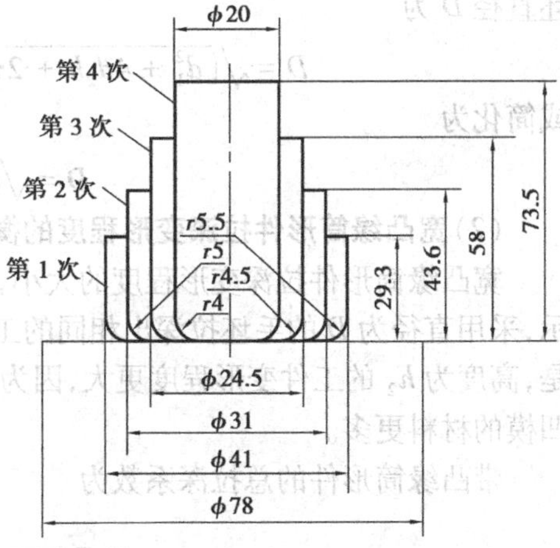

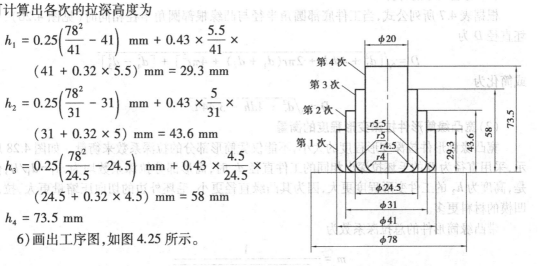

图 4.25　筒形件拉深工序图

4.4 带凸缘筒形件拉深的工艺特点及计算

形状规整的筒形件拉深是比较简单的成形工艺，实际中还存在大量形状复杂的拉深件，其变形过程及工艺计算具有各自的特点。

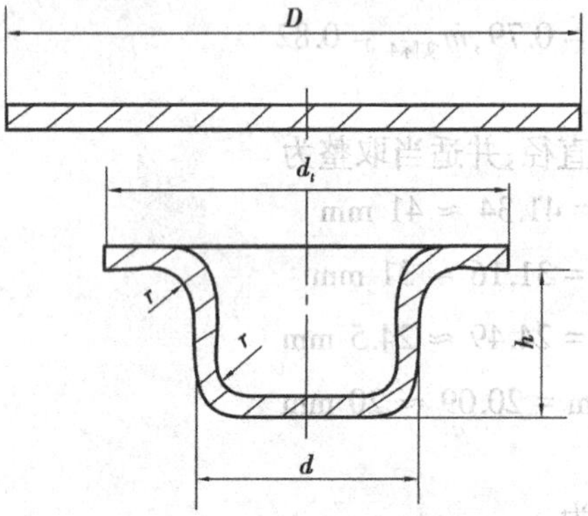

图 4.26 带凸缘件筒形件示意

实际中，带凸缘的拉深件有时是成品零件，有时是形状复杂的冲压件的一个过渡形状，如图 4.26 所示。带凸缘筒形件可看成是一般筒形件在拉深未结束时的半成品，即只将毛坯外径拉深到等于凸缘直径 d_t 时就不再拉深，因此，从变形过程的实质分析，二者是相同的。

根据凸缘直径d_t与筒形部分直径 d 的比值，带凸缘筒形件可分为以下两类：

①窄凸缘筒形件：$d_t/d \leqslant 1.4$。

②宽凸缘筒形件：$d_t/d > 1.4$。

窄凸缘筒形件拉深工艺与一般筒形件相同，在前几次拉深中不留凸缘，先拉成圆筒形件，在后几道拉深工序才形成锥形凸缘，最后校正成水平凸缘。如图 4.27 所示，其拉深系数的确定与拉深工艺计算与无凸缘的圆筒形工件完全相同。而宽凸缘件拉深的工艺过程，则与一般筒形件有很大区别。

4.4.1 宽凸缘筒形件工艺计算要点

(1)毛坯尺寸的计算

根据表 4.7 所列公式，当工件底部圆角半径与凸缘根部圆角半径相同时(见图 4.26)，毛坯直径 D 为

$$D = \sqrt{[d_1^2 + 4d_2h + 2\pi r(d_1 + d_2) + 4\pi r^2] + [d_4^2 - d_3^2]}$$

或简化为

$$D = \sqrt{d_t^2 + 4dh - 3.44dr}$$

(2)宽凸缘筒形件拉深变形程度的衡量

宽凸缘筒形件拉深变形程度的大小，不能仅凭筒形部分的拉深系数来衡量。如图 4.28 所示，采用直径为 D 的毛坯拉深出相同的工件直径 d_1 时，筒形部分拉深系数均为 $m_1 = d_1/D$，但是，高度为 h_2 的工件变形程度更大，因为其凸缘直径更小，毛坯外边的切向压缩量更大，拉入凹模的材料更多。

带凸缘筒形件的总拉深系数为

$$m = \frac{1}{\sqrt{\left(\frac{d_t}{d}\right)^2 + 4\frac{h}{d} - 3.44\frac{r}{d}}}$$

显然，带凸缘筒形件的拉深系数取决于 3 个尺寸因素，即凸缘的相对直径 d_t/d、相对拉深高度 h/d 和相对圆角半径 r/d。在忽略影响程度较小的 r/d 后可知，相对直径 d_t/d 及相对拉

深高度 h/d 越大，拉深时毛坯变形区的宽度越大，拉深的难度也越大，总拉深系数也越小。

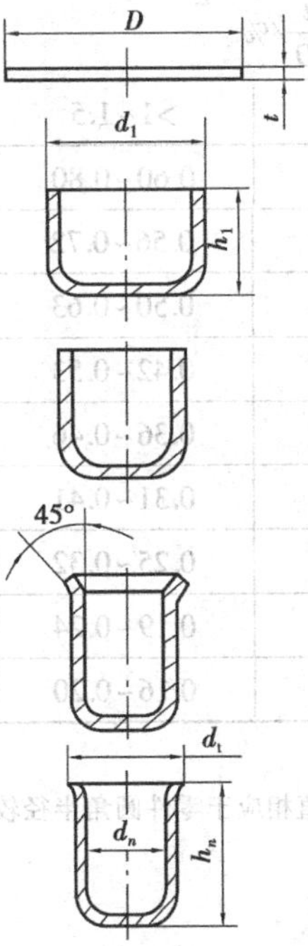

图 4.27　窄凸缘筒形件拉深过程

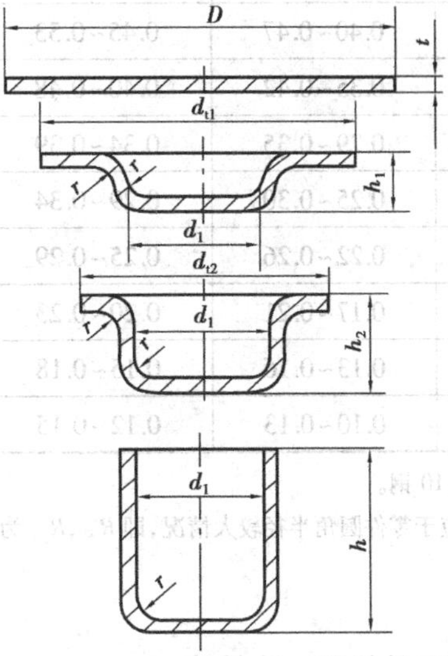

图 4.28　拉深过程中凸缘尺寸的变化

对于带凸缘筒形件第一次拉深而言，其首次拉深的极限拉深系数 $m_{\min 1}$ 为一定值（见表 4.10），第一次拉深的拉深系数不能小于这一数值。因此，第一次拉深的凸缘件，其相对直径 d_t/d_1 和相对高度 h_1/d_1 此消彼长，互相制约。若 d_t/d_1 越大，则其许可的 h_1/d_1 必定越小。因此，带凸缘筒形件第一次拉深的许可变形程度，可用相应于 d_t/d_1 不同比值的最大相对高度 h_1/d_1 来表示，见表 4.11。

表 4.10　带凸缘筒形件首次拉深的极限拉深系数 $m_{\min 1}$

凸缘相对直径 $\frac{d_t}{d_1}$	毛坯相对厚度 $\frac{t}{D}$/%				
	≤0.06～0.2	>0.2～0.5	>0.5～1.0	>1.0～1.5	>1.5
≤1	0.59	0.57	0.55	0.53	0.50
>1.1～1.3	0.55	0.54	0.53	0.51	0.49
>1.3～1.5	0.52	0.51	0.50	0.49	0.47
>1.5～1.8	0.48	0.48	0.47	0.46	0.45
>1.8～2.0	0.45	0.45	0.44	0.43	0.42
>2.0～2.2	0.42	0.42	0.42	0.41	0.40
>2.2～2.5	0.38	0.38	0.38	0.38	0.37
>2.5～2.8	0.35	0.35	0.34	0.34	0.33
>2.8～3.0	0.33	0.33	0.32	0.32	0.31

注：适用于 08,10 钢。

表 4.11　带凸缘筒形件第一次拉深的最大相对高度 h_1/d_1

凸缘相对直径 $\frac{d_t}{d_1}$	毛坯相对厚度 $\frac{t}{D}$/%				
	>0.06~0.2	>0.2~0.5	>0.5~1	>1~1.5	>1.5
≤1.1	0.45~0.52	0.50~0.62	0.57~0.70	0.60~0.80	0.75~0.90
>1.1~1.3	0.40~0.47	0.45~0.53	0.50~0.60	0.56~0.72	0.65~0.80
>1.3~1.5	0.35~0.42	0.40~0.48	0.45~0.53	0.50~0.63	0.58~0.70
>1.5~1.8	0.29~0.35	0.34~0.39	0.37~0.44	0.42~0.53	0.46~0.58
>1.8~2.0	0.25~0.30	0.29~0.34	0.32~0.38	0.36~0.46	0.42~0.51
>2.0~2.2	0.22~0.26	0.25~0.29	0.27~0.33	0.31~0.41	0.35~0.45
>2.2~2.5	0.17~0.21	0.20~0.23	0.22~0.27	0.25~0.32	0.28~0.35
>2.5~2.8	0.13~0.16	0.15~0.18	0.17~0.21	0.19~0.24	0.22~0.27
>2.8~3.0	0.10~0.13	0.12~0.15	0.14~0.17	0.16~0.20	0.18~0.22

注：1.适用于 08,10 钢。

2.较大值相应于零件圆角半径较大情况，即 $R_凹$，$R_凸$ 为（10~20）t；较小值相应于零件圆角半径较小情况，即 $R_凹$，$R_凸$ 为（4~8）t。

（3）判别工件能否一次拉成

通过比较工件的总拉深系数与第一次拉深的极限拉深系数、工件的相对高度与第一次拉深最大相对高度来确定，即同时满足：工件拉深系数 $m \geqslant m_{min1}$，相对高度 $h/d \leqslant h_1/d_1$ 时，可一次拉成，否则须多次拉深。

如果带凸缘筒形件能一次拉出，只要直接将毛坯拉到工件的要求即可。如果需要多次拉深，就必须计算第一次拉深的工件尺寸、拉深次数及各次半成品尺寸。

（4）第一次拉深工件尺寸的确定

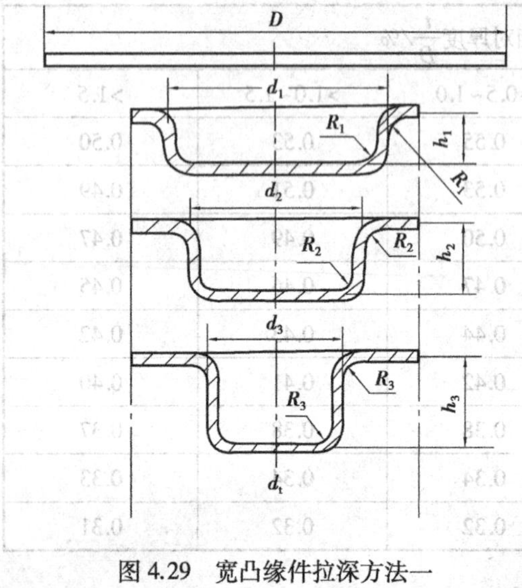

图 4.29　宽凸缘件拉深方法一

第一次拉深工件的尺寸包括凸缘直径 d_t、筒形部分直径 d_1 及高度 h_1、工件底部圆角半径 $R_凸$ 与凸缘根部圆角半径 $R_凹$ 等。确定这些尺寸时，必须遵循以下两个原则：

第一，多次拉深的宽凸缘筒形件，第一次拉深就将凸缘直径拉深到零件所需要的尺寸，以后各次拉深时，凸缘直径保持不变，仅改变筒体的形状和尺寸，如图 4.29 所示。因为后续拉深时凸缘直径的缩小会使圆筒部分的拉应力显著增大，危险断面会发生破裂。在以后各次拉深时，圆筒部分的直径逐步减小，高度增加，最后拉到所要求的尺寸。

第二，为了保证以后各次拉深时凸缘不变形，宽凸缘件第一次拉深，拉入凹模的材料表面积比零件的实际需要多3%~5%，有时甚至达到10%，即首次拉深筒形部分的深度比实际的要大些。这些多余材料在以后各次拉深中，逐次挤回到凸缘部分，使凸缘增厚，从而避免拉裂，这对于料厚小于0.5 mm的拉深件效果尤为显著。返回到凸缘的材料，会使筒口处的凸缘变厚，或形成微小的波纹，但能保持凸缘直径不变，基本上不影响工件的质量。

1）确定第一次拉深筒形部分的直径 d_1

带凸缘拉深件第一次拉深的凸缘直径，即为工件的凸缘直径 d_t。其筒形部分直径根据首次拉深极限系数和最大相对拉深高度，采用逼近法来确定。由于确定首次拉深系数 m_{min1} 时，需涉及 d_1，而 d_1 又与 m_{min1} 有关，m_{min1} 和 d_1 互相牵连。因此，先假设一个 d'_1，根据 d_t/d'_1 计算实际拉深直径 d_1 和实际拉深系数 m_1，再与第一次拉深极限拉深系数 m_{min1} 比较。若 m_1 等于或稍大于极限拉深系数 m_{min1}，则假设的 d'_1 合理；否则，重新假设 d'_1，再次进行计算、比较，直至拉深系数符合要求，此时，假设的 d'_1 就初步确定为第一次拉深筒形部分的直径 d_1。

初步确定的 d_1 成为第一次拉深高度 h_1 的计算依据，只有当计算出的相对高度 h_1/d_1 也小于表4.11规定的第一次拉深的最大相对高度时，初步确定的 d_1 才合理，成为最终的第一次拉深筒形部分的直径。

2）确定圆角半径

第一次拉深的凸缘件为半成品，还需后续拉深，因此，确定的圆角半径可稍微取大些。为方便计算，工件底部圆角半径 $R_{凸}$ 与凸缘根部圆角半径 $R_{凹}$ 取为相等。其取值方法与筒形件首次拉深相同，即

$$R_{凹1} = R_{凸1} = 0.8\sqrt{(D - d_1)t}$$

3）计算第一次拉深高度 h_1

根据表面积相等原则，可推出各次拉深后工件的高度为

$$h_n = \frac{0.25}{d_n}(D_n^2 - d_t^2) + 0.43(R_{凸n} + R_{凹n}) + \frac{0.41}{d_n}(R_{凸n}^2 - R_{凹n}^2)$$

式中　D_n——考虑每次多拉入筒部的材料量后求得的假想毛坯直径；

n——拉深的道次数。

对于第一次拉深，$R_{凹1} = R_{凸1}$，上式简化为

$$h_1 = 0.25\frac{D^2 - d_t^2}{d} + 0.86R_{凹1}$$

（5）多次拉深件的拉深次数及工件尺寸的确定

第一次拉深后，工件的凸缘直径就确定了，后续拉深过程中，凸缘直径保持不变。后续拉深的主要任务是减小筒形直径、增大筒形高度、减小圆角半径，因此，带凸缘筒形件的后续拉深与一般筒形件相同。

拉深次数根据一般筒形件的极限拉深系数（见表4.1）推算，方法与一般筒形件相同。拉深次数确定后，在均衡负荷、调整实际拉深系数的基础上，可计算出各次拉深的半成品直径。圆角半径按依次减小的原则，根据第一次拉深的圆角半径确定，半成品高度也按公式计算。

计算时注意逐次返还到凸缘部分的面积。

4.4.2　宽凸缘件拉深方法

宽凸缘筒形件的拉深方法主要有以下两种：

①薄料、凸缘直径 200 mm 以下、相对高度 h/d 较大的中小型件，逐次缩小圆筒直径、增大高度，直至成品，如图 4.29 所示。这种方法不易起皱，但制成的工件表面质量较差，容易在直壁部分和凸缘上残留中间工序形成的圆角部分弯曲和厚度局部变化的痕迹。

②厚料、凸缘直径 200 mm 以上、相对高度 h/d 较小的大中型件，第一次拉深采用大圆角半径，高度及凸缘直径一次到位；以后各次拉深高度不变，以缩小圆角半径来缩小拉深直径，如图 4.30 所示。这种方法制成的零件表面光滑、平整，厚度均匀，加工痕迹少，但第一次拉深时因圆角半径较大而容易起皱。

4.4.3 宽凸缘筒形件拉深的工艺计算举例

例 4.2 计算如图 4.31 所示带凸缘筒形件的毛坯直径、拉深次数及各次半成品尺寸。材料为 08 钢，料厚 t 为 2 mm。

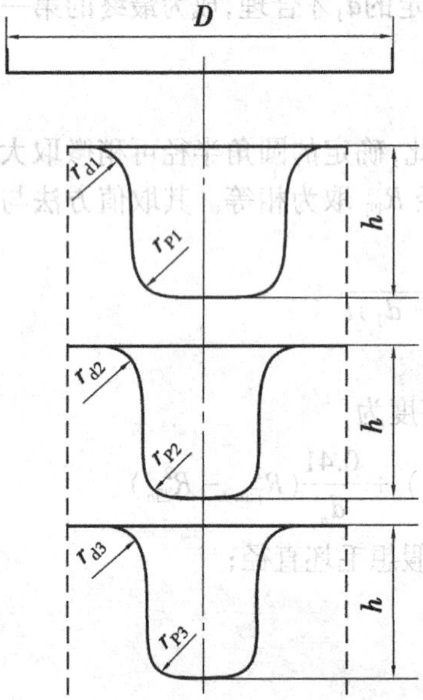

图 4.30 宽凸缘件拉深方法二

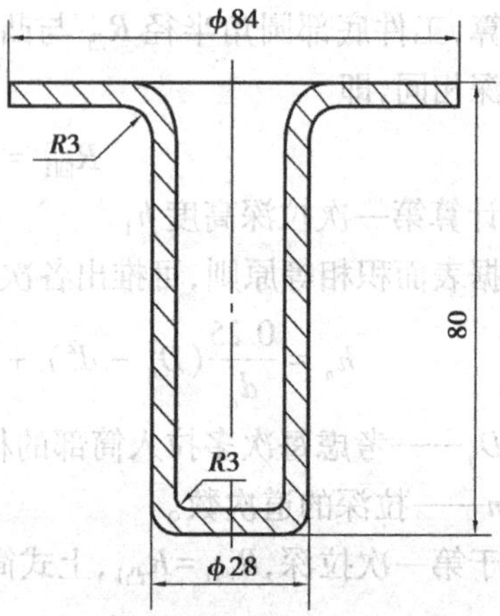

图 4.31 带凸缘筒形件计算示例

解 料厚大于 1 mm，下面均按中线尺寸计算。

1) 确定修边余量 Δd

$d_t/d=84/26=3.2$，$d_t=84$，查表 4.5，取修边余量 $\Delta d=2.2$ mm。

凸缘实际直径为

$$d_t = 84\ \text{mm} + 2 \times 2.2\ \text{mm} = 88.4\ \text{mm}$$

2) 初算毛坯直径

采用表 4.7 所列公式计算毛坯直径，相关尺寸为

$$d_1 = 18\ \text{mm}; d_2 = 26\ \text{mm}; d_3 = 34\ \text{mm}; d_4 = 88.4\ \text{mm};$$

$$h = 78 - 2 \times 4 = 70\ \text{mm}; r = 4\ \text{mm}$$

代入公式，分别计算出毛坯直径 D、凸缘区面积和非凸缘区面积，得

$$D = \sqrt{[d_1^2 + 4d_2h + 2\pi r(d_1 + d_2) + 4\pi r^2] + [d_4^2 - d_3^2]}$$
$$= \sqrt{[18^2 + 4 \times 26 \times 70 + 2\pi \times 4 \times (18 + 26) + 4\pi 4^2] + [88.4^2 - 34^2]}\ \text{mm}$$
$$= \sqrt{8\,910.2 + 6\,658.6}\ \text{mm}$$
$$\approx 125\ \text{mm}$$

该零件凸缘区面积为 6 658.6×π/4 mm^2；非凸缘区面积为 8 910.2×π/4 mm^2。

3）判断能否一次拉成

因为 $d_t/d = 88.4/26 = 3.4$，$t/D = 2/125 = 1.6\%$，查表 4.11，得第一次拉深的最大相对高度为

$$h_1/d_1 = 0.18 \sim 0.22$$

工件的实际相对高度为 $h/d = 78/26 = 3$，远远大于许可高度 0.18～0.22，因此，不能一次拉成。

4）确定首次拉深的工序尺寸

①选取 m_1，d_1

采用逼近法，先假定一个 d_t/d_1 值，将有关计算数据进行比较，直至拉深系数等于或稍大于第一次拉深的极限拉深系数。计算结果见表 4.12。

表 4.12　首次拉深直径的试算结果

假定值 N $N = d_t/d_1$	首次拉深直径 $d_1 = d_t/N$	实际拉深系数 $m_1 = d_1/D$	极限拉深系数 m_{min1} 查表 4.10	拉深系数差值 $\Delta m = m_1 - m_{min1}$
1.2	88.4/1.2=73.3	0.59	0.49	+0.10
1.3	88.4/1.3=68	0.54	0.49	+0.05
1.4	88.4/1.4=63	0.50	0.47	+0.03
1.5	88.4/1.5=59	0.47	0.47	0

因此，先初步选定 $d_1 = 59$ mm 作为首次拉深直径，此时，$m_1 = 0.47$，$d_t/d_1 = 1.5$。

②确定圆角半径

根据公式计算，得

$$R_{凹1} = R_{凸1} = 0.8\sqrt{(D - d_1)t} = 0.8\sqrt{(125 - 59) \times 2}\ \text{mm} = 9.2\ \text{mm}$$

取整为

$$R_{凹1} = R_{凸1} = 9\ \text{mm}$$

③重新计算毛坯直径

宽凸缘拉深件首次拉深时，拉入凹模的材料面积比零件实际需要的面积多 5%，在后续拉深过程中，又将这部分面积返还凸缘，以保证后续拉深时凸缘不介入变形，故首次拉深时拉入凹模的材料实际面积应为

$$A = \pi/4\{8\,910.2 + [(59 + 2 \times 10)^2 - 34^2]\} \times 105\%$$
$$= \pi/4 \times 14\,695\ \text{mm}^2$$

多拉入凹模 5%的材料，重新计算的毛坯直径为

$$D = \sqrt{14\,695 + (88.4^2 - 79^2)}\ \text{mm} = 127.5\ \text{mm}$$

④计算首次拉深高度 h_1

根据公式 $h_1 = 0.25\dfrac{D^2 - d_t^2}{d} + 0.86R_{凹1}$ 计算的首次拉深高度为

$$h_1 = \left(0.25\frac{127.5^2 - 88.4^2}{59} + 0.86 \times 10\right)\ \text{mm}$$
$$= 44.4\ \text{mm}$$

⑤验算 m_1 选得是否合理

根据 $d_t/d_1 = 88.4/59 = 1.5$ 和 $t/D = 2/127.5 = 1.57\%$，查表 4.11，许可的最大相对高度 $h_1/d_1 = 0.58 \sim 0.70$，而实际的工序件 $h_1/d_1 = 44.4/59 = 0.75$，显然，$0.75>0.70$，所选 $m_1 = 0.47$ 已经超过首次拉深的允许变形程度，须重新选定。

5）重新确定首次拉深的工序尺寸

①重新选取 m_1

初选的 $m_1 = 0.47$ 超过了允许变形程度，重新选取时，将其选大些。

选 $m_1 = 0.50$，则 $d_1 = 63$ mm，$d_t/d_1 = 1.4$。

②圆角半径

圆角半径仍然不变，取 $R_{凸1} = R_{凹1} = 9$ mm。

③再次重新计算毛坯直径

首次拉深拉入凹模的材料实际面积加上 5%后，得

$$A = \pi/4 \times \{8\,910.2 + [(63 + 2 \times 10)^2 - 34^2]\}\ \text{mm}^2 \times 105\%$$
$$= \pi/4 \times 15\,375.4\ \text{mm}^2$$

重新计算的毛坯直径为

$$D = \sqrt{15\,375.4 + (88.4^2 - 83^2)}\ \text{mm} = 127.7\ \text{mm}$$

④重新计算首次拉深高度 h_1 为

$$h_1 = \left(0.25\frac{127.7^2 - 88.4^2}{63} + 0.86 \times 10\right)\ \text{mm} = 42.3\ \text{mm}$$

⑤验算 m_1 选得是否合理

根据 $d_t/d_1 = 1.4$ 和 $t/D = 2/127.7 = 1.57\%$，查表 4.11，许可的最大相对高度 $h_1/d_1 = 0.58 \sim 0.70$，而实际的工序件 $h_1/d_1 = 42.3/63 = 0.67$，显然，$0.70>0.67$。因此，所确定的首次拉深工序尺寸合理，如图 4.32 所示为首次拉深工序尺寸示意图。

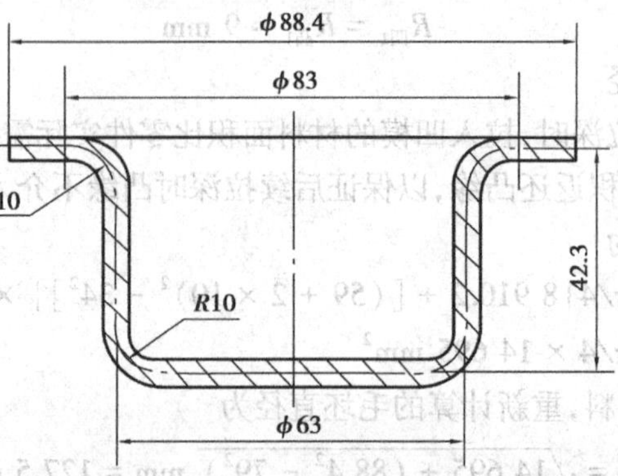

图 4.32　首次拉深工件尺寸

6)计算以后各次拉深的工件尺寸

①确定以后各次还需要拉深的次数

拉深次数的确定按一般筒形件的极限拉深系数推算。

查表4.1,得 $m_2=0.73$,$m_3=0.76$,$m_4=0.78$,$m_5=0.80$,推算如下:

$d_2 = m_2 d_1 = 0.73 \times 63\ \text{mm} = 46\ \text{mm}$

$d_3 = m_3 d_2 = 0.76 \times 46\ \text{mm} = 35\ \text{mm}$

$d_4 = m_4 d_3 = 0.78 \times 35\ \text{mm} = 27.3\ \text{mm}$

$d_5 = m_5 d_4 = 0.80 \times 27.3\ \text{mm} = 21.8\ \text{mm}$ (小于零件筒形部分直径 $d = 26\ \text{mm}$)

因此,总拉深次数为5次。

②计算各次拉深工件的直径

先调整各次拉深系数,以均衡负荷,取 $m_2=0.76$,$m_3=0.79$,$m_4=0.81$,$m_5=0.84$;据此计算直径为

$$d_2 = 0.76 \times 63\ \text{mm} \approx 48\ \text{mm}$$

$$d_3 = 0.79 \times 48\ \text{mm} \approx 38\ \text{mm}$$

$$d_4 = 0.81 \times 38\ \text{mm} \approx 31\ \text{mm}$$

$$d_5 = 0.84 \times 31\ \text{mm} \approx 26\ \text{mm}$$

③确定以后各次拉深的 $R_{凸}$ 及 $R_{凹}$

取

$$R_{凸2} = R_{凹2} = 8\ \text{mm}$$

$$R_{凸3} = R_{凹3} = 6\ \text{mm}$$

$$R_{凸4} = R_{凹4} = 5\ \text{mm}$$

$$R_{凸5} = R_{凹5} = 3\ \text{mm}$$ (根据零件要求)

④计算以后各次拉深工件的高度

设第二次拉深多拉入凹模的材料面积为3.5%,其余的1.5%返回到凸缘;第三次拉深多拉入的材料为2%,其余的1.5%返回到凸缘;第四次拉深多拉入的材料为1%,其余的1%返回到凸缘。

第二、第三、第四次拉深的假想坯料直径分别为

$$D_2 = \sqrt{\frac{15\ 375.4}{105\%} \times 103.5\% + (88.4^2 - 83^2)}\ \text{mm} = 126.8\ \text{mm}$$

$$D_3 = \sqrt{\frac{15\ 375.4}{105\%} \times 102\% + (88.4^2 - 83^2)}\ \text{mm} = 125.9\ \text{mm}$$

$$D_4 = \sqrt{\frac{15\ 375.4}{105\%} \times 101\% + (88.4^2 - 83^2)}\ \text{mm} = 125.4\ \text{mm}$$

由此,可计算各次拉深件的工序件高度为

$$h_2 = \left(0.25 \times \frac{126.8^2 - 88.4^2}{48} + 0.86 \times 9\right)\ \text{mm} = 50.8\ \text{mm}$$

$$h_3 = \left(0.25 \times \frac{125.9^2 - 88.4^2}{38} + 0.86 \times 7\right)\ \text{mm} = 59\ \text{mm}$$

$$h_4 = \left(0.25 \times \frac{125.4^2 - 88.4^2}{31} + 0.86 \times 6\right)\ \text{mm} = 68.9\ \text{mm}$$

最后一道拉深到零件的高度,并将多拉入的1%的材料返回到凸缘,拉深工序至此结束。

将上述工件尺寸按中线换算为外径和总高，如图 4.33 所示。

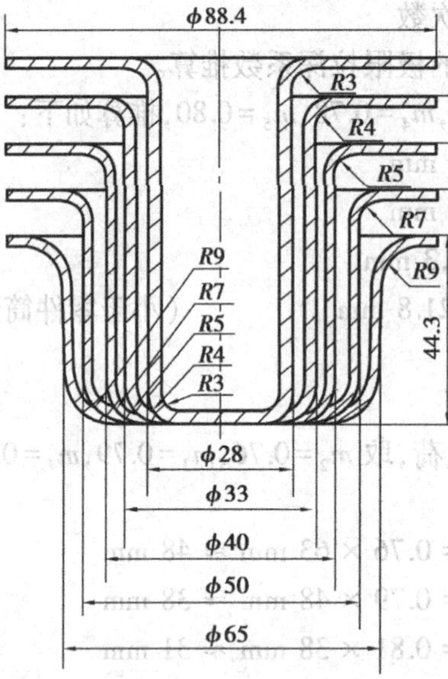

图 4.33　各次拉深工件尺寸

4.5　盒形件拉深的工艺特点及计算

盒形件是非旋转体直壁类零件，最常见的形状是方形与矩形。

4.5.1　盒形件拉深的变形特点

盒形件的几何形状由圆角和直边两部分组成（见图 4.34），包括两个长度为 $(A-2r)$ 的直边、两个 $(B-2r)$ 的直边和 4 个半径为 r 的 1/4 圆筒。拉深时，这几个部分会产生不同的变形方式，同时相邻的部分又会互相影响。

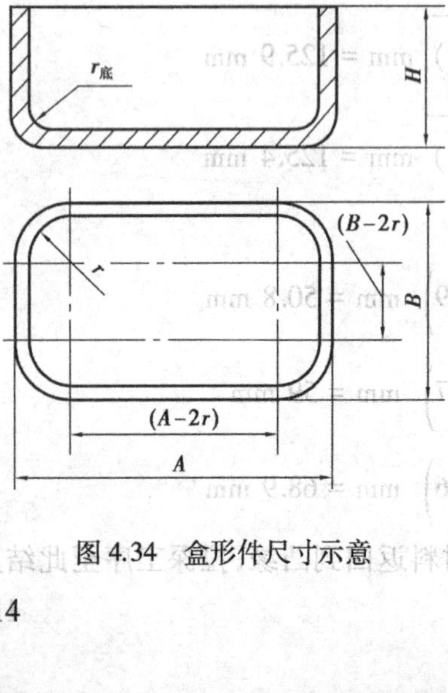

图 4.34　盒形件尺寸示意

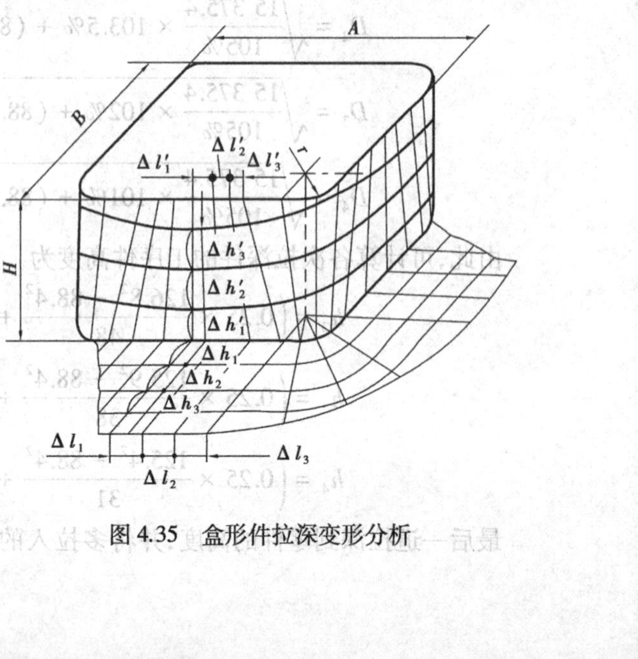

图 4.35　盒形件拉深变形分析

(1)**圆角部分的变形**

采用网格法来分析盒形件拉深时的变形,如图 4.35 所示。拉深之前,毛坯的圆角部分画成径向放射线与同心圆弧所组成的网格,直边部分画成由相互垂直的等距离平行线组成的网格。变形后,毛坯的圆角部分发生了与一般圆筒件类似的径向伸长、切向压缩的变形,且圆角部分的中间位置拉深变形最大。

(2)**直边部分的变形**

直边部分的网格变形前后基本上保持矩形,特别是远离圆角的部位,网格的形状变化更小。因此,直边部分的变形可近似地认为是弯曲变形。

(3)**圆角部分与直边部分的互相影响**

圆角部分拉深变形时,“多余三角形”的材料除了径向伸长、转化成直壁外,还向直边部分转移。因此,直边部分的网格切向受压而缩短,越靠近圆角,压缩越大,变形前切向尺寸为 $\Delta l_1=\Delta l_2=\Delta l_3$,变形后成为 $\Delta l_3'<\Delta l_2'<\Delta l_1'<\Delta l_1$;直边网格的径向尺寸增大,越靠近底部,伸长越多,变形前径向尺寸为 $\Delta h_1=\Delta h_2=\Delta h_3$,变形后成为 $\Delta h_3'>\Delta h_2'>\Delta h_1'>\Delta h_1$。也就是说,直边部分不只是简单的弯曲变形。

同样,由于直边部分“吸纳”了部分“多余三角形”的材料,与一般的直径为 $2r$、高度为 H 的圆筒形件相比,圆角部分拉深的切向压缩与径向拉深变形量都较小,加工硬化程度也有所降低,因此,盒形件拉深时,允许的变形程度与相应圆筒形件相比可以有所提高,选用的拉深系数可以小一些。

直边部分对圆角部分的影响大小取决于矩形件的形状。相对圆角半径 r/B 越小,直边部分所占的比例大,则直边部分对圆角部分的影响越显著。相对高度 H/B 越大,圆角部分的拉深变形大,“多余三角形”需挤出的材料多,直边部分变形量也增大,直边部分对圆角部分的影响也就较大。

4.5.2　盒形件毛坯形状与尺寸的确定

盒形件拉深时毛坯的变形比较复杂,准确地确定毛坯的形状与尺寸有一定的困难。实际中,先根据表面积不变原则,初步确定毛坯的形状与尺寸,试冲压、修正后,才能获得较准确的毛坯。

(1)**低盒形件毛坯尺寸与形状的确定**

低盒形件是指一次拉深可以完成,或虽然要拉两次,但第二次仅用来整形以减小壁部转角及底部圆角的盒形件,其相对高度 H/B 及相对圆角半径 r/B 均较小。

这类盒形件,直边按弯曲变形、圆角按筒形件拉深变形分别处理,将其分别沿中线展开后光滑连接,即为毛坯,如图 4.36 所示。具体做法如下:

1)按弯曲计算直边部分的展开长度 L

$$L = H + 0.57r_{底}$$

2)按筒形件拉深计算圆角部分毛坯半径 R

根据公式 $D=\sqrt{d^2+4dH-1.72r_{底}d-0.56r_{底}^2}$ 可得

$$R=\sqrt{r^2+2rH-0.86r_{底}(r+0.16r_{底})}$$

当 $r_{底}=r$ 时

$$R = \sqrt{2rH}$$

H 的取值，应该包括修边余量，矩形盒修边余量见表4.13。

表4.13 矩形盒修边余量

所需拉深次数	1	2	3	4
修边余量 Δh	$(0.03 \sim 0.05)h$	$(0.04 \sim 0.06)h$	$(0.05 \sim 0.08)h$	$(0.06 \sim 0.1)h$

3）光滑连接展开尺寸

所计算的 L,R 如图4.36所示。从线段 ab 的中点 c 向圆弧 R 作切线，再以 R 为半径作圆弧，与直边和切线相切。这样的作法中增加与减少的面积大约相等，即 $+A \approx -A$。光滑连接后，既符合面积相等原则，也符合毛坯与工件形状相似原则，拉深后可得到口部比较平齐的拉深件。

用上述确定毛坯形状与尺寸的方法，还可推广到其他形状复杂的低盒形件。如图4.37所示，作图过程为：将拉深件划分为几个简单的单元，确定各单元的毛坯形状与尺寸，画出展开形状，再用光滑曲线将各部分连接起来，连接时注意其增加与减少的面积相等，就得到初步的毛坯形状与尺寸。

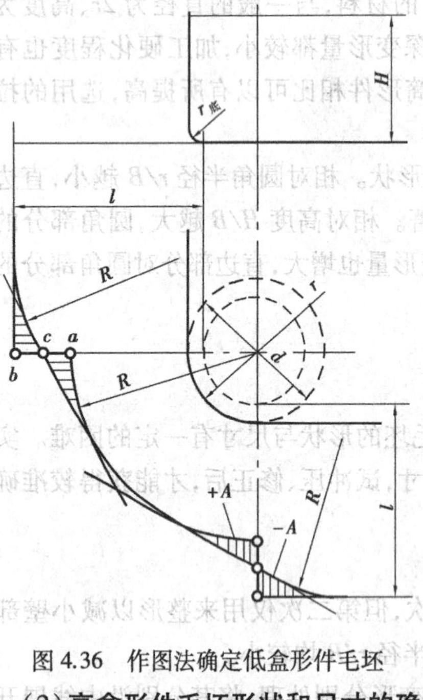

图4.36 作图法确定低盒形件毛坯

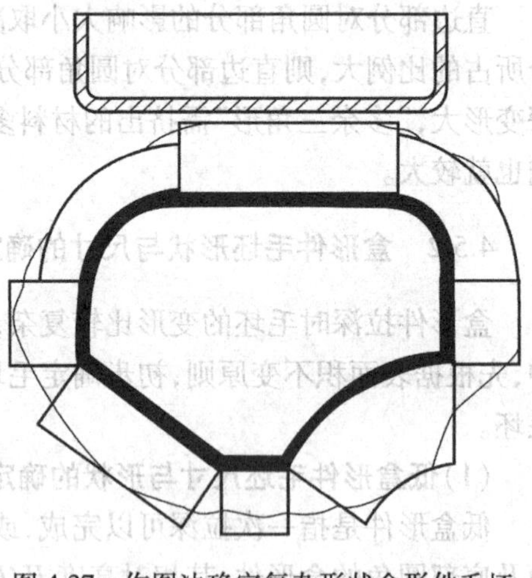

图4.37 作图法确定复杂形状盒形件毛坯

（2）**高盒形件毛坯形状和尺寸的确定**

高盒形件是指需要多次拉深才能最后成形的盒形件，其相对高度 H/B 大于0.6~0.7。这类盒形件的多次拉深过程中，圆角部分有较多的材料向直边部分转移，因此，毛坯的形状与工件的平面形状有显著的差别，方形盒采用圆形毛坯，矩形盒采用长圆形毛坯或椭圆形毛坯。

1）多次拉深的高正方形盒

多次拉深的高正方形盒毛坯为圆形（见图4.38），直径计算公式为

$$D = 1.13 \times \sqrt{B^2 + 4B(H - 0.43r_{底}) - 1.72r(H + 0.5r) - 4r_{底}(0.11r_{底} - 0.18r)}$$

当 $r = r_{底}$ 时，直径计算公式为

$$D = 1.13 \times \sqrt{B^2 + 4B(H - 0.43r) - 1.72r(H + 0.33r)}$$

2）多次拉深的高矩形盒

边长分别为 A,B 的矩形盒,可以看作由两个宽度为 B 的半正方形和中间宽度为 B、长度为$(A-B)$的槽形组合而成。

多次拉深的高矩形盒毛坯为椭圆形,或长圆形,后者用于长边较长的矩形盒,如图 4.39 所示。

椭圆形毛坯的尺寸计算如下:

椭圆毛坯长轴长为

$$L = D + (A - B)$$

式中　D——边长 B 的正方形盒件毛坯直径,计算见上述。

椭圆毛坯短轴长为

$$K = \frac{D(B - 2r) + [B + 2(H - 0.43r_{底})](A - B)}{A - 2r}$$

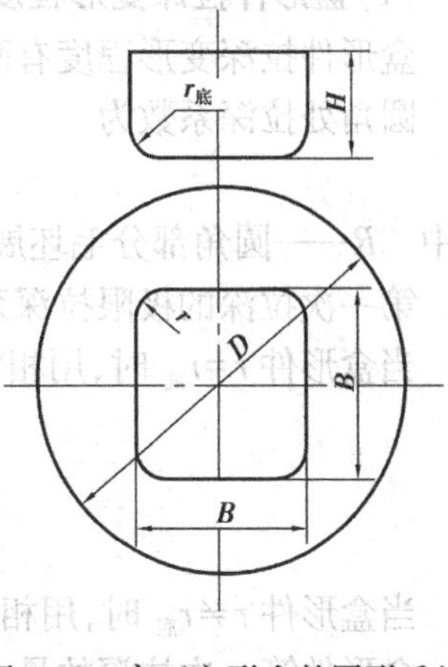

图 4.38　高正方形盒的圆形毛坯

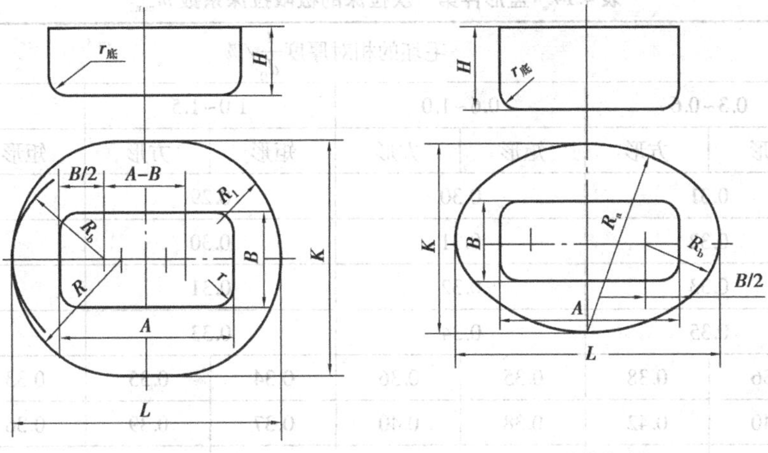

(a)长圆形毛坯　　(b)椭圆形毛坯

图 4.39　高矩形盒的毛坯形状与尺寸

椭圆毛坯长轴圆弧半径为

$$R_b = D/2$$

椭圆毛坯短轴圆弧半径为

$$R_a = \frac{0.25(L^2 + K^2) - LR_b}{K - 2R_b}$$

长圆形毛坯的尺寸:毛坯长度 L、宽度 K、圆弧半径 R_b 与椭圆形毛坯相同。

以长轴上距短边 $B/2$ 处为圆心、R_b 为半径,作长轴圆弧;再以 $R=K/2$ 作圆弧,与短轴直边和长轴圆弧相切,所得光滑连线为长圆形毛坯形状。当矩形边长 A 和 B 相差不大,计算出的 L 和 K 也相差不大时,可简化成圆形毛坯。

4.5.3　盒形件第一次拉深的极限变形程度及能否一次拉成的判断

(1)盒形件拉深变形程度

盒形件拉深变形程度有两种表示方法：圆角部分的拉深系数 m、相对高度 H/r 或 H/B。

圆角处拉深系数为

$$m = r/R$$

式中　R——圆角部分毛坯展开半径，如图 4.36 所示。

第一次拉深的极限拉深系数见表 4.14。

当盒形件 $r = r_{底}$ 时，用相对高度 H/r 表示变形程度，此时，它与 m 的关系为

$$m = \frac{r}{R} = \frac{r}{\sqrt{2rH}} = \frac{1}{\sqrt{2\frac{H}{r}}}$$

当盒形件 $r \neq r_{底}$ 时，用相对高度 H/B 表示变形程度。

盒形件第一次拉深的最大相对高度 H/r 和 H/B 分别见表 4.15 和表 4.16。

表 4.14　盒形件第一次拉深的极限拉深系数 m_{min1}

r/B	毛坯的相对厚度 $\frac{t}{d_0}$/%							
	0.3~0.6		0.6~1.0		1.0~1.5		1.5~2.0	
	矩形	方形	矩形	方形	矩形	方形	矩形	方形
0.025	0.31		0.30		0.29		0.28	
0.05	0.32		0.31		0.30		0.29	
0.10	0.33		0.32		0.31		0.30	
0.15	0.35		0.34		0.33		0.32	
0.20	0.36	0.38	0.35	0.36	0.34	0.35	0.33	0.34
0.30	0.40	0.42	0.38	0.40	0.37	0.39	0.36	0.38
0.40	0.44	0.48	0.42	0.45	0.41	0.43	0.40	0.42

注：d_0 对于正方形盒是指毛坯直径，对于矩形盒是指毛坯宽度。

表 4.15　盒形件第一次拉深允许的最大比值 H/r(10 钢)

$\frac{r}{B}$	方形盒			矩形盒		
	毛坯的相对厚度 $\frac{t}{D}$/%					
	0.3~0.6	0.6~1	1~2	0.3~0.6	0.6~1	1~2
0.4	2.2	2.5	2.8	2.5	2.8	3.1
0.3	2.8	3.2	3.5	3.2	3.5	3.8
0.2	3.5	3.8	4.2	3.8	4.2	4.6
0.1	4.5	5.0	5.5	4.5	5.0	5.5
0.05	5.0	5.5	6.0	5.0	5.5	6.0

表4.16　盒形件第一次拉深的最大相对高度 H/B(08,10钢)

角部的相对圆角半径 r/B	毛坯的相对厚度 $\frac{t}{D}$/%			
	2.0~1.5	1.5~1.0	1.0~0.5	0.5~0.2
0.30	1.2~1.0	1.1~0.95	1.0~0.9	0.9~0.85
0.20	1.0~0.9	0.9~0.82	0.85~0.70	0.8~0.7
0.15	0.9~0.75	0.8~0.7	0.75~0.65	0.7~0.6
0.10	0.8~0.6	0.7~0.55	0.65~0.5	0.6~0.45
0.05	0.7~0.5	0.6~0.45	0.55~0.4	0.5~0.35
0.02	0.5~0.4	0.45~0.35	0.4~0.3	0.35~0.25

注:1.除了 r/B 和 t/D 外,许可拉深高度还与矩形盒的绝对尺寸有关,故对较小尺寸的盒形件(B<100 mm)取上限值,对大尺寸盒形件取较小值。

2.对于其他材料,应根据金属塑性的大小,选取表中数据作或大或小的修正。例如,1Cr18Ni9Ti 和铝合金的修正系数为 1.1~1.15,20—25 钢为 0.85~0.9。

(2)盒形件能否一次拉成的判断

若盒形件圆角部分的拉深系数 m 大于表 4.13 所列极限拉深系数 m_{min1},或者盒形件的H/r 小于表 4.14 所列第一次拉深许可的最大比值,或者盒形件的 H/B 小于表 4.15 所列第一次拉深的最大相对高度,则该盒形件可一次拉成;否则,需要多次拉深。

4.5.4　高正方形盒的多次拉深

高盒形零件在多次拉深的变形,不但不同于圆筒形零件,而且也和它本身在首次拉深中的变形有很大差别。

如图 4.40 所示,毛坯的底部及直壁 h_2 为传力区,环形 b 为变形区,直壁 h_1 为待变形区。随着凸模的向下运动,h_2 不断增大,h_1 则逐渐减小,直到全部侧壁进入凹模为止。变形区内,圆角部分和直边部分的切向压缩和径向伸长变形大小不同,使各部分径向伸长变形量不同,而径向的不均匀伸长变形又受到直壁 h_1 的阻碍,伸长变形较大的部位会产生附加压应力,该部位材料会堆聚或横向起皱;而伸长变形小的部位会产生附加拉应力,该部位会产生厚度减薄,甚至拉裂。只有直壁 h_2 等速均匀下降,直壁 h_1 也作等速均匀下降,圆角部分与直边部分之间才不会产生附加应力,从而避免产生局部的堆聚或拉裂。

高正方形盒拉深采用直径为 D 的圆形毛坯,中间各道过渡工序为圆筒形件,最后一道工序才将圆筒形件拉成正方形盒。为了获得所需尺寸的正方形盒,第(n-1)道(即倒数第二道)拉出的筒形件最为关键。因此,计算时,由第(n-1)道工序开始,由里向外反推。

第(n-1)道的工序尺寸根据角部壁间距 δ 计算(见图 4.41),角部壁间距 δ 是指正方形盒角部与倒数第二道工序筒形件之间的距离,δ 值直接影响拉深变形程度及其均匀性,其大小见表 4.17;或按照(0.2~0.25)r 取值。

表4.17　角部壁间距 δ 值

角部相对圆角半径 r/B	0.025	0.05	0.1	0.2	0.3	0.4
相对壁间距离 δ/r	0.12	0.13	0.135	0.16	0.17	0.2

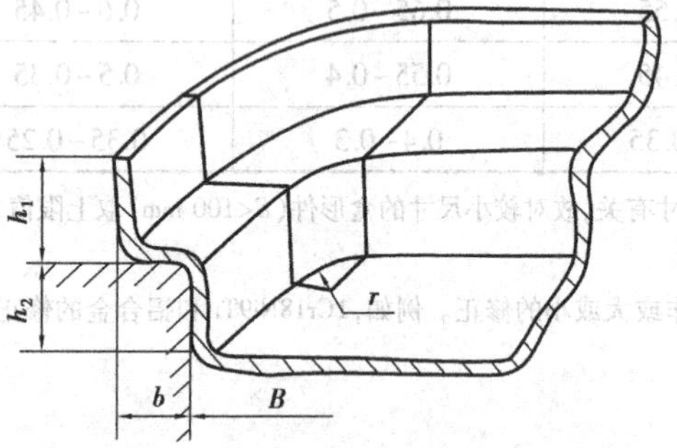

图 4.40　盒形件再次拉深变形分析

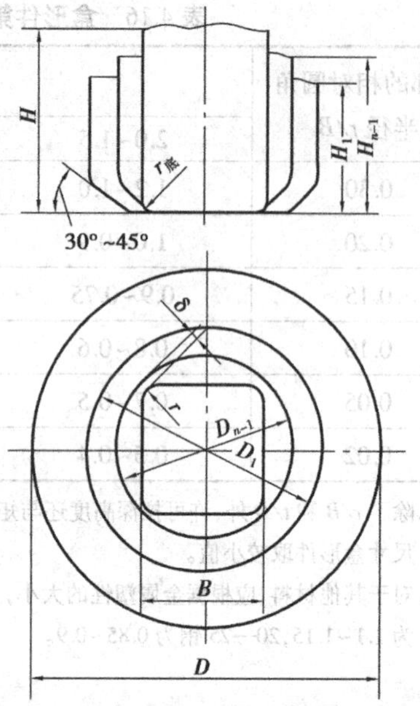

图 4.41　高正方形盒多次拉深的工序尺寸

第(n-1)道拉出的圆筒形件半成品的内径为

$$D_{n-1} = 1.41B - 0.82r + 2\delta$$

高度则根据毛坯直径 D 及半成品内径计算。

第(n-1)道之前的拉深次数、各工序拉深直径及高度，以(n-1)道工序圆筒件为基准，相当于将直径 D 的毛坯拉深成直径为 D_{n-1}、高度为 H_{n-1} 的圆筒形件，可参照圆筒形件的拉深方法，由里向外推算。

4.5.5　高矩形盒的拉深

(1)高矩形盒拉深次数的确定

高矩形盒的拉深次数，可以根据盒形件以后各次的极限拉深系数 $m_{\min n}$ 推定，方法与筒形件拉深相同。由于多次拉深盒形件拉深系数为前后工序角部圆角半径 r 的比值，即

$$m_n = r_n / r_{n-1}$$

因此，每次拉深能够获得的最小圆角半径为

$$r_1 = m_{\min 1} \times R$$
$$r_2 = m_{\min 2} \times r_1$$
$$r_3 = m_{\min 3} \times r_2$$
$$\vdots$$
$$r_n = m_{\min n} \times r_{n-1}$$

当 $r_n<r$ 时，即可确定拉深次数 n。

盒形件以后各次拉深的极限拉深系数见表 4.18。

高矩形盒的拉深次数还可根据盒形件每次能达到的最大相对高度 H/B 确定，见表 4.19。

表4.18　盒形件以后各次的极限拉深系数

r/B	毛坯的相对厚度$\frac{t}{d_0}$/%			
	0.3~0.6	0.6~1	1~1.5	1.5~2
0.025	0.52	0.50	0.48	0.45
0.05	0.56	0.53	0.50	0.48
0.10	0.60	0.56	0.53	0.50
0.15	0.65	0.60	0.56	0.53
0.20	0.70	0.65	0.60	0.56
0.30	0.72	0.70	0.65	0.60
0.40	0.75	0.73	0.70	0.67

表4.19　盒形件多次拉深的最大相对高度H/B

拉深次数	毛坯的相对厚度$\frac{t}{d_0}$/%			
	0.3~0.5	0.5~0.8	0.8~1.3	1.3~2.0
1	0.5	0.58	0.65	0.75
2	0.7	0.8	1.0	1.2
3	1.2	1.3	1.6	2.0
4	2.0	2.2	2.6	3.5
5	3.0	3.4	4.0	5.0
6	4.0	4.5	5.0	6.0

(2)高矩形盒拉深的中间工序

高矩形盒的拉深，毛坯为长圆形，或椭圆形，中间各道过渡工序都拉成椭圆筒形件，最后一道工序拉成矩形盒，如图4.42所示。

高矩形盒的拉深次数、各工序半成品尺寸的确定方法与高正方形盒类似，也是由第$(n-1)$道工序开始，由里向外反推。

第$(n-1)$道拉出的椭圆筒形件半成品长轴与短轴的圆弧半径分别为

$$R_{a(n-1)} = 0.705A - 0.41r + \delta$$

$$R_{b(n-1)} = 0.705B - 0.41r + \delta$$

长轴与短轴的长度、工件高度分别为

$$长轴长度 = 2R_{b(n-1)} + A - B$$

$$短轴长度 = 2R_{a(n-1)} - A + B$$

$$H_{n-1} \approx 0.88H$$

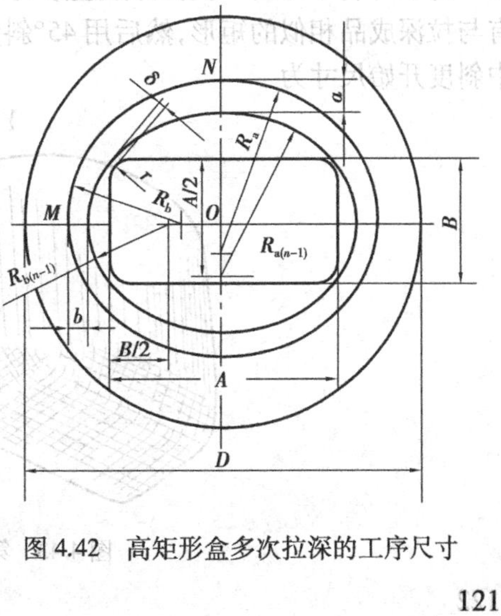

图4.42　高矩形盒多次拉深的工序尺寸

各圆弧的圆心位置，由图4.42所示的尺寸关系确定，圆弧连接处光滑过渡。若该盒形件是两次拉深，则第($n-1$)道拉出的椭圆筒形件为首次拉深的半成品，第二次只需将该半成品拉成盒形件即可。

若该盒形件是三次拉深，则以第($n-1$)道工序的半成品形状和尺寸为基准，进行第($n-2$)道工序计算。第($n-2$)道工序仍然是一个椭圆形的半成品，其形状和尺寸的确定方法如下：

①计算椭圆形半成品之间长轴与短轴上的壁间距离 a 与 b。

第($n-1$)道工序拉深时，长轴与短轴圆弧半径的变形量为

$$\frac{R_{a(n-1)}}{R_{a(n-1)}+a}=\frac{R_{b(n-1)}}{R_{b(n-1)}+b}=0.75\sim0.85$$

因此得

$$a=(0.18\sim0.33)R_{a(n-1)}$$
$$b=(0.18\sim0.33)R_{b(n-1)}$$

②由 a,b 在对称轴上找到 M,N 点，然后选定半径 R_a 与 R_b 作圆弧过 M,N 点，使外形圆滑连接，圆弧的圆心在对称轴上，且 R_a 与 R_b 的圆心比 $R_{a(n-1)}$ 与 $R_{b(n-1)}$ 的圆心更靠近中心点 O。

若是四次拉深，用同样的方法可以计算出第($n-3$)道工序的半成品尺寸。以此类推，直到满足拉深次数的需要为止。由于盒形件拉深的变形十分复杂，目前确定毛坯及工序尺寸的计算是相当近似的。如在试模调整过程中发现在圆角部分出现材料的堆聚时，可适当地减小圆角部分的壁间距离 δ。

4.5.6 盒形件拉深模工作部分形状和尺寸的确定

(1)凹模圆角半径 $R_凹$

$$R_凹=(4\sim10)t$$

设计时，取较小的值，以便试模时根据实际情况磨大，并且角部的凹模圆角比直边大一些，以利于金属流动，适应角部较大的变形量。

(2)间隙 Z

当矩形盒尺寸精度要求高时，Z 取$(0.9\sim1.05)t$；尺寸精度要求不高时，Z 取$(1.1\sim1.3)t$；最后一道工序常取 t；圆角部分的 Z 比直边部分大 0.1 t。

(3)第($n-1$)道拉深凸模的形状

为了有利于最后一次拉深成盒形件时的金属流动，第($n-1$)道拉深凸模的底部，应该具有与拉深成品相似的矩形，然后用45°斜角向壁部过渡，其形状及尺寸关系如图4.43所示，图中斜度开始尺寸为

$$Y=B-1.11r_底$$

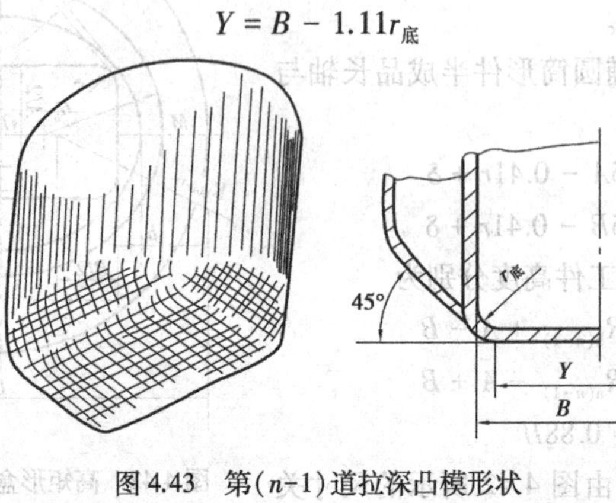

图4.43 第($n-1$)道拉深凸模形状

4.6　其他形状零件的拉深

4.6.1　阶梯形零件的拉深

壁部呈台阶的阶梯形拉深件(见图 4.44),其变形特点与圆筒形件相同,每一阶梯的拉深相当于相应圆筒形件的拉深。但其冲压工艺过程、工序次数的确定、工序顺序的安排,都与一般筒形件存在较大差别。

(1)阶梯形零件拉深次数的确定

判断阶梯件能否一次拉成,有以下两种方法:

1)根据相对高度判定

阶梯件的相对高度为总高度与最小阶梯筒部的直径之比,即

$$\frac{h_1 + h_2 + \cdots + h_n}{d_n} \leqslant \frac{h}{d}$$

当阶梯件的相对高度 h/d 不超过带凸缘圆筒形件第一次拉深的相对高度值(见表 4.11)时,则可一次拉成。对于不带凸缘的阶梯件,参照表 4.11 中 $d_t/d_1 \leqslant 1.1$ 所列的数值。

2)根据拉深系数判定

阶梯件的总拉深系数为(经验公式)

$$m = \frac{\dfrac{h_1}{h_2} \cdot \dfrac{d_1}{D} + \dfrac{h_2}{h_3} \cdot \dfrac{d_2}{D} + \cdots + \dfrac{h_{n-1}}{h_n} \cdot \dfrac{d_{n-1}}{D} + \dfrac{d_n}{D}}{\dfrac{h_1}{h_2} + \dfrac{h_2}{h_3} + \cdots + \dfrac{h_{n-1}}{h_n} + 1}$$

若阶梯件总拉深系数大于圆筒形件极限拉深系数(见表 4.1),则可一次拉成;否则,需要多次拉深。此方法适用于高度较大、阶梯数较多的工件。

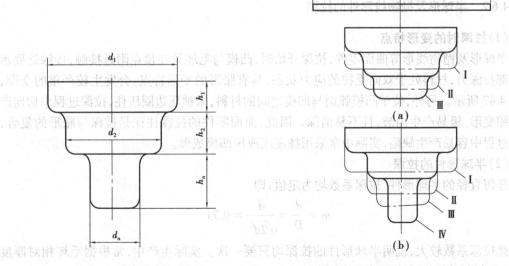

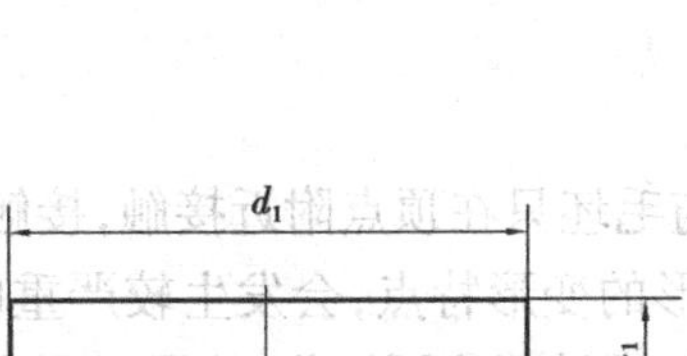

图 4.44　阶梯形零件示意

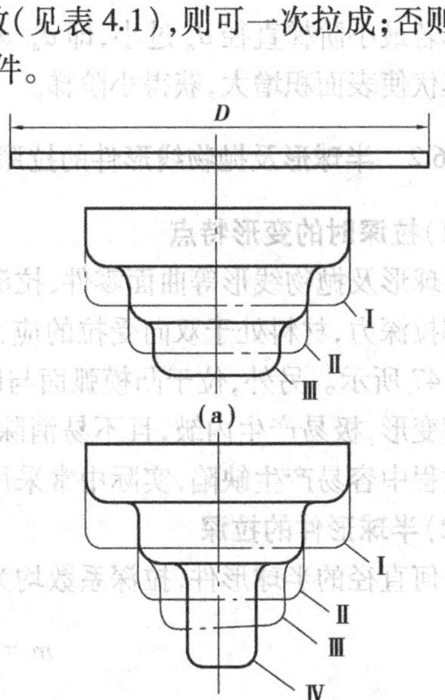

图 4.45　阶梯形零件多次拉深

(2)阶梯形零件拉深方法

阶梯件需要多次拉深时,其拉深方法如下:

①若任意两个相邻阶梯的直径比 d_n/d_{n-1} 均大于或等于相应的圆筒形零件的极限拉深系数(见表 4.1)时,先从大阶梯开始拉深,每次拉深一个阶梯,逐一拉深到最小阶梯(见图 4.45(a)),其拉深次数为阶梯数目。

②若某相邻的两个阶梯直径的比值比 d_n/d_{n-1} 小于相应圆筒形零件的极限拉深系数时,这个阶梯成形时应采用带凸缘零件的拉深方法,逐渐由大到小,多次拉深成形。整个工件拉深次序为先拉大直径,后拉小直径,如图 4.45(b)所示。

③若阶梯件较浅,但阶梯直径差别较大而不能一次拉出时,可首先拉成球面形状(见图 4.46(a));或带有大圆角的筒形(见图 4.46(b)),最后通过整形得到所需工件。

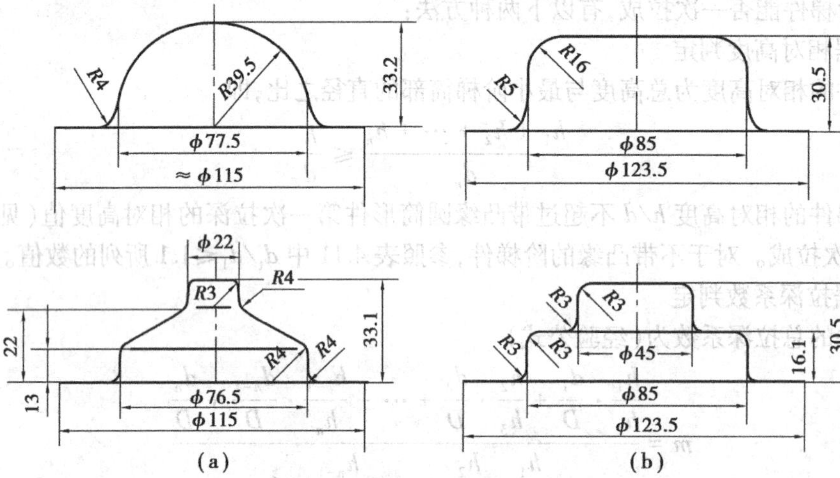

图 4.46 浅阶梯件的多次拉深

④若最小阶梯直径 d_n 过小,即 d_n/d_{n-1} 过小,h_n 又不大时,最小阶梯可采用胀形法成形,局部的起伏使表面积增大,获得小阶梯。

4.6.2 半球形及抛物线形件的拉深

(1)拉深时的变形特点

半球形及抛物线形等曲面零件,拉深开始时,凸模与毛坯只在顶点附近接触,接触处要承受全部拉深力,材料处于双向受拉的应力状态,具有胀形的变形特点,会发生较严重的变薄,如图 4.47 所示。另外,位于凸模弧面与凹模之间的材料,未被压边圈压住,拉深过程中切向产生压缩变形,极易产生内皱,且不易消除。因此,曲面零件的拉深往往是拉深与胀形的复合,成形过程中容易产生缺陷,实际中常采用橡皮或液压凹模成形。

(2)半球形件的拉深

任何直径的半球形件,拉深系数均为定值,即

$$m = \frac{d}{D} = \frac{d}{\sqrt{2d^2}} = 0.71$$

此拉深系数较大,说明半球形件的拉深均只要一次。实际生产中,常根据毛坯相对厚度(t/D)来判断其拉深难度和选定拉深方法。

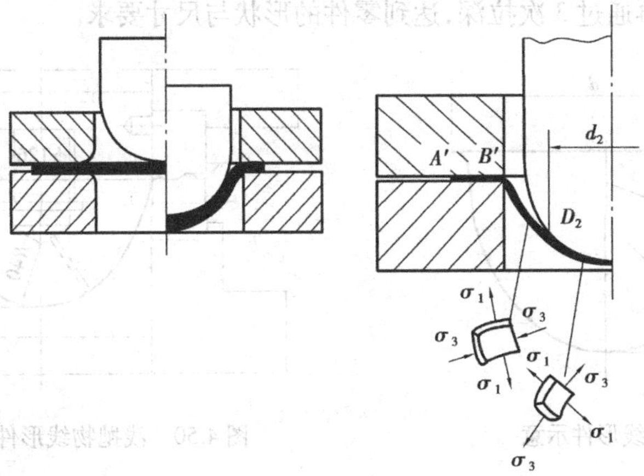

图 4.47　曲面零件的拉深示意

1) 当 $t/D>3\%$时，不用压边圈即可一次拉成，在行程末期对零件进行整形，如图 4.48(a)所示。

2) 当 $t/D=0.5\%\sim3\%$时，需使用压边圈，或反向拉深，以防止起皱。

3) 当 $t/D<0.5\%$时，材料更薄，更需防止起皱，不仅需要使用压边圈，还应采用拉深筋，或反向拉深，如图 4.48(b)、(c)所示。

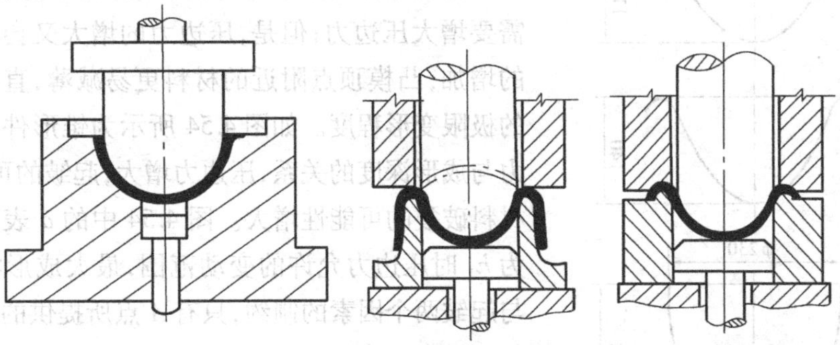

(a)拉深与整形　(b)反向拉深　(c)带拉深筋拉深

图 4.48　半球形件的拉深

(3) 抛物线形件的拉深

抛物线形件分为浅抛物线形件和深抛物线形件，如图 4.49 所示。它们的成形方法如下：

1) 浅抛物线形件

$h/d<0.5\sim0.6$，其拉深特点和方法与半球形件相似，可一次拉深成形，但需要根据材料相对厚度采取相应的防止起皱的措施。例如，拉深汽车灯的外罩(见图 4.50)，$d=126$ mm，$h=76$ mm，$t=0.7$ mm，08 钢，毛坯直径 $D=190$ mm。由 $h/d=76/126=0.603$ 可知，该拉深件为浅抛物线形件，可一次拉深成形。但 $t/D=0.37\%$，属于半球形拉深时的第三种情况。因此，该零件采用压边装置具有两道拉深筋的模具拉深。

2) 深抛物线形件

$h/d>0.6$，需要多次拉深，逐步成形。如图 4.51 所示的汽车灯罩，$h/d=215/230=0.935$，属于深抛物线形件，而毛坯相对厚度又很小($t/D=1/380=0.26\%$)，故采用了 4 次拉深成形，首次拉出筒形件，以后再通过 3 次拉深，达到零件的形状与尺寸要求。

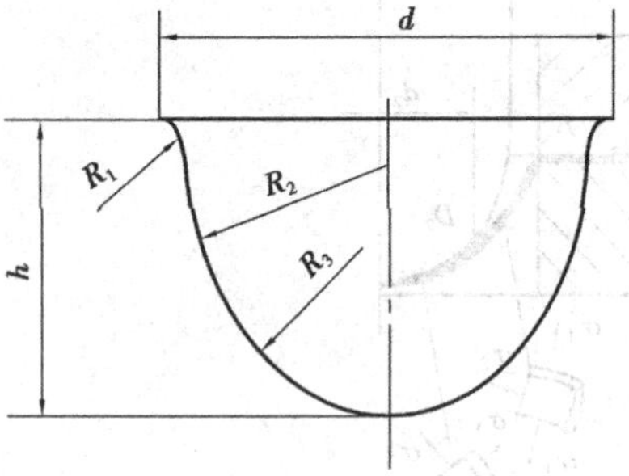

图 4.49　抛物线形件示意

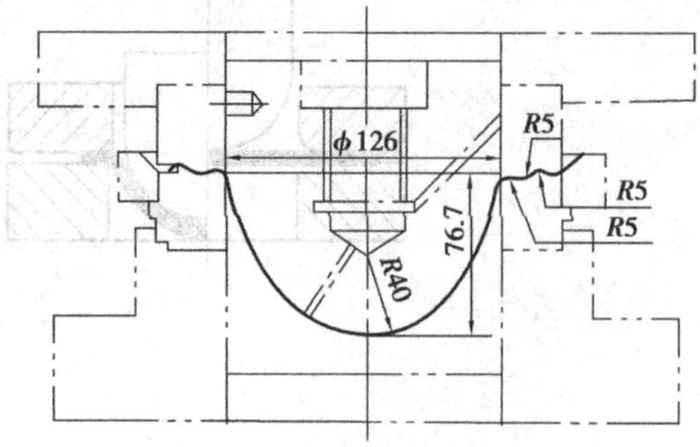

图 4.50　浅抛物线形件一次拉深成形

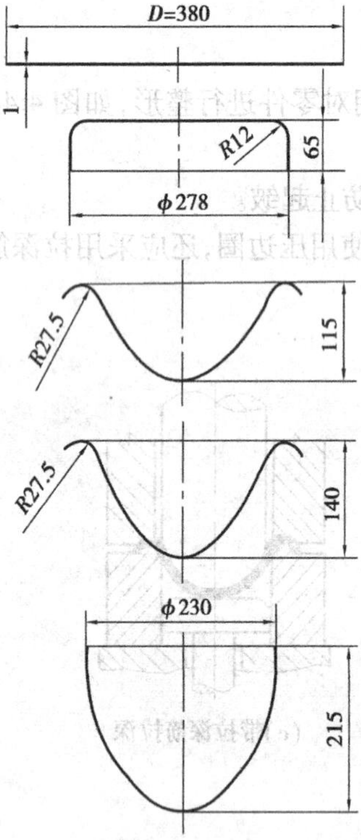

图 4.51　深抛物线形件多次拉深成形

4.6.3　锥形件的拉深

如图 4.52 所示的锥形零件，拉深时变形特点与曲面零件类似，凸模接触面积小，压力集中，容易引起局部变薄。同时，拉深过程中，压边圈压边的有效作用面积小，自由面积大，容易产生内皱，如图 4.53 所示。

曲面零件与锥形零件拉深时，为了防止起皱，往往需要增大压边力；但是，压边力的增大又会导致拉深力的增加，凸模顶点附近的材料更易减薄，直接影响拉深的极限变形程度。如图 4.54 所示为锥形件拉深时压边力与成形深度的关系，压边力增大，起皱的可能性减小，材料破裂的可能性增大。图 4.54 中的 a 表示成形深度为 h_1 时压边力允许的变动范围，最大成形深度受破裂与起皱两个因素的制约，只有 A 点所提供的压边力可以得到最大的成形深度。

锥形件各部分尺寸的比例关系不同，冲压成形的难易程度和方法有很大差别，拉深方法的确定主要根据零件的相对高度 h/d、锥度 α 和毛坯相对厚度 t/D。

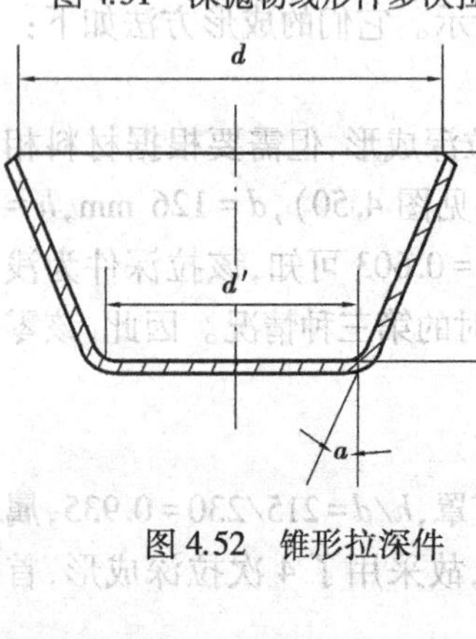

图 4.52　锥形拉深件

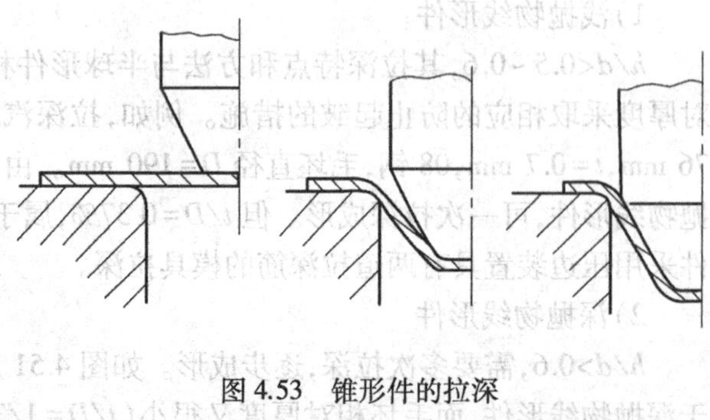

图 4.53　锥形件的拉深

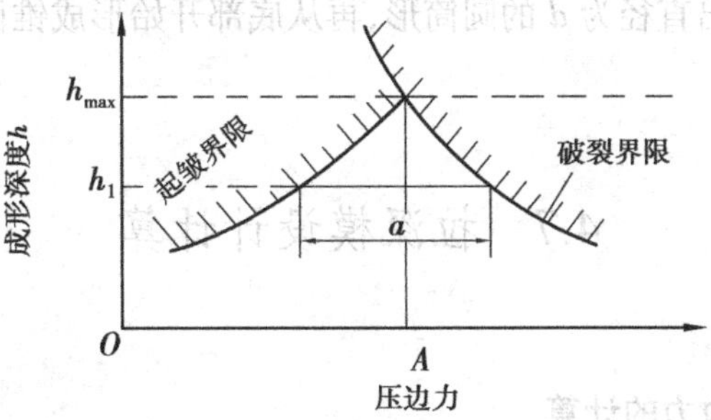

图 4.54　锥形件拉深时压边力与成形深度的关系

(1)浅锥形零件

$h/d=0.1\sim0.25$，$\alpha=50°\sim80°$。采用压边装置，一次拉成。但由于变形不足，回弹较严重，零件尺寸准确度较差，拉深时应设法增加径向拉应力，如设置拉深筋等。

(2)中等深度锥形零件

$h/d=0.3\sim0.7$，$\alpha=15°\sim45°$。大多数情况下可一次拉成。根据毛坯相对厚度，分为以下 3 种情况：

①当 $t/D>2.5\%$：不采用压边装置一次拉成，但拉深末期需要对拉深件整形。

②当 $t/D=1.5\sim2.5\%$：采用压边圈一次拉成，拉深末期同样需要整形。

③当 $t/D<1.5\%$：用压边圈，多次拉成。先拉成大圆角筒形件或球形件，再反拉深成锥形。

(3)深锥形零件

$h/d>0.8$。全部需多次拉深，拉深次数 n 与大端直径 a、筒形件毛坯和工件小端间隙 z 的关系为

$$n = a/z$$

而

$$z = (8 \sim 10)t$$

多次拉深成形方法主要有两种：锥面逐步成形法和整个锥面一次成形法。

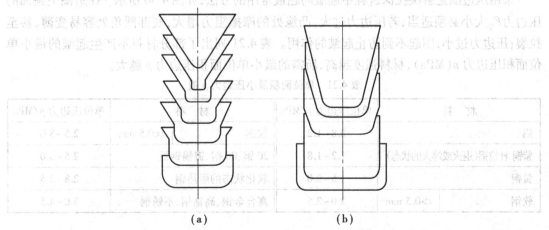

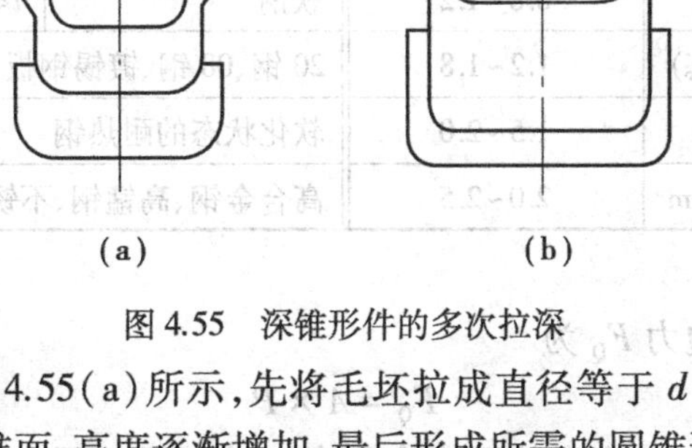

(a)　　(b)

图 4.55　深锥形件的多次拉深

锥面逐步成形法如图 4.55(a)所示，先将毛坯拉成直径等于 d 的圆筒形件，再从口部开始，各道工序逐步拉出圆锥面，高度逐渐增加，最后形成所需的圆锥形。整个锥面一次成形法

如图 4.55(b)所示，先拉出直径为 d 的圆筒形，再从底部开始形成锥面，且锥面逐次增大，直至最后锥面一次成形。

4.7 拉深模设计计算

4.7.1 拉深力及压边力的计算

(1)拉深力计算

带有压边圈的筒形件拉深时，拉深力 F(N)可计算为

$$F = K\pi dt\sigma_b$$

式中 d——拉深件直径，mm；

t——料厚，mm；

σ_b——材料抗拉强度，MPa；

K——修正系数，见表 4.20，与拉深系数有关，m 越小，K 越大。首次拉深时用 K_1 计算，以后各次拉深时用 K_2 计算。

表 4.20 拉深力计算修正系数 K 值

m_1	0.55	0.57	0.60	0.62	0.65	0.67	0.70	0.72	0.75	0.77	0.80
K_1	1.00	0.93	0.86	0.79	0.72	0.66	0.60	0.55	0.50	0.45	0.40
m_n	0.70	0.72	0.75	0.77	0.80	0.85	0.90	0.95			
K_2	1.00	0.95	0.90	0.85	0.80	0.70	0.60	0.50			

(2)压边力计算

采用压边圈是解决拉深过程中起皱问题最常用的方法，如图 4.56 所示。压边圈上施加的压边力F_Q大小必须适当，若压边力过大，凸缘处的摩擦阻力增大，底部圆角处容易变薄，甚至拉裂；压边力过小，则起不到防止起皱的作用。表 4.21 列出了部分材料不产生起皱的最小单位面积压边力 p(MPa)，材料强度越高，所需的最小单位面积压边力 p 越大。

表 4.21 单位面积最小压边力 p 值

材 料		单位压边力 p/MPa	材 料		单位压边力 p/MPa
铝		0.8~1.2	软钢	t<0.5 mm	2.5~3.0
紫铜、杜拉铝(退火或淬火的状态)		1.2~1.8	20 钢、08 钢、镀锡钢板		2.5~3.0
黄铜		1.5~2.0	软化状态的耐热钢		2.8~3.5
软钢	t>0.5 mm	2.0~2.5	高合金钢、高锰钢、不锈钢		3.0~4.5

若压边面积为 A，压边力 F_Q 为

$$F_Q = A \times P$$

对于筒形件，根据图 4.56 所示的尺寸关系，第一次拉深的压边力为

$$F_{Q1} = \frac{\pi}{4}[D^2 - (d_1 + 2R_{凹})^2] \times p$$

以后各次拉深的压边力为

$$F_{Qn} = \frac{\pi}{4}[d_{n-1}^2 - (d_n + 2R_{凹})^2] \times p$$

生产中，根据既不起皱又不拉裂的原则，实际压边力的大小在试模中加以调整，压边装置的设计要考虑便于调整压边力。

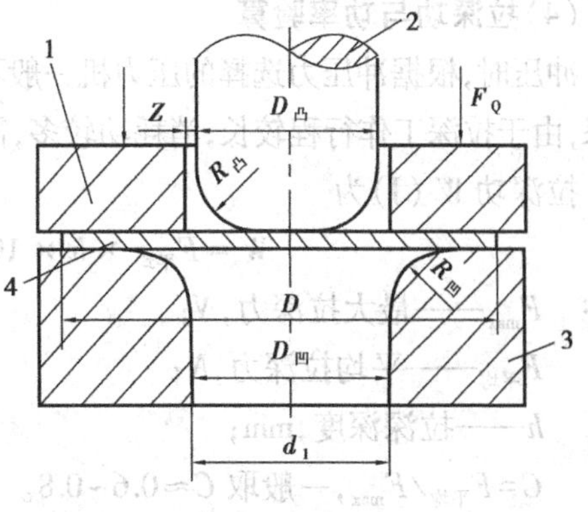

图 4.56　带压边圈拉深模工作部分结构

1—压边圈；2—拉深凸模；3—拉深凹模；4—毛坯

(3)拉深时压力机吨位选择

采用单动压力机拉深时，压边力与拉深力同时产生，因此，计算总拉深力$F_总$时应包括压边力，即

$$F_总 = F + F_Q$$

在选择压力机的吨位时应注意：当拉深行程较大，特别是采用落料拉深复合模时，不能简单地将落料力与拉深力迭加去选择压机吨位。因为压力机的公称压力是指滑块在接近下止点之前一个较小的范围内的压力，所以要根据压力机许用负荷图与冲压实际压力曲线，综合考虑选择压力机吨位。否则，很可能由于过早出现最大冲压力，而使压力机超载损坏（见图4.57），虽然落料力峰值没有超过压力机公称压力，但出现落料力峰值的压力角较大，此时，压力机不能提供公称压力，因此，压力机吨位不够。

为了选用方便，一般只需留出足够的安全系数就能满足要求，粗略计算如下：

浅拉深时

$$F_总 \leqslant (0.7 \sim 0.8) F_压$$

深拉深时

$$F_总 \leqslant (0.5 \sim 0.6) F_压$$

式中　$F_总$——拉深力和压边力总和，复合模冲压时还包括其他变形力；

$F_压$——压力机的公称压力。

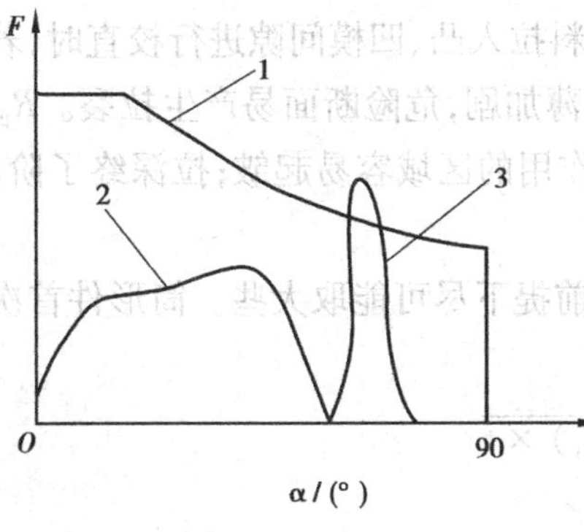

图 4.57　冲压力与压力机许用负荷图

1—压力机许用负荷曲线；2—拉深力；3—落料力

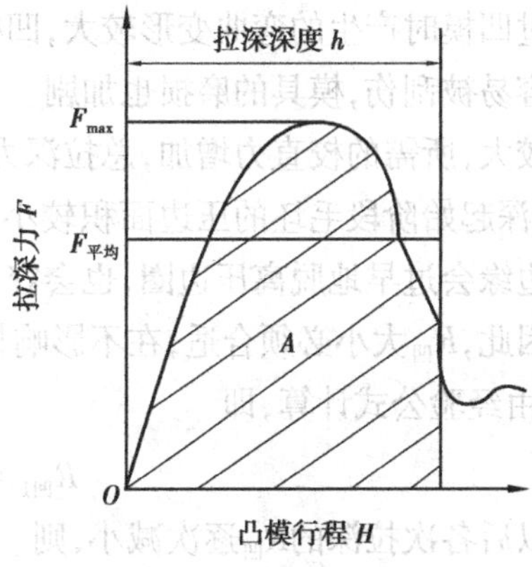

图 4.58　拉深力-拉深行程曲线

(4)拉深功与功率验算

冲压时,根据冲压力选择的压力机一般不需要进行功与功率的验算,但对于拉深,特别是深拉深,由于拉深工作行程较长,消耗功较多,需要进行压力机的电机功率验算,如图 4.58 所示。

拉深功 W (J)为

$$W = F_{平均} \times h \times 10^{-3} = C \times F_{max} \times h \times 10^{-3}$$

式中 F_{max}——最大拉深力,N;

$F_{平均}$——平均拉深力,N;

h——拉深深度,mm;

$C = F_{平均}/F_{max}$,一般取 $C \approx 0.6 \sim 0.8$。

拉深功率 P(kW)为

$$P = \frac{W \times n}{60 \times 750 \times 1.36}$$

压力机的电机所需功率 $P_{电}$(kW)为

$$P_{电} = \frac{K \times W \times n}{60 \times 750 \times 1.36 \times \eta_1 \times \eta_2}$$

式中 K——不平衡系数,取 1.2~1.4;

η_1——压力机效率,取 0.6~0.8;

η_2——电机效率,取 0.9~0.95;

n——压力机每分钟的行程次数。

如果计算出的所需功率 $P_{电}$ 大于所选取的压力机实际功率,则所选取的压力机不能满足要求,需要重新选取电机功率较大的压力机,并以此作为模具设计的依据。

4.7.2 拉深模工作部分结构参数

(1)凹模圆角半径 $R_{凹}$

拉深凹模圆角半径如图 4.56 所示,$R_{凹}$ 的大小对拉深变形的影响非常大。$R_{凹}$ 较小时,材料流过凹模时产生的弯曲变形较大,凹模圆角对板料厚度方向施加的压力加大,摩擦力增加,板料容易被刮伤,模具的磨损也加剧。当弯曲后的材料拉入凸、凹模间隙进行校直时,若弯曲变形较大,所需的校直力增加,总拉深力随之增加,减薄加剧,危险断面易产生拉裂。$R_{凹}$ 较大时,拉深起始阶段毛坯的压边面积较小,未受压边力作用的区域容易起皱;拉深终了阶段,毛坯外边缘会过早地脱离压边圈,也会容易起皱。

因此,$R_{凹}$ 大小必须合适,在不影响拉深件质量的前提下尽可能取大些。筒形件首次拉深 $R_{凹}$ 可由经验公式计算,即

$$R_{凹1} = 0.8\sqrt{(D - d_1) \times t}$$

以后各次拉深的 $R_{凹}$ 逐次减小,则

$$R_{凹n} = (0.6 \sim 0.8) R_{凹(n-1)}$$

但最小 $R_{凹}$ 不能小于 $2t$,否则很难拉成。若带凸缘工件此处的圆角半径小于 $2t$,则只能通过拉深后的整形工序获得。

筒形件首次拉深的凹模圆角半径也可查表4.22来确定。

表4.22　筒形件首次拉深凹模圆角半径

	t/mm				
	2.0~1.5	1.5~1.0	1.0~0.6	0.6~0.3	0.3~0.1
无凸缘拉深	$(4\sim7)t$	$(5\sim8)t$	$(6\sim9)t$	$(7\sim10)t$	$(8\sim13)t$
有凸缘拉深	$(6\sim10)t$	$(8\sim13)t$	$(10\sim16)t$	$(12\sim18)t$	$(15\sim22)t$

注：当材料性能好，且润滑好时，表中数据可适当减小。

(2)凸模圆角半径 $R_凸$

拉深凸模的$R_凸$大小也必须合适，$R_凸$过小，此处材料的弯曲变形大，筒壁传力区危险断面的有效抗拉强度降低，易产生局部减薄或拉裂；并且在多工序拉深时，后续工序压边圈的圆角半径等于前道工序的凸模圆角半径，若$R_凸$过小，后续拉深时毛坯沿压边圈的滑动阻力增大，不利于拉深成形。但如果$R_凸$过大，拉深初始阶段不与模具表面接触的毛坯宽度加大，容易产生内皱。

$R_凸$一般与该道次的$R_凹$相等，或略小一些，且取值为

$$R_凸 = (0.7 \sim 1.0)\ R_凹$$

最后的拉深道次，$R_凸$与工件底部圆角半径相等，但数值必须不小于料厚 t，若工件底部的圆角半径小于 t，则只能通过整形工序获得。

(3)拉深模的间隙 Z

拉深模的间隙是指单边间隙。间隙过小，摩擦阻力增加，拉深件容易破裂，且零件表面易擦伤，模具寿命降低。间隙过大，毛坯的校直作用小，零件尺寸精度降低。因此，拉深模的间隙 Z 大小应该合适。

确定间隙时，根据压边状况、拉深次数和工件精度，既要考虑板料厚度的公差，又要考虑筒形件口部的增厚现象，间隙值一般稍大于毛坯厚度。

①不用压边圈时，考虑起皱的可能性，筒形件拉深间隙 Z 稍大于料厚的上限值 t_{max}，且取值为

$$Z = (1 \sim 1.1)\ t_{max}$$

末次拉深或精密拉深件取小值，中间拉深取大值。

②用压边圈时，其间隙按表4.23选取。

表4.23　有压边圈拉深的单边间隙

总拉深次数	拉深工序	单边间隙Z	总拉深次数	拉深工序	单边间隙Z
1	第一次拉深	$(1\sim1.1)t$	4	第一、第二次拉深	$1.2t$
2	第一次拉深	$1.1t$		第三次拉深	$1.1t$
	第二次拉深	$(1-1.05)t$		第四次拉深	$(1\sim1.05)t$
3	第一次拉深	$1.2t$	5	第一、第二、第三次拉深	$1.2t$
	第二次拉深	$1.1t$		第四次拉深	$1.1t$
	第三次拉深	$(1\sim1.05)t$		第五次拉深	$(1\sim1.05)t$

注：1.材料厚度取材料允许偏差的中间值。

2.当拉深精密工件时，最末一次拉深间隙取 $Z=t$。

③精度要求较高的拉深件，采用负间隙拉深，以减小拉深后的回弹，降低零件的表面粗糙度，间隙值为

$$Z = (0.9 \sim 0.95)t$$

④盒形件拉深时，直边部分的间隙可以参考U形弯曲间隙选取，圆角部分考虑材料的增厚，间隙为直边部分的1.1倍。

(4)拉深凸模和凹模工作部分的尺寸及其制造公差

1)首次及中间工序模具尺寸

工件的尺寸精度取决于最后一道工序的凸、凹模尺寸及其公差，因此，除最后一道工序拉深模设计需要考虑尺寸公差外，首次及中间工序的模具尺寸公差和半成品尺寸公差不需要严格限制，模具的尺寸只需等于毛坯的过渡尺寸即可。

若以凹模为基准，凹模直径$D_凹$、凸模直径$D_凸$与拉深件外径D、模具制造公差$\delta_凸$和$\delta_凹$的关系如下：

凹模尺寸为

$$D_凹 = D_0^{+\delta_凹}$$

凸模尺寸为

$$D_凸 = (D - 2Z)_{-\delta_凸}^{0}$$

$\delta_凸$ 和 $\delta_凹$ 的取值见表4.24。

表4.24 模具制造公差 $\delta_凸$ 和 $\delta_凹$/mm

材料厚度 t	拉深件直径					
	≤20		20~100		>100	
	$\delta_凹$	$\delta_凸$	$\delta_凹$	$\delta_凸$	$\delta_凹$	$\delta_凸$
≤0.5	0.02	0.01	0.03	0.02	—	—
>0.5~1.5	0.04	0.02	0.05	0.03	0.08	0.05
>1.5	0.06	0.04	0.08	0.05	0.10	0.06

注：$\delta_凸$，$\delta_凹$ 在必要时可提高至IT8—IT6级。若零件公差在IT13级以下，则 $\delta_凸$，$\delta_凹$ 可以采用IT10级。

2)末次工序模具尺寸

拉深件的尺寸标注分为标注外形尺寸和标注内形尺寸两种，如图4.59所示。

当工件要求外形尺寸时(见图4.59(a))，以凹模尺寸为基准进行计算，即

凹模尺寸为

$$D_凹 = (D - 0.75\Delta)_0^{+\delta_凹}$$

凸模尺寸为

$$D_凸 = (D - 0.75\Delta - 2Z)_{-\delta_凸}^{0}$$

当工件要求内形尺寸时(见图4.59(b))，以凸模尺寸为基准进行计算，即

凸模尺寸为

$$d_凸 = (d + 0.4\Delta)_{-\delta_凸}^{0}$$

凹模尺寸为

$$d_凹 = (d + 0.4\Delta + 2Z)_0^{+\delta_凹}$$

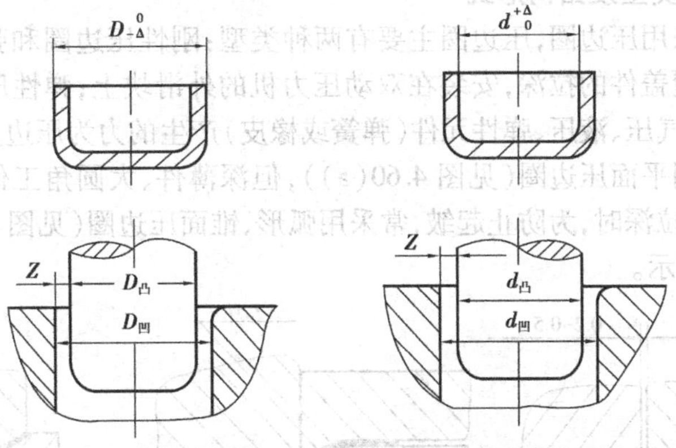

(a)工件要求外形尺寸　　(b)工件要求内形尺寸

图4.59　拉深件尺寸与模具尺寸

(5)模具结构的其他要求

①拉深凸模和凹模的高度需满足拉深件高度尺寸的要求，特别是不带凸缘的拉深件，要保证直壁完全进入凹模，超过凹模圆角处一定的尺寸。

②为防止推件时工件与拉深凸模之间形成真空，高度较高的凸模一般还需设计出气孔。

③落料与拉深复合时，一般先落料后拉深，且落料凹模磨损大于拉深凸模，因此，落料凹模应比拉深凸模高出2~3 mm。

④模具工作表面不允许有砂眼、孔洞、机械损伤等，凹模内侧表面粗糙度一般为 $Ra=0.8\ \mu m$，凹模圆角处为 $Ra=0.4\ \mu m$，凸模为 $Ra=1.6\sim0.8\ \mu m$。

4.7.3　压边装置的设计

(1)压边装置的设置

为防止拉深过程中起皱，大多数模具均设置有压边圈。但变形量较小、毛坯厚度较大时，起皱的可能性较小，为简化模具结构，也可以不设置压边圈。

不采用压边圈条件为

$$t/D \geqslant (0.09 \sim 0.10) \times (1-m)$$

否则须采用压边圈，施加压边力。

也可以查表4.25，根据材料相对厚度和拉深系数是否同时满足所列的条件，确定是否采用压边圈。

表4.25　采用或不采用压边圈的条件

拉深方法	第一次拉深		以后各次拉深	
	$\frac{t}{D}$/%	m_1	$\frac{t}{d_{n-1}}$/%	m_n
用压边圈	<1.5	<0.6	<1	<0.8
可用可不用	1.5~2.0	0.6	1~1.5	0.8
不用压边圈	>2.0	>0.6	>1.5	>0.8

（2）压边装置的类型及结构形式

压边装置一般采用压边圈，压边圈主要有两种类型：刚性压边圈和弹性压边圈。刚性压边圈主要用于大型覆盖件的拉深，安装在双动压力机的外滑块上；弹性压边圈多用于中小型拉深件的拉深，利用气压、液压、弹性元件（弹簧或橡皮）产生的力为压边力的来源。

首次拉深多采用平面压边圈（见图 4.60（a）），但深薄件、大圆角工件、大型覆盖件、半球形件、锥形件等工件拉深时，为防止起皱，常采用弧形、锥面压边圈（见图 4.60（b）、（c）），或加拉深筋，如图 4.61 所示。

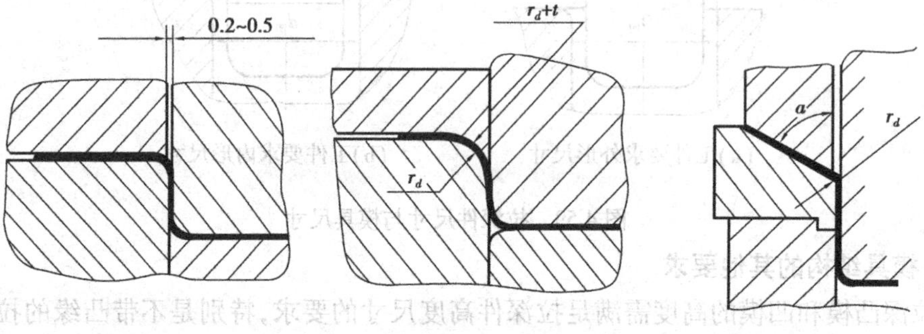

图 4.60　首次拉深压边圈形式

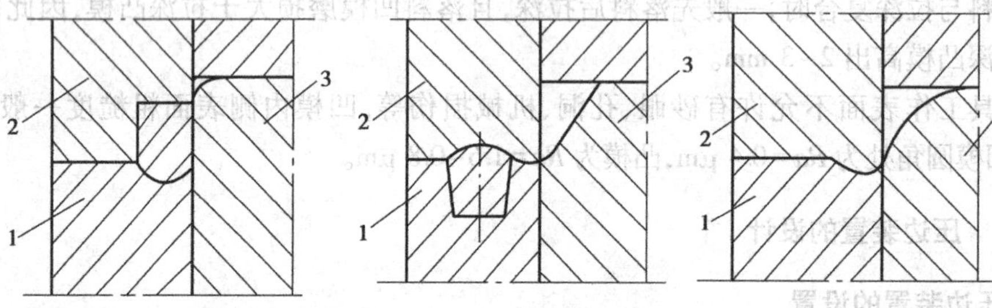

图 4.61　带拉深筋的压边圈

1—压边圈；2—凹模；3—凸模

以后各次拉深时，拉深前，毛坯套在压边圈上，依靠压边圈定位。因此，压边圈的形状必须与前次拉出的半成品相适应，外形尺寸必须根据前次拉深内径确定，如图 4.62 所示表示出了前后工序的凸模和凹模圆角半径与压边圈圆角半径之间、毛坯直径与压边圈直径之间的关系，其中，如图 4.62（a）所示用于直径小于 100 mm 的工件，半成品底部为圆角；如图 4.62（b）所示用于直径大于 100 mm 的工件，半成品底部为斜角。

在很多拉深模具中，压边圈还起顶件的作用，因此，压边圈与凸模之间的间隙不能太大，单面间隙为 0.2~0.5 mm。压边圈与板料的接触面不允许开槽、打孔，表面粗糙度 *Ra* 应该达到0.8 μm，以保证毛坯的流动顺畅。

（3）弹性压边圈

如图 4.63 所示，弹性压边圈通常有橡皮压边圈、弹簧压边圈和气垫式（或液压式）压边圈 3 种结构。

这 3 种压边装置压边力的变化曲线如图 4.64 所示。随着拉深深度的增加，凸缘变形区的材料不断减少，需要的压边力也逐渐减少。而橡皮与弹簧压边装置所产生的压边力恰与此相反，随拉深深度增加而始终增加，尤以橡皮压边装置为甚。这一特点导致拉深力增加，零件可能被拉裂。因此,橡皮及弹簧结构通常只适用于浅拉深。气垫式压边装置的压边效果比较好,但其结构、制造、使用与维修都相对复杂一些。

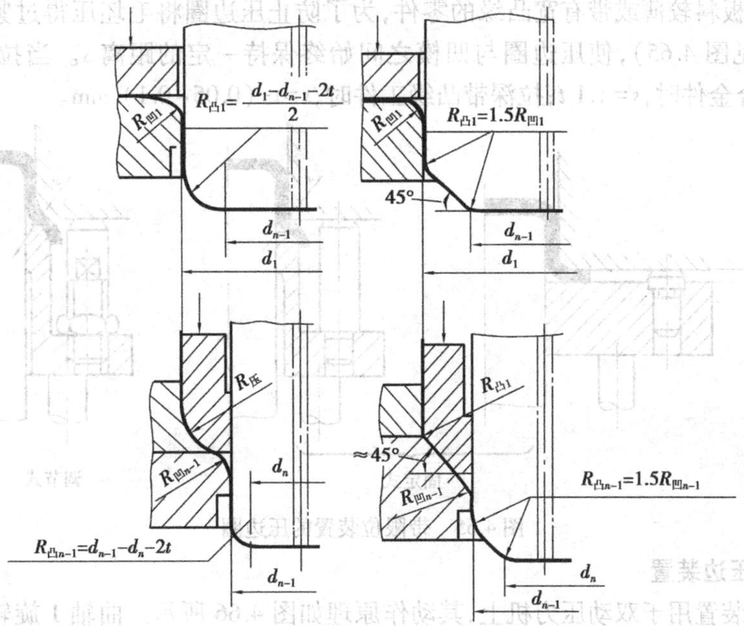

图 4.62　多次拉深模工作部分结构

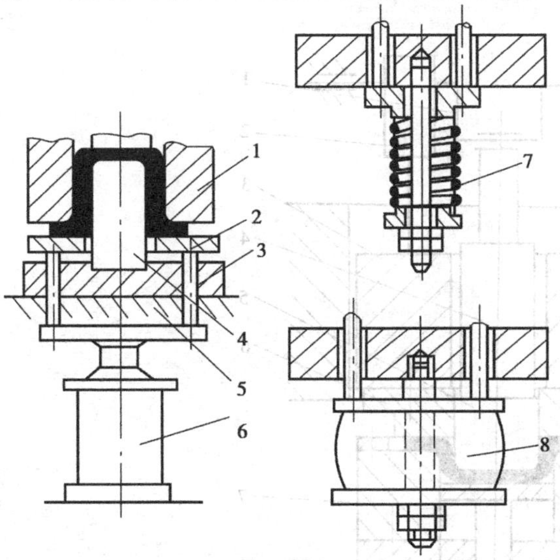

图 4.63　弹性压边装置

1—凹模;2—压边圈;3—下模座;4—凸模;
5—工作台;6—气垫;7—弹簧;8—橡皮垫

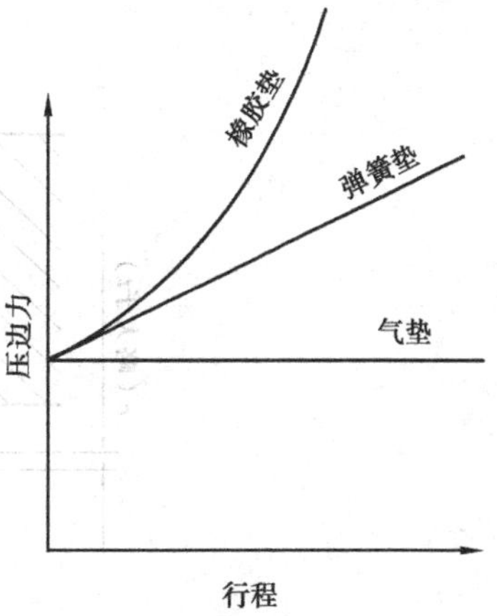

图 4.64　弹性压边装置压力曲线

在普通单动的中、小型压力机上,由于使用方便,橡皮、弹簧被广泛应用。模具设计时,必须正确选择弹性元件的规格与尺寸,尽量减少其不利影响。如弹簧,应选用总压缩量大、压边力随压缩量缓慢增加的弹簧；而橡皮则应选用较软的橡皮，为使其相对压缩量不致过大，橡皮的总高度不小于拉深行程的5倍。

对于拉深板料较薄或带有宽凸缘的零件，为了防止压边圈将毛坯压得过紧，压边圈常设置限位装置（见图4.65），使压边圈与凹模之间始终保持一定的距离 s。当拉深钢件时，$s=1.2\ t$；拉深铝合金件时，$s=1.1\ t$；拉深带凸缘工件时，$s=t+(0.05\sim0.1)$ mm。

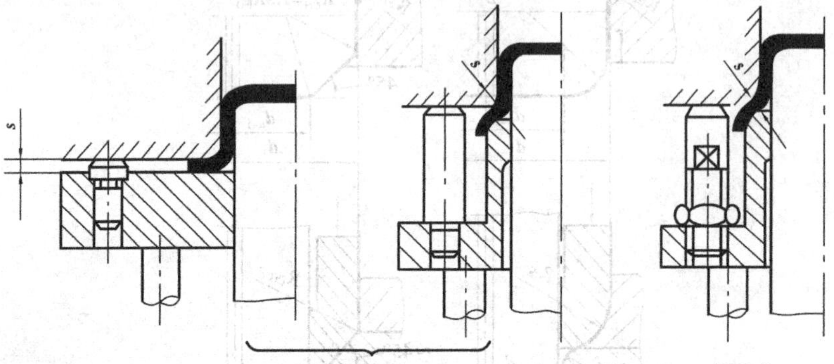

图4.65 带限位装置的压边圈

（4）**刚性压边装置**

刚性压边装置用于双动压力机上，其动作原理如图4.66所示。曲轴1旋转时，首先通过凸轮2带动外滑块3使压边圈6将毛坯压在凹模7上，随后由内滑块4带动凸模5对毛坯进行拉深。拉深过程中，外滑块保持不动，通过调节外滑块下止点的位置来调整压边力的大小，考虑到板料的增厚，间隙 c 略大于料厚 t。刚性压边装置的压边力不随行程变化，压边效果好，模具结构也较简单。

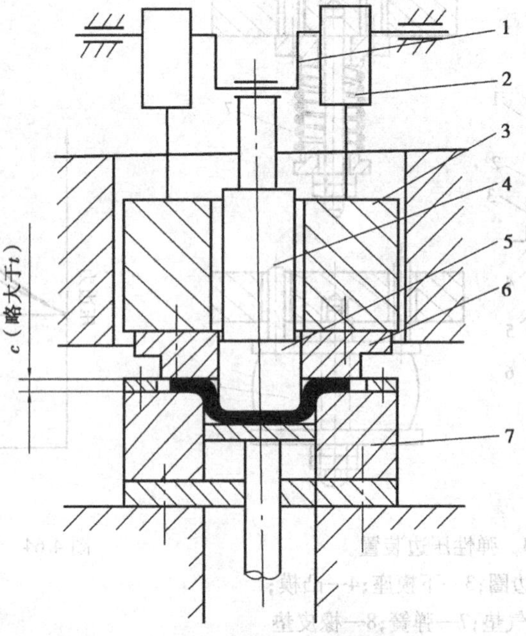

图4.66 双动压力机拉深动作原理

1—曲轴；2—凸轮；3—外滑块；4—内滑块；5—凸模；6—压边圈；7—凹模

4.8　拉深模的典型结构

拉深变形可在一般的单动压力机上进行，也可在双动、三动压力机以及特种设备上进行，拉深变形情况及使用设备的不同，拉深模的结构也不同。

4.8.1　带压边装置的正装拉深模

正装拉深模是指凸模在上、凹模在下的拉深模。如图 4.67 所示，卸料板 16 同时起压边作用。正装拉深模的压边圈及提供压边力的弹性元件装在上模，容易使凸模长度过长。因此，正装拉深模适宜于拉深深度不大的工件。

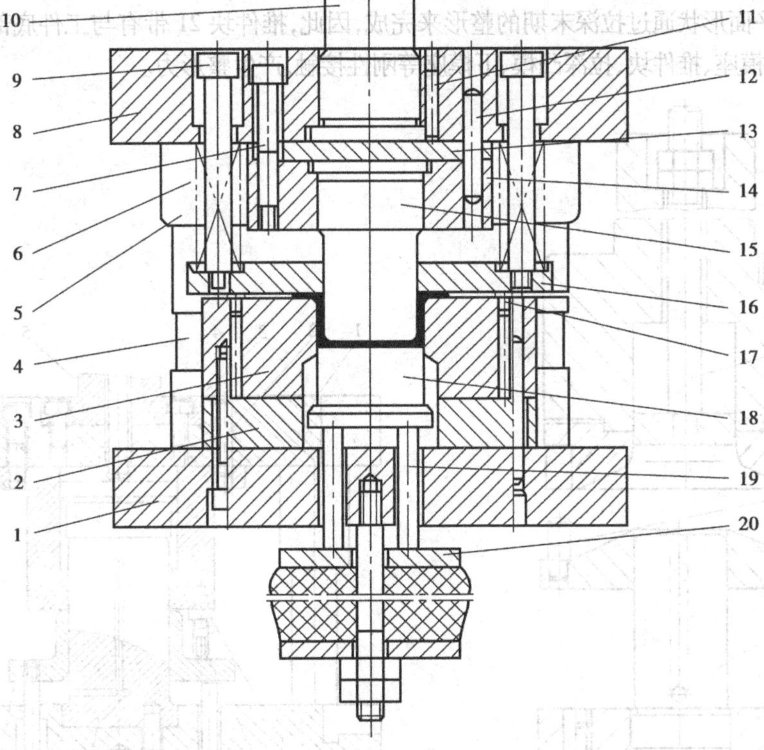

图 4.67　拉深模

1—下模座；2，13—垫板；3—凹模；4—导柱；5—导套；6—弹簧；7—内六角螺钉；8—上模座；9—卸料螺钉；10—模柄；11，12—圆柱销；14—凸模固定板；15—凸模；16—卸料板；17—定位销；18—顶件块；19—顶杆；20—弹顶装置

4.8.2　带压边装置的倒装拉深模

如图 4.68 所示为压边圈装在下模部分的倒装拉深模，由于弹性元件装在下模座下压力机工作台面的孔中，因此空间较大，允许弹性元件有较大的压缩行程，可以拉深深度较大一些的拉深件。这副模具采用了锥形压边圈 4，凹模也为锥形。拉深时，毛坯先被压成锥形，外径已经产生了一定量的收缩，然后再被拉成筒形件。

4.8.3 二次拉深模

如图 4.69 所示为二次拉深模，为了毛坯件的定位，压边圈 12 的形状与尺寸根据毛坯件设计。模具中设置了限位螺栓 17，用来调节凹模 8 与压边圈 12 之间的间隙，以免压边力过大而使材料拉裂。

4.8.4 落料拉深复合模

如图 4.70 所示为一副典型的筒形件落料拉深复合模，拉深出的筒形件由如图 4.69 所示的二次拉深模再次拉深。该复合模为正装复合模结构，上模部分装设的凸凹模 9 起落料凸模和拉深凹模的作用。板料卸料采用弹性卸料板 12，弹簧 2 闭模时被压缩、开模时张开，提供卸料力，设置的卸料螺钉可以防止卸料板被弹飞。

如图 4.71 所示为一副凸缘件落料拉深复合模。该模具也为正装结构，采用刚性卸料板 11 卸料，筒底的非平面形状通过拉深末期的整形来完成，因此，推件块 21 带有与工件底部一致的形状，模具闭合时上模座、推件块、拉深凸模、下模座等刚性接触，产生整形力。

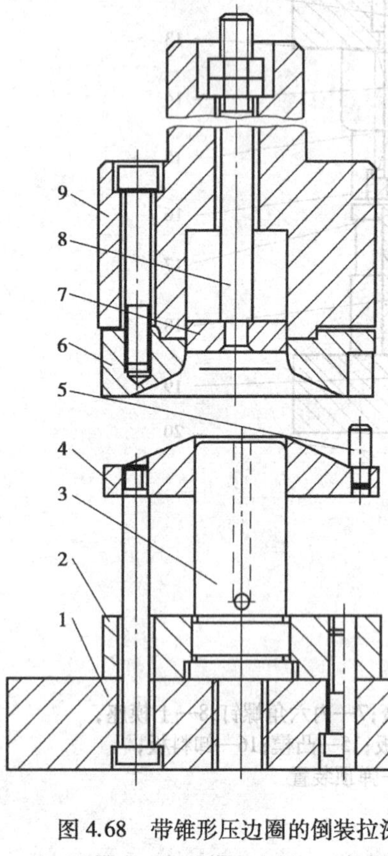

图 4.68 带锥形压边圈的倒装拉深模

1—下模座；2—凸模固定板；3—拉深凸模；4—锥形压边圈；5—限位柱；6—锥形凹模；7—推件板；8—推杆；9—上模座

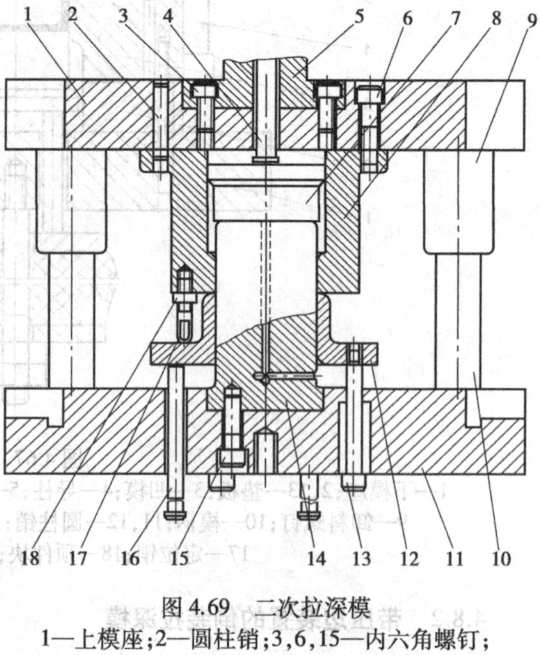

图 4.69 二次拉深模

1—上模座；2—圆柱销；3，6，15—内六角螺钉；4—打杆；5—模柄；7—推件块；8—凹模；9—导套；10—导柱；11—下模座；12—压边圈；13—卸料螺钉；14—凸模；16—顶杆；17—限位螺栓；18—螺母

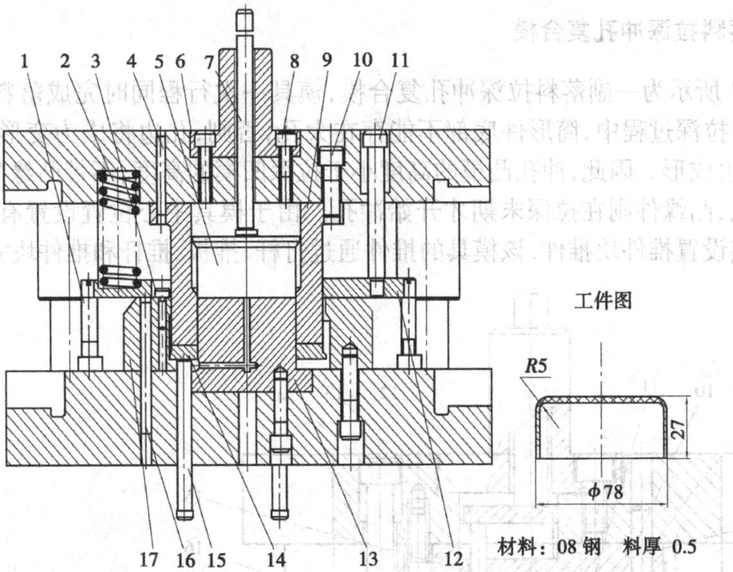

图 4.70　筒形件落料拉深复合模

1—导料螺栓；2—弹簧；3—挡料销；4，16—圆柱销；5—推件块；6—凸缘式模柄；7—推杆；8，10—内六角螺钉；9—凸凹模；11—卸料螺钉；12—卸料板；13—凸模；14—压边圈；15—顶杆；17-凹模

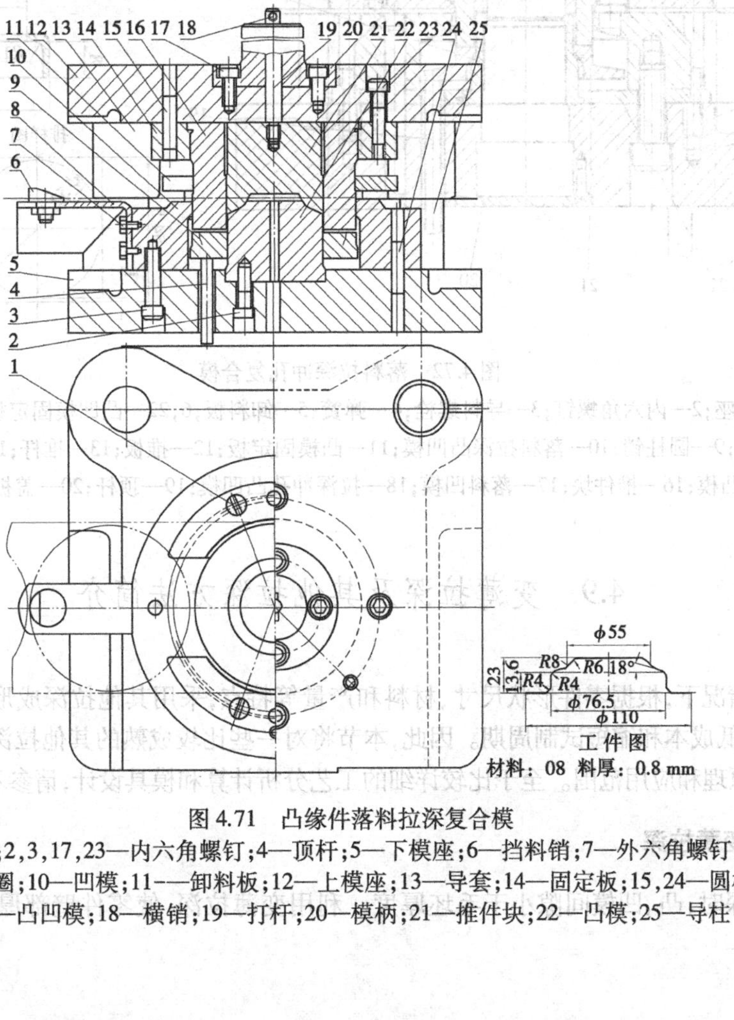

图 4.71　凸缘件落料拉深复合模

1—沉头螺钉；2，3，17，23—内六角螺钉；4—顶杆；5—下模座；6—挡料销；7—外六角螺钉；8—支架；9—压边圈；10—凹模；11-—卸料板；12—上模座；13—导套；14—固定板；15，24—圆柱销；16—凸凹模；18—横销；19—打杆；20—模柄；21—推件块；22—凸模；25—导柱

4.8.5 落料拉深冲孔复合模

如图4.72所示为一副落料拉深冲孔复合模，模具一次行程同时完成落料、拉深和冲孔3个基本工序。拉深过程中，筒形件底部不能存在大孔，否则，孔边将成为变形弱区，孔径将增大，或产生翻边成形。因此，冲孔凸模的高度小于拉深凹模的高度，不带凸缘的筒形件在拉深完成后再冲孔，凸缘件则在拉深末期才开始冲孔。由于模具中心位置设置有冲孔凸模，打杆下面不能直接设置推件块推件，该模具的推件通过打杆、推板、推杆和推件块完成。

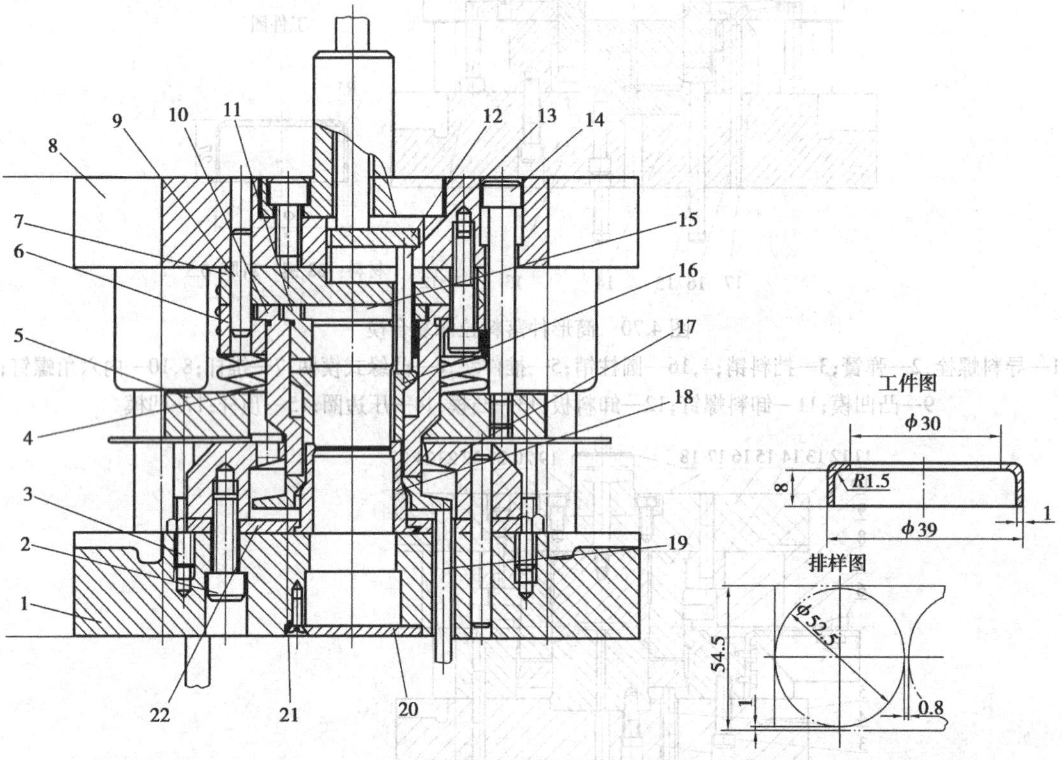

图4.72 落料拉深冲孔复合模

1—下模座；2—内六角螺钉；3—导料螺栓；4—弹簧；5—卸料板；6，22—凸凹模固定板；7—垫板；8—上模座；9—圆柱销；10—落料拉深凸凹模；11—凸模固定板；12—推板；13—推杆；14—卸料螺钉；15—冲孔凸模；16—推件块；17—落料凹模；18—拉深冲孔凸凹模；19—顶杆；20—盖板；21—压边圈

4.9 变薄拉深及其他拉深方法简介

在某些情况下，根据零件形状尺寸、材料和产量等特点，采用其他拉深成形方法，既能保证质量，又可降低成本和缩短试制周期。因此，本节将对一些比较成熟的其他拉深成形方法，简单说明其工作原理和应用范围。至于比较详细的工艺分析计算和模具设计，请参看有关专著。

4.9.1 变薄拉深

变薄拉深时，凸、凹模间隙小于毛坯厚度。利用变薄拉深，使零件壁部厚度小于毛坯，而直径变化较小，可获得薄壁零件。如图 4.73 所示，厚壁零件通过多次变薄拉深，厚度逐次变薄，高度逐次增高，内、外半径也逐次稍微减小，而底部厚度基本不变。

如图 4.74 所示表示出了变薄拉深变形区的应力应变状态，其模具间隙小于板料厚度，σ_1 是因凸模拉力而产生的轴向拉应力，σ_2 和 σ_3 分别为径向和切向压应力，在两向压应力和一向拉应力的作用下，变形区材料产生了轴向拉应变 ε_1 和径向压应变 ε_2。

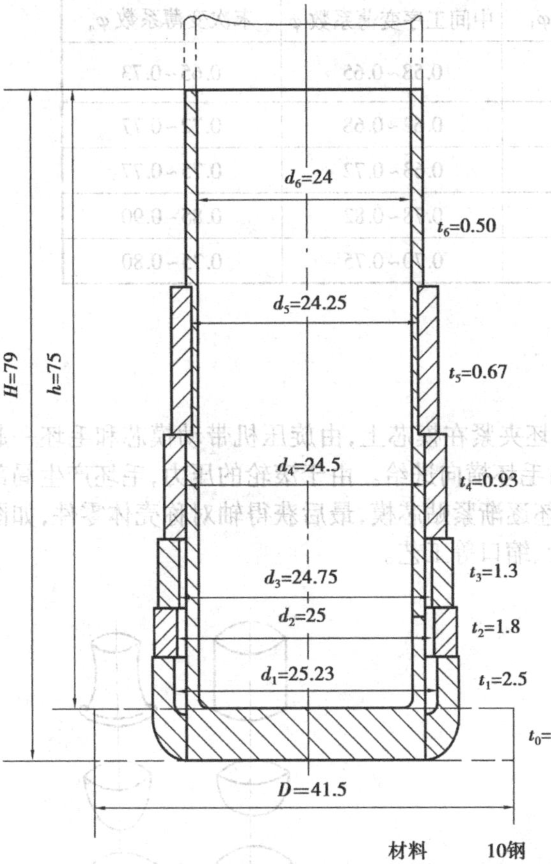

图 4.73 变薄拉深过程示意

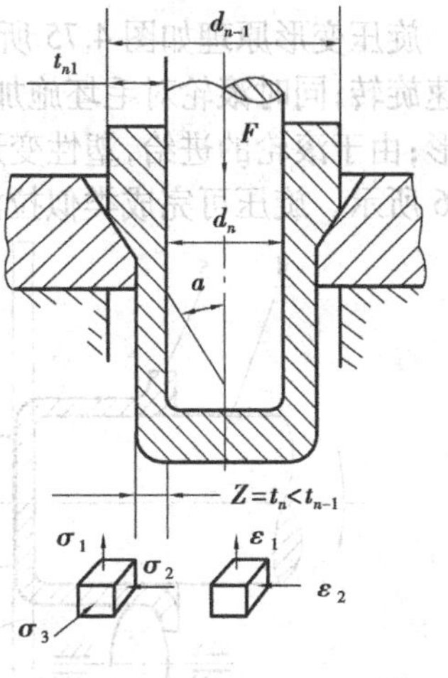

图 4.74 变薄拉深的应力应变状态

与普通拉深相比，变薄拉深具有的特点如下：

①变形区的材料塑性变形强烈，金属晶粒变细，加工硬化大，强度增加。

②塑性变形后形成的表面粗糙度小，Ra 可达 0.2 μm 以下。

③拉深过程中，板料与模具之间，特别是与凹模之间，摩擦严重，对模具材质及润滑要求高。

变薄拉深的毛坯尺寸，按变形前后体积不变的原则计算确定。考虑修边余量和退火烧损系数 $K(K=1.15\sim1.20)$ 后，毛坯直径 D、毛坯厚度 t_0 与工件体积的关系为

$$D = 1.13\sqrt{K \times \frac{V}{t_0}}$$

变薄拉深时坯料的变形程度用变薄系数 φ 表示，φ 为拉深后的工件截面积与拉深前毛坯截面积的比值，若拉深后工件的内径不变，可用前后两道工序壁厚 t_n 和 t_{n-1} 的比值来近似表示，即

$$\varphi_n = \frac{t_n}{t_{n-1}}$$

常用材料的极限变薄系数见表4.26。变薄拉深工艺设计时，变薄系数 φ 必须大于极限变薄系数。

表4.26 变薄系数的极限值

材　料	首次变薄系数 φ_1	中间工序变薄系数 φ	末次变薄系数 φ_n
铜、黄铜$_{H80}^{H68}$	0.45~0.55	0.58~0.65	0.65~0.73
铝	0.50~0.60	0.62~0.68	0.72~0.77
低碳钢、拉深钢板	0.53~0.63	0.63~0.72	0.75~0.77
中碳钢	0.70~0.75	0.78~0.82	0.85~0.90
不锈钢	0.65~0.70	0.70~0.75	0.75~0.80

4.9.2 旋压成形

旋压变形原理如图4.75所示，将板料毛坯夹紧在模芯上，由旋压机带动模芯和毛坯一起高速旋转；同时滚轮对毛坯施加压力，并相对毛坯横向进给。由于滚轮的压力，毛坯产生局部变形；由于滚轮的进给，塑性变形区扩展，毛坯逐渐紧贴芯模，最后获得轴对称壳体零件，如图4.76所示。旋压可完成类似拉深、翻边、凸肚、缩口等工艺。

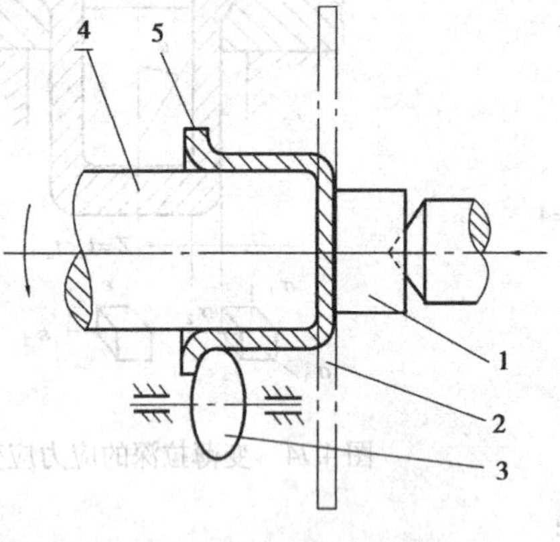

图4.75 旋压变形原理示意

1—顶板；2—毛坯；3—滚轮；4—芯模；5—工件

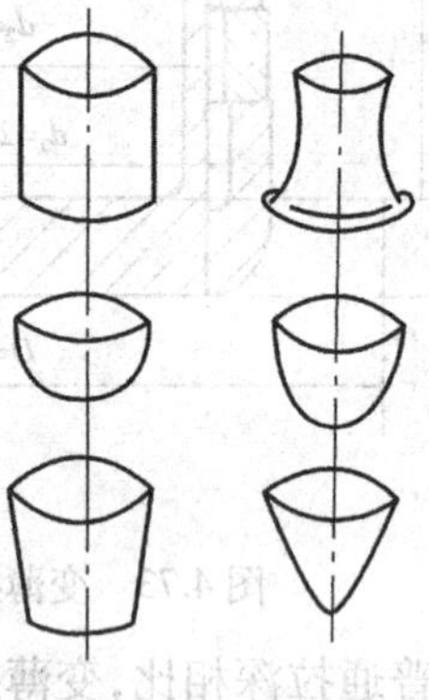

图4.76 旋压件举例

旋压模具简单，且为局部变形，可用吨位较小的设备加工大型零件。但是，旋压生产率低，操作较难，劳动强度大，限制了它的应用，多用于加工批量小而形状复杂的零件。

合理选用旋压主轴的转速、旋压件的过渡形状以及滚轮施加的压力大小，是工艺设计的关键。主轴转速如果太低，坯料会不稳定；转速太高，材料与滚轮接触太频繁，容易过度辗薄。合理的转速可根据毛坯材料的性能、厚度以及芯模的直径确定，软钢一般为400~800 r/min，铝为800~1200 r/min。毛坯直径较大、厚度较薄时取小值；反之，取大值。旋压时滚轮施加的压力由操作者凭经验控制，所加压力不能太大，否则易起皱；同时着力点必须逐渐转移，使变形均匀。

旋压成形虽然是局部成形，但材料的变形量过大，也会起皱，甚至破裂。因此，变形量较大的工件，常需要多次旋压成形。对于圆筒形旋压件，其一次旋压成形的许用变形量为

$$\frac{d}{D} \geqslant 0.6 \sim 0.8$$

式中　d——工件直径；

D——毛坯直径；

0.6~0.8——旋压系数，毛坯厚度大时取小值，反之取大值。

因此，多次旋压成形时必须选用合理的过渡形状，先从靠近芯模底部的圆角半径开始，由内向外赶辗，逐渐使毛坯变形为浅锥形，再由浅锥形成为深锥形，最后成为圆筒形，如图 4.77 所示。

如由圆锥形过渡到圆筒形，则第一次成形时圆锥许用变形量为

$$\frac{d_{\min}}{D} \geqslant 0.2 \sim 0.3$$

式中　$d_{\min}$——圆锥最小直径；

D——毛坯直径。

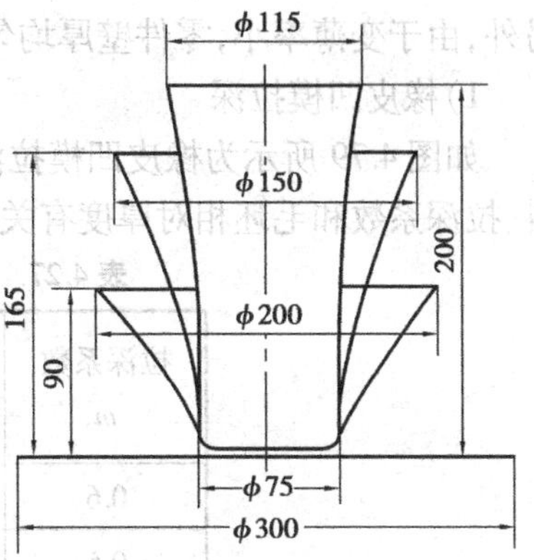

图 4.77　旋压时形状的过渡

旋压件的毛坯尺寸计算也按照等面积法，但由于旋压过程中毛坯稍有变薄，实际毛坯直径可比理论计算直径小 5%~7%。

4.9.3　软模拉深

用橡胶、液体或气体的压力代替刚性凸模或凹模，对板材进行拉深成形的方法叫做软模拉深。用软模可进行拉深成形，还可弯曲、翻边、胀形和冲裁。由于该法使模具简单和通用化，故在小批生产中获得广泛应用。

(1)软凸模拉深

如图 4.78 所示，用高压液体代替金属凸模，在液压作用下，平板毛坯中部产生胀形。当压力继续增大，毛坯法兰产生拉深变形，板材逐渐进入凹模，形成筒壁。

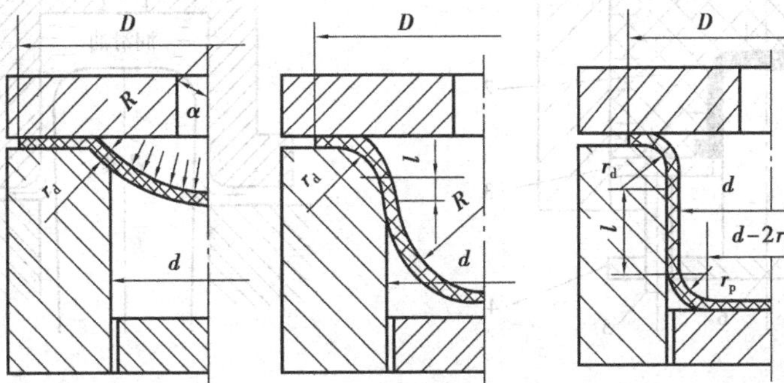

图 4.78　液体凸模拉深变形过程

用液体凸模拉深时，由于液体与板材之间无摩擦力，毛坯中部易产生胀形变薄，且毛坯容易偏斜。但模具结构简单，甚至只需提供压力足够大的液体，就能实现拉深，而不需要冲压设备，因此，常用于大尺寸零件的小批量生产。

此外,也有采用聚氨酯凸模进行拉深,但仅适用于浅拉深件成形。

(2)软凹模拉深

用橡胶或高压液体代替金属凹模,拉深时软凹模将板材压紧在凸模上,增加了凸模与板材间的摩擦力,可以防止毛坯变薄拉裂。同时,减少了毛坯与凹模之间的滑动和摩擦,可降低径向拉应力。因此,软凹模拉深能显著降低极限拉深系数,使极限拉深系数减至0.4~0.45。另外,由于变薄率小,零件壁厚均匀,尺寸精确,表面光洁度好。

1)橡皮凹模拉深

如图4.79所示为橡皮凹模拉深,也可用聚氨酯代替橡皮。所需橡皮的单位压力与工件材料、拉深系数和毛坯相对厚度有关,硬铝拉深可用表4.27中数值。

表4.27　硬铝拉深时橡皮的最大单位压力/MPa

拉深系数 m	毛坯相对厚度$\frac{t}{D}$/%			
	1.3	1.0	0.66	0.4
0.6	26	28	32	36
0.5	28	30	34	38
0.4	30	32	35	40

2)强制润滑拉深

如图4.80所示为强制润滑拉深,拉深时,高压润滑剂使板材紧贴凸模成形,并且润滑剂在凹模与毛坯表面之间被挤出,产生强制润滑。采用本法可显著提高极限变形程度,如厚度为0.5~1.2 mm的08,08F钢板,极限拉深系数减至0.34~0.37。

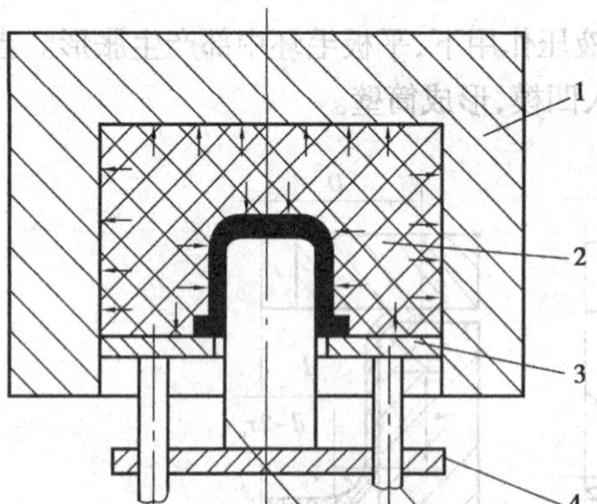

图4.79　橡皮凹模拉深

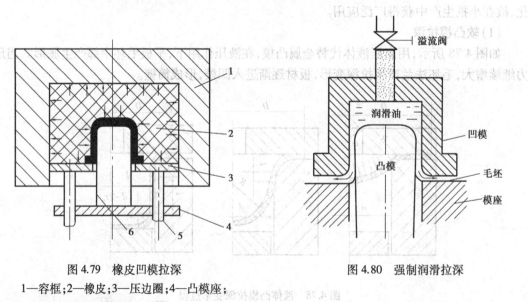

1—容框;2—橡皮;3—压边圈;4—凸模座;5—顶杆;6—凸模

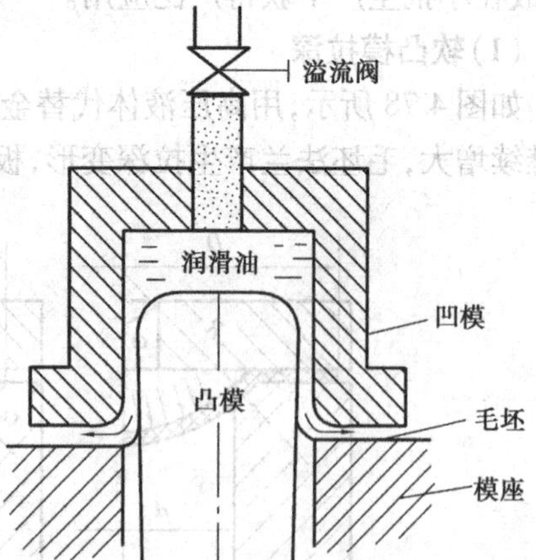

图4.80　强制润滑拉深

3)橡皮液囊凹模拉深

橡皮液囊凹模拉深过程如图4.81所示。在专用设备上装有橡皮液囊充当凹模,同时采用刚性凸模和压边圈,液体压力可根据工件形状、材质和变形程度调节。

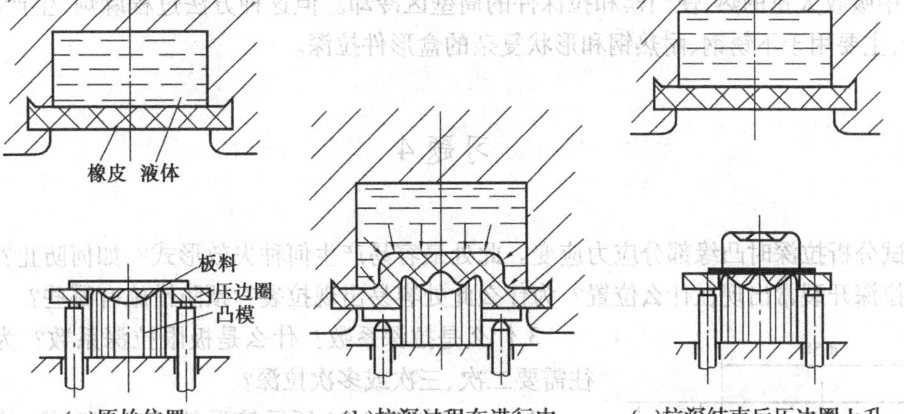

(a)原始位置　(b)拉深过程在进行中　(c)拉深结束后压边圈上升、推出工件

图4.81　橡皮液囊凹模拉深过程

4.9.4　差温拉深

圆筒件拉深时,为了增大拉深变形程度,产生塑性变形的凸缘区应该有较小的变形抗力和较好的塑性,筒壁传力区则应该有较高的强度,以传递较大的拉深力。差温拉深的原理就是使凸缘区的温度高于筒壁区,以减小拉深系数,使用的方法有局部加热拉深和局部冷却拉深两种。

如图4.82所示为局部加热拉深法,将压边圈与凹模平面之间的毛坯加热到一定温度,使毛坯的变形抗力降低,从而减小拉深时的径向拉应力。同时凸模中心通水冷却,毛坯筒壁部分的温度仍然较低,其强度仍然较高,传力能力保持不变。采用这种方法,可使极限拉深系数减至0.3~0.35,一次拉深可代替2~3次普通拉深。

由于受到模具钢耐热温度的限制,此法主要用于铝、镁、钛等轻合金零件的拉深。毛坯局部加热温度:铝合金为310~340 ℃,黄铜(H62)为480~500 ℃,镁合金为300~350 ℃。

如图4.83所示为局部冷却拉深法,将毛坯筒壁传力区局部冷却到-170~-160 ℃。此时,低碳钢强度可提高到原来的2倍,18-8型不锈钢强度可提高到原来的2~3倍,显著提高了筒壁的承载能力,凸缘变形区的变形抗力基本不变,极限拉深系数可减至0.35。

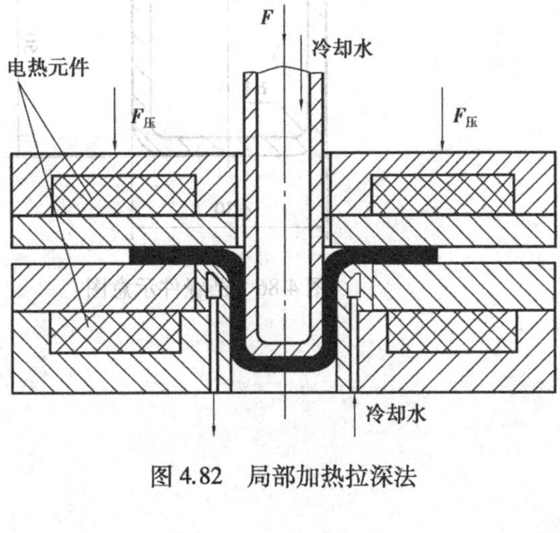

图4.82　局部加热拉深法

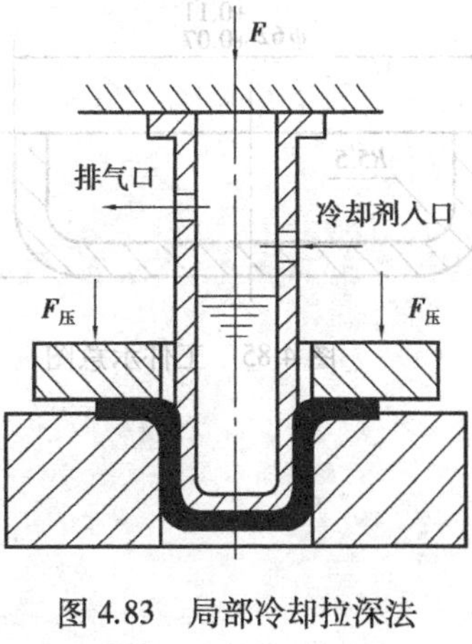

图4.83　局部冷却拉深法

此方法是在空心凸模内输入汽化温度为-170～-160 ℃的液态氮或液态空气，它们在汽化过程中吸收大量的热，使凸模和拉深件的筒壁区冷却。但这种方法过程麻烦，生产率低，应用较少，主要用于不锈钢、耐热钢和形状复杂的盒形件拉深。

习题 4

1.试分析拉深时凸缘部分应力应变。此处最容易产生何种失效形式？如何防止？

2.拉深开裂常出现在什么位置？为什么此处容易出现拉裂？预防措施有哪些？

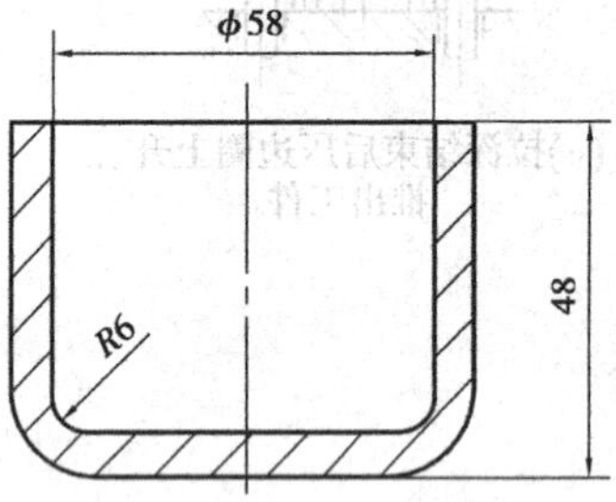

图 4.84　筒形件示意图

3.什么是拉深系数？什么是极限拉深系数？为什么往往需要二次、三次或多次拉深？

4.试确定如图 4.84 所示筒形件的毛坯直径、拉深次数及半成品尺寸，材料为 08 钢，厚度 1.0 mm。

5.深拉深时，为什么要校核压力机电机功率？怎样校核？

6.凸模和凹模圆角半径如何计算？试计算如图 4.85 所示工件拉深模工作部分尺寸，材料为 10 钢，材料厚度为 3 mm。

7.拉深模具中不设置压边圈的条件是什么？压边圈有哪些类型和结构形式？

8.简述凸缘件的拉深特点。试确定如图 4.86 所示工件的拉深次数、各工序件尺寸，材料为 08 钢，材料厚度为 1 mm。

9.盒形件拉深变形有什么特点？低盒形件、高方形件、高矩形件拉深各采用什么形状的毛坯？中间工序件是什么形状？采用什么参数确定其拉深次数？

10.拉深阶梯形件、半球形和抛物线形件、锥形件，其拉深工艺有什么特点？

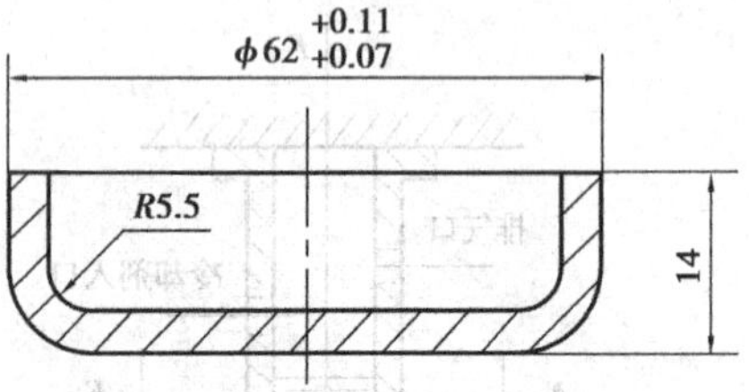

图 4.85　工件示意图

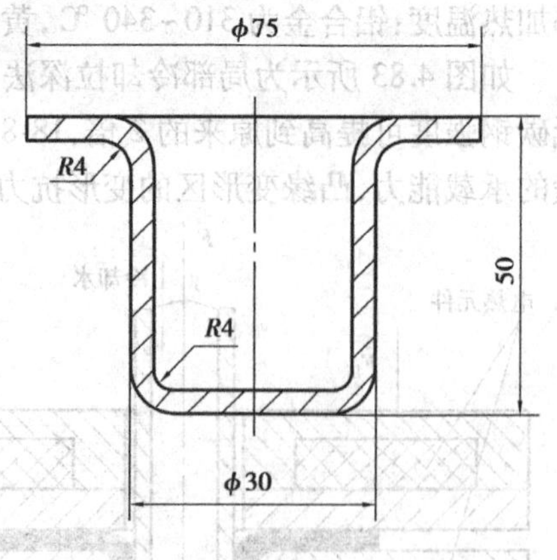

图 4.86　凸缘件示意图

第 5 章 其他冲压方法及大型覆盖件成形

冲压生产中，除冲裁、弯曲、拉深等工序外，还有翻边、胀形、起伏、缩口和校形等冲压方法。采用局部变形来改变毛坯（或由冲裁、弯曲、拉深等方法制得的半成品）的形状和尺寸，这类冲压工序称为成形；或者说，除弯曲和拉深以外的使板料产生塑性变形的其他冲压工序，都可称为成形。本章主要介绍翻边、缩口、胀形、起伏及校形等成形方法。对于大型覆盖件而言，成形时通常需要同时采用多种类型的成形方法，本章也将介绍大型覆盖件的成形工艺特点。

5.1 翻 边

翻边是利用模具将制件的孔边缘，或外边缘，翻出竖立或一定角度的直边，如图 5.1 所示，它是常用的冲压工序之一。根据制件边缘的性质，翻边可分为内孔翻边（见图 5.1(a)）和外缘翻边（见图 5.1(b)）。其中，外缘翻边又分为外凸的外缘翻边（见图 5.1(b) 下图）和内凹的外缘翻边（见图 5.1(b) 上图）两种。根据竖边壁厚的变化情况，可分为不变薄翻边（统称翻边）和变薄翻边两种。根据应力状态和变形特点，又可分为伸长类翻边和压缩类翻边。伸长类翻边的特点是变形区材料切向受拉应力作用而伸长，厚度减薄，易发生破裂；压缩类翻边的特点是变形区材料切向受压应力作用，产生压缩变形，厚度增厚，易起皱。

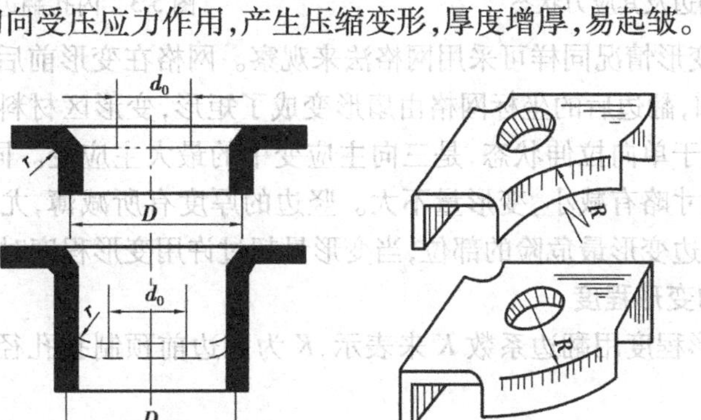

(a) 内孔翻边　　(b) 外缘翻边

图 5.1 翻边件示意图

5.1.1 内孔翻边

(1)内孔翻边的变形特点

内孔翻边过程及应力状态如图 5.2 所示。翻边前毛坯上的预制孔孔径为 d_0，翻边后的孔径为 D，变形区是 d_0 与 D 之间的环形部分。当凸模下行时，d_0 不断扩大，变形区的材料向侧边转移，最后使平面环形变成竖立直边。变形区的毛坯受切向拉应力 σ_θ 和径向拉应力 σ_r 作用。切向拉应力 σ_θ 是最大主应力；径向拉应力 σ_r 是由毛坯与模具之间的摩擦产生的，其值较小。在整个变形区内，应力、应变的大小是变化的，孔的边缘处于单向切向拉应力状态，且此处的切向拉应力值最大。

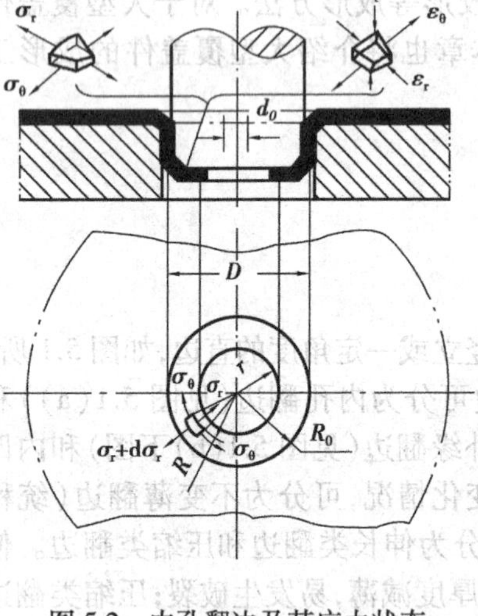

图 5.2 内孔翻边及其应力状态

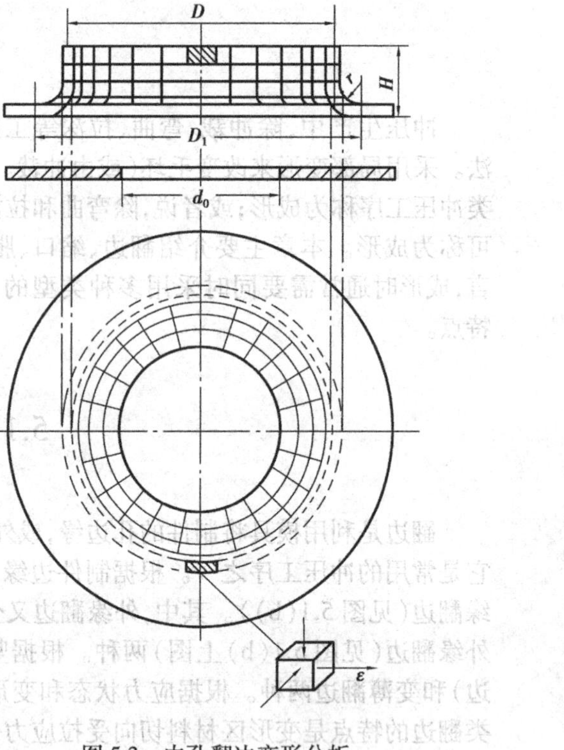

图 5.3 内孔翻边变形分析

内孔翻边时的变形情况同样可采用网格法来观察。网格在变形前后的变化情况如图 5.3 所示。由图 5.3 可知，翻边后的坐标网格由扇形变成了矩形，变形区材料沿切向伸长，越靠近孔口伸长越大，接近于单向拉伸状态，是三向主应变中的最大主应变。同心圆之间的距离变化不明显，即径向尺寸略有减小，变形量不大。竖边的厚度有所减薄，尤其在孔口处，减薄更加严重，成为内孔翻边变形最危险的部位，当变形量超过许用变形程度时，此处就会开裂。

(2)内孔翻边的变形程度

内孔翻边的变形程度用翻边系数 K 来表示，K 为翻边前预制孔孔径 d_0 与翻边后孔径 D 的比值，即

$$K = \frac{d_0}{D}$$

显然,K 值越小,d_0 与 D 的差异越大,翻边变形程度越大。翻边时孔边不破裂所能达到的最大变形程度,即为许可的最小 K 值,称为极限翻边系数,以 K_{min} 表示。几种常用材料的极限翻边系数见表5.1。

表5.1　几种常用材料的极限翻边系数

材料名称		翻边系数 K	翻边系数 K_{min}
白铁皮		0.70	0.65
软钢(t=0.25~2 mm)		0.72	0.68
软钢(t=2~4 mm)		0.78	0.75
黄铜 H62(t=0.5~4 mm)		0.68	0.62
铝(t=0.5~5 mm)		0.70	0.64
硬铝合金		0.89	0.80
钛合金	TA1(冷态)	0.64~0.68	0.55
钛合金	TA5(冷态)	0.85~0.90	0.75

表5.2所列的是低碳钢圆孔翻边的极限翻边系数。从表5.2中的数值可知,材料的性能、翻边的凸模形式、孔的加工方法以及材料的相对厚度均会影响材料极限翻边系数。

表5.2　低碳钢圆孔翻边的极限翻边系数

凸模形式	孔的加工方法	比值 d_0/t 100	50	35	20	15	10	8	6.5	5	3	1
球　形	钻孔去毛刺	0.70	0.60	0.52	0.45	0.40	0.36	0.33	0.31	0.30	0.25	0.20
球　形	冲孔	0.75	0.65	0.57	0.52	0.48	0.45	0.44	0.43	0.42	0.42	—
圆柱形平底	钻孔去毛刺	0.80	0.70	0.60	0.50	0.45	0.42	0.40	0.37	0.35	0.30	0.25
圆柱形平底	冲孔	0.85	0.75	0.65	0.60	0.55	0.52	0.50	0.50	0.48	0.47	—

1)材料的力学性能

材料的伸长率 δ 越大,极限翻边系数越小。内孔翻边时,孔口边缘产生的拉应变为

$$\delta = \frac{\pi D - \pi d_0}{\pi d_0} = \frac{D}{d_0} - 1 = \frac{1}{K} - 1$$

即

$$K = \frac{1}{1 + \delta}$$

由此可知,当材料的塑性较好时,内孔翻边的极限翻边系数 K_{min} 便可小些。

2)孔的边缘状况

预制孔的孔边表面质量越高,存在的加工硬化、裂纹、毛刺等缺陷越少,翻边时出现开裂的可能性越小,极限翻边系数也越小。因此,为了提高变形程度,常常先钻孔再翻边,或对冲孔的边缘整修后再翻边。

3)材料的厚度

翻边前的孔径 d_0 和材料厚度 t 的比值 d_0/t 越小,材料厚度相对较大,断裂前材料的绝对伸长越大。因此,较厚材料的极限翻边系数可以小些。

4)凸模的形状

常用的翻边凸模头部形状有球形、抛物线形或锥形和平底,如图 5.4 所示。球形、抛物线形或锥形凸模翻边时,孔边圆滑地逐渐张开,对翻边有利,故极限翻边系数较小。

5)翻边孔的形状

内孔翻边可分为圆孔翻边和非圆孔翻边。如图 5.5 所示的非圆孔,可沿孔边分为 8 段。其中 2,4,6,7 和 8 段的变形性质属于圆孔翻边;1 和 5 段为直边,可看作为简单弯曲;而圆弧段 3 则和拉深情况相似。由于相邻部分的影响,类似圆孔翻边的圆角部分许可的翻边系数 K' 比相应的圆孔翻边系数小,一般可取

$$K' = (0.85 \sim 0.95)K_{min}$$

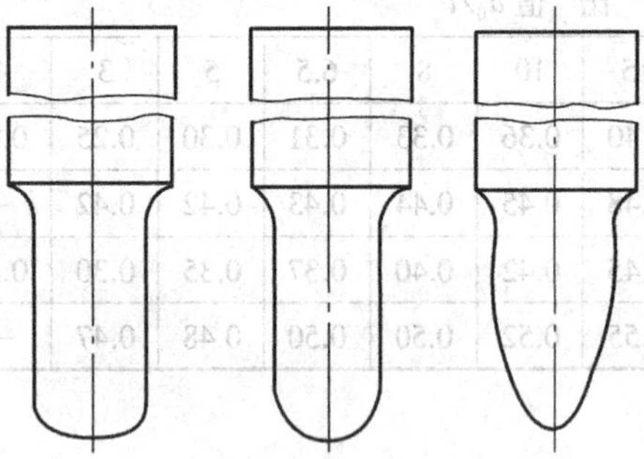

图 5.4 常用凸模头部形状

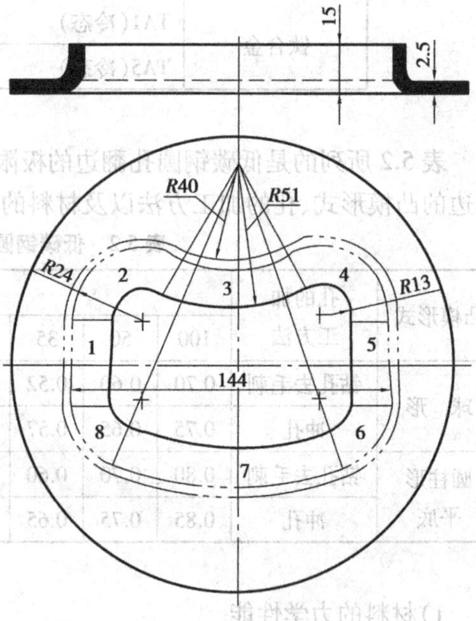

图 5.5 非圆孔的翻边

(3)圆孔翻边的工艺计算

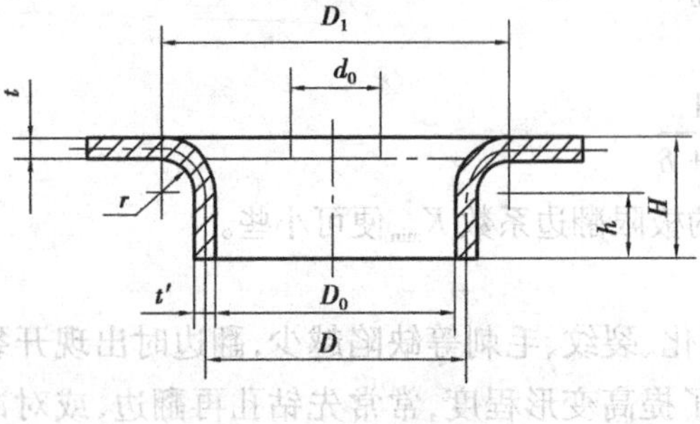

图 5.6 平板毛坯翻边

圆孔翻边的工艺计算有两个主要内容:一是根据制件的尺寸 D 计算出预冲孔直径 d_0;二是根据极限翻边系数校核一次翻边可能达到的翻边高度。

如图 5.6 所示的平板毛坯翻边,其预冲孔直径 d_0 可近似地按弯曲展开,即

$$\frac{D_1 - d_0}{2} = \frac{\pi}{2}\left(r + \frac{t}{2}\right) + h$$

将 $D_1=D+t+2r$ 和 $h=H-r-t$ 代入上式，化简后得到预制孔直径 d_0，即

$$d_0 = D - 2(H - 0.43r - 0.72t)$$

一次翻边的极限高度计算公式推导为

$$H = \frac{D - d_0}{2} + 0.43r + 0.72t = \frac{D}{2}\left(1 - \frac{d_0}{D}\right) + 0.43r + 0.72t$$

式中，$\frac{d_0}{D}$为翻边系数 K，若将 $K_{\min}$ 代入上式，则可得到一次翻边的最大高度，即

$$H_{\max} = \frac{D}{2}(1 - K_{\min}) + 0.43r + 0.72t$$

比较工件要求的翻边高度，当采用平板毛坯不能直接翻出所要求的高度 H 时，可采用加热翻边、多次翻边，或采用拉深、冲底孔、翻边的多工序成形。另外，翻边高度也不能过小，包括圆弧在内，一般要求 $H \geqslant 1.5r$，否则翻边后回弹严重，直径和高度尺寸误差大。若$H<1.5r$，可先增加翻边高度，然后再切除。

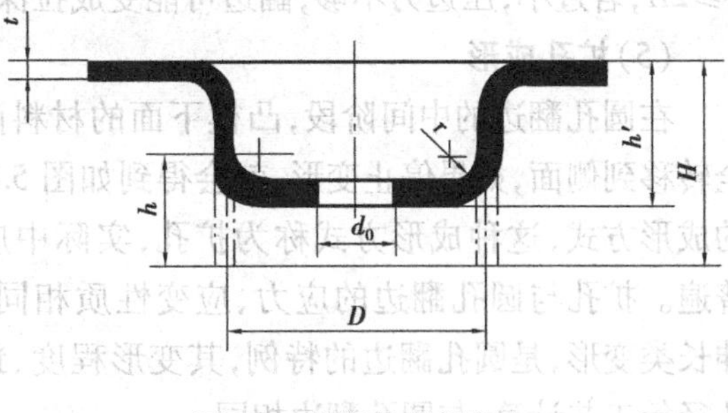

图 5.7　拉深件底部翻边

采用拉深、冲底孔、翻边的多工序成形时（见图 5.7）应先确定翻边所能达到的最大高度 $h_{\max}$，然后根据 $h_{\max}$ 及工件高度 H 来确定拉深高度 h'。

因为翻边高度 h 可根据几何关系计算为

$$h = \frac{D - d_0}{2} - \left(r + \frac{t}{2}\right) + \frac{\pi}{2}\left(r + \frac{t}{2}\right) \approx \frac{D}{2}\left(1 - \frac{d_0}{D}\right) + 0.57\left(r + \frac{t}{2}\right)$$

所以将 $K_{\min}$ 代替上式中的$\frac{d_0}{D}$，翻边的最大高度 $h_{\max}$ 为

$$h_{\max} = \frac{D}{2}(1 - K_{\min}) + 0.57\left(r + \frac{t}{2}\right)$$

此时，预制孔直径为

$$d_0 = K_{\min} \times D$$

或

$$d_0 = D + 1.14\left(r + \frac{t}{2}\right) - 2h_{\max}$$

因此，预拉深件的拉深高度 h' 为

$$h' = H - h_{\max} + r + t$$

翻边时，竖边口部变薄现象较为严重，其近似厚度计算公式为

$$t' = t\sqrt{\frac{d_0}{D}}$$

(4)**翻边力的计算**

采用圆柱形平底凸模时，翻边力 $F(N)$ 可计算为

$$F=1.1\pi(D-d_0)t\sigma_s$$

式中 D——按中线计算的翻边后直径,mm;

d_0——翻边预冲孔直径,mm;

t——材料厚度,mm;

σ_s——材料的屈服强度,MPa。

平底凸模底部圆角半径对翻边力有影响,增大凸模底部圆角半径可降低翻边力。采用球形凸模翻边,翻边力可比小圆角圆柱凸模的翻边力降低约50%。无预制孔的翻边力比有预制孔的翻边力大1.33~1.75倍。

翻边时的压边力要足够大,以保证凸缘部位的材料不进入凹模,翻边力的计算尚无统一公式,但必须大于拉深时的压边力。为了保证足够的压边面积,翻边件凸缘最小宽度应$B\geqslant 2H$,若过小,压边力不够,翻边可能变成拉深。

(5)**扩孔成形**

在圆孔翻边的中间阶段,凸模下面的材料尚未完全转移到侧面,如果停止变形,就会得到如图5.8所示的成形方式,这种成形方式称为扩孔,实际中应用较普遍。扩孔与圆孔翻边的应力、应变性质相同,属于伸长类变形,是圆孔翻边的特例,其变形程度、预制孔孔径等工艺计算,与圆孔翻边相同。

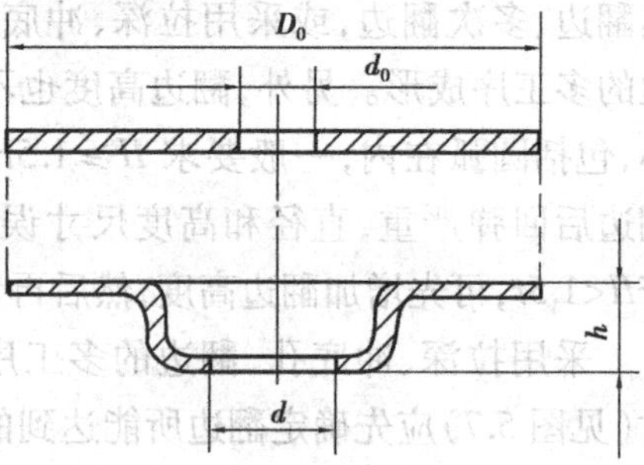

图5.8 扩孔成形

5.1.2 外缘翻边

外缘翻边是利用模具将毛坯的外边缘翻成竖边的冲压工序。外缘翻边可分为外曲的外缘翻边和内曲的外缘翻边。

(1)**外曲翻边**

如图5.9所示,应力应变状态相似于浅拉深,变形区主要为切向受压,产生较大的压缩变形,导致材料厚度有所增大,容易出现起皱。

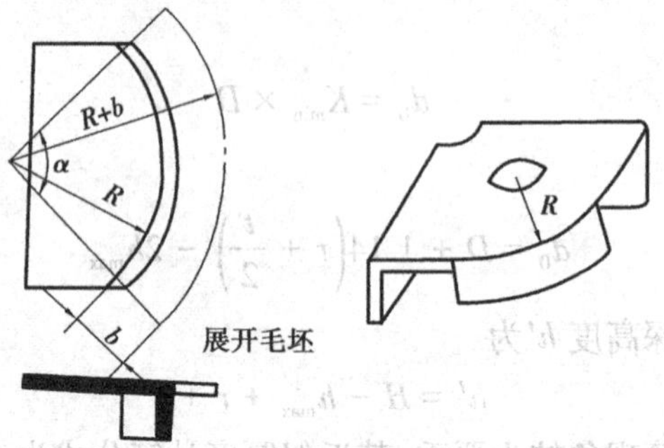

图5.9 外曲翻边示意图

外曲翻边的变形程度 ε_p 为

$$\varepsilon_p=\frac{b}{R+b}$$

式中，毛坯展开半径$(R+b)$按照筒形件拉深的毛坯直径计算公式计算。

由于外曲翻边容易起皱，其成形极限主要受压缩起皱的限制，表 5.3 列出了外曲翻边允许的极限变形程度，当翻边高度较大时，起皱趋势增大，应采用压边装置。

表 5.3　外缘翻边允许的极限变形程度

材料名称及牌号	ε_p/%		ε_d/%		材料名称及牌号	ε_p/%		ε_d/%	
	橡皮成形	模具成形	橡皮成形	模具成形		橡皮成形	模具成形	橡皮成形	模具成形
铝合金					黄铜				
1035M	25	30	6	40	H62 软	30	40	8	45
$1035Y_1$	5	8	3	12	H62 半硬	10	14	4	16
3A21M	23	30	6	40	H68 软	35	45	8	55
3A21Y	5	8	3	12	H68 半硬	10	14	4	16
铝合金					钢				
3A02M	20	25	6	35	10	—	38	—	10
$3A03Y_1$	5	8	3	12	20	—	22	—	10
2A12M	14	20	6	30	1Cr18Ni9 软	—	15	—	10
2A12Y	6	8	0.5	9	1Cr18Ni9 硬	—	40	—	10
2A11M	14	20	4	30	2Cr18Ni9	—	40	—	10
2A11Y	5	6	0	0					

(2) **内曲翻边**

如图 5.10 所示，应力应变状态相似于圆孔翻边，变形区主要为切向受拉，产生拉伸变形，导致材料厚度有所减小，边缘容易拉裂。

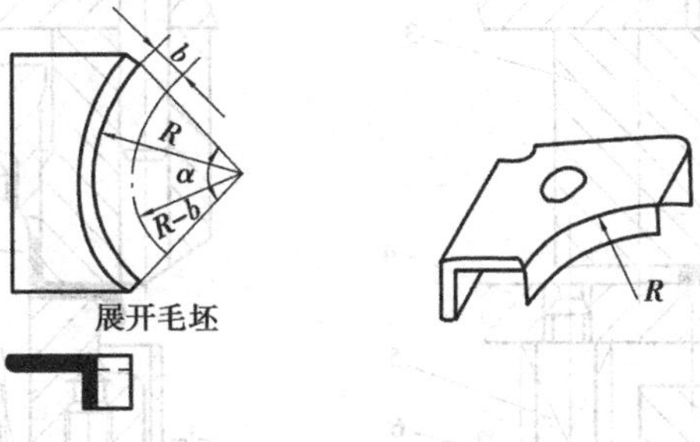

图 5.10　内曲翻边示意图

内曲翻边的变形程度 ε_d 为

$$\varepsilon_d = \frac{b}{R-b}$$

式中，毛坯展开半径$(R-b)$按照内孔翻边的预制孔直径计算公式计算。

由于内曲翻边容易拉裂，其成形极限受到了拉裂的限制，内曲翻边允许的极限变形程度见表 5.3。

外缘翻边可看作带有压边的单边弯曲，翻边力 F(N)可计算为

$$F \approx 1.25KLt\sigma_b$$

式中 L——弯曲线长度,mm;

t——毛坯厚度,mm;

σ_b——材料的抗拉强度,MPa;

K——系数,取0.2~0.3。

5.1.3 翻边模的结构

翻边模具结构与拉深模相似,只是翻边模的凸模圆角半径相对较大,或制成球形、抛物线形,这样有利于翻边变形。平底凸模的最小圆角半径如下:

当 $t \leqslant 2$ mm 时,$r_凸=(4\sim5)t$;

当 $t>2$ mm 时,$r_凸=(2\sim3)t$。

翻边模凹模圆角半径一般对翻边成形影响不大,可取等于工件的圆角半径。

如果对翻边后的工件形状和尺寸无特殊要求,翻边凸模和凹模间的单边间隙 Z 可等于或稍大于毛坯厚度,以降低翻边力;若要求翻边件孔壁与端面垂直,单边间隙 Z 小于料厚,一般为

$$Z = 0.85 \times t$$

如图5.11所示为内孔翻边模示意图,采用球形凸模,利于材料流动;通过压边圈4施加足够大的压边力,使毛坯凸缘材料不产生流动;推件块11由弹簧12提供推件力,也可设置打杆来直接产生推件力;毛坯定位可采用定位板,也可通过预制孔直接定位,如图5.12所示。

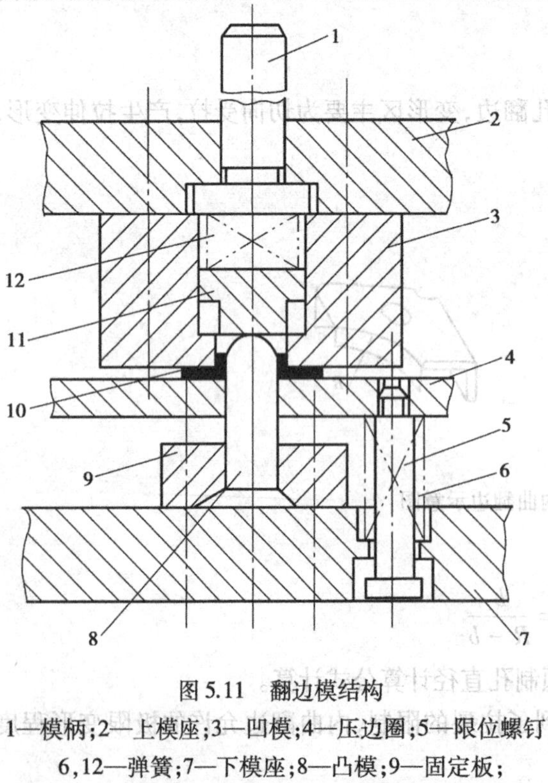

图5.11 翻边模结构

1—模柄;2—上模座;3—凹模;4—压边圈;5—限位螺钉;
6,12—弹簧;7—下模座;8—凸模;9—固定板;
10—翻边件;11—推件块

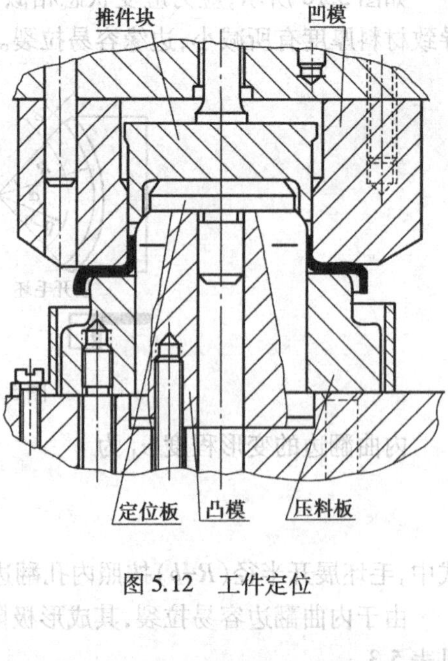

图5.12 工件定位

如图 5.13 所示为内外缘同时翻边示意图，内孔翻边凸模、外缘翻边凹模布置在下模，由毛坯上的预制孔定位，压边圈同时起顶件作用。如图 5.14 所示为落料冲孔翻边复合模结构示意图，预制孔冲孔与翻边复合时，必须注意凸凹模的壁厚，受极限翻边系数的限制，预制孔直径 d_0 与翻边件筒壁直径 D 的差异不是很大，导致凸凹模的内孔与外缘直径差异较小，其壁厚也就不大。小型工件的冲孔翻边复合模设计时，尤其应该进行相应的验算。

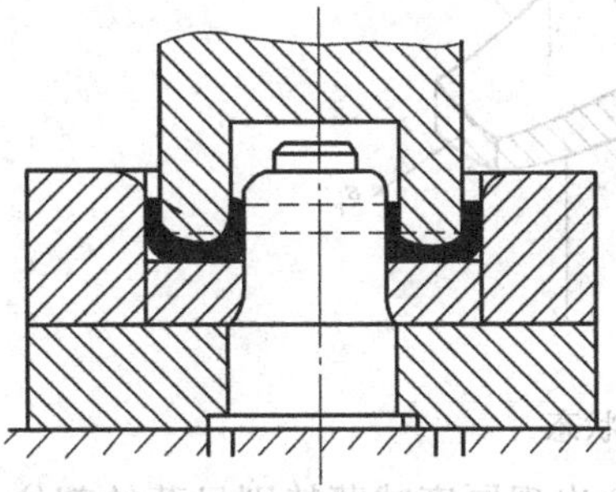

图 5.13　内外缘翻边复合模

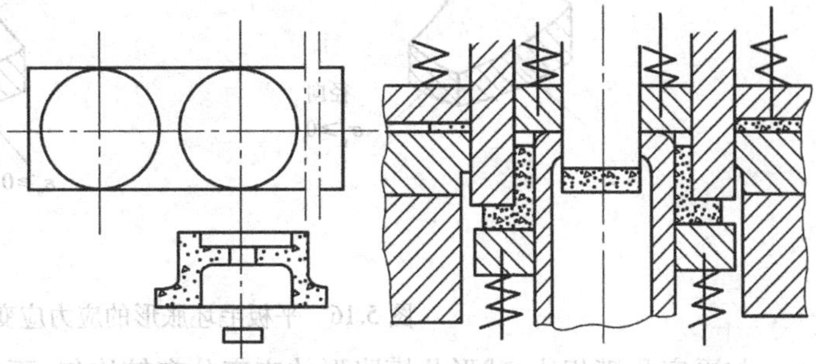

图 5.14　落料冲孔翻边复合模

5.2　胀　形

胀形是利用模具强迫坯料产生局部塑性变形，板料厚度减薄、表面积增大，得到所需几何形状和尺寸的制件。胀形时，变形区的材料不向外转移，外部材料也不进入变形区，而是靠毛坯的局部减薄来实现变形区的表面积增大。

从工件的形状来分，胀形主要有起伏成形和凸肚两类，起伏成形的加工对象为平板毛坯，凸肚的加工对象为空心毛坯。

5.2.1　胀形的成形特点及成形极限

如图 5.15 所示为平板毛坯胀形示意图。直径为 D_0 的平板毛坯由压边圈压紧，压边圈带有拉深筋，以防止凸缘区材料的塑性流动，将变形区限制在筋以内的毛坯上。凸模对毛坯施加胀形力 F，与凸模球形面接触的板料处于两向受拉的应力状态，如图 5.16 所示。在两向拉应力的作用下，板料沿切向和径向产生拉伸变形，厚度方向产生压缩变形。这样变形区材料厚度减薄，表面积增大，得到与凸模球面形状一致的凸包。

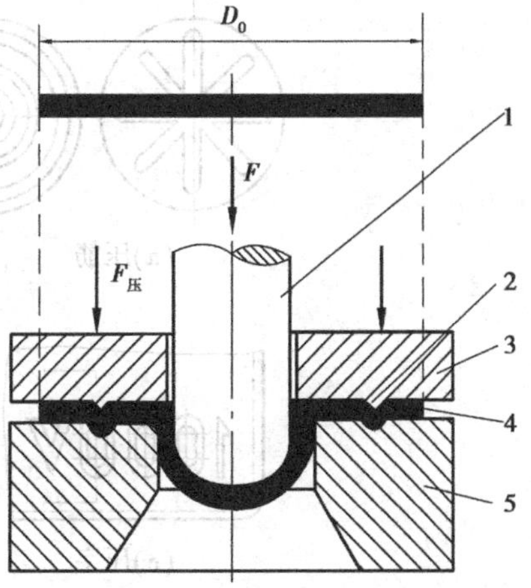

图 5.15　平板毛坯胀形示意
1—凸模；2—拉深筋；3—压边圈；4—毛坯；5—凹模

由于胀形时板料处于双向拉应力状态，板料的失效形式是拉裂。因此，胀形的成形极限是以是否发生破裂来评定的，极限变形程度取决于材料的塑性，主要是材料的伸长率和材料的加工硬化指数。

一般认为,材料的伸长率δ越大,破裂前允许的变形量越大,成形极限也越大,有利于胀形。材料的硬化指数越大,变形后材料的硬化能力越强,变形部位的转移及扩展能力也越强,使应变分布趋于均匀,不易出现拉伸失稳和颈缩,成形极限大,也有利于胀形。

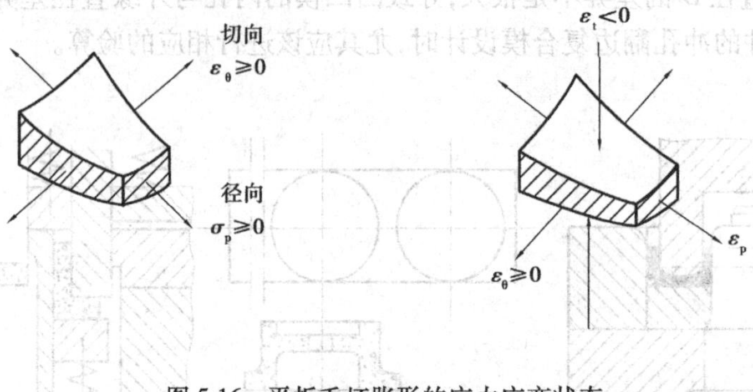

图 5.16　平板毛坯胀形的应力应变状态

与平底凸模相比,球形凸模胀形的应变分布较均匀,不会出现厚度减薄特别显著的部位,能获得较大的胀形高度,其成形极限较大;良好的润滑能使凸模与毛坯间摩擦力减小,变形不过分集中,应变分布均匀,使胀形高度增加;材料的厚度增大,胀形成形极限也有所增加。

5.2.2　起伏成形

起伏成形是依靠材料的局部拉伸,使毛坯或工件的形状改变,形成局部的下凹或凸起,是一种局部胀形的冲压工艺。

生产中常用起伏成形有压筋、压字或压花、压包等,如图 5.17 所示。压筋成形中,由于工件惯性矩的改变和材料加工硬化的作用,能够有效地提高工件的刚度和强度。因此,压制加强筋成为提高尺寸较大平面工件刚度的常用方法。表 5.4 列出了常用加强筋的形状和尺寸。

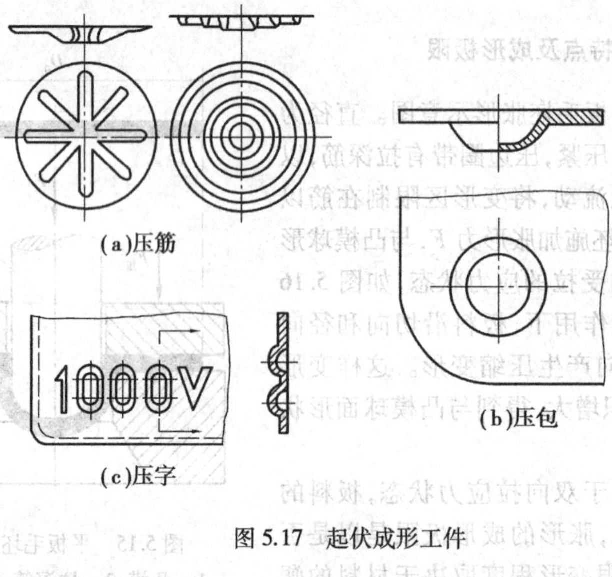

图 5.17　起伏成形工件

表 5.4　常用加强筋的形状和尺寸

名　称	图　例	R	h	D 或 B	r	$\alpha/(°)$
压　筋	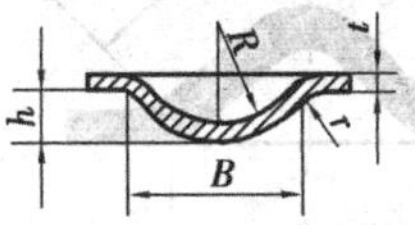	$(3\sim4)t$	$(2\sim3)t$	$(7\sim10)t$	$(1\sim2)t$	—
压　凸	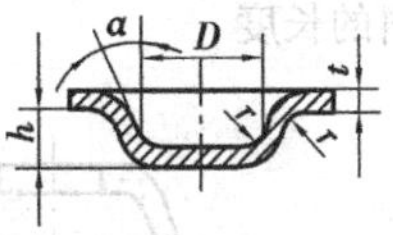	—	$(1.5\sim2)t$	$\geqslant 3h$	$(0.5\sim1.5)t$	15~30

图　例	D/mm	L/mm	l/mm
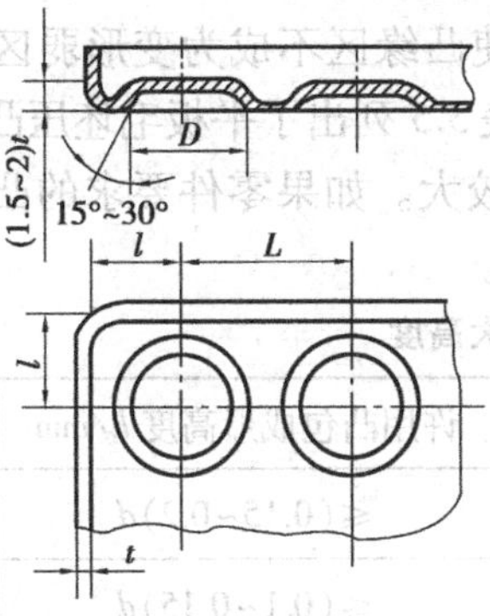	6.5	10	6
	8.5	13	7.5
	10.5	15	9
	13	18	11
	15	22	13
	18	26	16
	24	34	20
	31	44	26
	36	51	30
	43	60	35
	48	68	40
	55	78	45

起伏成形中，材料承受拉应力作用，可能产生拉裂，因此，起伏成形极限变形程度与材料的伸长率 δ 有直接的关系。形状较简单的起伏成形工件，如图 5.18 所示，可近似地根据下式确定其最大变形程度 δ_{max}，即

$$\delta_{max} = \frac{l_1 - l_0}{l_0} < (0.7 \sim 0.75)\delta$$

式中　δ——材料的许用的伸长率，常见材料的 δ 见表 5.6；

l_0, l_1——工件变形前后的长度，mm；

0.7~0.75——系数，视起伏成形的形状而定，球形筋取较大值，梯形筋取较小值。

如果计算结果满足上述条件，可一次成形。深度较大的工件，不能一次成形时，可采用如图 5.19 所示的两种方法：第一种方法是先用直径较大的球形凸模胀形，以在较大范围内聚料和均化变形，然后再压出工件所需形状；第二种方法是利用成形部位的圆孔，先冲出一个较小直径的预制孔，再扩孔成形，使孔边材料在凸模作用下向外扩张、流动，以缓解材料的局部变薄，实现深度较大的起伏成形。

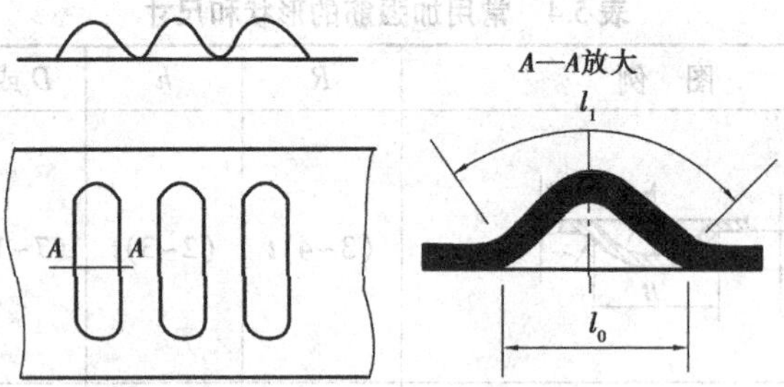

图 5.18　起伏成形前后材料的长度

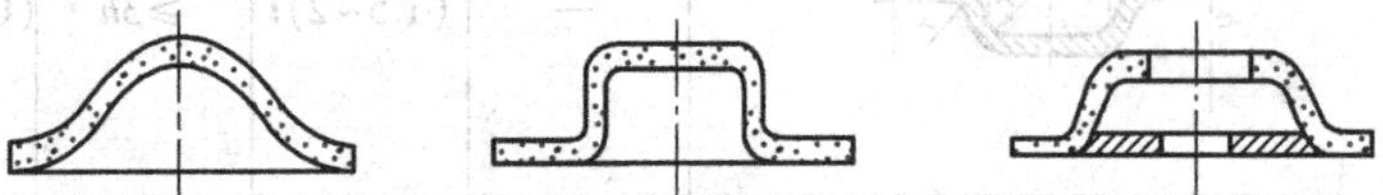

(a)预成形　　(b)二次成形　　(c)预冲孔成形

图 5.19　深度较大的起伏成形

压凸包时，毛坯直径与凸模直径的比值应该大于 4，使凸缘区不成为变形弱区而向里收缩，保证胀形不转化为拉深。冲压凸包的高度不能太大，表 5.5 列出了平板毛坯压凸包时的最大凸包高度，采用球形凸模和润滑条件较好时，成形高度较大。如果零件要求的凸包高度超出最大高度，须采用类似于多道工序压筋的方法冲压凸包。

表 5.5　平板毛坯压凸包时的最大高度

图	材　料	许用凸包成形高度 h/mm
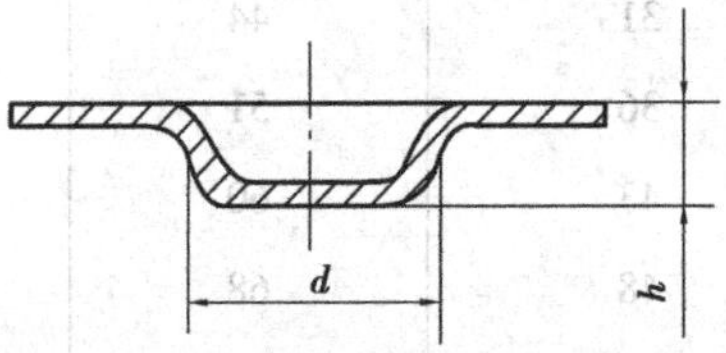	软　钢	$\leqslant(0.15\sim0.2)d$
	铝	$\leqslant(0.1\sim0.15)d$
	黄　铜	$\leqslant(0.15\sim0.22)d$

起伏成形的冲压力 F(N)可计算为

$$F = Lt\sigma_b K$$

式中　L——所压制的加强筋周长，mm；

t——材料厚度，mm；

σ_b——材料的抗拉强度，MPa；

K——与深度有关的系数，取 0.7~1.0。

5.2.3　凸肚

凸肚是将圆柱形空心毛坯件，依靠材料径向拉伸，在半径方向向外扩张，形成凸起曲面的冲压方法，如图 5.20 所示。用这种方法可制造波纹管、高压气瓶等冲压件。

凸肚胀形的变形特点是材料受切向和轴线方向拉伸，拉伸过大而胀裂是其主要失效形式。因此，凸肚的变形程度受材料的极限伸长率限制。

凸肚胀形变形程度用胀形系数 K 表示，即

$$K=\frac{d_{max}}{d_0}$$

式中　d_{max}——胀形后的最大直径，mm；

d_0——空心毛坯的直径，mm，如图5.21所示。

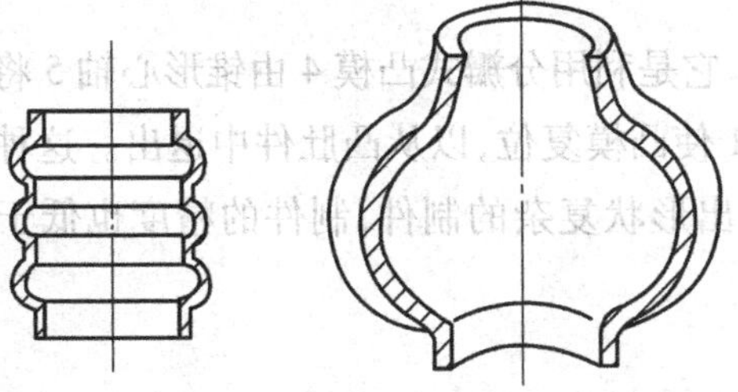

图5.20　凸肚件示意

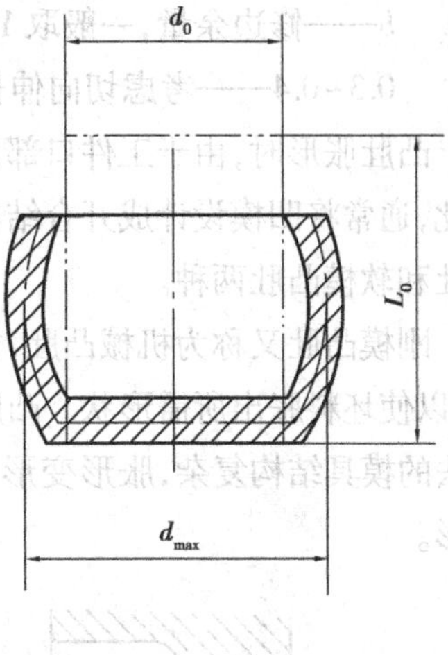

图5.21　凸肚胀形的尺寸变化

凸肚胀形系数 K 和材料伸长率 δ 的关系为

$$\delta=\frac{d_{max}-d_0}{d_0}=K-1$$

即

$$K=\delta+1$$

因此，可根据材料的伸长率求出相应的极限胀形系数。表5.6列出了部分材料的许用伸长率 δ 和极限胀形系数。

表5.6　部分材料的许用伸长率和极限胀形系数

材　料	厚　度/mm	材料许用伸长率 δ/%	极限胀形系数 K
高塑性铝合金	0.5	25	1.25
纯　铝	1.0	28	1.28
	1.2	32	1.32
	2.0	32	1.32
低碳钢	0.5	20	1.20
	1.0	24	1.24
耐热不锈钢	0.5	26~32	1.26~1.32
	1.0	28~34	1.28~1.34

根据凸肚极限胀形系数，可求出毛坯最小直径，即

$$d_0=\frac{d_{max}}{K}$$

空心毛坯长度为

$$L_0 = [1 + (0.3 \sim 0.4)\delta]L + b$$

式中 L——变形区的母线(凸肚弧线)长度,mm;

δ——制件切向最大伸长率;

b——修边余量,一般取 10~20 mm;

0.3~0.4——考虑切向伸长而引起高度缩小所需的裕量。

凸肚胀形时,由于工件口部尺寸小于凸肚部分的尺寸,成形后从凸模和凹模中取出困难,因此,通常将凹模设计成开合结构,凸模则要求能恢复到成形前的形状。常用的方法有刚模凸肚和软模凸肚两种。

刚模凸肚又称为机械凸肚,如图 5.22 所示。它是利用分瓣式凸模 4 由锥形心轴 5 将其顶开,以使坯料胀出所需形状。凸肚结束后,拉簧 1 使凸模复位,以从凸肚件中退出。这种成形方法的模具结构复杂,胀形变形不均匀,不易胀出形状复杂的制件,制件的精度也低于软模胀形。

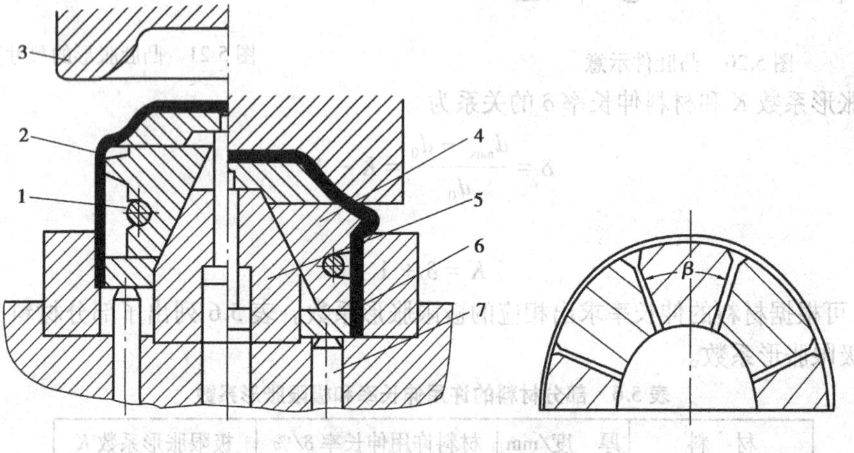

图 5.22 机械凸肚胀形

1—拉簧;2—毛坯;3—凹模;4—分瓣式凸模;5—锥形心轴;6—工件;7—顶杆

软模凸肚胀形是通过橡胶、液体或气体传递冲压力,毛坯变形较均匀,成形较准确,在生产中广泛应用。

橡胶胀形如图 5.23 所示。它是以橡皮作为凸模,在压力作用下橡胶变形而使工件沿凹模胀出所需的形状,模具结构较简单。近年来,多采用聚氨酯橡胶进行橡胶胀形,因为它比天然橡胶具有强度高、弹性和耐油性好、寿命长的特点。

液压胀形如图 5.24 所示。采用倾注液体法时,在坯料内灌注液体,压力机滑块下行时先压住制件的口边,以免液体泄漏,继续下行使液体产生高压,毛坯直径胀大、贴靠凹模内侧而成形。之后压力机滑块退回,凹模打开,取出工件,将灌注的液体倒出。为省去液体的注入和倾倒工序,可采用充液橡皮囊的方法。

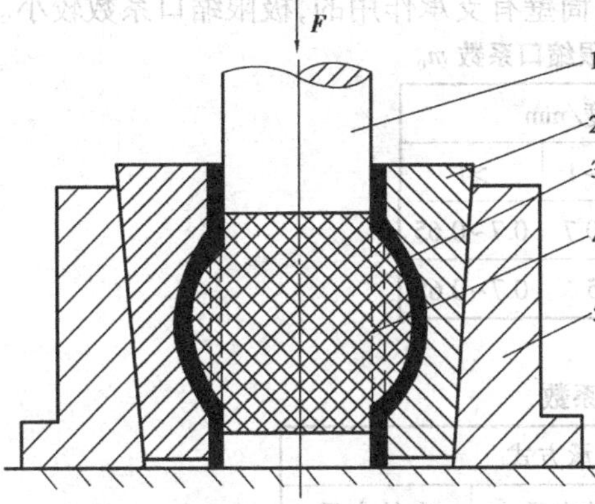

图 5.23　橡胶凸模胀形

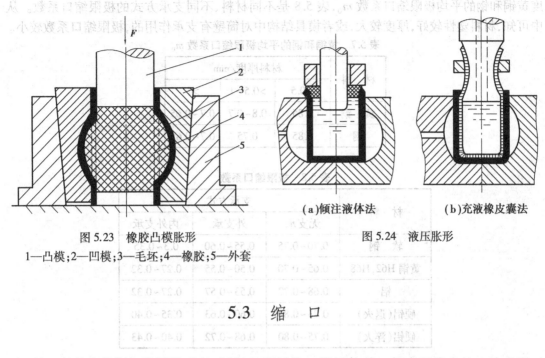

1—凸模;2—凹模;3—毛坯;4—橡胶;5—外套

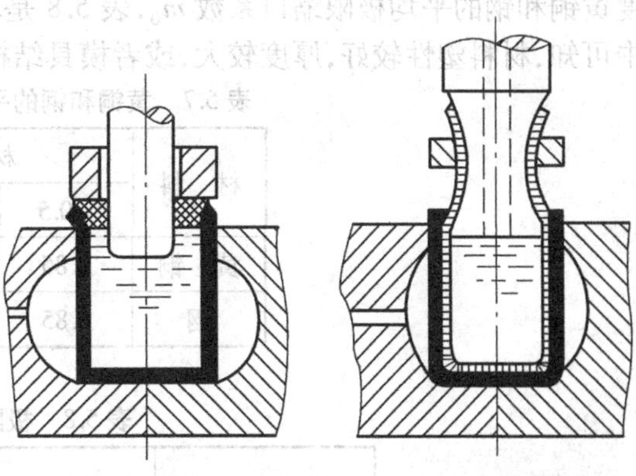

(a)倾注液体法　　(b)充液橡皮囊法

图 5.24　液压胀形

5.3　缩　口

缩口是将先拉深好的圆筒形件或管坯,通过缩口模具使其口部直径缩小的一种成形工序。缩口成形在国防、机械制造和日用品工业中广泛应用,如制造枪炮的弹壳、钢气瓶等。

5.3.1　缩口的变形特点及变形程度

缩口的受力情况及应力应变状态如图 5.25 所示。缩口模对毛坯施加缩口力 F,变形区材料受切向压应力和轴向压应力的共同作用,切向产生压缩变形,轴向和厚度方向产生伸长变形。缩口变形过程中,材料主要受切向压应力作用,产生切向压应变,直径减小,高度和板厚增加,易于失稳起皱,形成纵向皱纹。同时,非变形区的筒壁,同样承受缩口力 F 的作用,也易产生失稳变形,形成横向皱纹。因此,防失稳是缩口工艺的关键。缩口的变形程度越大,所需的缩口力 F 也越大,失稳的可能性越大,因此,缩口的极限变形程度主要受失稳条件的限制。

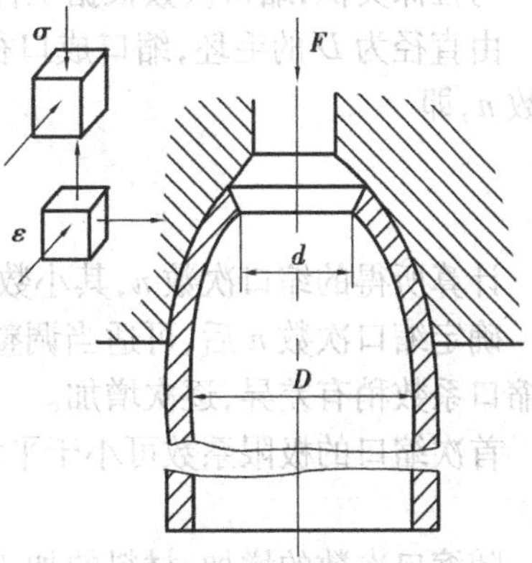

图 5.25　缩口的应力应变状态

缩口变形程度用缩口系数 m 表示,缩口系数是缩口后直径 d 与缩口前直径 D 的比值,即

$$m = \frac{d}{D}$$

m 值越小,变形程度越大,越容易失稳。因此,对于特定的缩口成形,存在一个不产生失稳的临界缩口系数,此临界缩口系数称为极限缩口系数,缩口成形的实际缩口系数必须大于极限缩口系数。

极限缩口系数的大小与材料种类、厚度、模具形式和坯料表面质量有关。表 5.7 是不同厚度黄铜和钢的平均极限缩口系数 m_0，表 5.8 是不同材料、不同支承方式的极限缩口系数。从中可知，材料塑性较好，厚度较大，或者模具结构中对筒壁有支承作用的，极限缩口系数较小。

表 5.7　黄铜和钢的平均极限缩口系数 m_0

材　料	材料厚度/mm		
	~0.5	>0.5~1	>1
黄　铜	0.85	0.8~0.7	0.7~0.65
钢	0.85	0.75	0.7~0.65

表 5.8　极限缩口系数

材　料	支承方式		
	无支承	外支承	内外支承
软　钢	0.70~0.75	0.55~0.60	0.3~0.35
黄铜 H62,H68	0.65~0.70	0.50~0.55	0.27~0.32
铝	0.68~0.72	0.53~0.57	0.27~0.32
硬铝(退火)	0.73~0.80	0.60~0.63	0.35~0.40
硬铝(淬火)	0.75~0.80	0.68~0.72	0.40~0.43

5.3.2　缩口工艺计算

(1)缩口次数的确定

与拉深类似，缩口次数根据工件的实际缩口系数和极限缩口系数确定。

由直径为 D 的毛坯，缩口成口径为 d_n 的工件，根据平均极限缩口系数 m_0，可计算出缩口次数 n，即

$$n = \frac{\lg d_n - \lg D}{\lg m_0}$$

计算所得的缩口次数 n，其小数部分的数值不得四舍五入，而应取较大整数值。

确定缩口次数 n 后，可适当调整各次实际缩口系数，使其稍大于极限缩口系数，且各次实际缩口系数稍有差异，逐次增加。

首次缩口的极限系数可小于平均极限缩口系数 m_0，即

$$m_{1极限} = 0.9m_0$$

随缩口次数的增加，材料的加工硬化使极限缩口系数增加，其数值大于平均极限缩口系数 m_0，即

$$m_{2极限} = (1.05 \sim 1.10)m_0$$

(2)毛坯高度 H 的计算

缩口后，制件的高度会产生变化。不同形状的缩口件，如图 5.26 所示。毛坯计算公式如下：

如图 5.26(a)所示形式，有

$$H = 1.05\left[h_1 + \frac{D^2 - d^2}{8D\sin\alpha}\left(1 + \sqrt{\frac{D}{d}}\right)\right]$$

如图 5.26(b)所示形式,有

$$H = 1.05\left[h_1 + h_2 \times \sqrt{\frac{d}{D}} + \frac{D^2 - d^2}{8D\sin\alpha}\left(1 + \sqrt{\frac{D}{d}}\right)\right]$$

如图 5.26(c)所示形式,有

$$H = h_1 + \frac{1}{4}\left(1 + \sqrt{\frac{D}{d}}\right)\sqrt{D^2 - d^2}$$

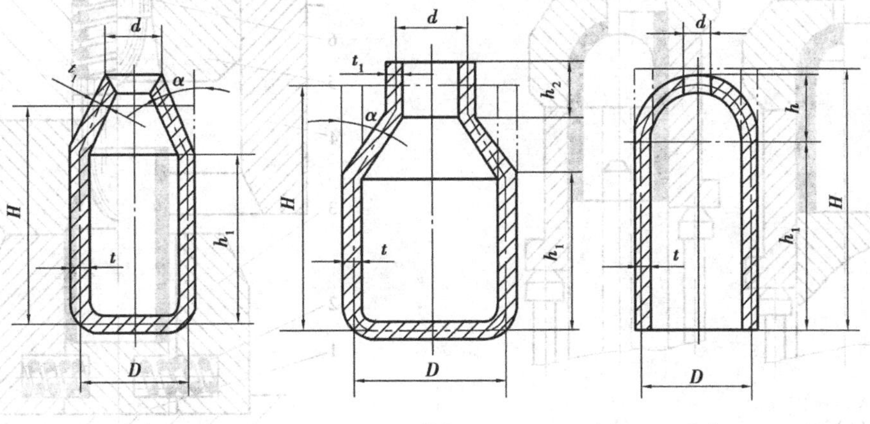

图 5.26　缩口毛坯高度计算

缩口凹模的半锥角 α(见图 5.26(a))对缩口成形有重要作用,一般使 α<45°,最好使 α 在 30°以内。当模具有合理的半锥角 α 时,允许的极限缩口系数 m 可比平均缩口系数 m_0 小 10%~15%。另外,由于回弹,缩口后的工件要比模具尺寸增大 0.5%~0.8%。

(3)缩口力 F 的计算

对于如图 5.26(a)所示的锥形缩口件,若无内支承,缩口力 F 为

$$F = k\left[1.1\pi Dt\sigma_s\left(1 - \frac{d}{D}\right)(1 + \mu\cot\alpha)\frac{1}{\cos\alpha}\right]$$

式中　F——缩口力,N;

t——缩口前料厚,mm;

D——缩口前直径(中径),mm;

d——工件缩口部分直径,mm;

μ——工件与凹模接触面摩擦系数;

σ_s——材料屈服强度,MPa;

α——凹模圆锥半锥角;

k——速度系数,在曲轴压力机上工作时,k=1.15。

5.3.3　缩口模结构

缩口模具的支承形式一般有 3 种:第一种是无支承,这种模具结构简单,但稳定性差;第二种是外支承(见图 5.27(a)),这种模具结构较复杂,但缩口过程中坯料稳定性较好,许可缩口系数也较小;第三种为内外支承形式(见图 5.27(b)),模具结构更复杂,但稳定性也更好,

许可缩口系数最小。

如图 5.28 所示为一典型缩口模的原理示意图，缩口时制件由下模的夹紧器夹住，夹紧器的夹紧动作由上模带锥度的套筒实现。凹模装于上模，通过凹模锥角的作用使工件逐步成形。

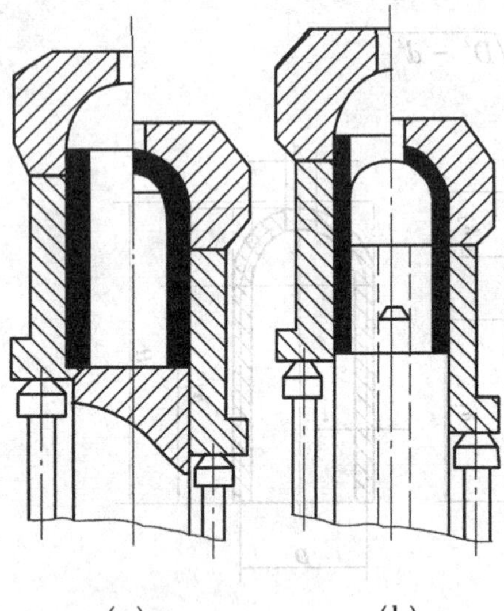

图 5.27　缩口模的支承形式

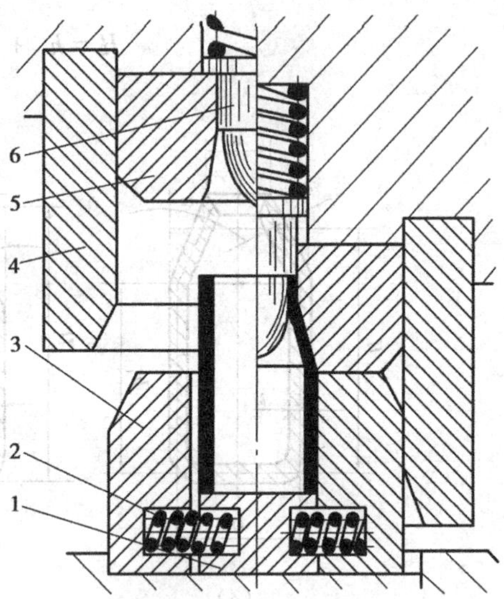

图 5.28　缩口模原理示意图

1—芯座；2—弹簧；3—活动夹紧环；4—套筒；5—缩口凹模；6—推件器（内支承）

5.4 校　形

校形通常包括平板工序件的校平和空间形状工序件的整形，大都是在冲裁、弯曲、拉深等冲压工序之后进行的，以使冲压件获得较高精度的平面度、圆角半径和形状尺寸。

校形的特点是：只在工序件的局部位置产生变形量较小的塑性变形，以提高零件的形状与尺寸精度；模具精度较高，以减小工件误差；压力机滑块到达下止点时对工件施加校正力，设备必须具有一定的刚性，且必须带有过载保护装置，以防损坏。

5.4.1　校平

校平用于校正冲裁件的穹弯。根据板料的厚度和对表面的不同要求，可采用光面模校平，或齿形模校平。

质地较软的薄料，且要求表面不允许有压痕时，一般应采用光面模校平，如图 5.29 所示。光面模对改变材料内应力状态的作用不大，仍有较大回弹，特别是对于高强度材料的零件校平效果较差。在实际生产中，有时将工序件反向交替叠成一定的高度，再一起校平。为了使校平不受压机滑块导向精度的影响，校平模最好采用浮动式结构。

对于平直度要求比较高、材料比较厚的制件或者强度极限比较高的硬材料的零件，通常

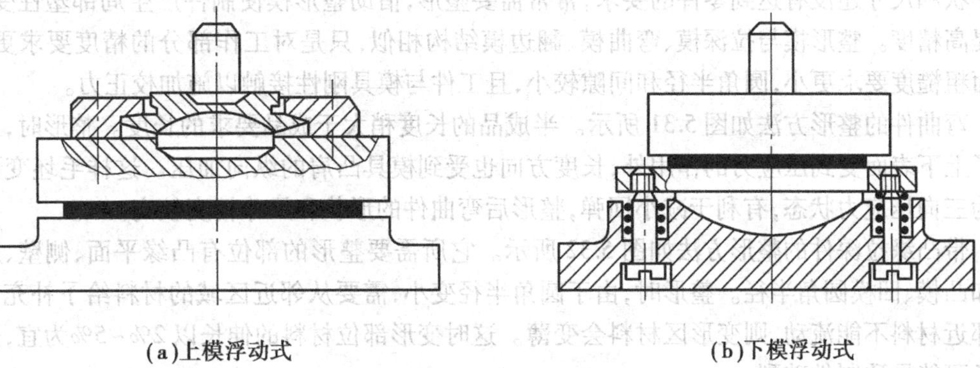

图5.29　光面校平模

采用齿形校平模进行校平。上齿与下齿相互交错(见图5.30),对工序件施加校平力,齿尖周围的局部区域产生塑性变形,改变了原有的应力状态,减少了回弹,校平效果好。

齿形校平模的齿形有细齿和粗齿两种。细齿校平模校平时,齿尖挤压进入材料表层一定深度,形成塑性变形的小网点,校平效果好,但制件表面残留有较深的齿痕,且工件容易黏在模具上,不易脱模。细齿校平模适用于材料较厚且表面允许有压痕的制件。粗齿校平模校平时,制件不会残留较深的压痕,适用于料厚较薄的制件和有色金属制件。

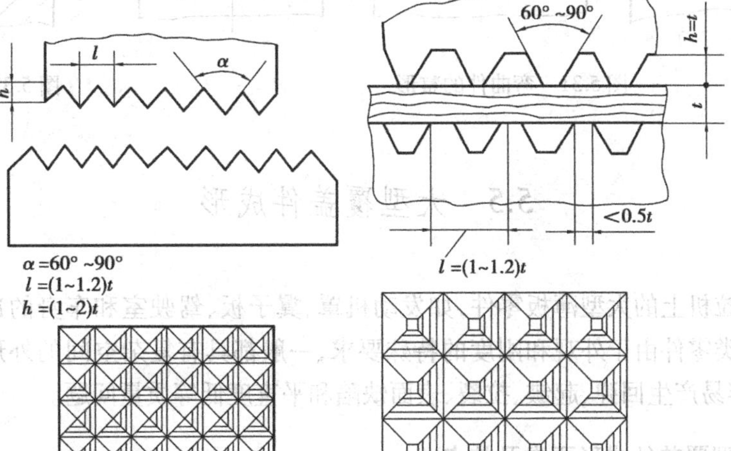

图5.30　齿形校平模

有些尺寸较大、平直度要求较高的制件,采用加热校平。将需要校平的工件叠成一定的高度,由夹具压紧成平直状态,然后在加热炉内加热到一定温度。温度升高使材料的屈服强度降低,残余应力减小,回弹变形也减小,制件被校平。

5.4.2　整形

弯曲、拉深或其他成形工序加工出的制件,已基本成形,但可能圆角半径还太大,或是某些形状和尺寸还没有达到零件的要求，常常需要整形，借助整形模使制件产生局部塑性变形，以提高精度。整形模与拉深模、弯曲模、翻边模结构相似，只是对工作部分的精度要求更高，表面粗糙度要求更小，圆角半径和间隙较小，且工件与模具刚性接触以施加校正力。

弯曲件的整形方法如图5.31所示。半成品的长度稍大于成品要求的长度。整形时，工件除了上下表面受到压应力的作用外，长度方向也受到模具凸肩的纵向加压。这样毛坯变形区成为三向压应力状态，有利于减小回弹，整形后弯曲件的形状和尺寸精度较高。

带凸缘拉深件的整形方法如图5.32所示。它所需要整形的部位有凸缘平面、侧壁、底平面和凸模、凹模圆角半径。整形时，由于圆角半径变小，需要从邻近区域的材料给予补充。如果邻近材料不能流动，则变形区材料会变薄。这时变形部位材料的伸长以2%~5%为宜，过分伸长可能导致制件破裂。

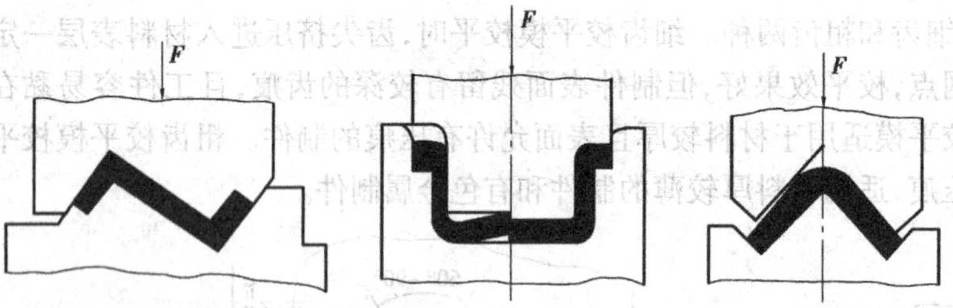

图5.31　弯曲件的整形

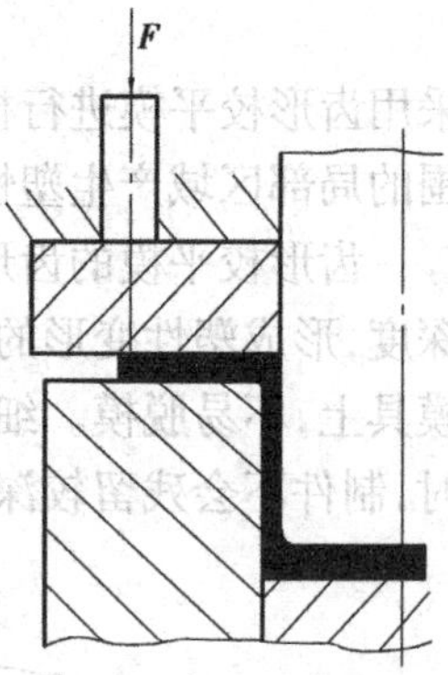

图5.32　拉深件整形

5.5　大型覆盖件成形

汽车和拖拉机上的大型薄板零件，如发动机罩、翼子板、驾驶室和车身的冲压件等，统称为覆盖件。这类零件由于外观和刚度的特殊要求，一般都具有复杂空间的外形曲面，不仅成形困难，而且容易产生回弹、起皱、拉裂、表面缺陷和平直度低等质量问题。

5.5.1　大型覆盖件成形要求及特点

大型覆盖件应该满足的使用要求如下：

①良好的表面质量。外覆盖件的可见表面，不允许有破坏表面完美的缺陷，装饰棱线、肋条等要清晰、平整、光滑、左右对称及过渡均匀。

②符合要求的几何尺寸和曲面形状。覆盖件的形状复杂、立体曲面多，其几何尺寸和曲面形状必须符合图样和主模型的要求。

③良好的工艺性。覆盖件的工艺性主要是冲压性能、焊接装配性能、操作的安全性和材料的利用率等，这些性能必须满足要求，以便于加工。

④足够的刚性。材料的塑性变形不充分会导致覆盖件的一些部位刚性差，受振动后就会产生空洞声，也不利于后续工序的加工。

大型覆盖件的空间形状复杂，其成形难度加大，主要成形特点如下：

①大型覆盖件的成形，多为胀形与拉深的复合。

②形状复杂，加上防皱压边力和拉深筋的约束，材料内部的应力、应变状态复杂。

③成形过程中，在不同部位可能同时出现成形不足、破裂、皱褶、回弹等缺陷。

5.5.2　大型覆盖件冲压工艺设计要点

大型覆盖件的工艺过程，一般包括落料、拉深（或成形）、修边和翻边等工序。大量生产中所有工序都用模具，并组成流水生产线，同时采用相应的自动送料取件装置，以提高生产率和减轻劳动强度。

（1）拉深变形程度

由于覆盖件具有复杂的空间曲面形状，成形时各部分的变形程度均不相同，很难准确计算其极限变形程度，从而不易确定所需的工序数和工序间的半成品形状和尺寸。设计人员根据经验并参考类似零件的现有工艺资料，分析比较后制订出初步工艺方案，最后通过试冲来修改工艺参数。覆盖件的成形过程也可用成形度 α 值来预测（见图 5.33），成形度 α 为

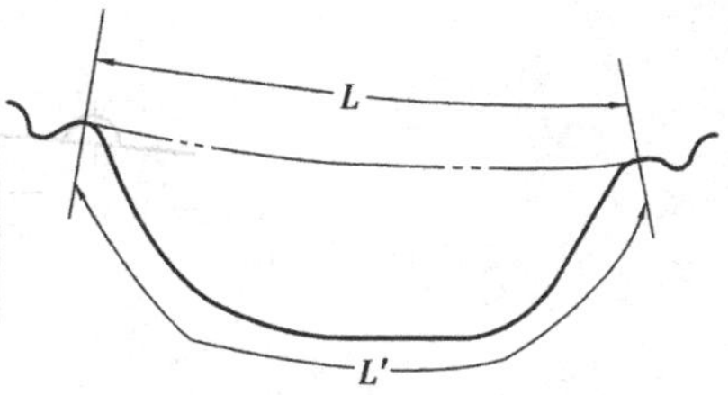

图 5.33　覆盖件成形度计算

$$\alpha = \left(\frac{L'}{L} - 1\right) \times 100\%$$

式中　L'——成形后零件的纵断面长度；

L——坯料相应长度。

当全部 α 平均值≤2%时，胀形不足，回弹严重，零件尺寸精度低。

当全部 α 平均值>5%，或最大 α 值>10%时，胀形过大，必须采用拉深成形使坯料流入凹模。

当全部 α 平均值>30%，或最大 α 值>40%时，难以拉深成形。

（2）毛坯的形状与尺寸

覆盖件毛坯的形状尺寸很难用计算方法求出。一般按相似原则（毛坯形状相似于工件形状），拉线估量，加上工艺余料（送料、压边、修边）的要求，初步确定毛坯形状与尺寸，试冲、修正，确定合理的尺寸，设计落料模。

（3）确定冲压方向

确定冲压方向即确定工件在模具中的空间位置。从成形工序开始确定，且尽量使各工序的冲压方向一致，以减少覆盖件流水生产过程中的翻转。有些左右对称、轮廓尺寸不大的覆盖件，应考虑左右对接起来，形成双拉延。

1）拉延方向的确定

确定拉延方向时必须考虑以下 3 点：

① 保证凸模能进入凹模，使工件上需成形的部位一次冲压完成，不允许存在凸模接触不到的死区或死角。按如图 5.34（a）所示的冲压方向，凸模无法进入凹模，拉延成形无法进行；按如图 5.34（b）所示的冲压方向，凸模能顺利进入凹模的所有角落，是可行的拉延方向。

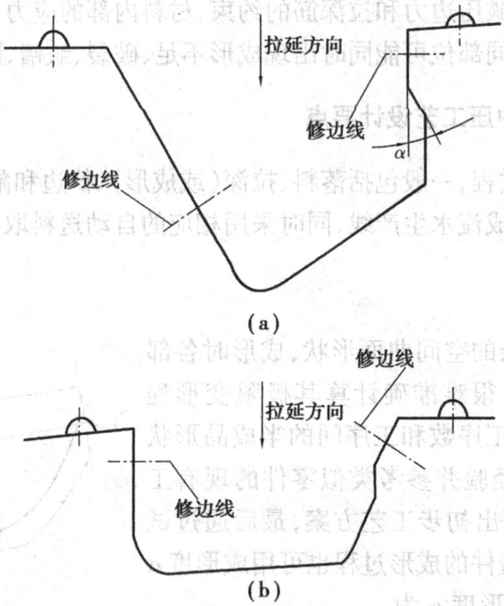

图 5.34　拉延凸模进入凹模

②保证冲压开始时凸模与毛坯有良好的接触状态。接触面积大,以防止局部应力集中而开裂,如图 5.35 所示;凸模两侧的包容角基本一致,使从两侧拉入凹模的材料保持均匀,如图 5.36(a)所示;凸模同时接触毛坯的点,多而分散,且均匀分布,防止毛坯窜动,如图 5.36(b)所示。

③使拉延深度尽量均匀,以保证各部位进料阻力大小均匀,防止毛坯沿凸模顶部窜动,如图 5.37(b)所示的拉延深度 h 比如图 5.37(a)所示的拉延深度接近,是较好的拉延方向。

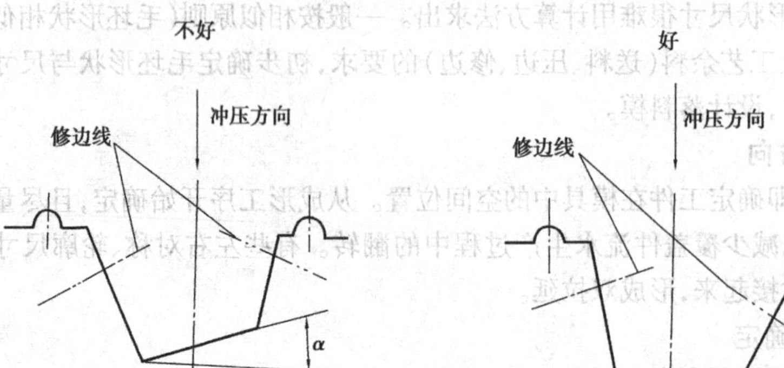

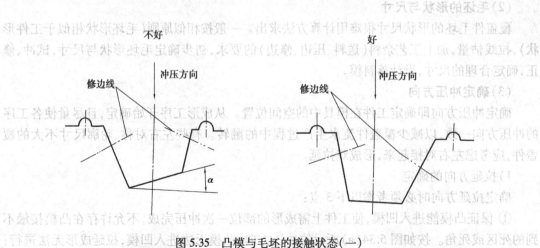

图 5.35　凸模与毛坯的接触状态(一)

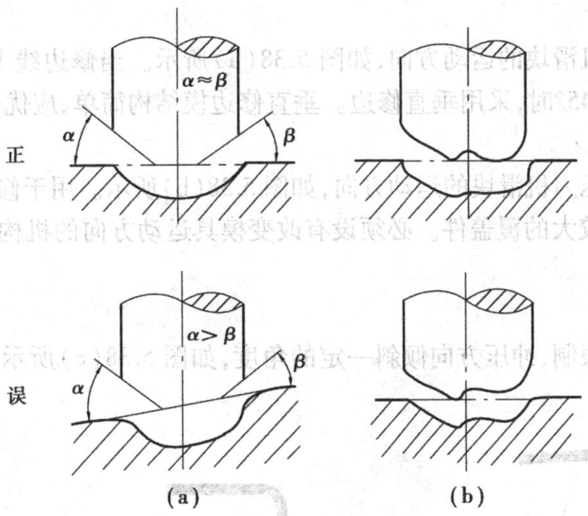

图5.36　凸模与毛坯的接触状态(二)

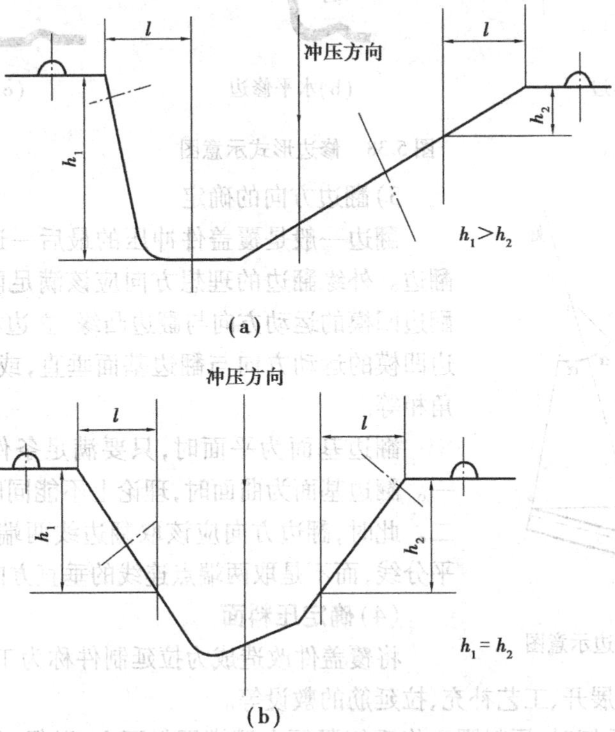

图5.37　拉延深度均匀程度的比较

2)修边及冲孔方向的确定

理想的冲裁方向是垂直冲裁表面,实际中,由于修边和冲孔的位置不同,理想方向可能有多个,难以满足。因此,允许冲压方向与冲裁表面有一个夹角。但此夹角不应小于10°,否则,材料不是被切断,而是被撕开,会严重影响修边质量。

①垂直修边

修边方向为压力机滑块的运动方向,如图 5.38(a)所示。当修边线上任意点的切线与水平面的夹角小于 30°~45°时,采用垂直修边。垂直修边模结构简单,应优先选用。

②水平修边

修边方向垂直于压力机滑块的运动方向,如图 5.38(b)所示。用于修边位置在侧壁上,且侧壁与水平面的夹角较大的覆盖件。必须设有改变模具运动方向的机构,导致修边模结构较复杂。

③倾斜修边

由于修边形状的限制,冲压方向倾斜一定的角度,如图 5.38(c)所示,也必须设有改变模具运动方向的机构。

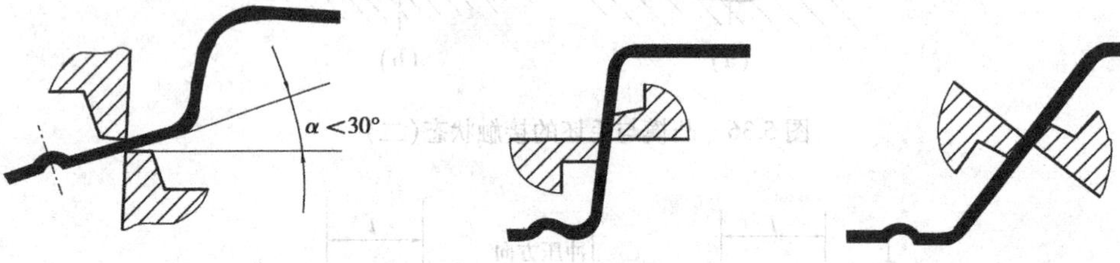

(a)垂直修边　　(b)水平修边　　(c)倾斜修边

图 5.38　修边形式示意图

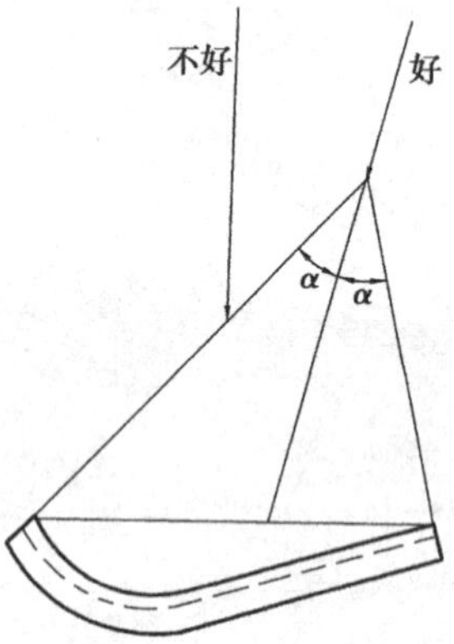

图 5.39　曲线翻边示意图

3)翻边方向的确定

翻边一般是覆盖件冲压的最后一道工序,主要是外缘翻边。外缘翻边的理想方向应该满足两个条件:条件一是翻边凹模的运动方向与翻边凸缘、立边相一致;条件二是翻边凹模的运动方向与翻边基面垂直,或与各翻边基面的夹角相等。

翻边基面为平面时,只要满足条件二,就能满足条件一。翻边基面为曲面时,理论上不能同时满足条件一、条件二。此时,翻边方向应该取翻边线两端点立边切线夹角的平分线,而不是取两端点连线的垂直方向,如图 5.39 所示。

(4)**确定压料面**

将覆盖件改造成为拉延制件称为工艺处理。它主要包括确定压料面、翻边展开、工艺补充、拉延筋的敷设等。

凸模开始接触毛坯时,压料圈已将毛坯紧压在凹模压料面上,以保证拉入凹模里的材料不皱、不裂。压料面或者本身就是覆盖件的凸缘,或者是工艺补充,成形完毕后切除。压料面的形状可以是平面、单曲面,或曲率半径很小的双曲面,如图 5.40 所示。

1)尽量选用平面压料面

平面压料面毛坯定位容易,模具制造方便,拉延条件好。压料面为工艺补充时,优先选用平面形状,尺寸尽量小,以降低消耗;压料面为覆盖件凸缘时,往往要将原有凸缘展平,改造成平面,此时的压料面不允许起皱,否则会形成缺陷。

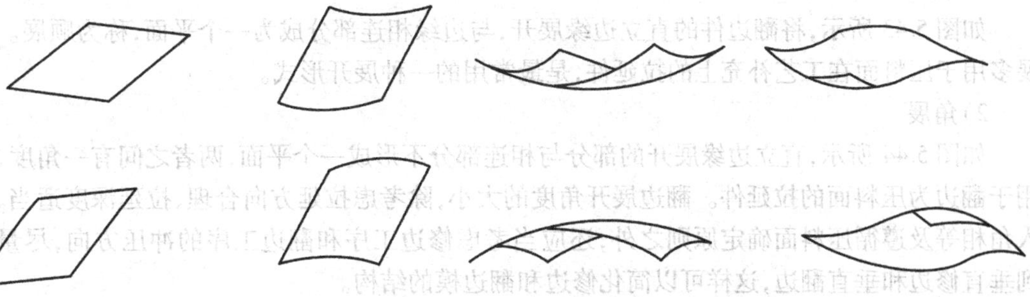

图 5.40　压料面的形状示意

2)降低拉延高度

在采用平面压料面时,如果拉延高度过大,会产生皱褶和裂纹,可选用斜面和曲面压料,如图 5.41 所示。斜面和曲面压料面的压料面倾角 α 不大于 45°,双曲面不大于 30°。

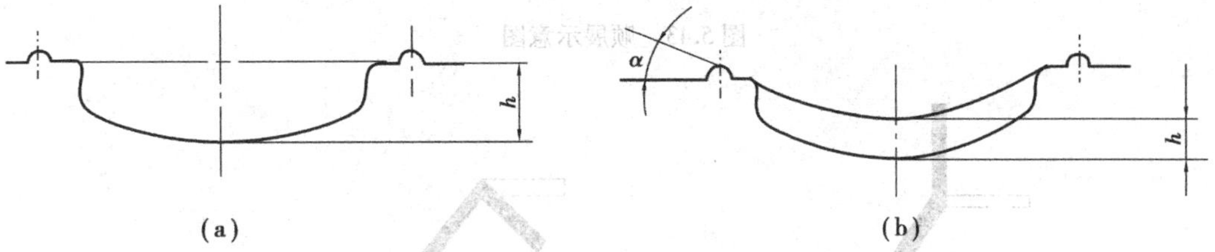

图 5.41　斜面压边以降低拉延深度

3)保证凸模的拉延作用

为防止起皱,拉延过程中,始终保证压料面展开长度小于凸模表面的展开长度,如图 5.42 所示,图 5.42(c)中的 *ABCDE* 应该大于 *A′B′C′D′E′*,图 5.42(b)中部有多余材料,显然拉延作用弱,图 5.42(a)满足尺寸要求,中部受双向拉伸,不易起皱。

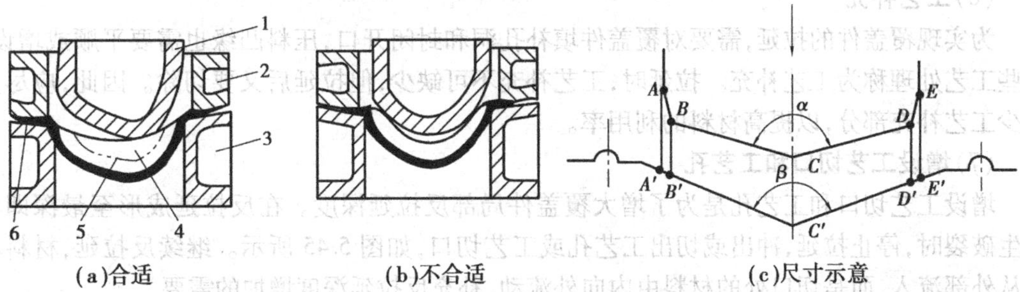

图 5.42　压料面展开长度设计

1—凸模;2—压边圈;3—凹模;4—毛坯轮廓线;5—产品轮廓线;6—压料面

(5)翻边的展开

覆盖件常常需要进行翻边,供焊接使用,又提高自身刚度。翻边在修边后进行,且常伴随整形工序。

翻边毛坯的形状不但影响拉延设计,也决定了切边的方向,因此,应该将翻边件展开成合适的形状。翻边件有顺展和角展两种展开形式。

1)顺展

如图 5.43 所示,将翻边件的直立边缘展开,与边缘相连部分成为一个平面,称为顺展。顺展多用于压料面在工艺补充上的拉延件,是最常用的一种展开形式。

2)角展

如图 5.44 所示,直立边缘展开的部分与相连部分不形成一个平面,两者之间有一角度,多用于翻边为压料面的拉延件。翻边展开角度的大小,除考虑拉延方向合理、拉延深度适当、拉入角相等及遵循压料面确定原则之外,还应当考虑修边工序和翻边工序的冲压方向,尽量做到垂直修边和垂直翻边,这样可以简化修边和翻边模的结构。

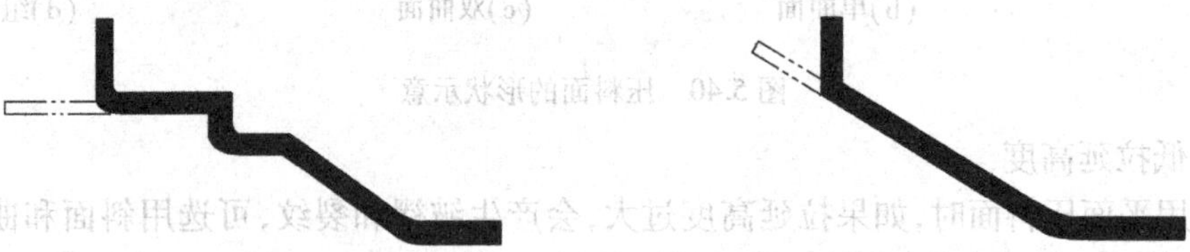

(a) (b)

图 5.43 顺展示意图

(a) (b)

图 5.44 角展示意图

(6)**工艺补充**

为实现覆盖件的拉延,需要对覆盖件填补孔洞和封闭开口,压料凸缘也需要平顺或增设,这些工艺处理称为工艺补充。拉延时,工艺补充不可缺少,但拉延后又要切除。因此,应尽量减少工艺补充部分,以提高材料的利用率。

(7)**增设工艺切口和工艺孔**

增设工艺切口和工艺孔是为了增大覆盖件局部反拉延深度。在反拉延成形至最深即将产生破裂时,停止拉延,冲出或切出工艺孔或工艺切口,如图 5.45 所示。继续反拉延,材料不再从外部流入,而是切口处的材料由内向外流动,补充反拉延深度增加的需要。

(8)**敷设拉深筋**

1)拉深筋的作用

敷设拉深筋的目的是增大毛坯各段流入凹模的阻力,控制材料流入,获得一定程度的胀形变形,避免产生皱褶。敷设拉深筋还可以提高制件的刚性。

2)拉深筋的布置

变形程度大、径向拉应力也大的圆角处,不设或少设拉深筋;直边处,设 1~3 条拉深筋,如图 5.46 所示。

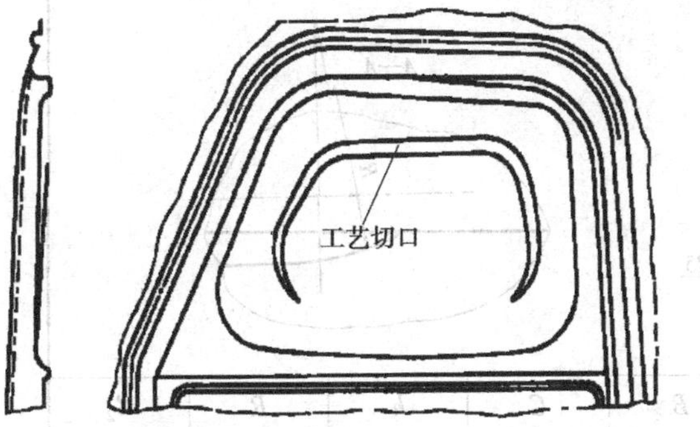

图 5.45　工艺切口示意图

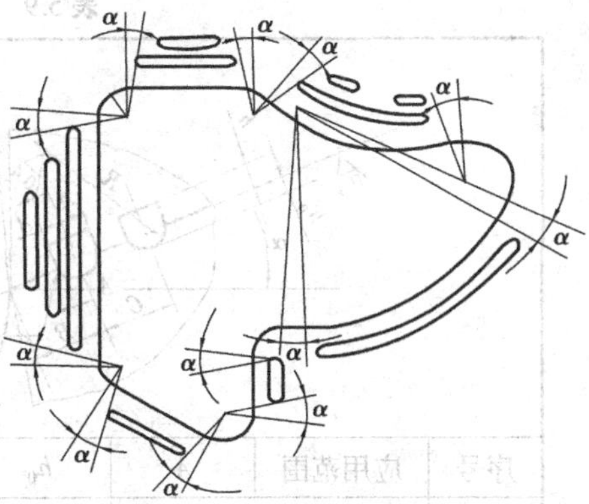

图 5.46　拉深筋的布置方式

拉深筋一般安装在压边圈上，凹模上设置与拉深筋对应的凹槽，以方便打磨。

3）拉深筋的种类及尺寸

拉深筋的断面形状主要有圆形和方形两种，方形拉深筋阻碍材料流动的能力更大。常用拉深筋的种类如图 5.47 所示，圆形拉深筋的结构尺寸见表 5.9。

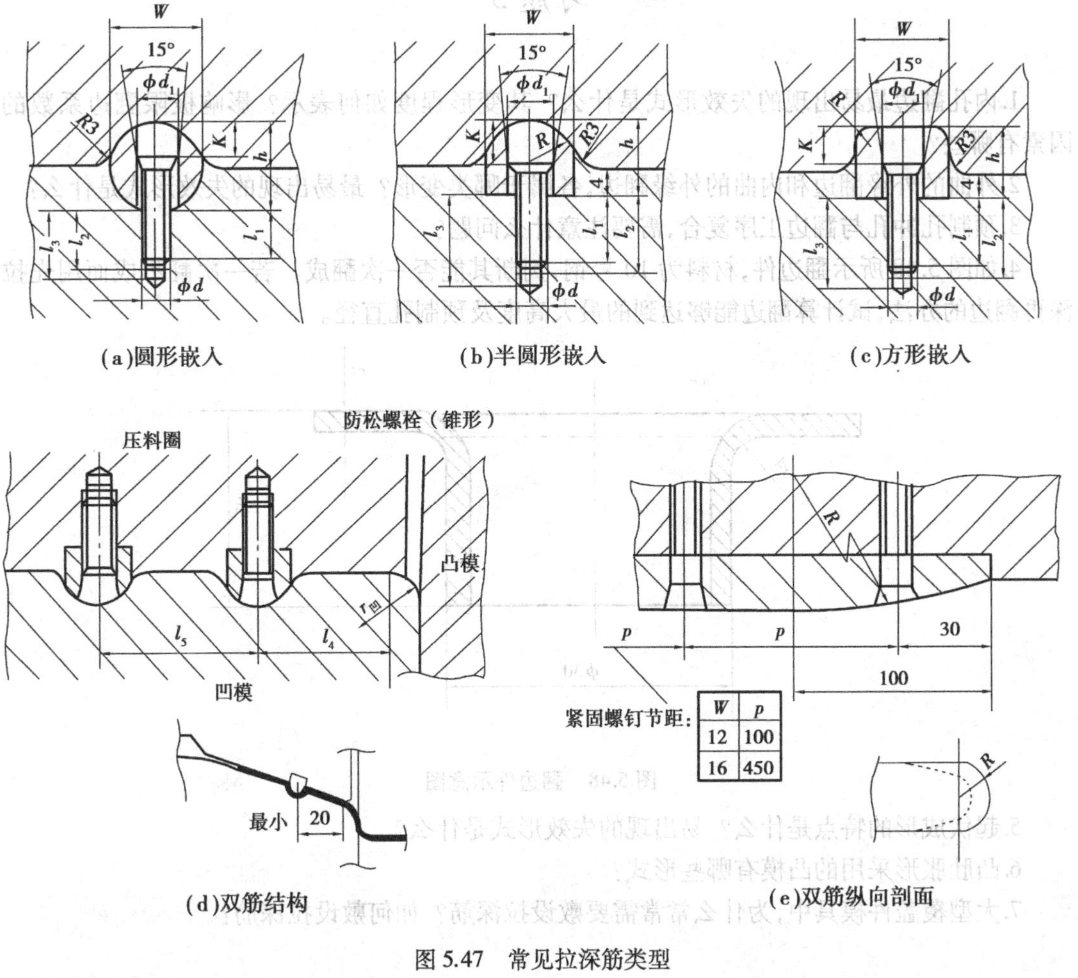

（a）圆形嵌入　（b）半圆形嵌入　（c）方形嵌入

（d）双筋结构　（e）双筋纵向剖面

图 5.47　常见拉深筋类型

表 5.9　圆形拉深筋的结构尺寸

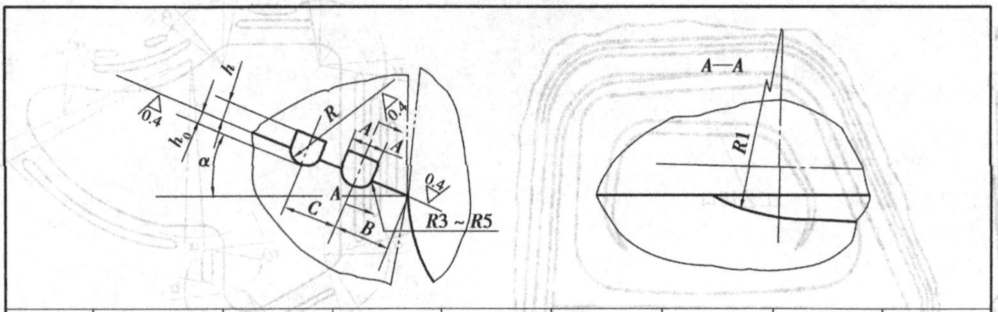

序号	应用范围	A	h_0	B	C	h	R	R_2
1	中小型零件	14	6	25～32	25～30	5	7	125
2	大中型零件	16	7	28～35	28～32	6	8	150
3	大型零件	20	8	32～38	32～38	7	10	150

习题 5

1.内孔翻边最易出现的失效形式是什么？其变形程度如何表示？影响极限翻边系数的因素有哪些？

2.外曲的外缘翻边和内曲的外缘翻边，各属于哪类变形？最易出现的失效形式是什么？

3.预制孔冲孔与翻边工序复合，需要注意什么问题？

4.如图 5.48 所示翻边件，材料为 10 号钢，判断其能否一次翻成。若一次翻不成而用先拉深再翻边的办法，试计算翻边能够达到的最大高度及预制孔直径。

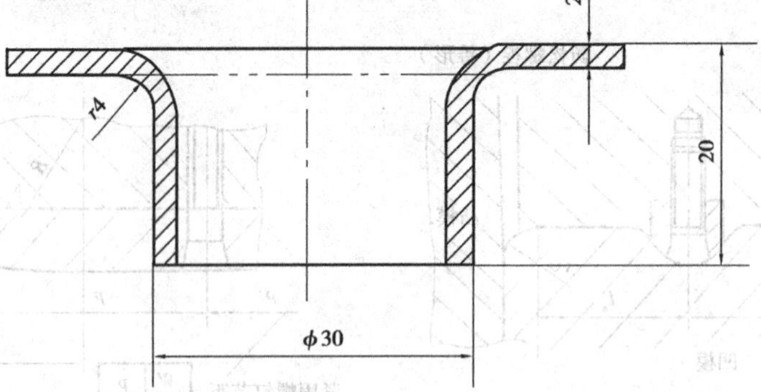

图 5.48　翻边件示意图

5.起伏成形的特点是什么？易出现的失效形式是什么？

6.凸肚胀形采用的凸模有哪些形式？

7.大型覆盖件模具中，为什么常常需要敷设拉深筋？如何敷设拉深筋？

第6章 连续模设计

连续模又称级进模,它是在一副模具内,按所加工的工件分为若干等距离的工位,在每个工位上设置一个或几个基本冲压工序来完成冲压工件某部分的加工。被加工材料每次送进一个步距,经逐个工位冲制后,便得到一个完整的冲压工件。在一副级进模中,可连续完成冲裁、弯曲、拉深、成形等工序。对一些形状特别复杂或孔边距较小的冲压件,若采用单工序模或复合模冲制有困难,则可用连续模对冲压件采取分段的方法逐步冲出。

在现代冲压技术中,连续模的地位越来越重要,特别是加工工序多、批量大的冲压件,连续模的优势更加明显。目前,国内已可自行设计与制造50多个工位的连续模,其制造精度已可达到微米级。

连续模的主要特点如下:

①一副级进模内,可布置冲裁、弯曲、拉深等多道工序,故用一台冲床可完成从板料到成品的各种冲压过程,从而免去了冲压件的周转和每次冲压的定位过程,提高了劳动生产率和设备利用率。

②虽然连续模的设计和制造比较麻烦,与其他模具相比成本较高,但一副连续模可代替多副其他模具,反而降低了模具成本,并且工序分散,无复合模具的"最小壁厚"问题,模具强度高、寿命长。

③连续模自动化程度高,操作者可远离冲床危险区,操作安全。

④连续模的应用也有一些限制。工件尺寸太大、工位数较多时,模具尺寸也较大,要考虑模具与冲床工作台面的匹配;连续模通常采用条料,产生的废料较多,材料利用率偏低;冲压过程中,条料载体和工序件易产生变形,连续模加工的工件精度较低。

6.1 连续模工艺设计基础

6.1.1 工位设计

工位设计就是确定模具工位的数目、各工位加工的内容及各工位冲压工序顺序。

(1)**工位设计原则**

1)简化模具结构

复杂的冲裁、弯曲或成形,采用形状简单的凸模、凹模,分步、多次局部冲压,尽量少采用复杂形状的模具;模具结构的简化,有利于保证连续冲压的可靠性,也有利于模具制造、装配、更换与维修。

2)保证冲件质量

对于有严格要求的局部内、外形及成组的孔,应考虑在同一工位上冲出,用模具本身的精度保证工件的位置精度。如果在一个工位上完成有困难,则应尽量缩短两个相关工位的距离,以减少定位误差。

如图 6.1(a)所示,工件中均布的 12 个圆孔,在第一个工位一次冲出 6 个,6 个孔之间的位置关系由模具保证;紧接着在第二个工位冲出另外 6 个圆孔,使定位误差减至最低。

3)尽量减少空位

连续模中,如果相邻工位之间空间距离很小,往往难以布置凸模、凹模和其他必需的机构,也不能保证凸模和凹模的尺寸和强度,这时应该设置空位,如图 6.1(b)所示。

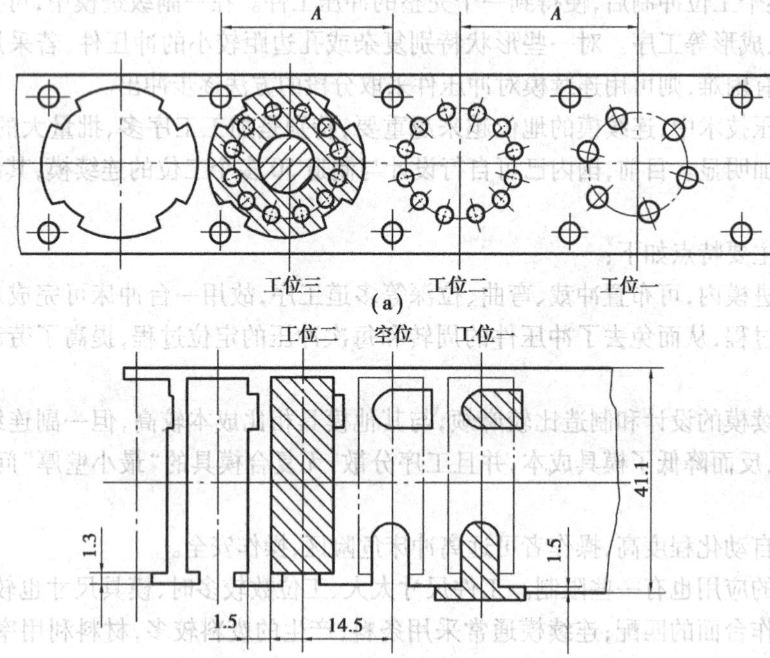

图 6.1　工位设计示例(一)

但是,空位的设置,不仅增加了相关工位之间的距离,加大了制造与冲压误差,也增大了模具的面积。当步距不大于 5 mm 时,应多设置几个空位,否则模具强度会降低,一些零件也难以安装。当步距大于 30 mm 时,应不设置空位,有时还可合并工位,采用连续—复合排样法,如图 6.1(a)所示,将 12 个圆孔复合在两个工位完成,减小了模具的轮廓尺寸,也减小了工件的尺寸误差。

(2)各工位冲压工序在排样设计中的顺序安排

多工位连续模的排样设计中,应遵循以下几条规律:

1)只有冲裁的多工位连续模

先冲内形,再冲外形;先冲孔,后落料或切断;先冲出的孔可作后续工位的定位孔。若该孔不适合于定位或定位精度要求较高时,则可冲出辅助定位的工艺孔,如图6.1(a)所示。

外形复杂的冲件,可采用分步冲出,以简化凸模和凹模形状,增加其强度,便于加工和装配,如图6.1(b)所示。若采用套料连续冲裁时,则应以由里向外的顺序,先冲内轮廓,后冲外轮廓,如图6.2(a)所示。从模具强度的角度考虑,对孔壁距小的冲压件,其孔可分步冲出,如图6.1(a)、图6.2(b)所示。工位之间凹模壁厚过小时,还应增设空位。

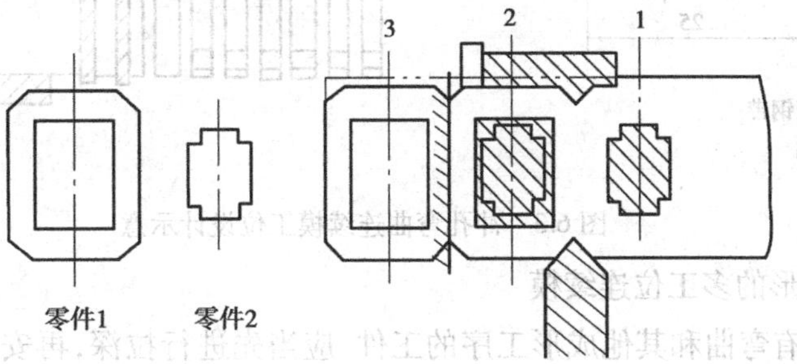

(a)

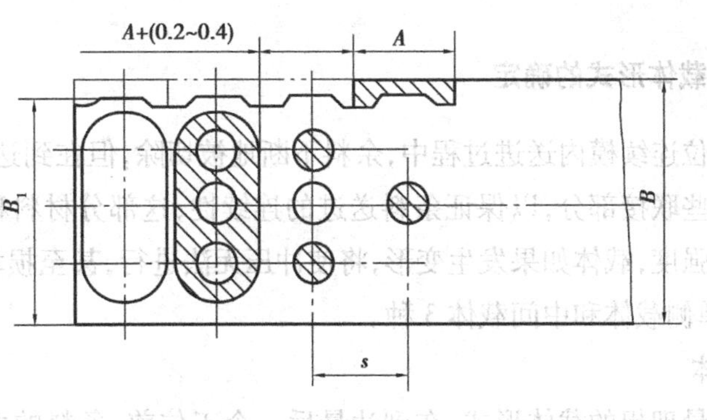

(b)

图6.2 工位设计示例(二)

2)冲裁—弯曲的多工位连续模

工序顺序一般是先冲孔,再切掉弯曲部位周边的废料,然后进行弯曲,接着切去余下的废料并落料,如图6.3所示。

复杂的弯曲件,为了控制回弹和保证弯曲角度,常常分成几次进行弯曲。经几次才能弯曲成形时,如图6.3所示,应从最远端开始,依次向与基准平面联接的根部弯曲,以简化模具结构。切除废料时,应注意保证条料的刚性和零件在条料上的稳定性。对于靠近弯曲变形区的孔以及有位置精度要求的侧壁孔,则应安排在弯曲后再冲孔。

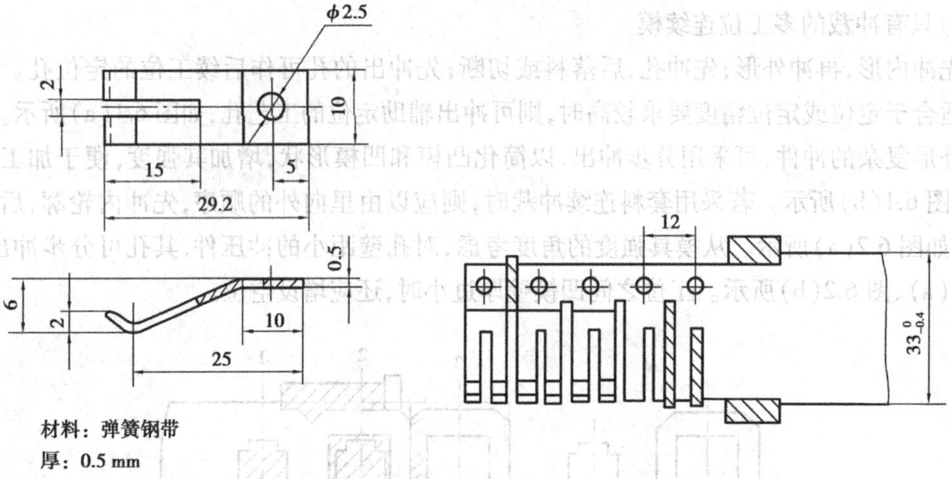

图 6.3　冲孔弯曲连续模工位设计示意

3）拉深—成形的多工位连续模

既有拉深又有弯曲和其他成形工序的工件，应当先进行拉深，再安排其他工序。这是因为拉深过程中材料必然会产生流动，若先安排其他工序，已经定型的部位在拉深过程中将改变形状。

6.1.2　条料载体形式的确定

条料在多工位连续模内送进过程中，余料不断地被切除，但在到达最后工位以前，各工位之间必须保留一些联接部分，以保证条料送进的连续性，这部分材料称为载体。载体必须具有足够的刚度和强度，载体如果发生变形，将使冲压无法进行，甚至损坏模具。载体的基本形式有双侧载体、单侧载体和中间载体 3 种。

（1）双侧载体

双侧载体是最理想的载体形式，在到达最后一个工位前，条料的两侧仍保持有完整的外形，如图 6.4 所示。采用双侧载体送料平稳，条料不易变形，精度较高，这对于送进、定位和导正都十分有利。如图 6.4 所示的弯曲件，弯曲线与条料送进方向垂直，为双侧载体的设置创造了条件。

（2）单侧载体

有些一端需要弯曲的工件，很难形成双侧载体，往往只能保持条料的一侧有完整的外形，这样的载体称为单侧载体，如图 6.5 所示。采用单侧载体时，由于导正销放在载体一侧，对条料导正和定位都会造成一些困难，设计中必须加以注意。

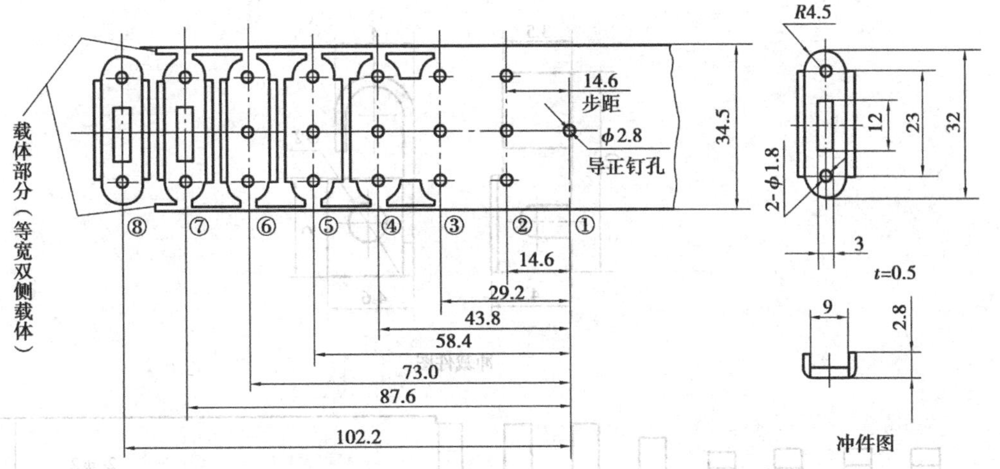

图 6.4　双侧载体排样示意

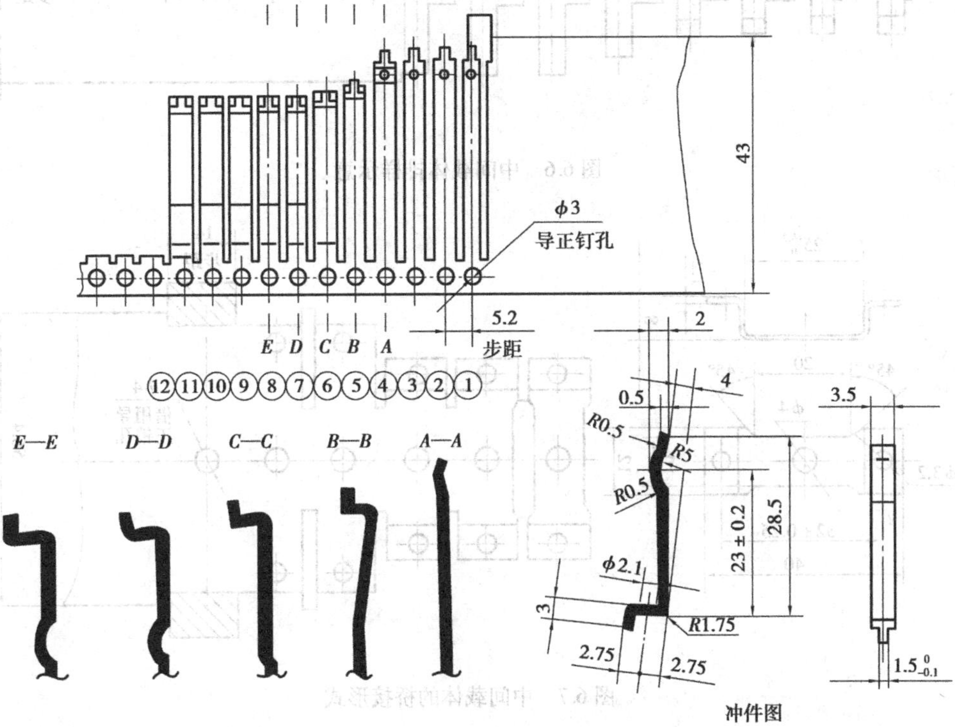

图 6.5　单侧载体排样示意

(3) 中间载体

如图 6.6 所示为中间载体的形式，主要适用于弯边位于条料两边的弯曲件。中间载体还可采用桥接的形式，在不增加料宽的情况下，用冲件之间的一小段材料，或者直接用冲件之间的搭边作为联接部分，如图 6.7 所示。

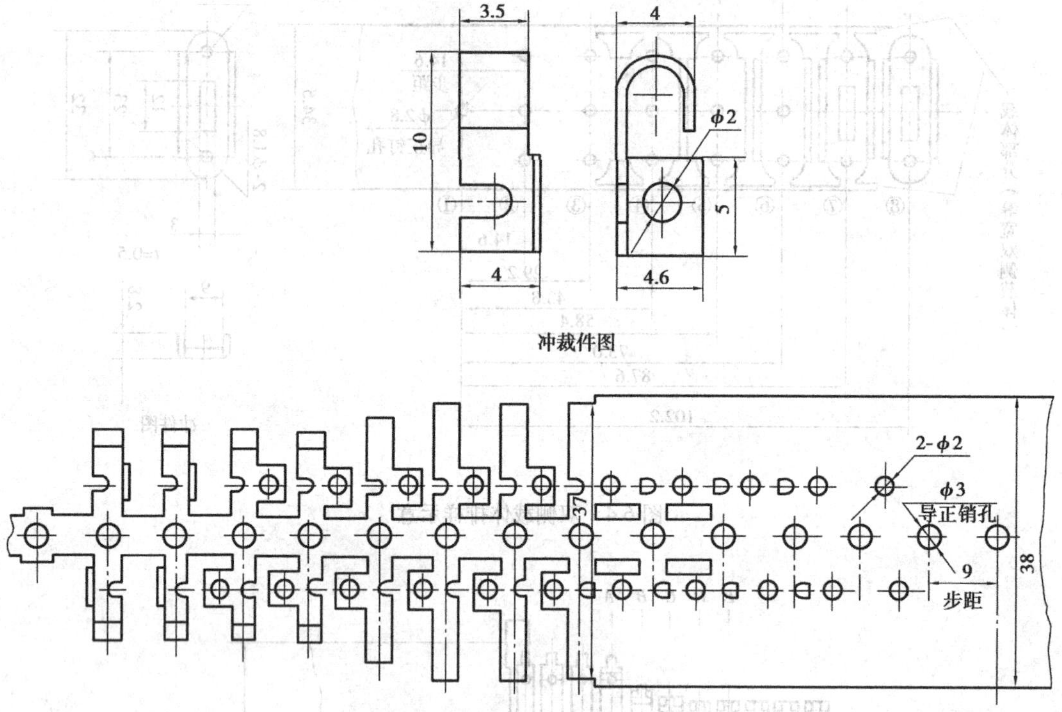

图 6.6　中间载体排样示意

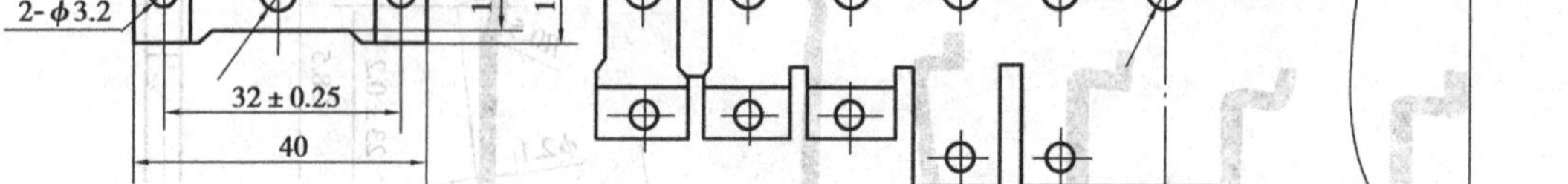

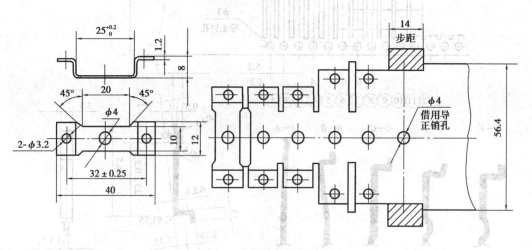

图 6.7　中间载体的桥接形式

6.1.3　分段切除时的搭接

连续模冲裁中，常采用分段冲切废料的方法来获得一个完整的冲件形状。几次冲裁相关部分的联接处，要尽量保证平直、圆滑、不错位，以保证冲压过程的顺利进行和冲压件的质量。搭接方法主要有搭接和平接两种形式。

(1)**搭接**

如图 6.8(a)所示的异型孔,先冲出 *B* 孔,再冲出 *A*,*C* 孔,*B* 与 *A*,*C* 之间的联接处设置一定的重叠量,形成一小段搭接区,以保证型孔的联接处不留下接痕。搭接最有利于保证冲件的联接质量,因此,在多工位连续模排样的分段切除过程中,尽可能采用搭接的联接方式。搭接量应大于 0.5 倍料厚;如果无位置限制,搭接量可以增大至 1~2.5 倍料厚,最小搭接量不能小于 0.4 倍料厚。

(2)**平接**

在零件的直边上先冲切掉一部分余料,在另一工位再冲切掉余下的部分,如图 6.8(b)所示。在不同工位沿同一条直线进行冲切,两次冲切的刃口位置不可能完全重合,会在联接处留下接痕。因此,这种搭接方式应该尽量避免。为改善平接的联接质量,在第一次冲切与第二次冲切的两个工位上均要设置导正销,对条料进行导正。第二次冲裁宽度应适当增加,且修出一个 3°~5°的微小斜角,以减小联接处的明显缺陷。

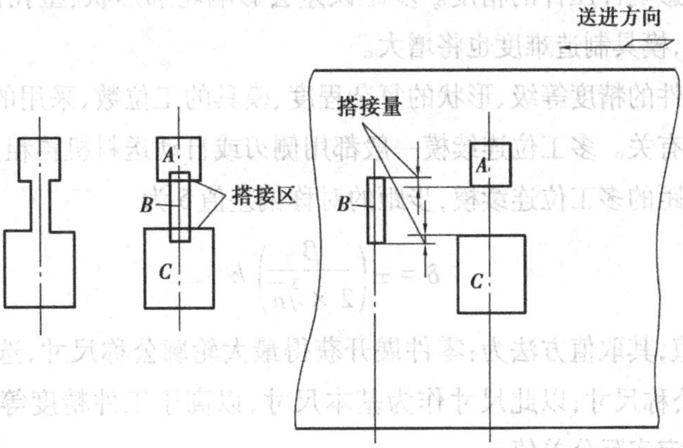

(a)搭接

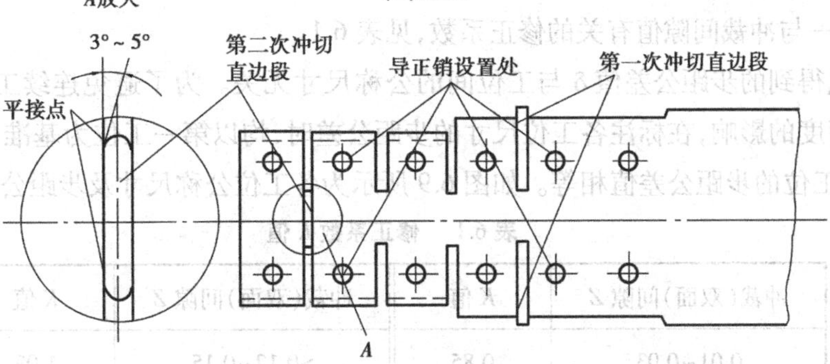

(b)平接

图 6.8　分段切口的搭接

6.1.4　条料的送进

(1)连续模对条料的要求

连续模使用的材料为长条状板材。材料较厚、小批量生产时,剪成条料;大批量生产时,采用卷料。

连续模对材料的厚度与宽度有严格要求，特别是宽度要求更严。宽度过大，条料不能进入，或通行不畅；宽度过小，影响定位精度，容易损坏侧刃、凸模等。

(2)送料的方法

①手工送料。用于批量不大、材料较厚、工件较大的连续模。

②自动送料器送料。用于成卷条料的送料，设有放料架、送料器(气动或机械驱动)等，模具中不必设置定距装置，只需加导正销导正。

③模具上附设送料装置，常用斜锲、小滑块驱动，应用较少。

(3)送料步距及其精度

步距的基本尺寸就是两相邻工位的中心距，并且任何两个相邻工位的中心距必须相等。单排列的排样，步距等于冲件的外轮廓尺寸与搭边值之和。

步距精度直接影响冲压件的精度。步距误差会影响轮廓形状、型孔位置及搭接效果，但步距精度要求过高，模具制造难度也将增大。

步距精度与零件的精度等级、形状的复杂程度、模具的工位数、采用的定位方式以及材料种类和厚度等因素有关。多工位连续模一般都用侧刃或自动送料机构粗定位，用导正销精定位。采用导正销定距的多工位连续模，步距的对称偏差值 δ 为

$$\delta = \pm\left(\frac{\beta}{2 \times \sqrt[3]{n}}\right) k$$

式中 β——公差值，其取值方法为：零件展开获得最大轮廓公称尺寸，选取沿条料送进方向最大公称尺寸；以此尺寸作为基本尺寸，以高于工件精度等级 3 级作为精度等级，确定实际公差值；

n——模具工位数；

K——与冲裁间隙值有关的修正系数，见表 6.1。

由上式得到的步距公差值 δ 与工位间的公称尺寸无关。为了避免连续工位间的积累误差对送料精度的影响，在标注各工位尺寸的步距公差时，均以第一工位为基准，采用同一基准标注，且各工位的步距公差值相等。如图 6.9 所示为各工位公称尺寸及步距公差标注的示例。

表 6.1　修正系数 K 值

冲裁(双面)间隙 Z	K 值	冲裁(双面)间隙 Z	K 值
0.01～0.03	0.85	>0.12～0.15	1.03
>0.03～0.05	0.90	>0.15～0.18	1.06
>0.05～0.08	0.95	>0.18	1.10
>0.08～0.12	1.0		

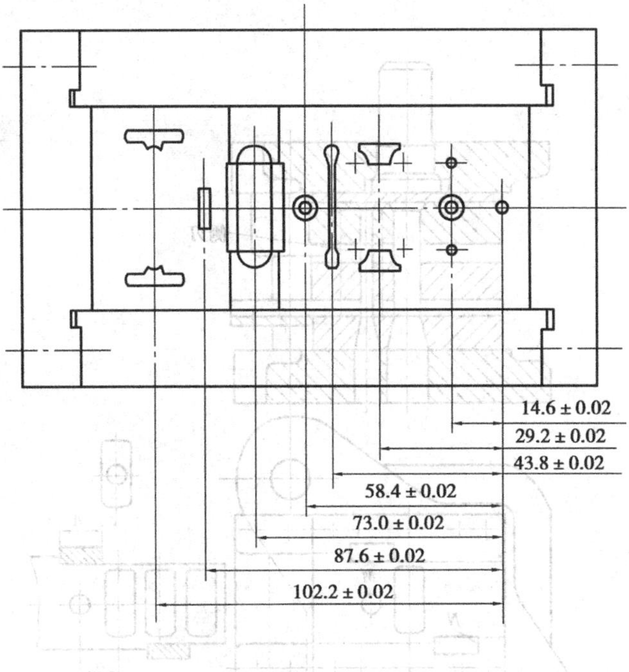

图 6.9 各工位公称尺寸及步距公差标注

(4) **定距方式**

1) 挡料销定距

挡料销定距适用于手工送料的简单连续模,利用工件落料后的废料孔与凹模上的挡料销实现定位。一次冲压后,用手将条料上冲裁的废料孔顶在挡料销上,实现定位,再进行下一次的冲压,这种定位常用于冲床的单次工作,不适宜连续工作。挡料销定距是粗定距,模具上必须设有导正销将料导正,实现精确定位。

挡料销的形状可结合废料型孔的形状设计成圆形、扇形、钩形等。

2) 自动送料器定距

自动送料器有定型产品可以选购,它配合冲床的冲压动作,使条料能按时、定量地送进高速冲床。自动冲压必须采用自动送料器送料。

3) 侧刃定距

侧刃定距是连续模中常用的定距形式,适用于厚 0.1 ~ 1.5 mm 的板料。太薄的板料易产生变形,用挡块定位时影响定位精度;太厚的板料则不利于侧刃冲切。

侧刃前后导料板之间的宽度不同,前宽后窄,在 M,N 处形成凸肩。只有在侧刃将条料切去一个长度等于步距的料边后,宽度减小,条料才能再向前送进一个步距。侧刃定位可以采用单侧刃,但板料窄边冲完后,尾部无法定位,将出现 $(n-1)$ 个废品。因此,常采用双侧刃,一个布置在第一工位或其前方,另一个布置在最后一个工位或其后方,如图 6.10 所示。

侧刃定距方便安全,但有材料浪费,定距精度不高,常与导正销联合使用。侧刃粗定位,导正销精定位。

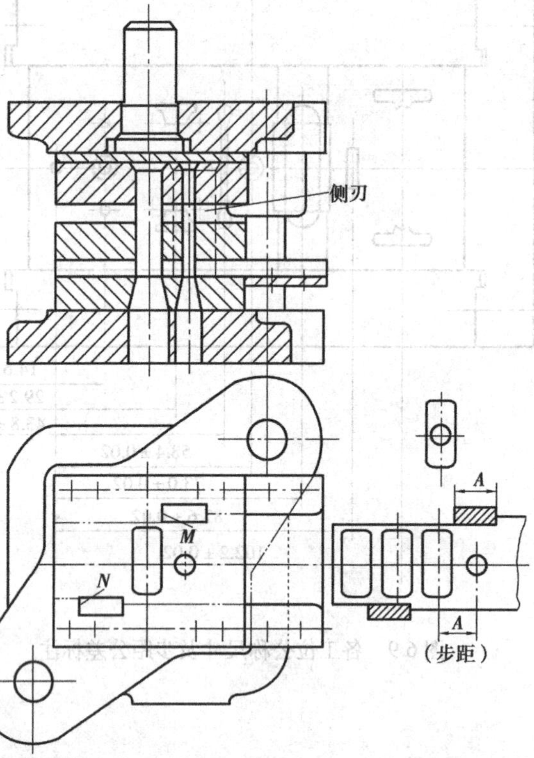

图 6.10　侧刃定距示例

4)导正销定距

导正销定距是一种定距精度较高的定距形式,实际中使用最为普遍。利用工件上的孔,或在条料载体或余料上专门冲制出的孔,作为板料的定位孔;在凸模上,或其他适当位置,设置导正销。当模具下行时,导正销插入工艺孔中,使板料作小距离的前后或左右移动,从而实现准确定位。

采用自动送料机构时,在第一工位就应冲出导正用的工艺孔,第二工位即设置导正销。由于导正销的位置及尺寸误差,以后每隔 2~4 个工步,再设置导正销,以纠正送料误差。产品尺寸要求较严的工位,应设置导正销。采用双排导正销有利于增加条料的横向稳定性,可提高送料精度。导正销的安装形式如图 6.11 所示。其中,a 直接安装在凸模上,b 安装在卸料板上,其余的均是穿过卸料板和凸模固定板,安装在上模座上。

导正销孔一般选在条料载体或余料上。对于较厚的料,也可用零件上的孔作为导正孔,但在最后工位应根据需要加以精修。

采用导正销精定位时,必须保证条料被导正时处于自由状态。在多工位连续模中,广泛使用弹性卸料板,在冲压过程中,先压紧条料再冲压。因此,导正销应该略伸出弹性卸料板,伸出长度为 0.5~0.8 倍料厚,以保证导正销的导正余地。导正销与导正孔之间间隙配合,直径应小于冲孔凸模。

导正销定距普遍使用,但有一定限制。板料太薄,定位孔易变形,不宜使用此种定距方式;对于导正销直接安装在凸模上的形式,若孔边距太小,易导致凸模壁厚太小,强度不足;若定位孔尺寸太小，则使导正销尺寸减小，容易折断；若冲裁件上无孔，条料上又无法设置工艺孔时，也无法使用此种定距方式。

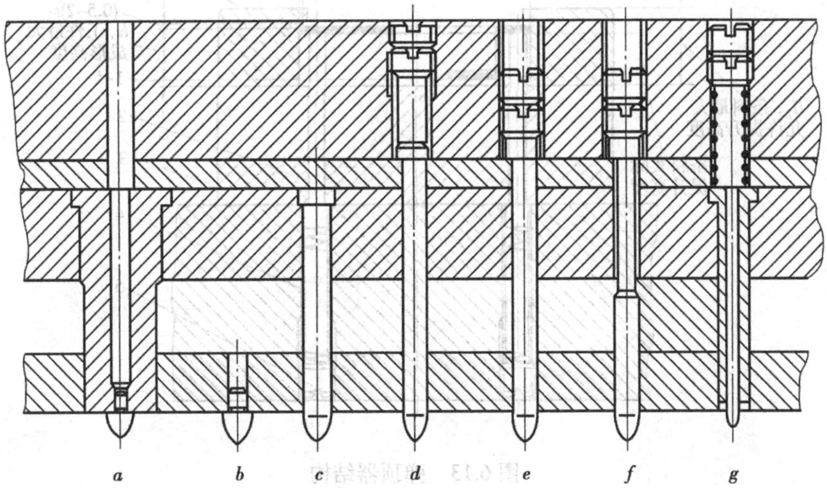

图 6.11　导正销的安装形式

5) 始用挡料销

为保证首件的正确定距，常需采用始用挡料销。如图6.12所示，人工将挡料销推入导尺中，挡住条料头部而定位。第一次冲裁后不再使用，外加推力去除后，弹簧复位。

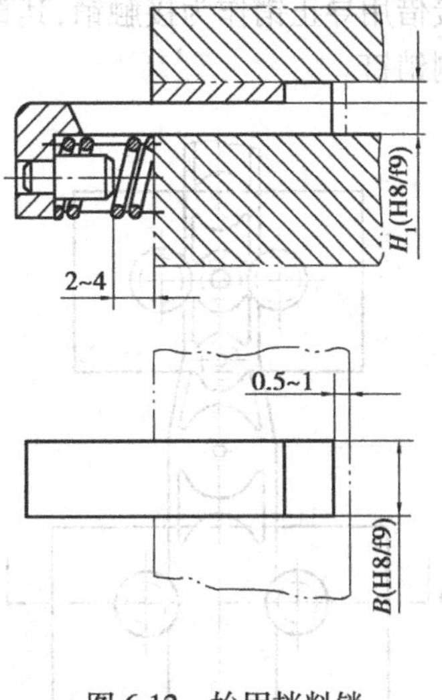

图 6.12　始用挡料销

(5) 浮料装置

级进模中若存在拉深、弯曲等成形工序，条料的下面就会不平整，送进就会有障碍。这类连续模常需要设置浮动装置，每次冲压后都用弹顶器将条料抬高，使条料成形部分全部浮出凹模，从而避开障碍、向前输送，弹顶器结构如图 6.13 所示。级进模中还大量使用带导向槽的弹顶器，如图 6.14 所示。它既能从边缘将板料顶起，起弹顶作用，也能取代导料板，起导向作用。使用导向槽弹顶器，可减少送进阻力。选择这种弹顶器，应在模具进料一端，或进、出料两端，加局部导料板配合使用。

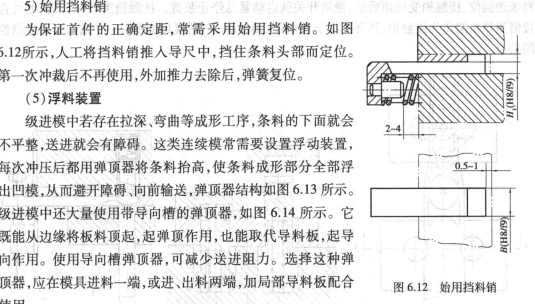

(6) 多工位连续模的自动检测保护装置

对于带自动送料装置的多工位连续模，应采用自动检测保护装置，监测整个冲压过程中模具或条料发生的各种故障，并使压力机自动停止运转。自动检测保护装置的主要功能是检测原材料尺寸、条料的误进给和出件。当材料厚度或宽度超差，纵向或横向弯曲，以及条料用完时，发出信号；当条料误进给，未达到指定位置时，发出信号；当冲件或废料未自动排除，或料斗装满时，也发出信号。

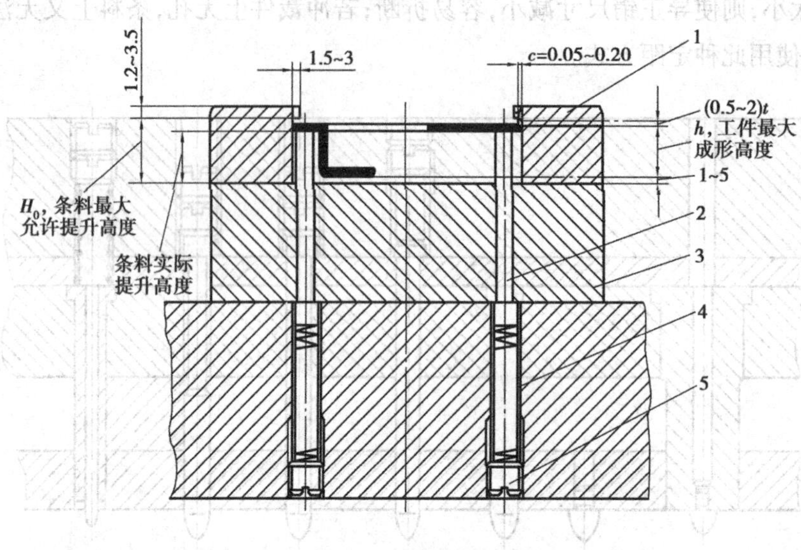

图 6.13　弹顶器结构

条料误进给的自动检测通常采用接触销对导正孔进行检测。如图 6.15 所示为接触式传感检测装置示意图。接触销同被检测物接触,而微动开关同压力机控制电路组成回路,当条料未送到位,接触销受压而后退,微动开关就启动紧急停止装置。接触销类似导正销,也可直接借用导正销作为接触销,其直径小于导正孔 0.04 mm,一副模具可设置一个或几个误进给检测销钉。

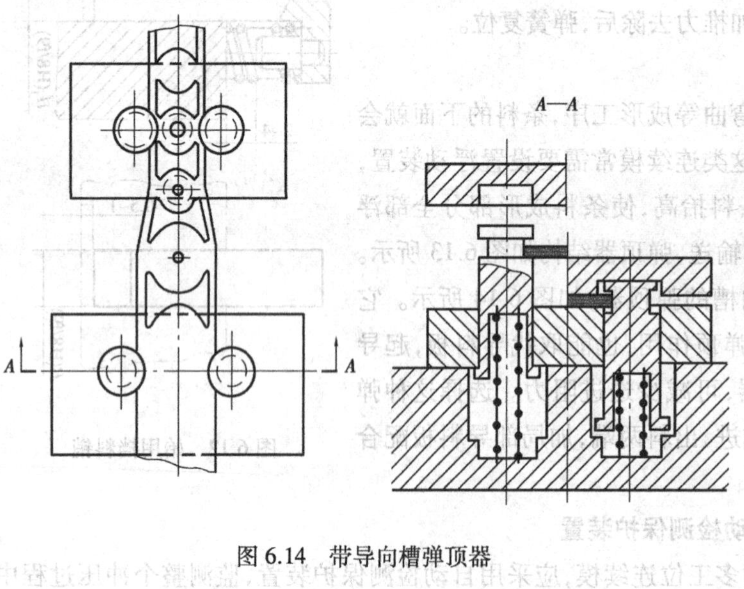

图 6.14　带导向槽弹顶器

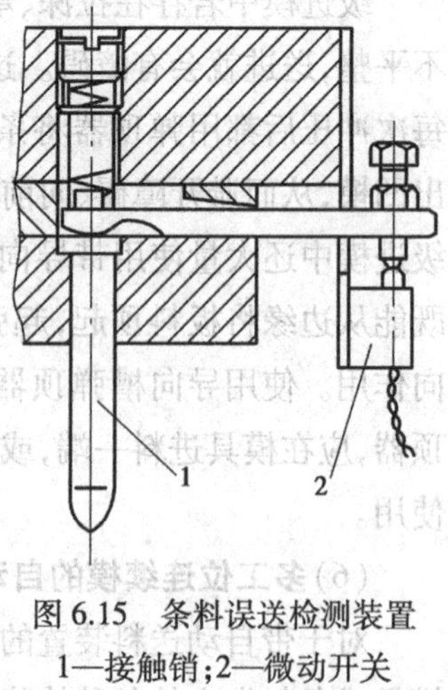

图 6.15　条料误送检测装置
1—接触销;2—微动开关

6.1.5　卸料装置

级进模要求卸料装置有足够的卸料力,且卸料平稳。常用的卸料装置是弹性卸料板。卸料板的另一个重要作用是保护细小的凸模。由于工件形状的要求,凸模的形状也多种多样,有圆形的,有异形的,也有很薄的,有的凸模厚度不足0.5 mm。为了使这些小凸模有足够的使用寿命,需要卸料板对小凸模进行保护。

为满足保护小凸模的要求,卸料板必须有很高的运动精度,因此,在卸料板与上模座之间经常增设小导柱、导套,常用结构形式如图6.16所示。图6.16(a)和图6.16(b)均是在固定板与卸料板之间实现导向,图6.16(c)和图6.16(d)则是将上模板、固定板、卸料板和下模板都联接在一起。若对运动精度有更高的要求,以及工位较多、精度要求较高时,应选用滚珠导向的导柱、导套。实际中,冲裁间隙在0.05 mm以内的级进模,普遍采用滚珠导向的模架,并在卸料板上采用滚珠导向的小导柱。另外,卸料板各型孔与对应凸模的配合间隙值,应当是凸模与凹模间隙的1/4~1/3,这样才能起到对凸模的导向和保护作用。

卸料板要有足够的强度和硬度,型孔的表面粗糙度 R_a 应为0.4~0.8 μm。由于工作时要深入两导料板之间,弹性卸料板常设计成反凸台形,凸台与导料板之间应有适当的间隙。

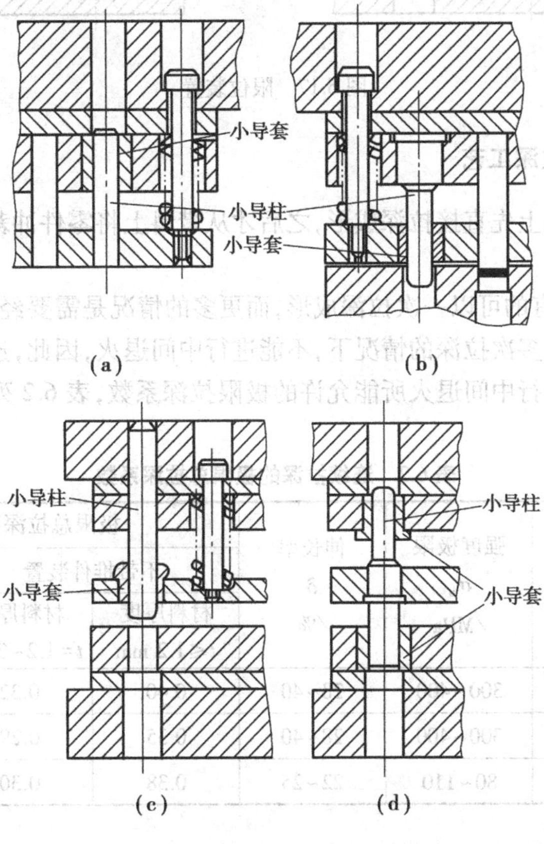

图6.16 带导柱和导套的弹性卸料板

6.1.6 限位装置

级进模结构较复杂,凸模较多,在存放、搬运、试模过程中,若凸模过多地进入凹模,容易损伤模具,为此,在级进模中应安装限位装置,如图6.17所示。限位装置由限位柱和限位垫块、限位套组成,在冲床上安装模具时把限位垫块装上,此时模具处于闭合状态。在冲床上固定好模具,取下限位垫块,模具就可工作,对安装模具十分方便。从冲床上拆下模具前,将限位套放在限位柱上，模具处于开启状态，便于搬运和存放。

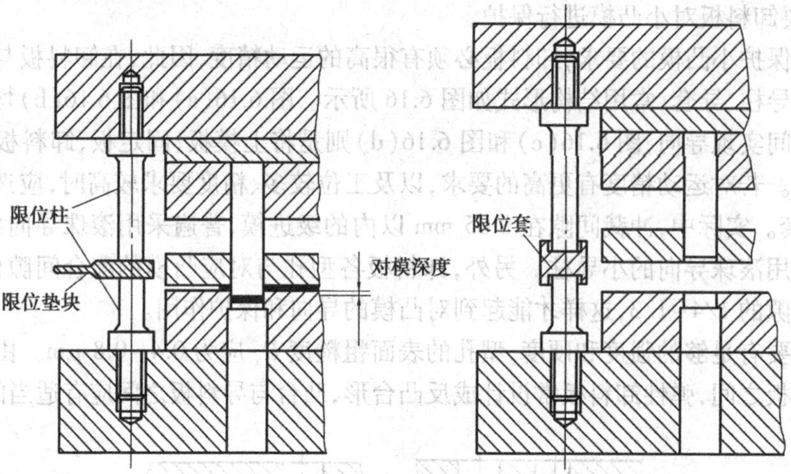

图 6.17　限位装置

6.1.7　带料连续拉深工艺

连续拉深是在带料上先直接拉深成形，之后才从带料上将零件冲裁下来。这种拉深方法适合于大批量生产。

连续模中的拉深，有的可以一次拉深成形，而更多的情况是需要经多次拉深，才能完成工件所需的形状。在需要多次拉深的情况下，不能进行中间退火，因此，连续拉深工件的总拉深系数应该大于材料不进行中间退火所能允许的极限拉深系数，表 6.2 列出了常用材料连续拉深的极限总拉深系数。

表 6.2　连续拉深的极限总拉深系数

材　料	强度极限 σ_b /MPa	伸长率 δ /%	极限总拉深系数 $m_{总}$		
			不带推件装置		带推件装置
			材料厚度 $t \leqslant 1.2$ mm	材料厚度 $t = 1.2 \sim 2$ mm	
08F	300~400	28~40	0.40	0.32	0.16
黄铜 H62，H68	300~400	28~40	0.35	0.29	0.2~0.24
软铝	80~110	22~25	0.38	0.30	0.18

带料拉深分为无切口和有切口两种。拉深成形是通过毛坯凸缘部分的切向压缩、径向伸长来实现的，拉深过程中，材料要发生强烈的塑性流动。连续模拉深时，同一条料上相邻的两个拉深件在变形过程中相互影响、相互约束，增加了材料流动的难度，且材料的流动使条料变窄，给导正和送进增加了难度。因此，为了减少彼此的干涉，有利于材料的流动，通常在条料上各工位区域之间冲裁出切口，使其相对分离。

有切口的连续拉深与单个毛坯拉深较相似，虽然材料消耗较多，但每道工序可采用较小的拉深系数，以减少拉深次数，可用于拉深较困难的工件。一般毛坯相对厚度 $t/D<1\%$、相对

凸缘直径 $d_t/d>1.3$ 以及相对高度 $h/d>0.3$ 的拉深件，须采用有切口拉深，如图 6.18 所示。

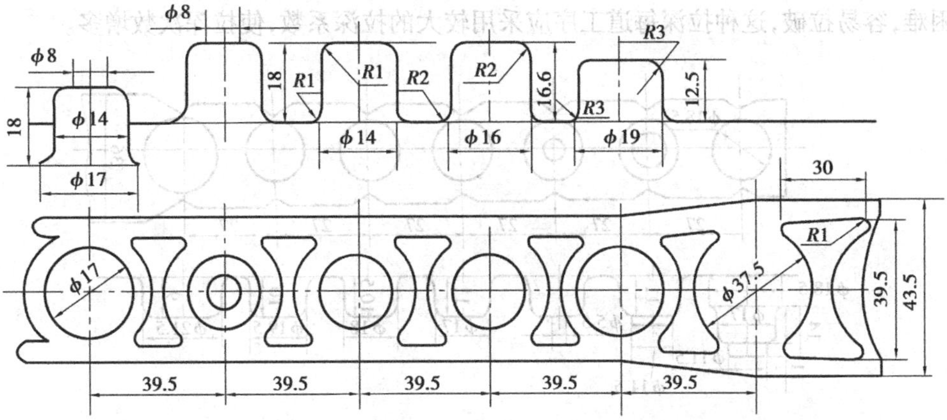

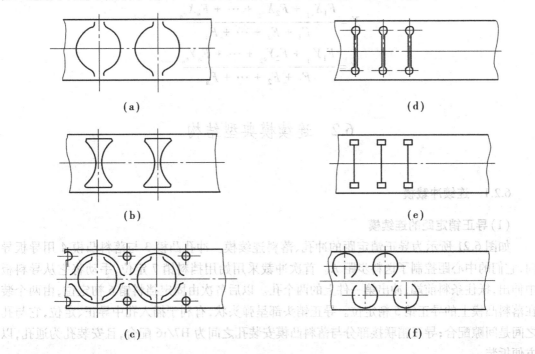

图 6.18　有切口连续拉深（08 钢、1.2 mm 厚）

常用切口形式如图 6.19 所示。图 6.19(a)所示的切口适用于材料厚度小于 1 mm、直径大于 5 mm 的圆形浅拉深件。图 6.19(b)所示的切口用于材料厚度大于 0.5 mm 的圆形小工件，拉深中不易起皱，应用较广，但这两种切口拉深后侧搭边区产生变形，带料宽度会缩小，增加了送料和导正的难度。图 6.19(c)所示的切口，带料的宽度及送进步距在拉深过程中不改变，可用于有导正销的场合，但是模具制造比较困难，且材料浪费较多。图 6.19(d)、(e)所示的切口适用于矩形拉深件。图 6.19(f)所示的切口用于双排小尺寸拉深件。

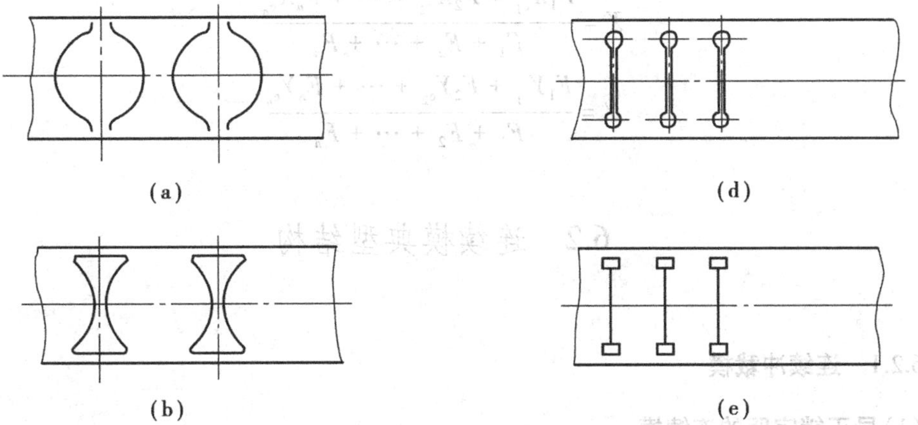

图 6.19　常用切口形式

对于毛坯相对厚度 $t/D>1\%$、相对凸缘直径 $d_t/d=1.1\sim1.5$ 及相对高度 $h/d\leqslant0.3$ 的拉深件,也可采用无切口的连续拉深,如图 6.20 所示。由于相邻拉深件之间相互牵制,材料纵向流动较困难,容易拉破,这种拉深每道工序应采用较大的拉深系数,使拉深次数增多。

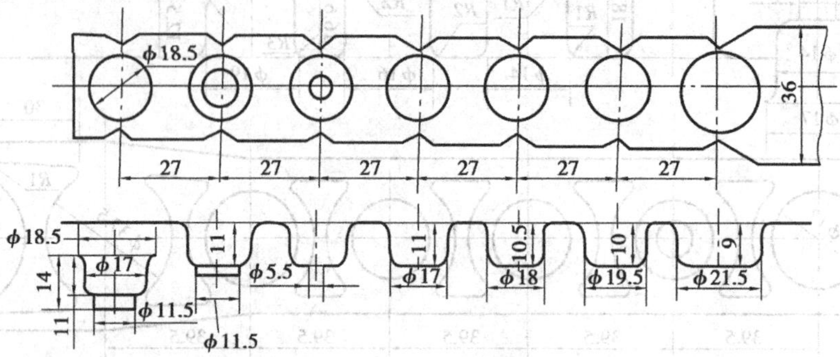

图 6.20　无切口连续拉深(黄铜、0.8 mm 厚)

6.1.8　连续模压力中心的计算

连续模的压力中心即为模具的多工位冲压的合力点。模具设计时,应考虑将压力中心与冲床滑块中心重合。

计算多工位连续模压力中心时,根据力矩平衡的原则,先根据各个工位的不同冲压工序,计算该工位的冲压力 F_n 和该工位的压力中心坐标(X_{c_n},Y_{c_n}),然后将各工位冲压力相加,计算出总冲压力($F_1+F_2+\cdots+F_n$),再根据下式计算出总冲压力的坐标位置(X,Y),即

$$X=\frac{F_1X_{c_1}+F_2X_{c_2}+\cdots+F_nX_{c_n}}{F_1+F_2+\cdots+F_n}$$

$$Y=\frac{F_1Y_{c_1}+F_2Y_{c_2}+\cdots+F_nY_{c_n}}{F_1+F_2+\cdots+F_n}$$

6.2　连续模典型结构

6.2.1　连续冲裁模

(1)导正销定距的连续模

如图 6.21 所示为导正销定距的冲孔、落料连续模。冲孔凸模 3 与落料凸模 4 用导板导向,它们的中心距控制了送料步距 A。首次冲裁采用始用挡料销 7 定位,手动将它从导料板中伸出,抵住条料前端,冲出第一件上的两个孔。以后各次由固定挡料销 6 初定位,由两个装在落料凸模上的导正销 5 精定位。导正销头部呈弹头状,有利于插入孔中导正、定位,它与孔之间是间隙配合;导正销联接部分与落料凸模安装孔之间为 H7/r6 配合,且安装孔为通孔,以方便拆装。

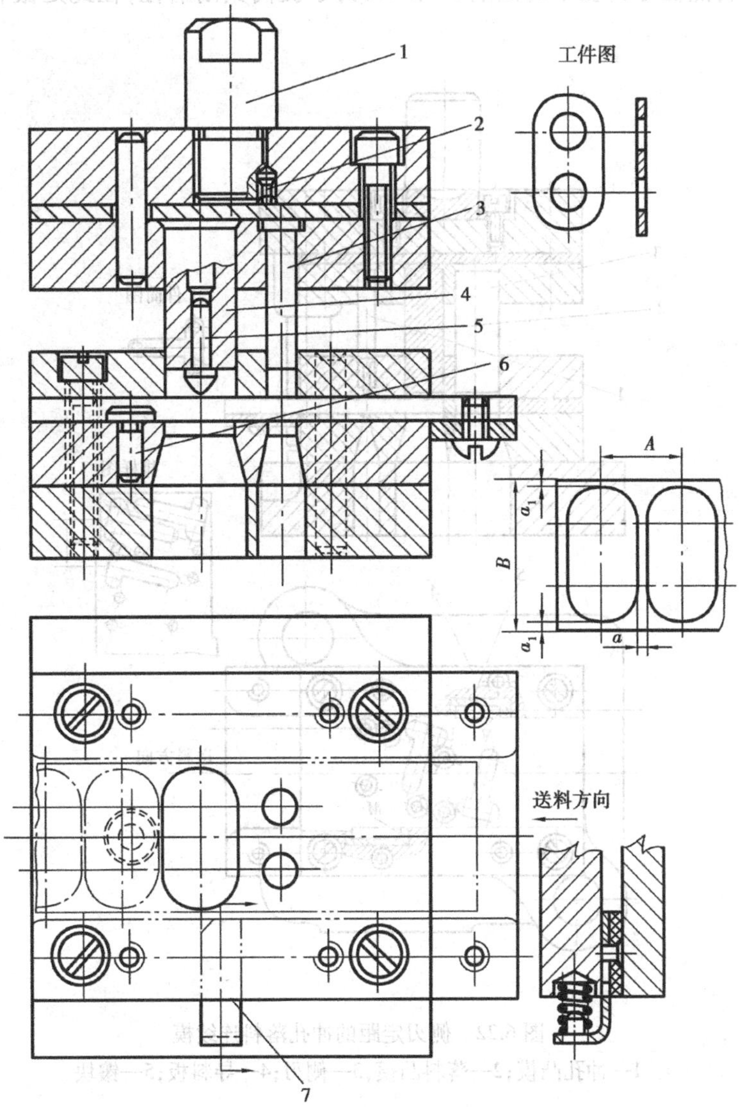

图 6.21 导正销定距的冲孔落料连续模

1—模柄;2—螺钉;3—冲孔凸模;4—落料凸模;5—导正销;6—固定挡料销;7—始用挡料销

(2)侧刃定距的连续模

如图 6.22 所示为带双侧刃的冲孔、落料连续模。根据零件的形状与尺寸,采用了斜对排的排样方式,以提高材料的利用率。上模共装有 6 个冲孔凸模 1、2 个落料凸模 2 以及 2 个侧刃 3,双侧刃采用前后错开排列。冲压过程如下:条料从左向右送进,头部抵在左侧刃的凸肩 *M* 处定位,在第一个工位进行第一次冲裁,冲出 3 个孔及左边一窄条。条料再次继续送进,冲除窄条的部分在 *M* 处顺利通过,直到宽处再次抵在 *M* 处,条料定位,进行第二次冲裁,第一个工位还是冲出 3 个孔及一窄条,而第二个工位是落料工位,将带有 3 个孔的零件冲下。第三次冲裁时,落第二个料,并在右边冲去一个窄条。以后每次冲裁都同时冲两件的孔、落两件的料,每冲一次可以得到两个冲裁件,并在 *M*,*N* 各冲去一窄条来定距。每次送料时,条料上的左、右凸肩分别抵住导料板中的凸肩 M 和 N，为了提高其耐磨性，在此处镶有淬火处理的镶块5。

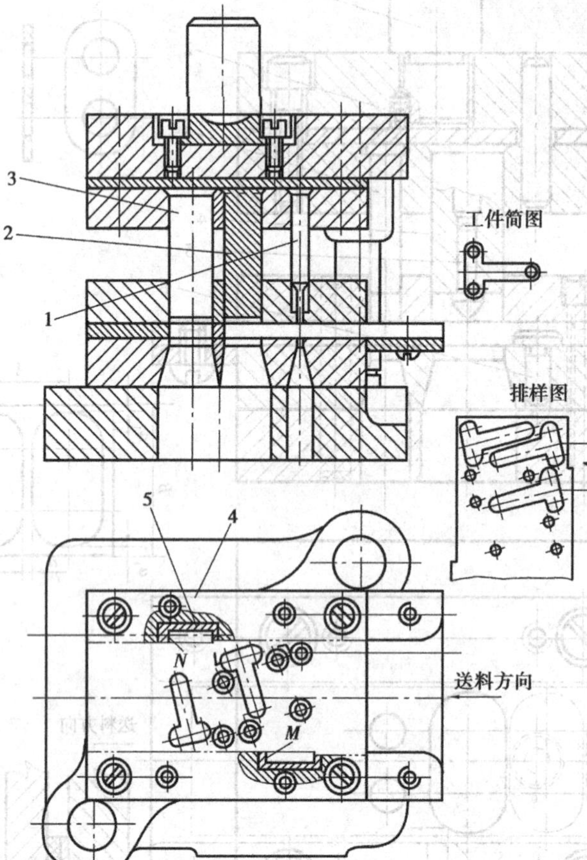

图 6.22　侧刃定距的冲孔落料连续模

1—冲孔凸模；2—落料凸模；3—侧刃；4—导料板；5—镶块

6.2.2　连续弯曲模

如图 6.23 所示为冲孔、弯曲、落料连续模。所冲工件的形状不太复杂，但其外形轮廓及槽、孔的尺寸都较小，且左右形状不对称，弯曲工艺性较差。若采用单工序模进行冲压，工件的形状和尺寸都不易得到保证，且不便操作，因此采用连续模冲压。其冲压过程为：板料从右边送进，采用侧刃定位。第一步由侧刃切边定位，第二步冲出工件上的圆孔、槽及两个工件之间的分离长槽，第三步空位，第四步压弯，第五步空位，第六步切断，最后得到所需的工件。

此模具采用兼有导向作用的弹性卸料板5，各凸模与凸模固定板9之间呈间隙配合，运动由导板(具有导向作用的弹性卸料板)5导向，导向准确，且凸模的装拆、更换方便。导板由卸料螺钉与上模联接，其本身的运动由导柱3导向。这种导向结构能消除因压力机导向误差对模具的影响，模具寿命长，零件质量好。

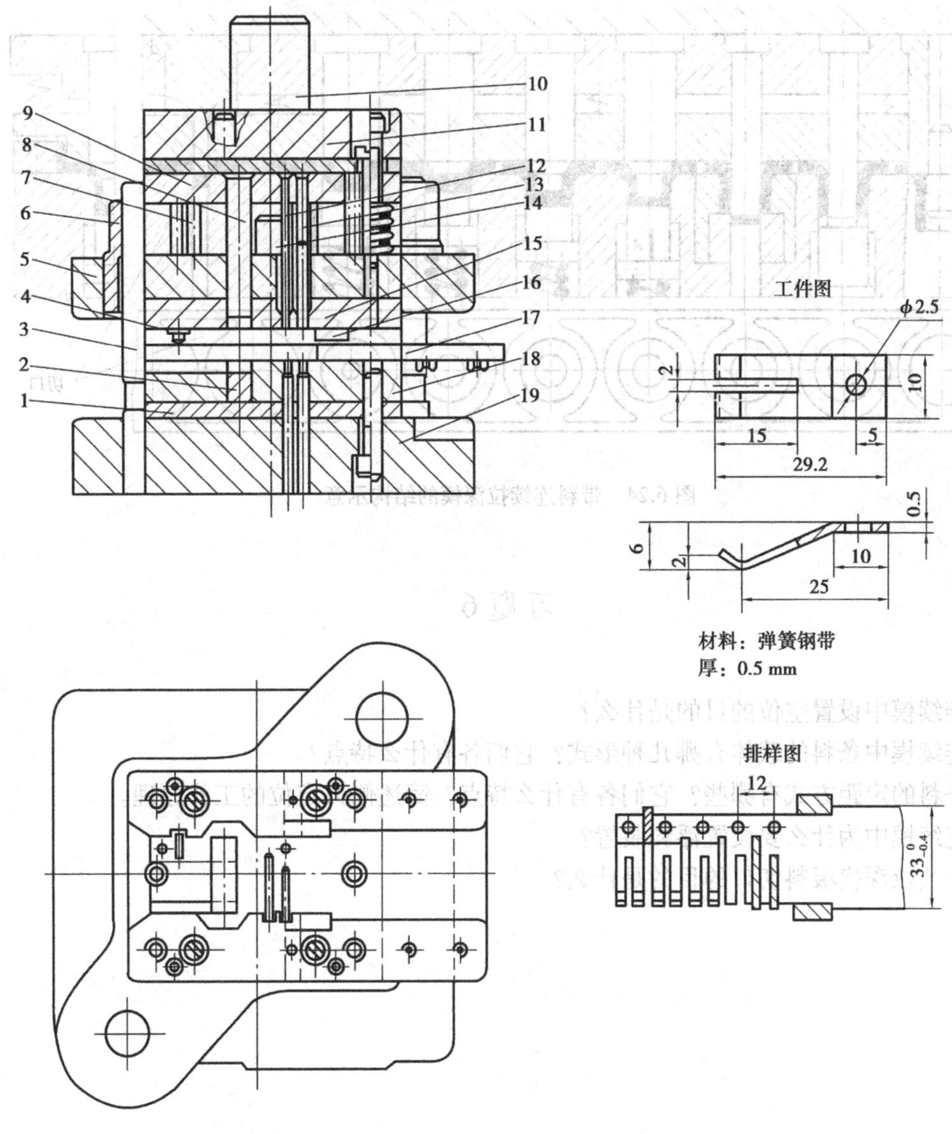

图 6.23　冲裁弯曲连续模

1—垫板；2—凹模镶块；3—导柱；4—导正销；5—弹性卸料板；6—导套；7—切断凸模；8—弯曲凸模；9—凸模固定板；10—模柄；11—上模座；12—冲分离槽凸模；13—冲槽凸模；14—限位柱；15—导板镶块；16—侧刃；17—导料板；18—凹模；19—下模座

6.2.3　连续拉深模

如图 6.24 所示为带料连续拉深模的结构示意图。这副模具冲制带锥形口的短管，共有 8 个工位。第一工位冲工字形的切口，第二工位先拉深成锥形，第三、第四、第五工位将半成品逐渐拉深成筒形件，第六工位切底，第七工位整形，校正工件的内、外径，第八工位落料。在第二、第三、第四、第五、第七工位的下模中都装有弹顶器，以便每次冲裁后将工件顶出凹模，向前输送。

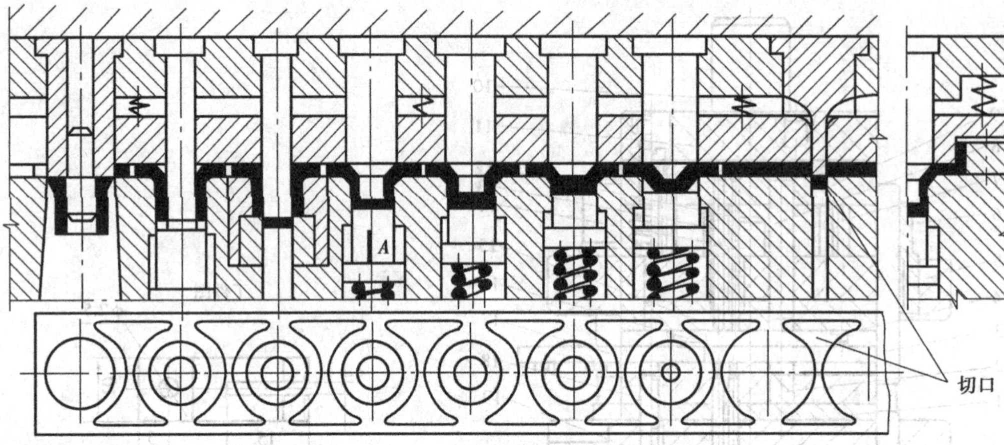

图 6.24　带料连续拉深模的结构示意

习题 6

1.连续模中设置空位的目的是什么？

2.连续模中条料的载体有哪几种形式？它们各有什么特点？

3.条料的定距方式有哪些？它们各有什么特点？简述侧刃定位的工作原理。

4.连续模中为什么要设置浮料装置？

5.连续拉深模板料切口的目的是什么？

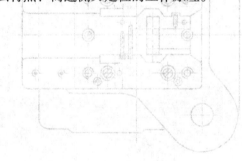

第 7 章 冲压板料及其成形性能

7.1 概 述

板料对冲压成形工艺的适应能力称为板料的冲压成形性能。板料在成形过程中可能出现两种失稳现象:一种称为拉伸失稳,表现为板料在拉应力作用下局部出现颈缩或破裂;另一种称为压缩失稳,表现为板料在压应力作用下出现皱纹。板料发生失稳之前可达到的最大变形程度称为成形极限。成形极限分为总体成形极限和局部成形极限。总体成形极限反映板料失稳前某些特定的总体尺寸可达到的最大变化程度,如极限拉深系数、极限胀形高度和极限翻边系数等,这些参数常被用作工艺设计依据。局部成形极限反映板料失稳前局部尺寸可达到的最大变化程度。

在第 1 章里介绍过,当外径 D_0、内孔 d_0 与凸模直径具有不同的比值时(见图 1.5),环形毛坯可产生拉深、扩孔、翻边、胀形等不同的变形趋向,从而获得形状完全不同的零件。与图 1.6 相对应,在不同的成形区域,有不同的成形性能要求,如图 7.1 所示。

实际中,板料的冲压成形性能包括抗破裂性、贴模性和定形性。其影响因素很多,如材料性能、零件和冲模的几何形状与尺寸、变形条件(变形速度、压边力、摩擦和温度等)以及冲压设备性能和操作水平等。

(1)抗破裂性

抗破裂性是评定板料冲压成形性能的主要指标。胀形、伸长类翻边、拉深和弯曲成形时,可能产生的破裂有 α 破裂、β 破裂和弯曲破裂 3 种典型形式。α 破裂是由于板料所受拉应力超过材料强度极限引起的破裂,如胀形破裂;β 破裂是由于板料的伸长变形超过材料的局部延伸率引起的破裂,如内孔翻边破裂;弯曲破裂是由于弯曲变形区的外层材料中拉应力过大引起的破裂。

(2)贴模性

贴模性是指板料在冲压过程中取得模具形状的能力。成形过程中发生的内皱、翘曲、塌陷和鼓起等几何面缺陷,均会使贴模性降低。贴模性的影响因素主要有成形工艺参数和材料性能。

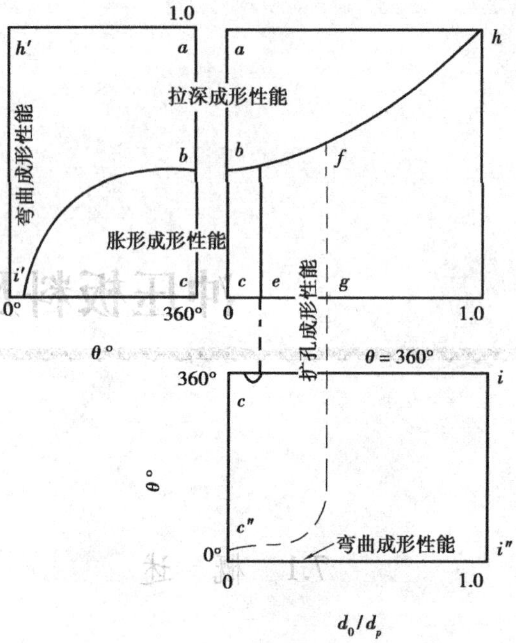

图 7.1　冲压成形性能划分区

(3)定形性

定型性是指零件脱模后保持其在模内既得形状的能力。影响定形性的诸因素中,回弹是最主要的因素,零件脱模后,常因回弹过大而产生较大的形状误差。

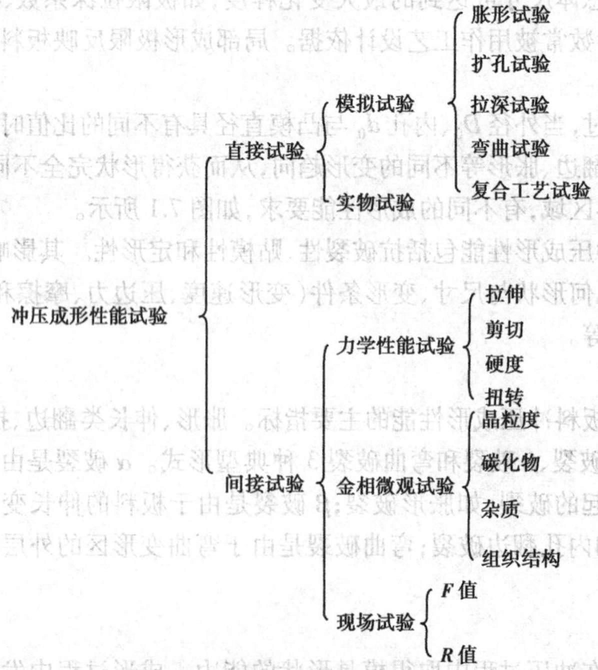

图 7.2　冲压成形性能试验方法

材料冲压成形性能的主要试验方法，可分为间接试验和直接试验两类，如图7.2所示。间接试验内容有拉伸试验、硬度试验、金相试验等，这些试验能从不同角度反映板材的冲压成形性能。直接试验也称模拟试验，是直接模拟某一类实际成形方式来成形小尺寸的试样，由于应力应变状态相同，实验结果更能直接反映板料的冲压成形性能。

7.2　板料的基本性能与冲压成形性能的关系

板料的基本性能通过间接试验获得，这些试验主要有拉伸试验、硬度试验和金相试验，这些试验取得的性能指标，能从不同角度反映板料的冲压成形性能，其中用板料的拉伸试验获得的屈服极限、屈强比、伸长率、硬化指数、塑性应变比等性能指标，最能反映冲压成形性能。

7.2.1　板料的单向拉伸试验

板料的单向拉伸试验在万能材料试验机上进行，所用的标准试样从待试验的板材上截取。其形状如图7.3所示，规格应符合GB/T 5027的规定，标距 l_0 应大于20 mm，圆角半径 R 不小于13~20 mm，应变速率为0.025~0.5(1/min)，以减小对测试数据的影响。

根据试验结果，可得到如图7.4所示的应力与伸长率之间的关系曲线，即拉伸曲线。

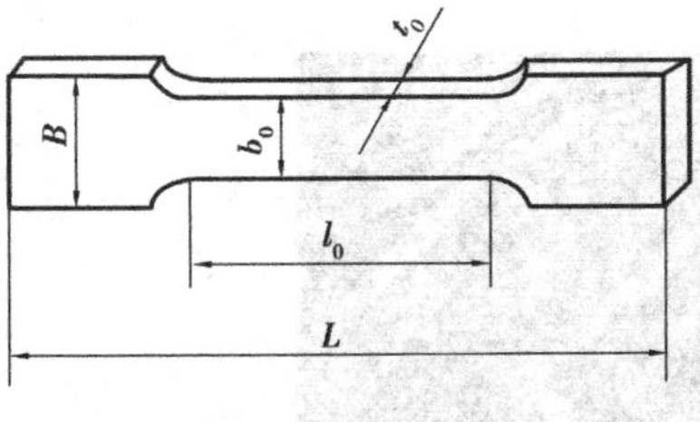

图7.3　拉伸试验试样

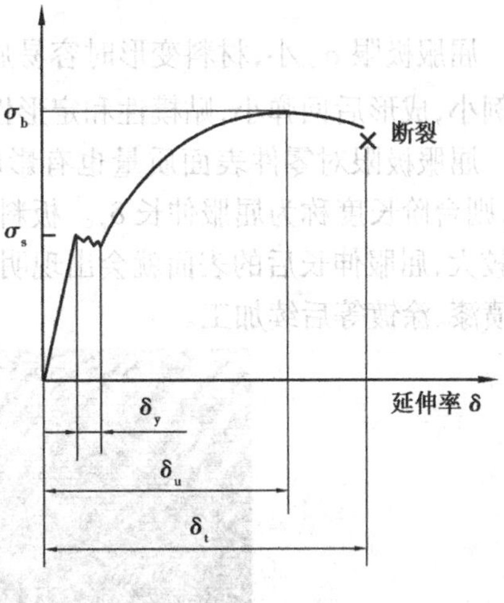

图7.4　单向拉伸曲线

从拉伸曲线中可获得的主要强度指标如下：

(1) **屈服强度** σ_s

与屈服点对应的应力值。

(2) **抗拉强度** σ_b

抗拉强度为：

$$\sigma_b = \frac{F_{max}}{A_0}$$

式中 F_{max}——最大拉伸力；

A_0——试样初始截面积，即

$$A_0 = b_0 \times t_0$$

可获得的主要塑性指标如下：

伸长率 δ 为

$$\delta = \frac{l - l_0}{l_0} \times 100\%$$

断面收缩率 ψ 为

$$\psi = \frac{A_0 - A}{A_0} \times 100\%$$

式中 l_0, l——试样拉伸前、后的长度；

A——拉伸后的截面积。

7.2.2 伸长率 δ 与成形性能的关系

单向拉伸试验时，试样拉断之前的延伸率称为总延伸率 δ_t。它由试样出现颈缩之前的均匀延伸率 δ_u 和出现颈缩之后的局部延伸率组成。一般来说，δ_u 和 δ_t 越大，板料允许的塑性变形程度也越大，抗破裂性较好，有利于提高材料的胀形成形性能、扩孔性能和"拉深—胀形"复合成形性能。

7.2.3 屈服极限 σ_s 与成形性能的关系

屈服极限 σ_s 小，材料变形时容易屈服，从弹性变形进入塑性变形，总变形中的弹性变形比例小，成形后回弹小，贴模性和定形性较好。

屈服极限对零件表面质量也有影响。如果板料的拉伸曲线不连续，在屈服阶段出现台阶，则台阶长度称为屈服伸长 δ_y。板料在屈服伸长阶段的变形主要靠吕德斯带滑移，若板料 δ_y 较大，屈服伸长后的表面就会出现明显的滑移线痕迹，导致零件表面粗糙（见图 7.5），不利于喷漆、涂镀等后续加工。

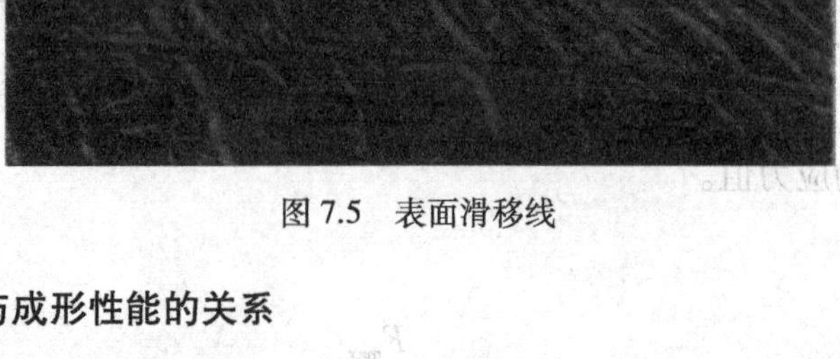

图 7.5 表面滑移线

7.2.4 屈强比与成形性能的关系

材料屈服强度与抗拉强度的比值 σ_s/σ_b 称为屈强比。屈强比越小，板料由屈服到破裂的塑性变形阶段越长，有利于冲压成形。一般来说，较小的屈强比对板料在各种成形工艺中的抗破裂性都有利。另外，屈强比与成形零件的回弹也有关系，屈强比数值小，回弹也小，定形性较好。总之,屈强比是反映板料冲压成形性能的很重要的指标,我国冶金标准规定,用于拉深复杂零件的深拉深用 ZF 级钢板,其屈强比不得大于0.66。

7.2.5　应变硬化指数 n 与成形性能的关系

板料的硬化曲线可采用幂指数方程 $\sigma = K\varepsilon^n$ 来表述。式中,K 为常数,n 为硬化指数。硬化指数 n 反映了板料在塑性变形过程中的变形强化能力,其物理意义是材料在塑性变形时的硬化强度。

n 值在数值上与缩颈点的真实应变相等,也就是材料拉伸失稳之前的均匀应变极限值,与冲压成形性能关系十分密切。n 值越大,抗缩颈能力就越强,材料的拉伸失稳出现得就越晚,增大了失稳极限应变,不仅能提高板料的局部应变能力,还能使应变分布趋于均匀化,提高板料成形时的总体成形极限。对于胀形、扩孔、翻边和拉深件底部附近的变形等拉伸类成形来说,可推迟破裂点的到来,以获得较大的极限变形程度,减少成形工序的次数。

n 值的测定方法,在 GB/T 5028 中已有规定。

7.2.6　塑性应变比 r 与成形性能的关系

塑性应变比 r 又称为板厚方向性系数,是板料试样的宽向和厚向应变之比。即

$$r = \frac{\varepsilon_b}{\varepsilon_a} = \frac{\ln\left(\dfrac{b_0}{b}\right)}{\ln\left(\dfrac{t_0}{t}\right)} = \frac{\ln\left(\dfrac{b_0}{b}\right)}{\ln\left(\dfrac{lb}{l_0 b_0}\right)}$$

式中　l_0, b_0, t_0——拉伸试样变形前的长度、宽度和厚度;

l, b, t——拉伸后的试样长度、宽度和厚度。

r 值与多晶体板材中结晶取向有关,用于衡量板材各向异性,反映板料厚度方向和平面方向之间变形难易程度的差异。当 $r=1$ 时,宽度与厚度方向的塑性为各向同性;而 $r\neq1$ 时,为各向异性,其中,若 $r>1$,说明该板材的宽度方向比厚度方向更易变形。

r 值与冲压成形性能密切相关,尤其与拉深成形性能更有直接的关系。拉深时,主变形为凸缘区的压缩变形,而拉深件底部圆角处的变薄和破裂是拉深的主要失效形式。r 值越大,表明该材料宽度方向变形容易而厚度方向变形困难,凸缘区的切向容易被压缩变形,凸缘区的厚度方向变形困难而不易增厚、起皱;r 值越大,由于厚度方向变形困难,底部圆角处的变薄倾向减小。因此,r 值较大的材料有利于拉深成形,使拉深极限变形程度增大。也有研究表明,r 值较大的材料有利于胀形成形,很多大型覆盖件的成形是拉深与胀形的复合,其成形性能与 r 值密切相关,因此,r 值也成为评定大型覆盖件成形性能的重要指标之一。

由于轧制时的方向性,板材平面内各方向上的 r 值是不同的,因此,r 值应该采用各方向上的加权平均值 $\bar{r}$,即

$$\bar{r} = \frac{r_0 + 2r_{45} + r_{90}}{4}$$

式中,r_0,r_{90}和 r_{45}的角标分别为所采用的拉伸试样相对于轧制方向的角度值。

7.2.7　板平面方向性与成形性能的关系

板材轧制时,晶粒在伸长方向被拉长,杂质和偏析物也会定向分布,形成纤维组织,故在

板平面的不同方向上存在塑性各向异性，其程度可用凸耳系数 Δr 表示，且

$$\Delta r = \frac{1}{2}(r_0 + r_{90}) - r_{45}$$

Δr 越大，方向性越明显，对冲压成形的影响也越大。如弯曲，当弯曲件的折弯线与纤维方向垂直时，允许的极限变形程度就大；而折弯线平行于纤维方向时，允许的变形程度就小，Δr 越大，二者的差异就越大。拉深筒形件时，由于板平面方向性，使拉深件出现口部不齐的凸耳现象（见图 4.14），Δr 越大，凸耳也越高。板平面方向性大时，还会使拉深、翻边、胀形等过程中毛坯变形不均匀，不但引起局部变形程度过大而减小总体的极限变形程度，而且引起壁厚不等而降低冲压件的质量。由此可知，生产上应尽量设法降低板料的 Δr 值。

7.2.8 晶粒度对成形性能的影响

板料的晶粒度 N 与每平方毫米截面积上的晶粒数 ξ 的关系为

$$\xi = 2^{N+3}$$

晶粒度 N 越大，单位截面积上的晶粒数越多，材料的晶粒也就越细。一般来讲，$N>5$（256 个晶粒/mm^2）的钢材称为细晶粒钢。

冲压成形时，板料的晶粒度应适中。试验表明，晶粒较大（N 较小）时，有利于提高冷轧钢板的 $\bar{r}$ 值、降低屈强比和屈服伸长 δ_y，但晶粒较大时，它们在板料表层取向不同，变形量差异比较明显，成形后的零件表面经常出现晶粒按大小呈鳞状分布的橘皮状，影响零件表观及后续的喷漆、涂镀等工序。生产实践证明，晶粒度 N 可选择在 6 级左右较合适。

7.2.9 表面粗糙度对成形性能的影响

板料冲压成形时，如果板料表面粗糙度过大，则变形时的摩擦力较大，容易形成应力集中，对成形性能不利。但是，板料表面过于平滑时，模具与板料之间的润滑剂很容易被成形时的压力挤走。因此，用于冲压成形的板料表面要具有适当的粗糙度，这样就可使润滑剂储存在表面的波谷中，并且也可将变形时出现的一些碎屑和杂物收存起来，从而减小对成形件表面的刮伤。

综上所述，表 7.1 列出了板料单向拉伸性能与冲压成形性能的关系。

表 7.1 板料单向拉伸性能与冲压成形性能的关系

冲压成形性能		主要影响参数	次要影响参数
抗破裂性	胀形成形性能	n	$\bar{r},\sigma_s,\delta_t$
	扩孔（翻边）成形性能	δ_t	$\bar{r}$、强度和塑性的平面各向异性程度
	拉深成形性能	$\bar{r}$	$n,\frac{\sigma_s}{\sigma_b},\sigma_s$
	弯曲成形性能	δ_t	总延伸率的平面各向异性程度
贴模性		σ_s	$\bar{r},n,\frac{\sigma_s}{\sigma_b}$
定形性		σ_s,E	$\bar{r},n,\frac{\sigma_s}{\sigma_b}$

注：E 为弹性模量。

7.3　冲压成形性能指标与实验方法

测定或评价板料冲压成形性能时，经常采用模拟试验方法。所谓模拟试验，是指模拟某一类实际成形方式来成形小尺寸试样。试验中，将试样变形到这类成形方式允许的某种极限变形程度，然后把这种极限变形程度作为这类成形方式对应的冲压成形性能指标。常用的模拟试验方法有胀形试验、扩孔试验、拉深试验、弯曲试验、拉深—胀形复合试验等。

7.3.1　胀形成形性能试验

测定或评价板料胀形成形性能时，广泛应用杯突试验(Erichsen 试验)。如图 7.6 所示为《金属杯突试验方法》(GB 4156)的示意图。试验时，毛坯放在凹模与压边圈之间，压边力取10 kN，将试样压死。凸模向上运动，将试样在凹模内胀成凸包，凸包破裂时停止试验。将此时的凸包高度记为杯突试验值 IE，作为胀形成形性能指标。IE 值越大，胀形成形性能越好。

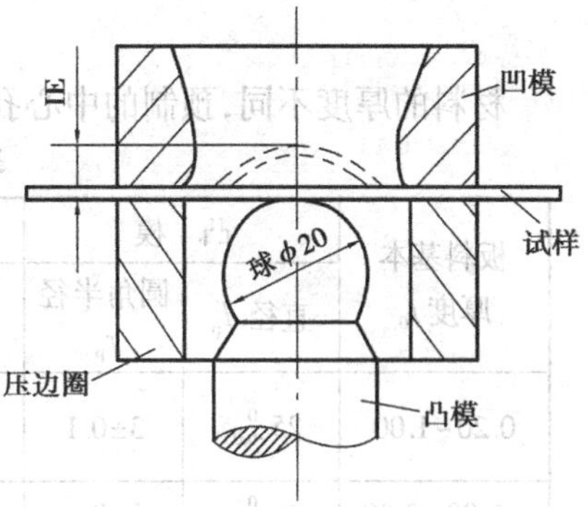

图 7.6　杯突试验示意图

本方法系 A. M. Erichsen 所建议，故称为 Erichsen 试验。试验时，材料向凹模孔口中有一定的流入，不属于纯胀形试验，略带一点拉深工艺的特点，更接近于实际生产的胀形工艺。因此，其试验数据比较实用，且操作简单，应用较广泛。

7.3.2　扩孔成形性能试验

测定或评价板料扩孔成形性能时，常采用圆柱形平底凸模扩孔试验(KWI 扩孔试验)。如图 7.7 所示为《薄钢板扩孔试验方法》(JB 4409)的示意图。试验时，带有预制孔的试样放在凹模上，由压边圈之间压死，凸模向上运动，将试样中心孔 d_0 胀大，当中心孔边缘局部发生破裂时，停止试验，测量此时的最大孔径 d_{fmax} 和最小孔径 d_{fmin}，并用下式计算扩孔率 λ，作为扩孔成形性能指标，即

$$\lambda = \frac{d_f - d_0}{d_0}$$

式中　d_0——试样中心孔的初始直径；

d_f——孔缘破裂时的平均孔径，且

$$d_f = \frac{1}{2}(d_{fmax} + d_{fmin})$$

λ 值越大，则扩孔成形性能越好。

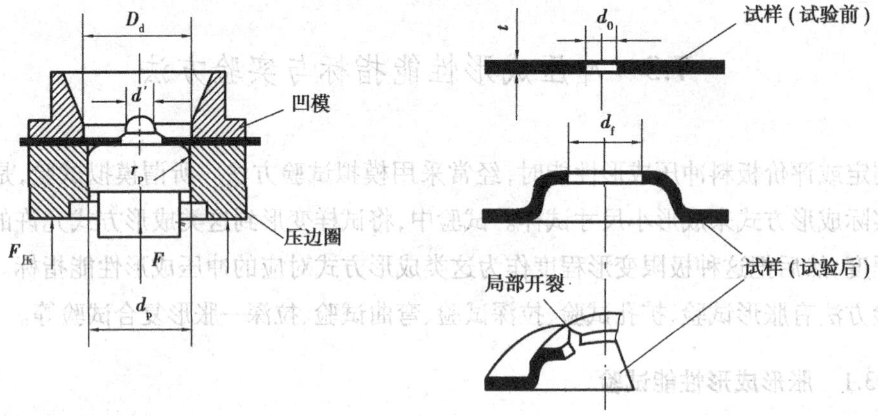

图 7.7　扩孔试验示意图

材料的厚度不同，预制的中心孔直径及模具相关尺寸不同，扩孔试验参数按表 7.2 选择。

表 7.2　扩孔试验相关参数

板料基本厚度 t_0	凸模		凹模		中心孔初始直径 d_0	导料销直径 d'	圆试样直径或方试样边长
	直径 d_p	圆角半径 r_p	内径 D_d	圆角半径 r_d			
0.20~1.00	$25_{-0.05}^{0}$	3±0.1	$27_{0}^{+0.05}$	1±0.1	$7.5_{0}^{+0.05}$	$7.5_{-0.05}^{0}$	≥45 <70
>1.00~2.00	$40_{-0.05}^{0}$	5±0.1	$44_{0}^{+0.05}$	1±0.1	$12.0_{0}^{+0.05}$	$12.0_{-0.05}^{0}$	≥70
>1.00~4.00	$55_{-0.05}^{0}$	8±0.1	$63_{0}^{+0.05}$	1±0.1	$16.5_{0}^{+0.05}$	$16.5_{-0.05}^{0}$	≥100

7.3.3　拉深成形性能试验

测定或评价板料拉深成形性能时，常采用圆柱形平底凸模冲杯试验（Swift 平底冲杯试验）或 TZP 试验（拉深潜力试验）。冲杯试验是一种传统试验方法，但试验比较繁杂。TZP 试验方法比较简便，但需要专用试验装置或设备。冲杯试验和 TZP 试验均可反映拉深成形性能，但两者试验原理不同，不能等价替代。

（1）Swift 平底冲杯试验

如图 7.8 所示为《薄钢板冲杯和冲杯载荷试验方法》（JB 4409）示意图。试验时，放在凹模上的毛坯，由压边圈压紧，凸模运动将试样拉深，冲制成杯状制件。试验过程中，模具尺寸保持不变，而毛坯直径 D 逐级增大，直至得到杯体底部圆角附近不被拉破的最大毛坯直径 D_{max}。根据凸模直径 d_p，计算出极限拉深比 LDR，作为拉深成形性能指标，且

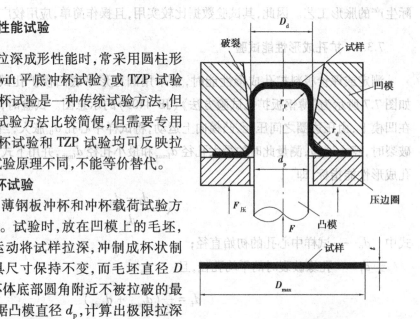

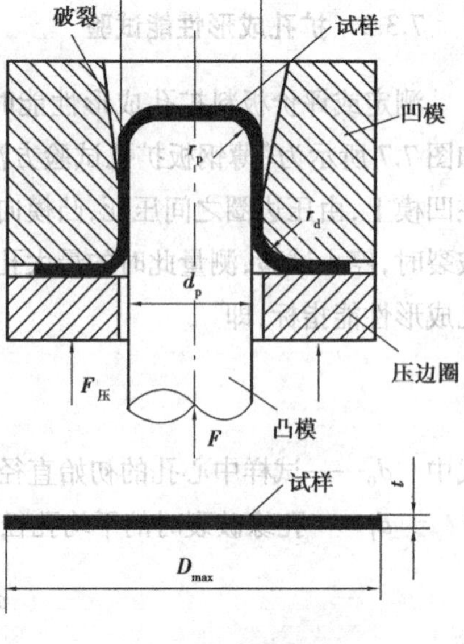

图 7.8　冲杯试验示意图

$$\mathrm{LDR} = \frac{D_{max}}{d_p}$$

LDR 越大，拉深成形性能越好。

冲杯试验时，凸模直径 d_p 常用 50 mm，相邻两级试样之间的直径级差一般取 1.25 mm，压边力 $F_{压}$ 应大小合适，这样既能防止试样起皱，又允许试样材料向凹模内流动。

本方法接近实际拉深工艺，能较好地反映材料在拉深成形时的工艺性能。但试验所需试片数量较多，耗时长，成本高，且压边和润滑状况的稳定性对试验结果影响较大。

(2) TZP **试验**

如图 7.9 所示为《薄钢板 TZP 试验方法》(JB 4409) 示意图。试验时，毛坯放在凹模与内、外压边圈之间，先用外压边圈把试样压紧，凸模运动拉深试样，测出最大拉深力 F_{max}；然后用内压边圈把试样压死，凸模继续加载，测定试样底部圆角附近破裂时的极限载荷 F_f。根据试验结果，计算拉深潜力 T，作为拉深成形性能指标，且

$$T = \frac{F_f - F_{max}}{F_f} \times 100\%$$

T 值越大，拉深成形性能越好。

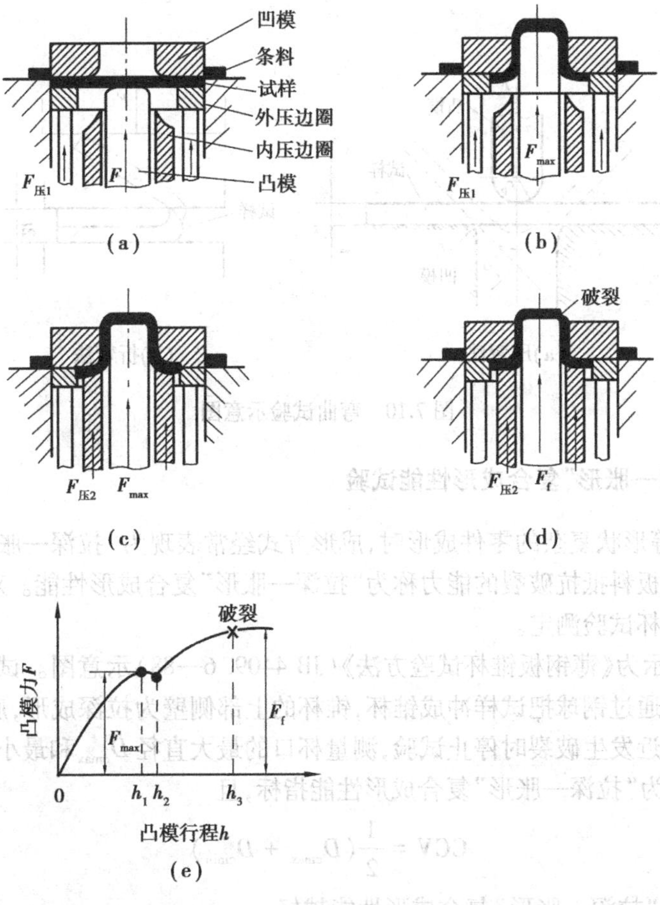

图 7.9　TZP 试验示意图

TZP 试验时，凸模直径取 30 mm，毛坯直径取 52 mm；外压边圈压力 $F_{压1}$应大小合适，既能防止试样起皱，又允许试样材料向凹模内流动；内压边圈压力 $F_{压2}$应保证能够将试样压死。

7.3.4 弯曲成形性能试验

如图 7.10 所示为《薄钢板弯曲试验方法》(JB 4409)示意图，试验采用压弯法或折弯法，逐渐减小凸模弧面半径 r_p，测定试样外层材料不产生裂纹时的最小弯曲半径 r_{min}，根据试样基本厚度 t_0，计算最小相对弯曲半径，作为弯曲成形性能指标，且

$$最小相对弯曲半径 = \frac{r_{min}}{t_0}$$

最小弯曲半径为

$$r_{min} = r_{pf} + \Delta r_p$$

式中 r_{pf}——试样外层材料出现肉眼可见裂纹时的凸模弧面半径；

Δr_p——凸模弧面半径的级差，常取 1 mm。

最小相对弯曲半径越小，弯曲成形性能越好。

压弯试验时，如果最小规格的凸模弧面半径不能使试样外层材料产生肉眼可见的裂纹，则先用压弯法将试样弯曲到 170°左右，再对试样进行折叠弯曲，并按相关规定确定最小弯曲半径 r_{min}。

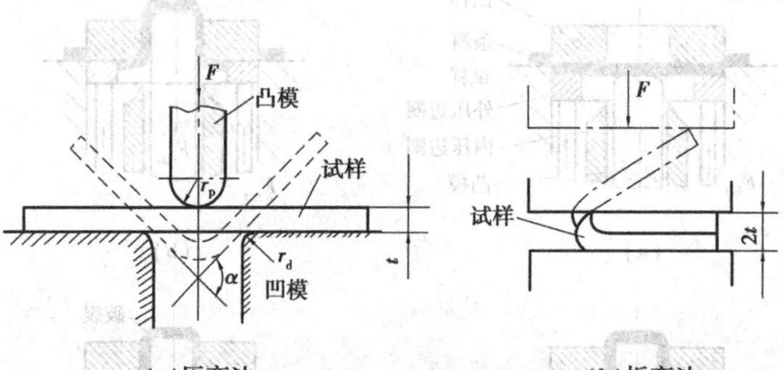

图 7.10 弯曲试验示意图

7.3.5 "拉深—胀形"复合成形性能试验

汽车覆盖件等形状复杂的零件成形时，成形方式经常表现为"拉深—胀形"复合形式。在这种成形方式下，板料抵抗破裂的能力称为"拉深—胀形"复合成形性能。对于薄钢板的这种成形性能，可用锥杯试验测定。

如图 7.11 所示为《薄钢板锥杯试验方法》(JB 4409. 6—88)示意图。试验时，毛坯平放在凹模的锥形孔内，通过钢球把试样冲成锥杯，锥杯的上部侧壁为拉深成形，底部球面为胀形成形，至杯底或其附近发生破裂时停止试验，测量杯口的最大直径 D_{cmax} 和最小直径 D_{cmin}，计算锥杯试验值 CCV 作为"拉深—胀形"复合成形性能指标，且

$$CCV = \frac{1}{2}(D_{cmax} + D_{cmin})$$

CCV 值越大，"拉深—胀形"复合成形性能越好。

材料的厚度不同，锥杯试验的相关参数也不同。表 7.3 列出了锥杯试验相关参数。

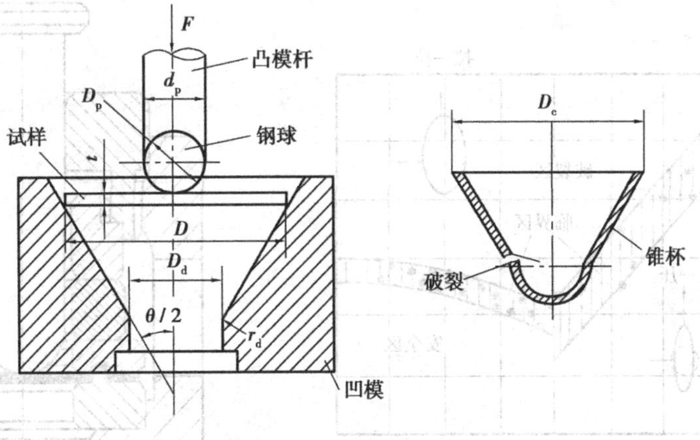

图7.11 锥杯试验示意图

表7.3 锥杯试验相关参数

模具类型 / 参数	Ⅰ	Ⅱ	Ⅲ	Ⅳ
板料基本厚度 t_0/mm	$0.50 \leqslant t_0 < 0.80$	$0.80 \leqslant t_0 < 1.00$	$1.00 \leqslant t_0 < 1.30$	$1.30 \leqslant t_0 < 1.60$
凹模孔锥度 θ/°	60	60	60	60
凹模孔直径 D_d/mm	14.60	19.95	24.40	32.00
凹模孔圆角半径 r_d/mm	3.0	4.0	6.0	8.0
凸模杆直径 d_p/mm	12.70	17.46	20.64	26.99
钢球直径 D_p/mm	d_p	d_p	d_p	d_p
试样直径 D/mm	36	50	60	78

7.4 成形极限图及其应用

7.4.1 成形极限图的概念和建立方法

成形极限图(Forming Limit Diagrams)也称成形极限曲线(Forming Limit Curves),它是由板料在不同应变路径下的局部失稳极限工程应变 e_1 和 e_2,或极限真实应变 ε_1 和 ε_2,构成的条带形区域或曲线,常用FLD或FLC表示,如图7.12所示。它反映了板料在单向和双向拉应力作用下抵抗颈缩或破裂的能力,经常被用来分析、解决成形时的破裂问题。

板料的各种总体成形性能指标或成形极限,大多反映试样的某些总体尺寸变化到某种程度(如发生破裂),不能反映板料上某一局部危险区的变形情况。FLD能够反映板料在单向和双向拉应力作用下的局部成形极限,为定性和定量研究板料的局部成形性能建立了基础。

成形极限图采用《薄钢板成形极限图(FLD)试验方法》(JB 4409. 8)的规定建立,试验的模具结构如图7.13所示。凸模球头直径取100 mm,对板材刚性胀形。

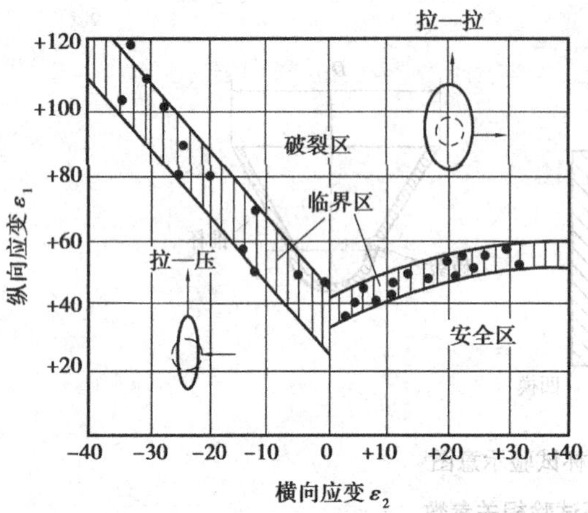

图 7.12 成形极限图(FLD)示意

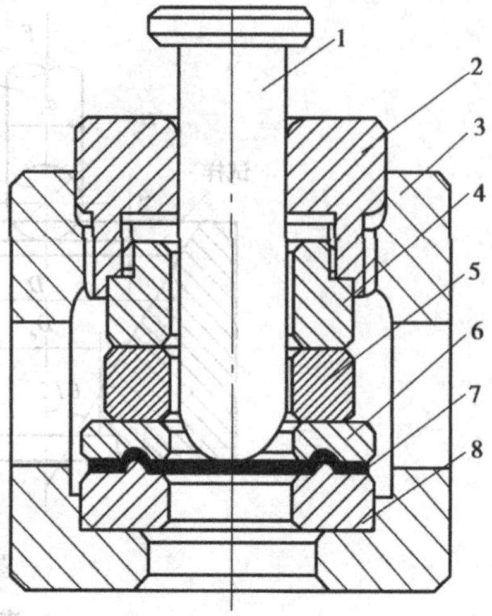

图 7.13 FLD 的试验模具

1—凸模;2—压盖;3—模座;4—压头;5—垫块;6—压板;7—毛坯;8—凹模

试验采用的板材毛坯为正方形,或正多边形,或圆形。胀形之前,试样表面用照相制版法、光刻法或电腐蚀法制出网格圆图案,网格图形如图 7.14 所示。网格圆的直径一般采用 2~7 mm,对于直径为 100 mm 的凸模,网格圆直径可采用 2~2.5 mm。

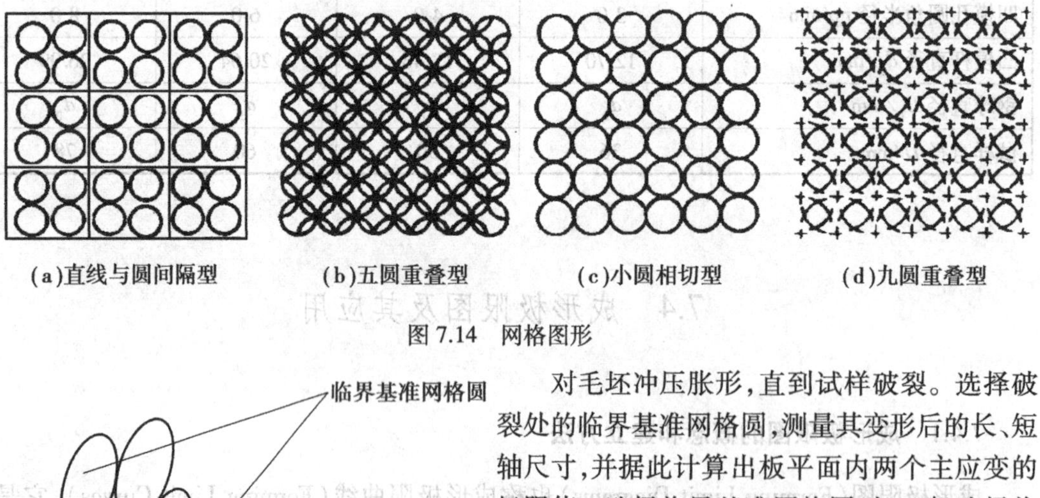

(a)直线与圆间隔型 (b)五圆重叠型 (c)小圆相切型 (d)九圆重叠型

图 7.14 网格图形

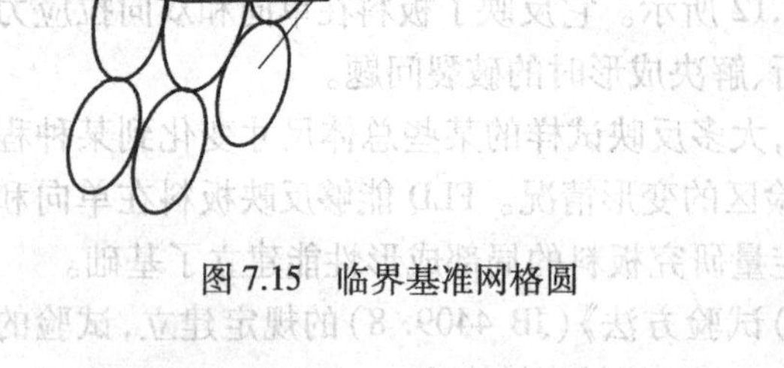

图 7.15 临界基准网格圆

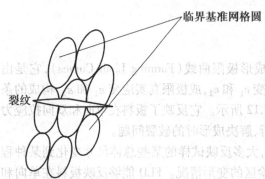

对毛坯冲压胀形,直到试样破裂。选择破裂处的临界基准网格圆,测量其变形后的长、短轴尺寸,并据此计算出板平面内两个主应变的极限值。选择临界基准网格圆时,一般选择临近裂纹贯穿的网格圆或缩颈横贯的网格圆,如图 7.15 所示。这些网格圆的应变量通常已经逼近材料的极限应变。

测量出变形后的临界基准网格圆长轴长度 d_1 和短轴长度 d_2 后,如图 7.16 所示,根据基准网格圆变形前的直径 d_0,就可计算失稳极限应变。

工程应变：

$$e_1 = \frac{d_1 - d_0}{d_0} \times 100\%$$

$$e_2 = \frac{d_2 - d_0}{d_0} \times 100\%$$

真实应变：

$$\varepsilon_1 = \ln\left(\frac{d_1}{d_0}\right) = \ln(1 + e_1)$$

$$\varepsilon_2 = \ln\left(\frac{d_2}{d_0}\right) = \ln(1 + e_2)$$

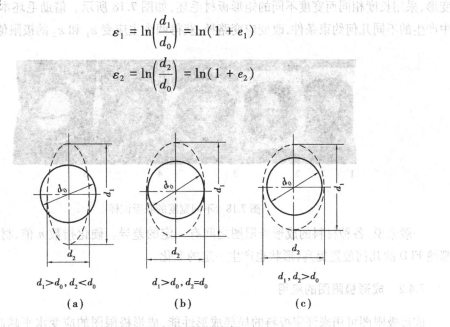

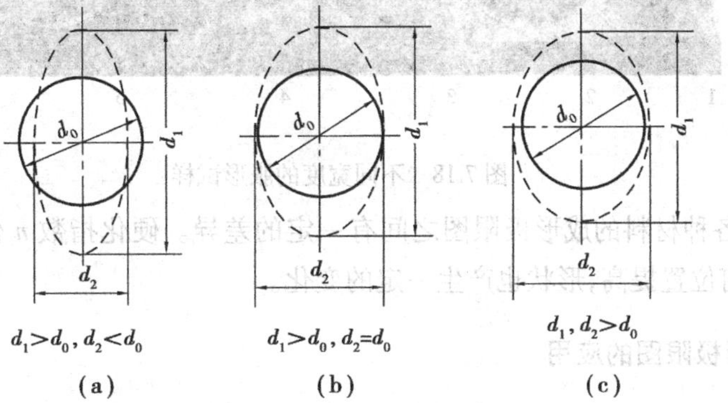

图 7.16　网格圆畸变

根据计算出的 ε_1 和 ε_2，取 ε_2 为横坐标、ε_1 为纵坐标，将每个临界网格圆的极限应变点标绘在 ε_2—ε_1 坐标平面内，分布特征连成曲线或条带形区域，就得到了该板材的成形极限图 FLD，如图 7.17 所示。与此类似，也可以以工程应变 e_1 和 e_2 标绘成形极限图。

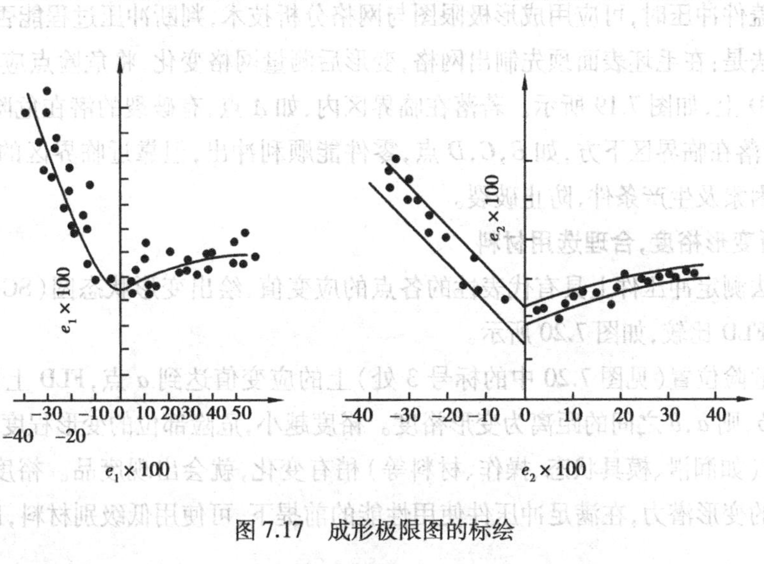

图 7.17　成形极限图的标绘

成形极限图一般在$-0.5 \leqslant \varepsilon_2/\varepsilon_1 \leqslant 1$的应变路径范围内。从成形极限图所在主应变平面的原点引一条直线与其相交,交点坐标就是板料在该直线代表的应变路径下($\varepsilon_2/\varepsilon_1$=某一常数)所能达到的失稳极限应变。试验确定成形极限图时,右半$0<\varepsilon_2/\varepsilon_1 \leqslant 1$的部分可用面积大于拉深筋范围的毛坯,通过改变毛坯表面与凸模之间的润滑条件,实现不同应变路径,获取各个双拉胀形区域两个主应变ε_1和ε_2的极限值;左半$-0.5 \leqslant \varepsilon_2/\varepsilon_1 \leqslant 0$的部分属于一拉一压的变形,采用长度相同而宽度不同的矩形板材毛坯,如图7.18所示。借助毛坯本身在变形过程中产生的不同几何约束条件,改变应变路径,获得两个主应变ε_1和ε_2的极限值。

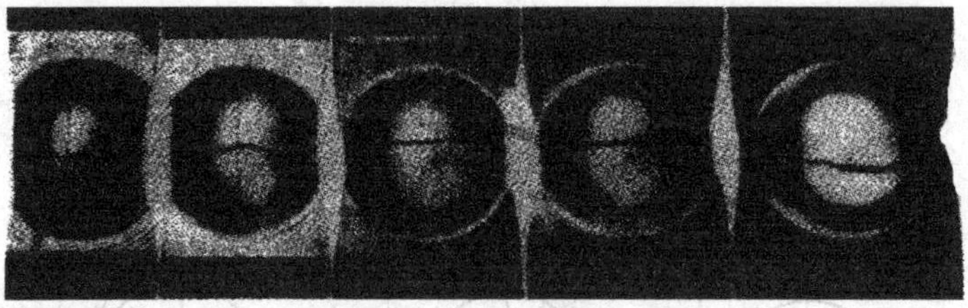

图7.18　不同宽度的胀形试样

一般来说,各种材料的成形极限图之间有一定的差异。硬化指数n值、材料厚度的增大都使FLD的几何位置提高,形状也产生一定的变化。

7.4.2　成形极限图的应用

成形极限图可用来评定板料的局部成形性能,成形极限图的应变水平越高,板料的局部成形性能越好。成形极限图可在冲压成形工艺的计算机辅助设计中应用,利用它判别工艺制订是否合理,也可用于解决生产中的实际问题。

(1)判断成形危险点

大型覆盖件冲压时,可应用成形极限图与网格分析技术,判断冲压过程能否正常进行。

具体方法是:在毛坯表面预先制出网格,变形后测量网格变化,将危险点应变值标注在相应材料的FLD上,如图7.19所示。若落在临界区内,如A点,有破裂的潜在危险,冲压时容易出现废品;若落在临界区下方,如B,C,D点,零件能顺利冲出,但靠近临界区的B和D点,必须控制工艺因素及生产条件,防止破裂。

(2)判断变形裕度,合理选用材料

用网格法测定冲压件上具有代表性的各点的应变值,绘出变形状态图(SCV线),并将其与毛坯材料FLD比较,如图7.20所示。

若毛坯危险位置(见图7.20中的标号3处)上的应变值达到a点,FLD上同一变形路径的破裂点为b,则a,b之间的距离为变形裕度。裕度越小,危险部位的变形程度越接近破坏状态,生产条件(如润滑、模具状态、操作、材料等)稍有变化,就会出现废品。裕度较大时,为充分发挥材料的变形潜力,在满足冲压件使用性能的前提下,可使用低级别材料,以降低成本。

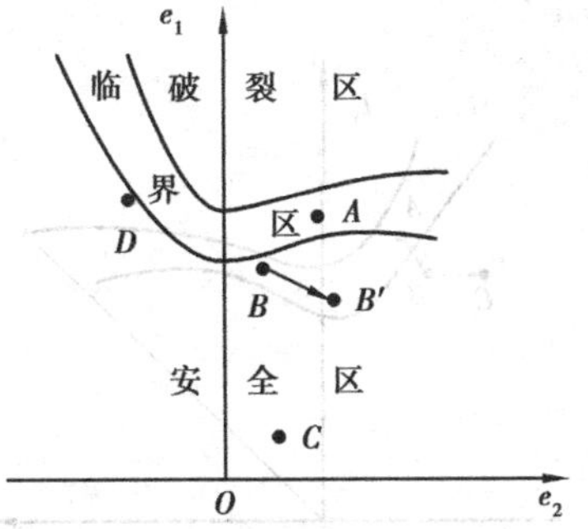

图7.19 成形危险点的判断

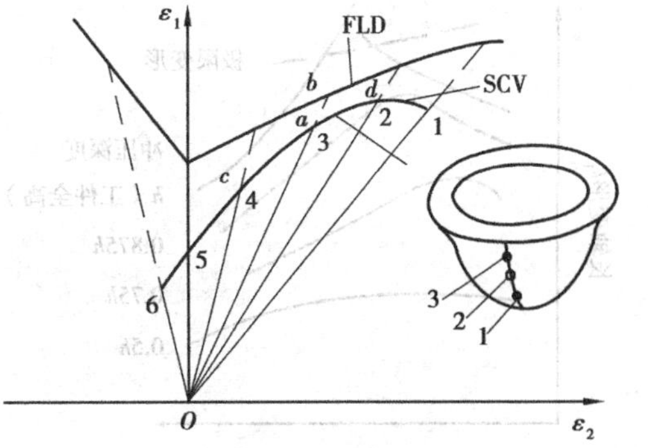

图7.20 变形裕度的判断

(3)分析破裂原因,改善工艺条件

模具圆角、毛坯尺寸、润滑状态及压边力的大小,直接影响成形过程,生产现场常将这些工艺参数作为可控因素,进行适当调整和优化,来改善冲压变形工艺。

如图7.21所示的电熨斗顶盖,试冲时,在前端的凹模圆角和凸模冲击线之间出现人字形破裂。用复制有网格的毛坯冲压,冲压深度分别是零件深度的1/4,1/2,3/4,7/8和全深,如图7.22所示。当冲压深度达到零件深度的3/4时,该部位的拉伸应变急剧增大(见图7.23),致使冲压后零件出现破裂。经检查,凸模尖端不光滑,在接近零件深度3/4的部位轮廓面有局部凸起,如图7.21所示。修磨后再次冲压,零件不再发生破裂。

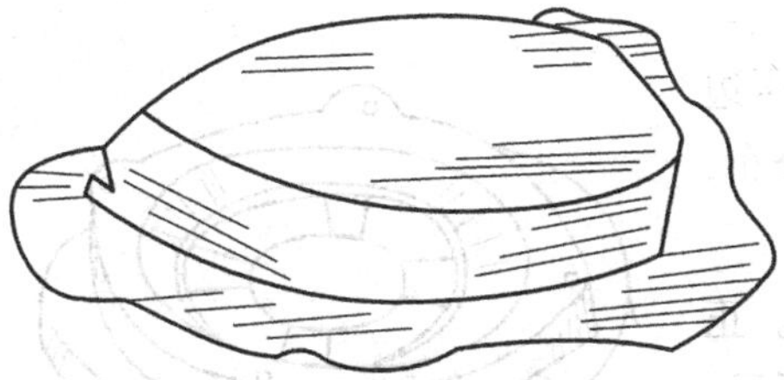

图7.21 出现裂纹的电熨斗顶盖

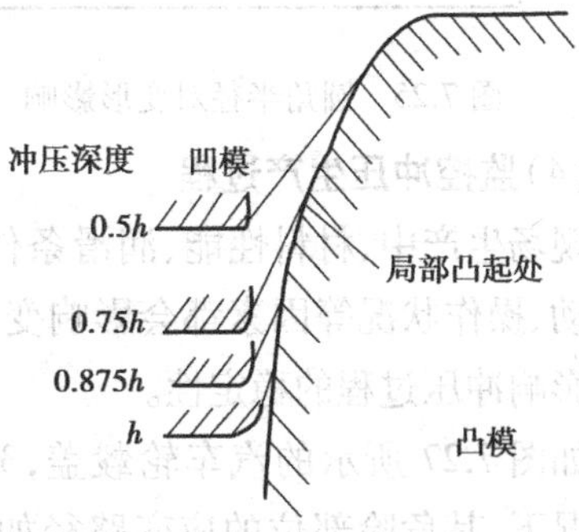

图7.22 不同深度的冲压示意

进一步分析该部位的变形情况发现,其拉伸应变仍然处于临界状态,如图7.24所示的A点,存在较大的破裂可能性。分析认为,凹模圆角半径过小是造成变形增大的主要原因。加大凹模圆角半径后,该部位的应变显著减小(见图7.25),由临界区进入安全区,如图7.24所示的B点,解决了该处的破裂问题。由于B点靠近临界区,其变形裕度不大,工艺参数稍有波动,仍然会出现废品。将毛坯前端适当修窄(见图7.26),使材料更容易从两侧流入凹模,该部位的变形再由B点移至C点,变形裕度的增大,使冲压过程更加安全。

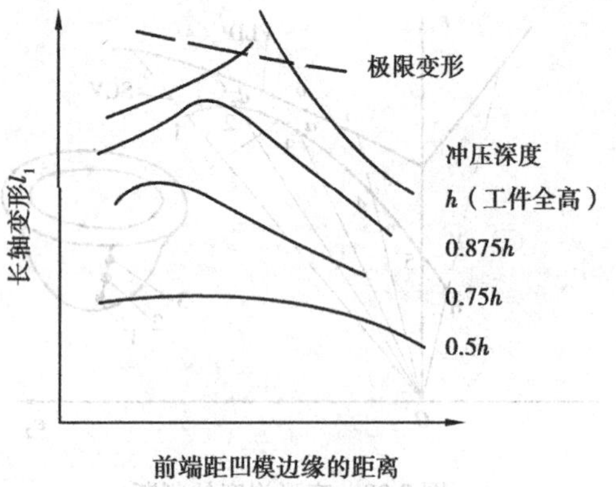

图 7.23　冲压不同深度的变形分布

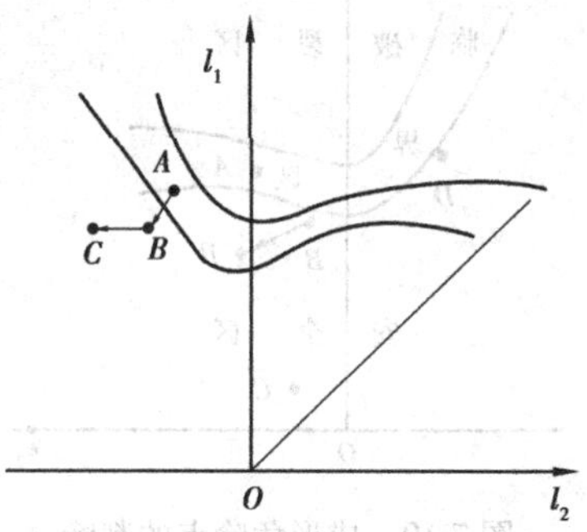

图 7.24　危险点应变的变化

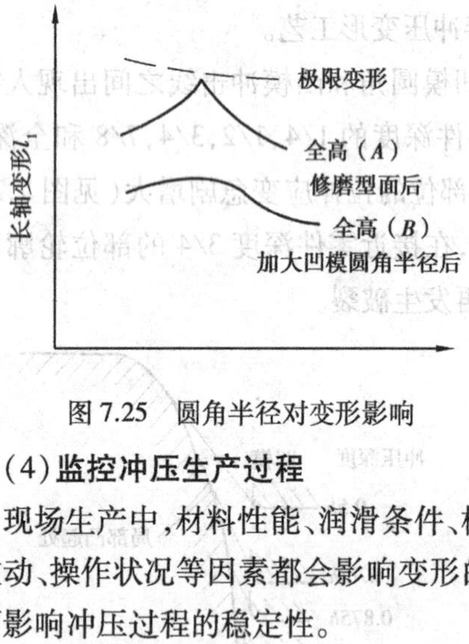

图 7.25　圆角半径对变形影响

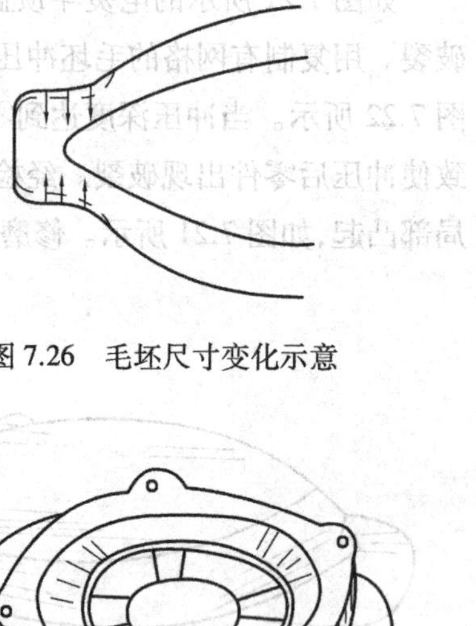

图 7.26　毛坯尺寸变化示意

(4)监控冲压生产过程

现场生产中，材料性能、润滑条件、模具磨损、压边力波动、操作状况等因素都会影响变形的大小及分布，进而影响冲压过程的稳定性。

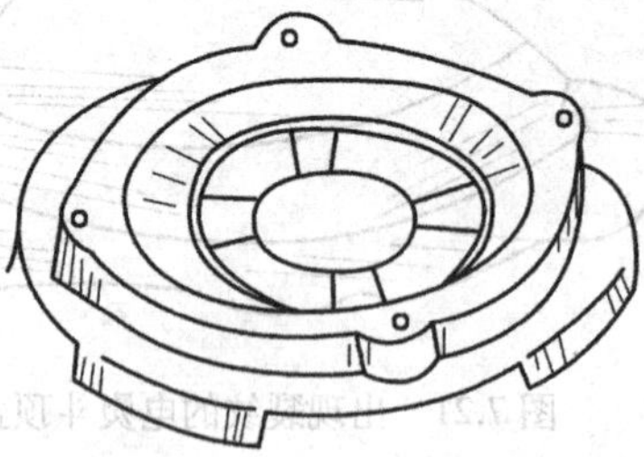

图 7.27　汽车轮毂盖

如图 7.27 所示的汽车轮毂盖，3 道工序成形。正常情况下，其危险部位的应变路径如图 7.28(a)所示，不会出现破裂。在一次压力机检修后，突然出现了废品，用带有网格的毛坯检测发现，危险部位的应变路径发生了变化(见图 7.28(b))，危险部位进入了破裂区。对比分析后发现，第一道拉深深度过大，拉入的过多材料在第二道反拉深时被挤出，改变了当初的工艺设计。经检查，压力机检修时，拉深行程调大了，导致出现废品。

为避免生产中出现大量废品，可定期插入带有网格的毛坯进行冲压和分析，一旦发现应变分布不同于正常情况，就应停止生产，进行调控。

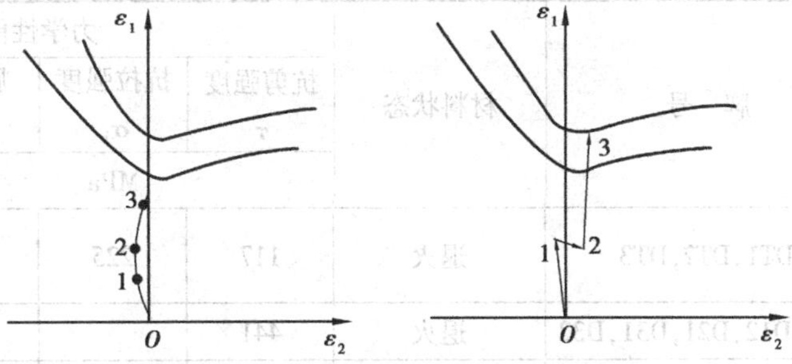

(a)正常冲压　　(b)异常冲压

图7.28　危险点应变分布

7.5 冷冲压常用材料

7.5.1 冲压材料的基本要求

冲压所用的材料,不仅要满足使用要求,还应满足冲压工艺要求。冲压工艺对材料的基本要求如下:

(1)对冲压成形性能的要求

对于成形工序,为了有利于冲压变形和制件质量的提高,材料应具有良好的冲压成形性能,即应具有良好的抗破裂性、良好的贴模性和定形性。

对于分离工序,则要求材料具有一定的塑性。

(2)对表面质量的要求

材料的表面应光洁、平整,无缺陷、损伤。表面质量好的材料,冲压时不易破裂,不易擦伤模具,加工出的制件也具有良好的表面质量。

(3)对材料厚度公差的要求

材料的厚度公差应符合国家标准。因为一定的模具间隙适用于一定厚度的材料,材料厚度公差太大,不仅直接影响制件的质量,还会导致废品的出现。在校正弯曲、整形等工序中,若厚度方向的正偏差过大,会引起模具或压力机的损坏。

7.5.2 材料的种类

冲压生产最常用的材料是金属材料,有时也用非金属材料。

常用的金属材料分黑色金属和有色金属两种。黑色金属有普通碳素结构钢、优质碳素结构钢、合金结构钢、碳素工具钢、不锈钢、电工硅钢等。其中,以普通碳素结构钢板和优质碳素结构钢板最为普遍。有色金属有纯铜、黄铜、青铜、铝等,以黄铜板(带)和铝板(带)最为普遍。

非金属材料有纸板、胶木板、橡胶板、塑料板、纤维板及云母等。

常用的冲压金属材料及其力学性能见表7.4。

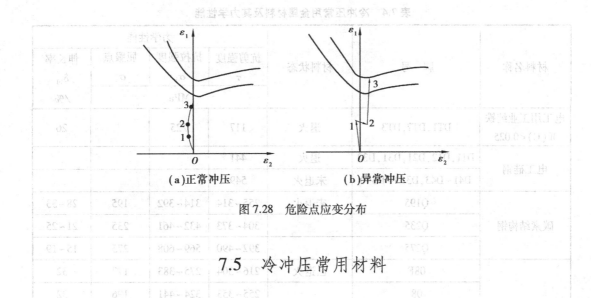

表 7.4 冷冲压常用金属材料及其力学性能

材料名称	牌 号	材料状态	力学性能			
			抗剪强度 τ	抗拉强度 σ_b	屈服点 σ_s	伸长率 δ_{10}
			MPa			/%
电工用工业纯铁 $W(C)<0.025$	DT1,DT2,DT3	退火	117	225		26
电工硅钢	D11,D12,D21,D31,D32	退火	441			
	D41~D43,D310~D340	未退火	549			
碳素结构钢	Q195	未退火	255~314	314~392	195	28~33
	Q235		304~373	432~461	235	21~25
	Q275		392~490	569~608	275	15~19
优质碳素结构钢	08F	已退火	216~304	275~383	177	32
	08		255~353	324~441	196	32
	10F		216~333	275~412	186	30
	10		255~333	294~432	206	29
	15		265~373	333~471	225	26
	20		275~392	353~500	245	25
	30		353~471	441~588	294	22
	35		392~511	490~637	314	20
	45		432~549	539~686	353	16
冷轧深拉深钢	08Al-ZF	退火		255~324	196	44
	08Al-HF			255~334	206	42
	08Al-F 板厚 $t>1.2$ mm			255~343	216	39
	08Al-F 板厚 $t=1.2$ mm			255~343	216	42
	08Al-F 板厚 $t<1.2$ mm			255~343	235	42
优质碳素结构钢	10Mn2	已退火	314~451	392~569	225	22
	65Mn		588	736	392	12
合金结构钢	25CrMnSiA 25CrMnSi	已低温退火	392~549	490~686		18
	30CrMnSiA 30CrMnSi		432~588	539~736		16
不锈钢	2Cr13	已退火	314~392	392~490	441	20
	1Cr18Ni9Ti	经热处理	451~511	569~628	196	35
铝	1060,1050A,1200	已退火	78	74~108	49~78	25
		冷作硬化	98	118~147		4
铝锰合金	3A21	已退火	69~98	108~142	49	19
		半冷作硬化	98~137	152~196	127	13

续表

材料名称	牌　号	材料状态	力学性能			
			抗剪强度 τ	抗拉强度 σ_b	屈服点 σ_s	伸长率 δ_{10}
			MPa			/%
铝镁合金 铝铜镁合金	3A02	已退火	127~158	177~225	98	
		半冷作硬化	158~196	225~275	206	
硬铝(杜拉铝)	2A12	已退火	103~147	147~211		12
		淬硬并经自然时效	275~304	392~432	361	15
		淬硬后冷作硬化	275~314	392~451	333	10
纯铜	T1,T2,T3	软	157	196	69	30
		硬	235	294		3
黄铜	H62	软	255	294		35
		半硬	294	373	196	20
		硬	412	412		10
	H68	软	235	294	98	40
		半硬	275	343		25
		硬	392	392	245	15
锡青铜	QSn4-4-2.5 QSn4-3	软	255	294	137	38
		硬	471	539		3~5
		特硬	490	637	535	1~2
可伐合金	4J29(Ni29Co18)		400~500	500~600	400	32

7.5.3　材料的规格

冲压用材料大部分都是各种规格的板料、带料、条料。

板料的尺寸较大,用于大型零件的冲压。主要规格有 500 mm×1 500 mm,900 mm×1 800 mm,1 000 mm×2 000 mm 等。

条料是根据冲压件的需要,由板料剪裁而成,用于中、小型零件的冲压。

带料又称卷料,是呈卷状供应的薄料,有各种不同的宽度和长度,适用于大批量自动送料。

习题 7

1.材料的哪些机械性能对伸长类变形有重大影响？哪些对压缩类变形有重大影响？为什么？

2.何为凸耳系数？它对冲压成形工序有什么影响？

3.“杯突试验”和“冲杯试验”的用途分别是什么？简述它们的主要过程和内容。

4.测定板料拉深胀形复合性能常用什么试验？简述其主要内容。

5.什么是成形极限图(FLD)？它是如何获得的？

6.在冲压工艺方案制订和实际生产中,成形极限图有什么用途？

第8章 冲裁模零部件的结构设计

模具是冲压生产的主要工艺装备，冲压件的表面质量、尺寸精度、生产效率及经济效益等都与模具结构有很大关系。在第2章里已介绍了单工序模、复合模和连续模的结构形式和特点。本章以冲裁模为例，介绍冲压模具主要零部件的结构及其设计与选型。

8.1 模具零件的分类

根据作用的不同，模具零件可分成工艺零件和结构零件两大类，如图8.1所示。

工艺零件是直接参与完成冲压工艺过程并与坯料直接发生作用的零件，包括直接对毛坯进行加工的工作零件、确定毛坯正确位置的定位零件和卸料零件。结构零件是保证工艺实施、完善模具功能的零件，这类零件不直接参与完成工艺过程，也不与坯料直接发生作用，包括导向零件、固定零件及其他零件。

根据零件的性质，模具零件又分为标准件和非标准件。

标准件是已经标准化了的零件。所谓模具标准化，就是将模具的典型零件、典型组合及典型结构实行标准系列，并组织专业化生产，像普通工具一样在市场上销售，供用户选用。国家标准总局制订了GB/T 2851—GB/T 2875冷冲模国家标准。该标准根据模具类型、导向方式、送料方向及凹模形状等的不同，规定了若干种典型组合形式。每一种典型组合中，又规定了多种凹模周界尺寸(长×宽)以及相配合的凹模厚度、凸模高度、模架类型和尺寸及固定板、卸料板、垫板、导料板等零件的具体尺寸，还规定了选用标准件的种类、规格、数量、位置及有关的尺寸。这样在进行模具设计时，仅设计直接与冲压件有关的非标准件即可，其余都可从标准中选取。目前，包括模座在内的冲模组成零件中，已有48种列入冲模零件国家标准。模具标准化还可促使模具工业的发展，促进技术交流，简化模具设计，缩短设计周期，为模具的计算机辅助设计奠定了基础。

非标准件主要是与冲压件直接相关的零件，需要根据冲压件的形状和尺寸，进行专门的设计和制造。

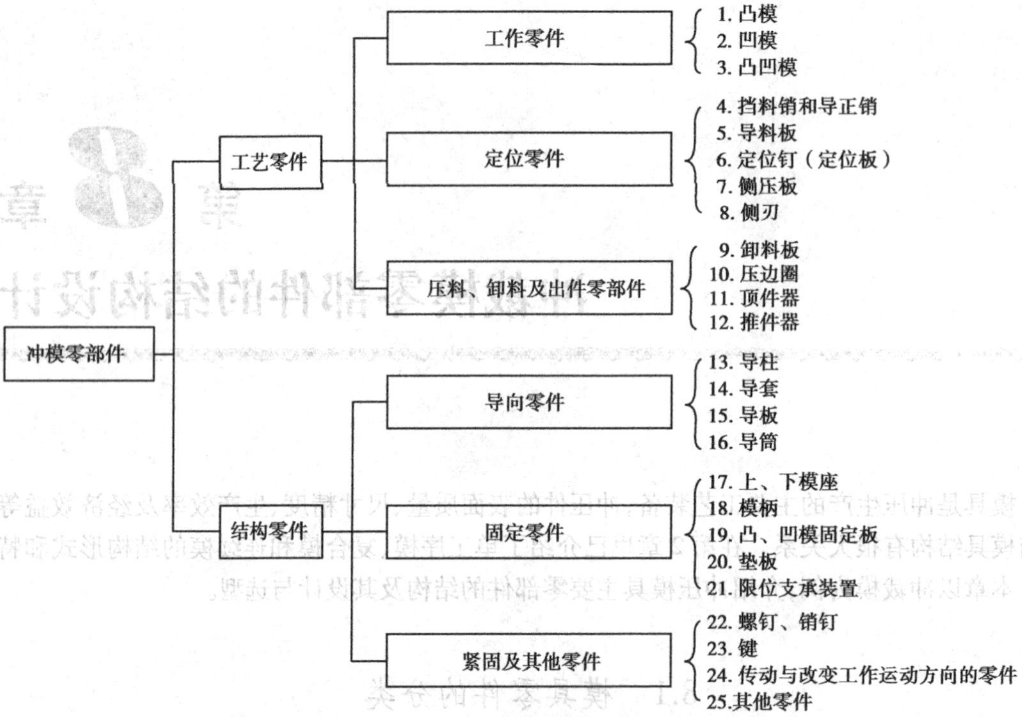

图 8.1　冲裁模具零部件的分类

8.2　冲裁模具的工作零件

冲裁模具的工作零件主要是凸模、凹模和凸凹模。

8.2.1　凸模

(1)凸模的主要形式

按照凸模工作刃口的形状,凸模主要有圆凸模和非圆凸模两种;按照凸模的制造和安装方式,凸模又分为直通式凸模和台阶式凸模。

1)圆凸模

冲裁中小型零件所使用的凸模,一般设计成整体式。常用的圆形凸模如图 8.2 所示。为增强凸模的强度和刚度、避免应力集中,凸模制成圆滑过渡的阶梯形,称为台肩的最大一个阶梯用来保证凸模不被拔出。与固定板配合的部分制成圆形,使固定板的型孔为标准尺寸孔,加工容易。

如图 8.2(a)所示的小圆形凸模,适用于直径为 $\phi1 \sim \phi8$ mm 的小圆孔,为改善其强度,中间增加了过渡阶梯,大端部采用装配后铆开的形式,以代替台阶。如图 8.2(b)所示的圆形凸模,适用于直径为 $\phi1 \sim \phi15$ mm 的小圆孔,与凸模固定板相配合的阶梯部分被加长,以增大强度。如图 8.2(c)所示的结构,适用于直径为 $\phi8 \sim \phi30$ mm 的中型圆孔,较大的直径使其中部不需增加过渡阶梯。

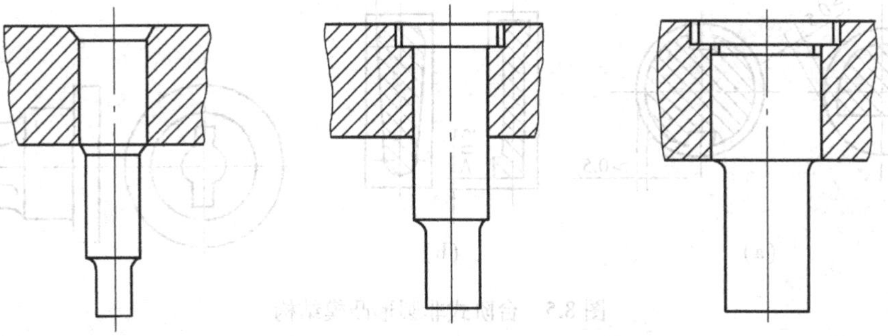

(a)　　(b)　　(c)

图 8.2　圆形凸模的常用形式

2) 护套小凸模

如图 8.3 所示的凸模,用于冲制孔径与料厚相近的小孔。将凸模装在护套里,再将护套固定在凸模固定板上,采用这种结构既可以提高凸模的抗弯曲能力,又能节省模具钢。

3) 大断面凸模

如图 8.4 所示的凸模,用于冲裁大圆孔或落料,凸模用螺钉联接加销钉定位的方式,或螺钉联接加窝座定位的方式,直接固定在模座上,不必再使用固定板。凸模外圆分成工作段、配合段和中间过渡段,以采用不同的加工尺寸和精度适应不同的要求,减少精加工面积。端面设计成凹坑形状,也是为了减少精加工面积。

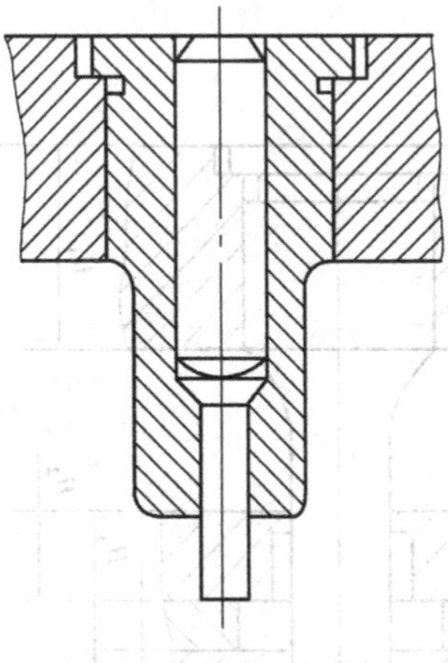

图 8.3　护套凸模

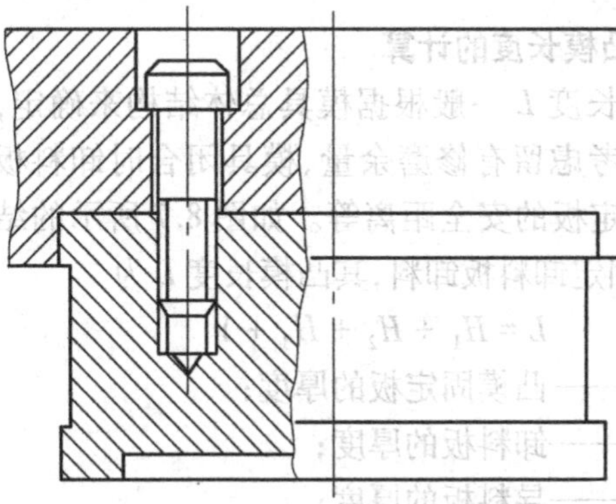

图 8.4　大断面凸模

4) 台阶式非圆形凸模

非圆形凸模设计成台阶式时,工作部分的形状和尺寸根据冲压件设计和制造,可采用车削、磨削或采用仿形刨加工,最后用钳工进行精修。为了减小凸模固定板型孔的加工难度,凸模固定部分的形状多制成圆形或矩形,如图 8.5 所示。必须注意,若固定部分采用了圆形结构(见图 8.5(a)),与固定板配合时必须采用防转结构,使其在圆周方向有可靠定位。

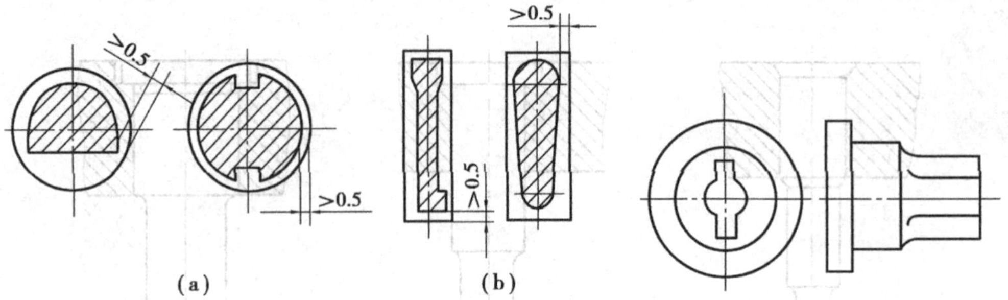

图 8.5　台阶式非圆形凸模结构

5）直通式非圆形凸模

直通式凸模常用于形状较复杂的非圆形断面凸模。直通式凸模的工作部分和固定部分形状与尺寸一致，如图 8.6 所示。直通式凸模可采用成型磨削、线切割等方法进行加工，降低了加工难度。这类凸模常采用铆接的方式与固定板联接，固定板型孔的加工也可以采用线切割、电火花加工等方法。

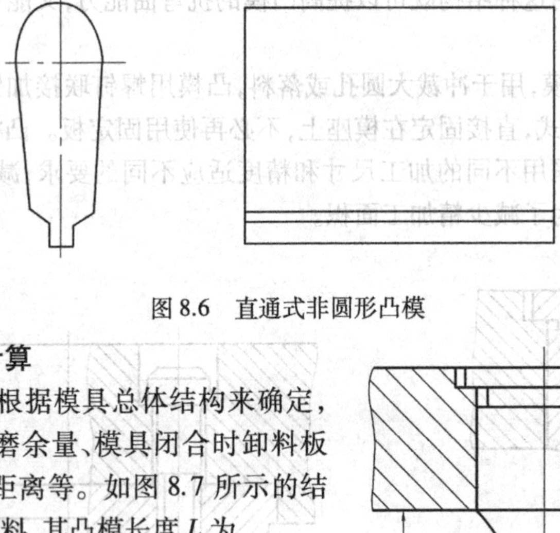

图 8.6　直通式非圆形凸模

（2）凸模长度的计算

凸模长度 L 一般根据模具总体结构来确定，通常还要考虑留有修磨余量、模具闭合时卸料板至凸模固定板的安全距离等。如图 8.7 所示的结构，使用固定卸料板卸料，其凸模长度 L 为

$$L = H_1 + H_2 + H_3 + Y$$

式中　H_1——凸模固定板的厚度；

H_2——卸料板的厚度；

H_3——导料板的厚度；

Y——附加长度，包括凸模刃口的修磨量（10~15 mm）、凸模进入凹模的深度（0.5~1 mm）、凸模固定板与卸料板的安全距离 A（15~20 mm）等。

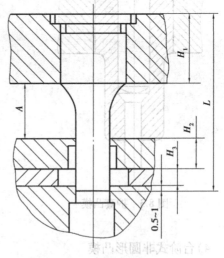

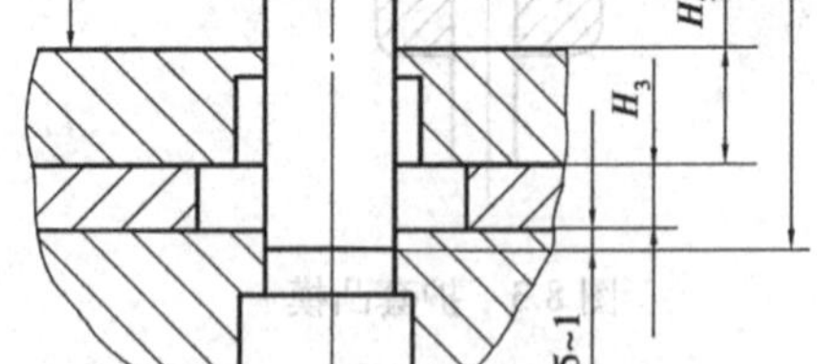

图 8.7　凸模长度的确定

（3）凸模强度与刚度校核

凸模的强度在一般情况下是足够的，可以不必校核确定。但是，在凸模特别细长，或凸模的断面尺寸很小、冲裁件厚度大硬度高时，必须校核其抗压强度和抗弯刚度。

1)凸模抗压强度校核

冲裁凸模的正常工作条件是刃口端面承受的轴向压应力 σ_p 必须小于凸模材料的许用压应力$[\sigma_c]$,即

$$\sigma_p = \frac{F}{A} \leqslant [\sigma_c]$$

式中　σ_p——凸模刃口端面承受的压应力,MPa;

F——作用在凸模端面的冲裁力,N;

A——凸模刃口端面面积,mm^2。

对于圆形凸模,代入冲裁力计算公式 $F = Lt\sigma_b$,可计算出凸模能够正常工作时的最小直径 d_p 为

$$\frac{d_p}{t} \geqslant \frac{4\sigma_b}{[\sigma_c]}$$

可知,凸模直径越小、料厚越大、被冲裁的材料强度越高、凸模材料的许用压应力越小,凸模越容易压塌和损坏。

凸模材料的许用压应力$[\sigma_c]$决定于其材质和热处理状况,当淬火硬度为 58~62HRC 时,T8A,T10A,GCr15,Cr12MoV 等常用模具钢的许用应力为 1 500~2 000 MPa。

2)凸模抗压失稳校核

当长度较大、截面尺寸较小时,凸模在冲裁力作用下容易发生失稳而弯曲,因此必须进行稳定性校核,可用压杆的欧拉临界载荷公式确定凸模的最大长度。

①无导向装置的凸模

无导向装置凸模的卸料板仅起卸料作用,对凸模自由端无约束作用,如图 8.8(a)所示,其结构类似于一端固定而另一端自由的压杆。凸模不发生失稳弯曲的最大冲裁力 F 为

$$F = \frac{\pi^2 EJ}{4kl^2}$$

不发生失稳的最大凸模自由长度 l_{max} 为

$$l_{max} \leqslant \sqrt{\frac{\pi^2 EJ}{4kF}}$$

式中　k——安全系数,取 2~3;

E——凸模材料的弹性模量,常用模具钢取 2.2×10^5 MPa;

J——凸模最小横截面的惯性矩。

据此,可推算出一般形状凸模不发生失稳弯曲的最大自由长度 l_{max} 为

$$l_{max} \leqslant 425\sqrt{\frac{J}{F}}$$

圆形凸模的截面惯性矩为

$$J = \frac{\pi d_p^4}{64}$$

因此,直径为 d_p 的圆形凸模,不发生失稳弯曲的最大自由长度 l_{max} 为

$$l_{max} \leqslant 95\frac{d_p^2}{\sqrt{F}}$$

②有导向装置的凸模

有导向装置凸模的自由端由导板或卸料板导向，如图 8.8(b)所示。其结构类似于一端固定而另一端铰支的压杆，凸模不发生失稳弯曲的最大冲裁力 F 为

$$F = \frac{2\pi^2 EJ}{kl^2}$$

一般形状凸模不发生失稳弯曲的最大自由长度 l_{max} 为

$$l_{max} \leqslant 1\ 200\sqrt{\frac{J}{F}}$$

对于圆形凸模，有

$$l_{max} \leqslant 270\frac{d_p^2}{\sqrt{F}}$$

由上述公式可知，凸模不发生弯曲失稳的最大自由长度与凸模截面尺寸、冲裁力、凸模材料机械性能有关，还会受到模具精度、压力偏载、刃口磨损、凸模应力集中、热处理质量等因素的影响。因此，对一些细长的凸模，通常需要设置保护措施。

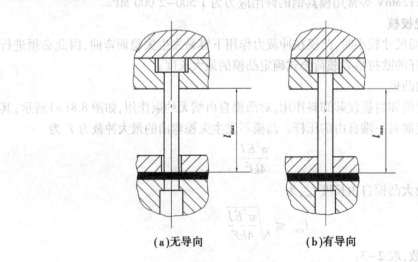

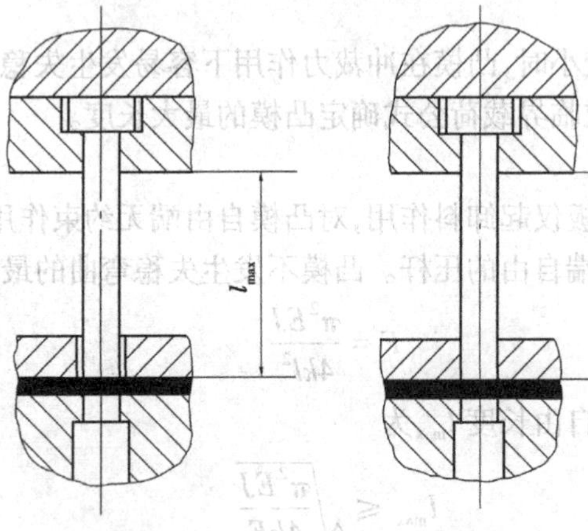

(a)无导向　　(b)有导向

图 8.8　凸模的纵向弯曲校核

3)凸模固定端面抗压强度校核

凸模所受冲裁力由凸模固定端的尾部端面传至模座，当模座的受力面承受的压应力超过其材料的许用压应力[σ_c]时，应在凸模固定板与模座之间加垫板，以保护模座。

模座承受的压应力 σ_p' 与受力面面积 A' 的关系为

$$\sigma_p' = \frac{F}{A'} \leqslant [\sigma_c]$$

模座材料一般为铸铁或铸钢，铸铁的许用压应力为 90~140 MPa，铸钢为 110~150 MPa。

(4)凸模的其他要求

模具刃口要有高的耐磨性，并能承受冲裁时的冲击力，因此，应有较高的硬度和适当的韧

性。形状简单的凸模，常选用T8A，T10A等工具钢制造；形状复杂、淬火变形大，特别是用线切割方法加工时，应选用合金工具钢，如Cr12、Cr12MoV、9Mn2V、CrWMn、Cr6WV等制造。其热处理硬度取58~62HRC。

凸模工作部分的表面粗糙度常取0.8~0.4 μm，固定部分 R_a 取1.6~0.8 μm。

8.2.2　凹模

(1)凹模洞口的形状

凹模洞口形状是指凹模型孔的轴剖面形状，如图8.9所示。其基本形式主要有直壁式、斜壁式和凸台式。

1)直壁式

如图8.9(a)、(b)、(c)所示，其孔壁垂直于顶面，刃口尺寸不随修磨而增大，冲件尺寸精度较高，刃口强度较好，制造容易。但是，工件或废料易在型孔内积聚，增大了推件力，严重时会使凹模胀裂；同时，由于摩擦力增大，孔壁的磨损较大，每次修磨的修磨量增大，凹模的总寿命降低。洞口磨损后会形成倒锥形，使工件或废料反跳到凹模表面，给操作带来麻烦。在直壁式凹模中，图8.9(a)适用于冲件形状简单、材料较薄的复合模；图8.9(b)适用于精密冲裁模；图8.9(c)适用于冲件或废料逆冲压方向推出的冲裁模。

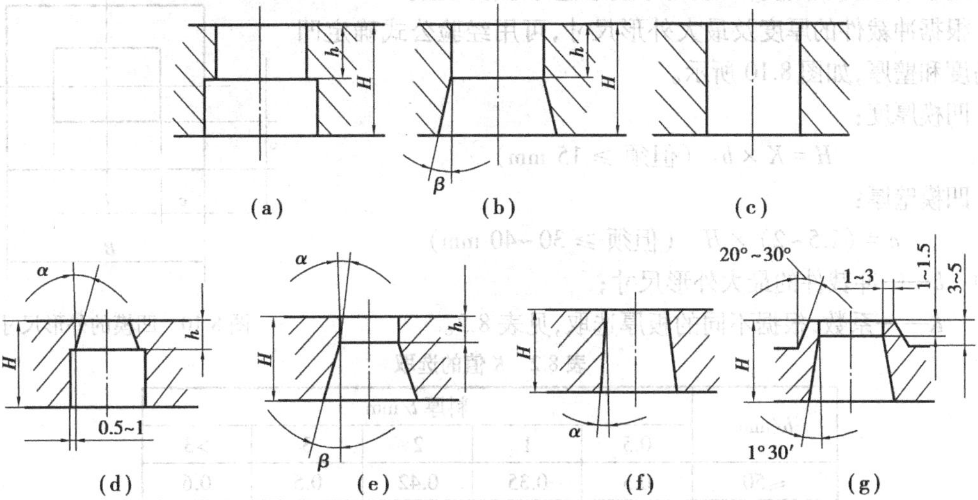

图8.9　凹模洞口形状

2)斜壁式

如图8.9(d)、(e)、(f)所示，其孔壁与顶面间倾斜了一定的角度。这种型孔刃口锐利，型孔带有锥度而不易积存工件或废料，孔口磨损和胀裂力均较小，刃口每次的修磨量较小，使用寿命相对较长。但是，随刃口的修磨，其尺寸略有增大，刃口的强度也较低，适用于形状简单、精度不高、厚度较薄的下出料冲裁。其中，图8.9(d)适用于冲件形状简单、材料较薄的冲裁模；图8.9(e)适用于各种形状、各种料厚的冲裁模；图8.9(f)适用于凹模较薄的小型薄料冲裁模。

3)凸台式

如图 8.9(g)所示,也称为可调间隙凹模,其淬火硬度较低,一般为 35~40HRC。与凸模相配后,可用敲打斜面的方法来调整冲裁间隙,直到试出合格的冲裁件为止,故又称为铆刀口凹模,适用于冲裁厚度小于 0.5 mm 的软金属材料或非金属材料。

(2)凹模的尺寸

直壁式和斜壁式凹模洞口的主要尺寸参数见表 8.1,α、β、h 如图 8.9 所示。

表 8.1 凹模洞口的主要尺寸

板料厚度/mm	α	β	h/mm
≤0.5	15′	2°	≥4
>0.5~1	15′	2°	≥5
>1~2.5	15′	2°	≥6
>2.5	30′	3°	≥8

凹模的形状和尺寸已趋于标准化,可根据冲压件形状和尺寸选用,但在进行非标准件的凹模设计时,应确定凹模的外形和尺寸。凹模外形一般有矩形和圆形两种,其外形尺寸应保证凹模有足够的强度和刚度,凹模的厚度还应考虑修磨量。

根据冲裁件的厚度及最大外形尺寸,可用经验公式确定凹模高度和壁厚,如图 8.10 所示。

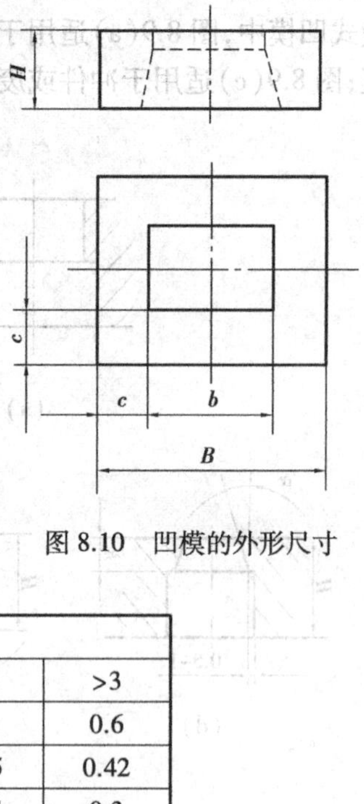

图 8.10 凹模的外形尺寸

凹模厚度:

$$H = K \times b \quad (\text{但须} \geqslant 15\ \text{mm})$$

凹模壁厚:

$$c = (1.5 \sim 2) \times H \quad (\text{但须} \geqslant 30 \sim 40\ \text{mm})$$

式中 b——冲裁件的最大外形尺寸;

K——系数,根据不同的板厚选取,见表 8.2。

表 8.2 K 值的选取

b/mm	料厚 t/mm				
	0.5	1	2	3	>3
≤50	0.3	0.35	0.42	0.5	0.6
>50~100	0.2	0.22	0.28	0.35	0.42
>100~200	0.15	0.18	0.2	0.24	0.3
>200	0.1	0.12	0.15	0.18	0.22

按上述方法确定的凹模外形尺寸,可保证凹模有足够的强度和刚度,一般可不必再进行校核。

根据凹模壁厚,可计算出凹模外形尺寸的长和宽 $L \times B$,或外圆直径 D,再据此在冷冲模标准中选取相应规格的模架。

(3)凹模的其他要求

凹模的型孔轴线与顶面应保持垂直,底面与顶面应保持平行。为了提高模具寿命和冲裁件精度,凹模的底面和型孔的孔壁应光滑,型孔的表面粗糙度常取 0.8~0.4 μm,底面与销孔

Ra 取 1.6~0.8 μm。

凹模的材料与凸模一致，其热处理硬度应略高于凸模，达到 60~64HRC。

8.2.3　凸凹模

凸凹模存在于复合模中，是一种特殊的工作零件。凸凹模的内外缘均为刃口（见图 8.11），内外缘之间的壁厚决定于冲裁件的尺寸。因此，设计复合模时，必须考虑壁厚对强度的影响。当壁厚过小时，会导致凸凹模的强度不足。

凸凹模的最小壁厚与冲模结构有关，对于正装复合模，由于凸凹模装于上模，孔内不会积存废料，胀裂力小，最小壁厚可以小些；对于倒装复合模，孔内会积存废料，胀裂力大，最小壁厚也就较大。

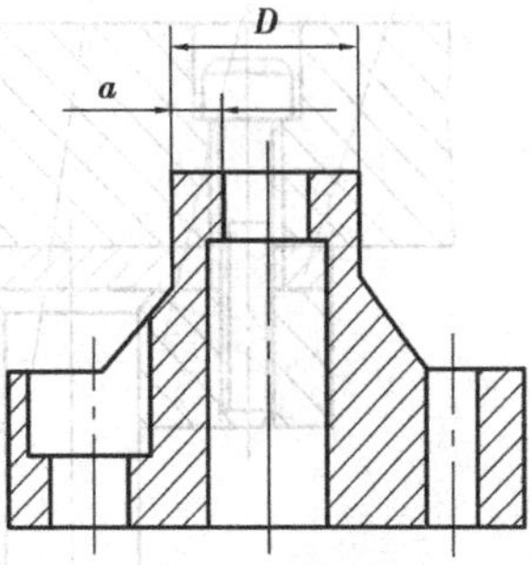

图 8.11　凸凹模壁厚

对于不积聚废料的凸凹模，冲裁黑色金属和硬材料时，最小壁厚约为工件料厚的 1.5 倍（极限值不小于 0.7 mm）；冲裁有色金属和软材料时，约等于工件料厚（极限值不小于 0.5 mm）。对于积聚废料的凸凹模，最小壁厚按表 8.3 选取。

表 8.3　凸凹模最小壁厚取值　（mm）

料厚 t	0.4	0.5	0.6	0.7	0.8	0.9	1.0	1.2	1.5	1.75
最小壁厚 a	1.4	1.6	1.8	2.0	2.3	2.5	2.7	3.2	3.8	4.0
最小直径 D	15					18			21	
料厚 t	2.0	2.1	2.5	2.75	3.0	3.5	4.0	4.5	5.0	5.5
最小壁厚 a	4.9	5.0	5.8	6.3	6.7	7.8	8.5	9.3	10.0	12.0
最小直径 D	21	25		28		32		35	40	45

当冲裁件尺寸不能满足凸凹模最小壁厚要求时，设计的冲裁模就不能采用复合结构，而必须采用其他形式，如单工序模等。

8.2.4　模具的固定方法

安装在模座上的凸模、凹模和凸凹模，其固定方法主要有直接固定、固定板固定、铆接、黏结、热装和焊接等。

（1）直接固定

如图 8.4 和图 8.12 所示，大尺寸的模具零件，包括凸模和凹模，直接用螺钉、销钉固定到模座上。如图 8.4所示的大凸模采用螺钉加窝座的方式固定，螺钉起联接作用，模座上的窝座起定位作用，凸模与窝座之间按H7/K6过渡配合。图 8.12 的大凸模采用螺钉加销钉的方式固定，螺钉起联接作用，销钉与销孔按 H7/m6 过渡配合而定位。

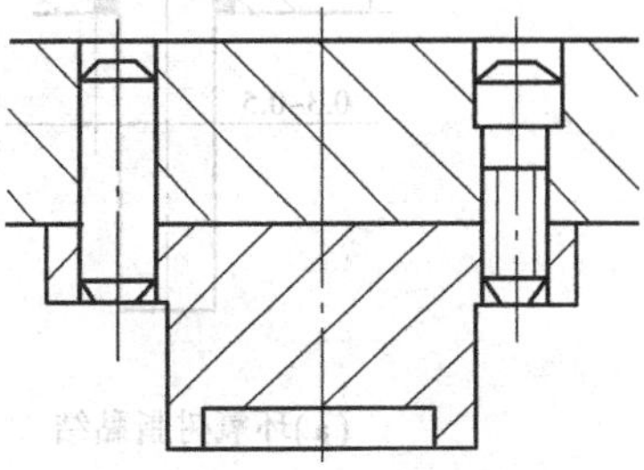

图 8.12　大凸模的固定

（2）固定板固定

固定板固定时，先将凸模压入固定板内（见图 8.13），与垫板、防转销等一起形成凸模组件,磨平上表面后,再用螺钉和销钉固定在模座上。固定板与凸模、凹模、凸凹模间按 H7/m6 或 H7/n6 过渡配合。模具上设置台阶结构,以限制轴向移动,台阶结构尺寸如图 8.13 所示。ΔD 取 1.5~2.5 mm,H 取 3~8 mm。

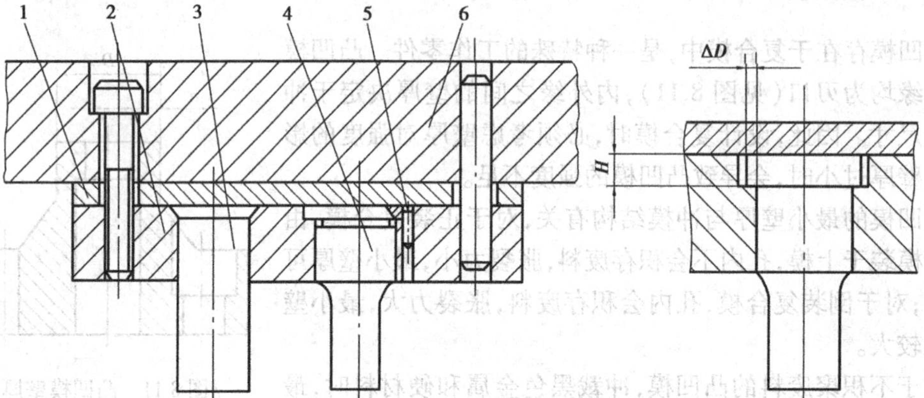

图 8.13　固定板固定示意图

1—垫板;2—凸模固定板;3,4—凸模;5—防转销;6—上模座

(3)铆接固定

如图 8.13 中的凸模 3,约为全长 1/3 的工作端进行淬火,另一端处于软状态,硬度小于 30HRC,便于与固定板铆接。为了铆接,其总长度应增加 1 mm。凸模与型孔有 0.01~0.03 mm 过盈量。这种凸模可采用成型磨削、线切割等方法加工,但固定板型孔的加工较复杂。

(4)黏结固定

黏结固定主要用于小凸模,如图 8.14 所示,固定板上的型孔留有间隙,以简化孔的加工。黏结用的黏结剂常采用有机黏结剂(环氧树脂)(见图 8.14(a))、无机黏结剂(氧化铜粉末+磷酸溶液)(见图 8.14(c))和低熔点合金(由 Bi,Pb,Sn,Sb 按一定比例组成)(见图 8.14(b))。

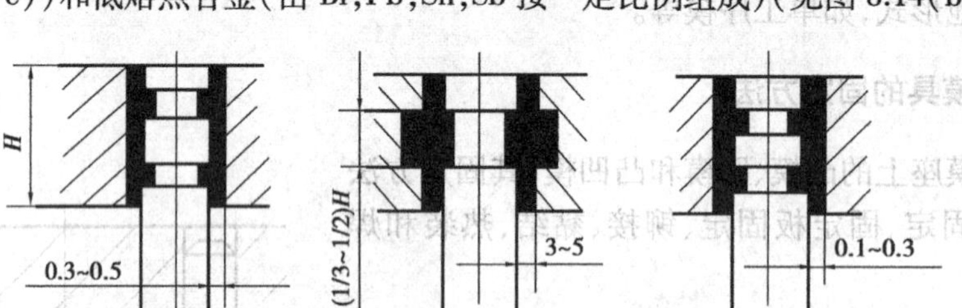

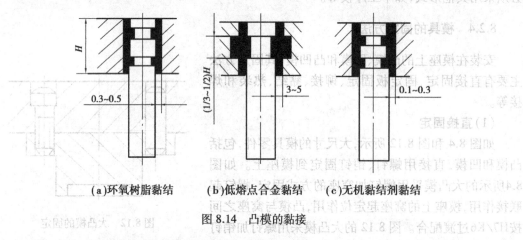

(a)环氧树脂黏结　(b)低熔点合金黏结　(c)无机黏结剂黏结

图 8.14　凸模的黏接

8.2.5　凸模与凹模的镶拼结构

镶拼式凸模和凹模又称为组合式凸模和凹模,常用来制造形状复杂、精度要求较高、尺寸

很大或局部尺寸狭小的冲模。镶拼结构的每个拼块都可单独加工,可精确控制刃口尺寸和间隙值,提高模具制造精度;分块加工的残余应力及变形小,可避免开裂。镶拼结构主要用于以下场合:

(1)简化模具制造难度

对于大型冲裁凹模,由于尺寸大,毛坯锻造难度大,且易于引起热处理变形,可采用镶拼结构(见图 8.15)。其拼接位置应选择在刃口的尖角处或转角处,且凸出与凹进部分应单独制作成一块,以便于加工和更换。

凹模中若存在窄槽,或局部复杂形状(见图 8.16),钳工难以加工,也无法采用成型磨削加工。采用镶拼结构,沿对称线分割,可分别采用成型磨削加工。

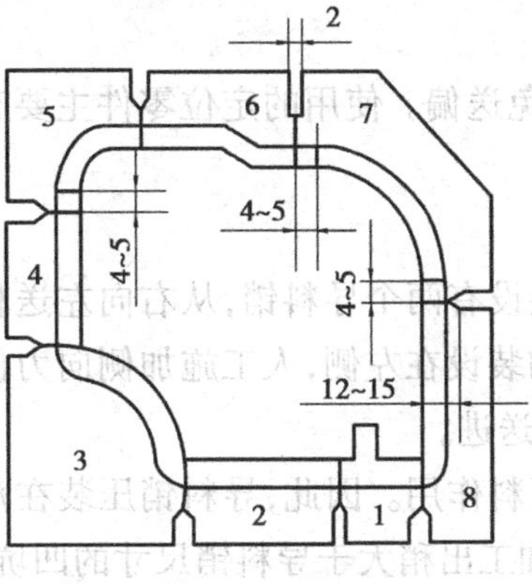

图 8.15　镶拼凹模

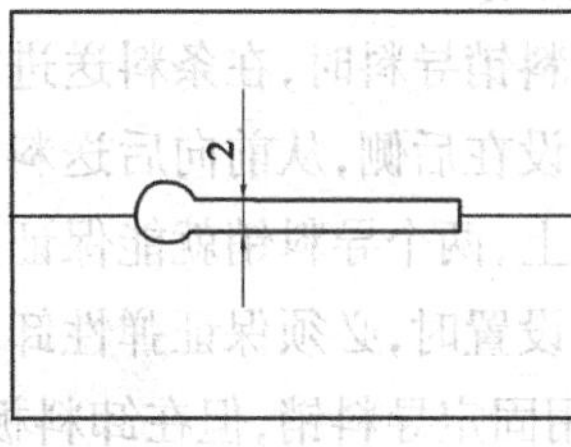

图 8.16　窄槽凹模镶拼结构

凹模中若存在尖角,尖角处不易加工,且热处理时易出现应力集中,发生变形和开裂。采用镶拼结构(见图 8.17),分别加工后拼接,得到尖角形状。

(2)节省贵重材料

如图 8.18 所示的多孔凹模,刃口部分制成多个镶件,镶件用较昂贵的模具钢制作,热处理到所需硬度后,镶入普通钢制作的固定板型孔内,既节省了贵重的模具材料,又避免了凹模整体热处理时的变形。

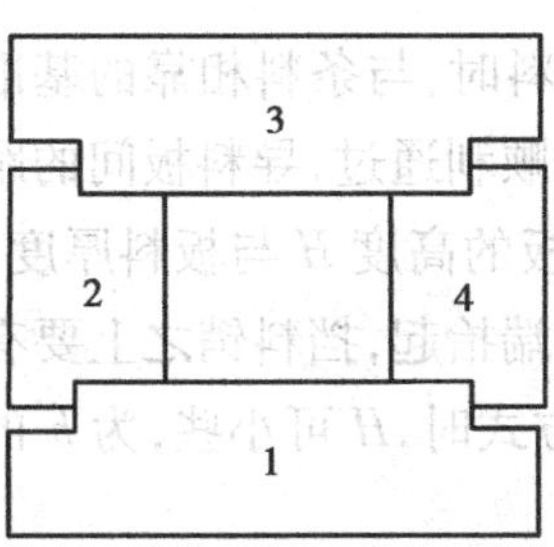

图 8.17　尖角凹模镶拼结构

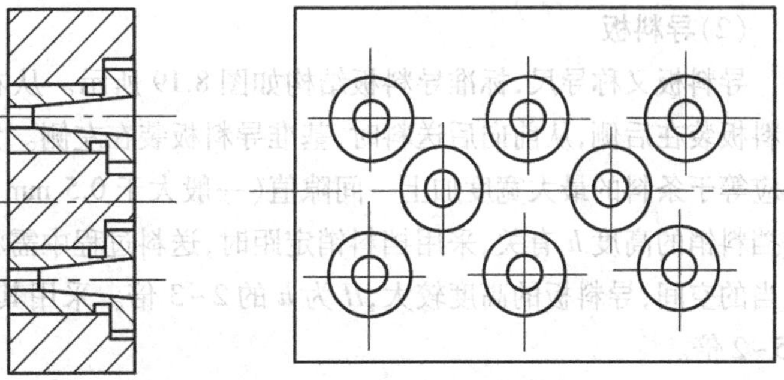

图 8.18　多孔凹模镶拼结构

(3)便于更换和维修

大型冲裁凹模,或局部形状复杂的凹模,采用镶拼结构,可方便易磨损部分的维修和更换。

镶拼结构的凸、凹模拼块常用螺钉加销钉固定,有时也采用锥套、框套、热装、黏结等方法固定。

8.3 冲裁模具的定位零件

冲模的定位零件用以控制条料的送料方向和步距、单个毛坯在模具中的位置,以保证冲压件的产品质量和冲压生产的顺利进行。

8.3.1 板料送进方向的控制

在垂直于送料方向上定位,进行送料导向,以避免送偏。使用的定位零件主要有导料销和导料板。

(1)**导料销**

采用导料销导料时,在条料送进方向的同一侧装设有两个导料销,从右向左送料时两个导料销均装设在后侧,从前向后送料时两个导料销均装设在左侧,人工施加侧向力使条料紧靠在导料销上,两个导料销就能保证条料平行地向前送进。

导料销设置时,必须保证弹性卸料板对板料的压料作用。因此,导料销压装在落料凹模上时,可采用固定导料销,但在卸料板的对应位置需加工出稍大于导料销尺寸的凹坑,以避免导料销的顶托,使卸料板紧贴在板料上。如果落料凹模设置在上模,导料销则需装设在下模的卸料板上,此时,需要在凹模的相应位置加工凹坑,但此凹坑往往会减小凹模刃口的壁厚,影响凹模寿命,如图 2.28 所示。因此,压装在卸料板上的导料销通常采用活动导料销,导料销的尾端设有弹性元件,随凹模的运动而压缩或伸长,其结构形式与活动挡料销相同,如图 8.24 所示。当凹模尺寸较小而不便于装设导料销时,往往直接在模座上设置导料螺栓来导料,如图 4.70 所示。

导料销导向结构简单,制造容易,多用于单工序模和复合模。

(2)**导料板**

导料板又称导尺,标准导料板结构如图 8.19 所示。从右向左送料时,与条料相靠的基准导料板装在后侧,从前向后送料时,基准导料板装在左侧。为使条料顺利通过,导料板间的距离应等于条料的最大宽度加上一间隙值(一般大于 0.5 mm)。导料板的高度 H 与板料厚度 t 和挡料销的高度 h 有关,采用挡料销定距时,送料过程中需将条料前端抬起,挡料销之上要有适当的空间,导料板的高度较大,H 为 h 的 2~3 倍。采用其他挡料方式时,H 可小些,为 h 的 1.5~2 倍。

采用固定卸料板的单工序冲裁模和连续模,常常采用导料板导向,导料板与卸料板可分开制造,也可以制成整体式。如图 2.26 所示的单工序冲裁模,其导料板与卸料板就制成一体,成为所谓的“桥式”结构,如图 8.20 所示。它既起卸料作用,又具备板料导向的功能。

为保证条料紧靠基准导料板一侧正确送进,可采用侧面压料装置。常见的侧压装置有簧片压块式、弹簧压块式和弹簧压板式,如图 8.21 所示。

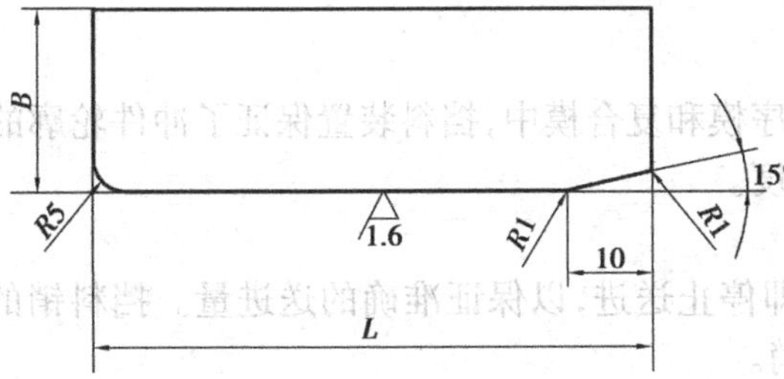

图 8.19　标准导料板

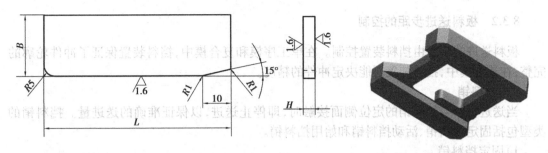

图 8.20　整体式导料板与卸料板

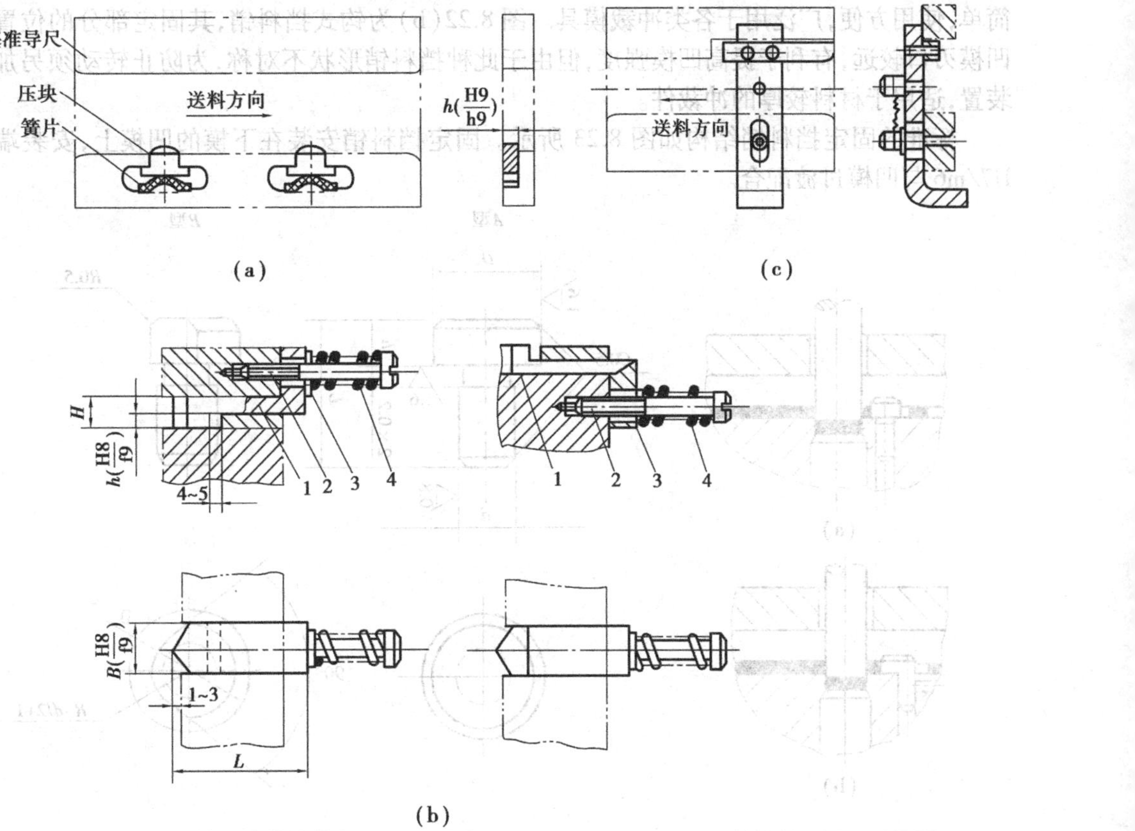

图 8.21　侧面压料装置形式

1—侧压板;2—调节螺钉;3—垫圈;4—弹簧

如图 8.21(a)所示为簧片压块式,其侧压力较小,常用于厚 0.5~1.0 mm 的薄料,侧压块的厚度一般为导料板厚度的 1/3~2/3,压块数量不少于两个。如图 8.21(b)所示为弹簧压块式,由于弹簧的作用,侧压力较大,适用于冲裁厚料,一般设置 2~3 个。如图 8.21(c)所示为弹簧压板式,侧压力大而且均匀,使用可靠;一般装于进料口,常用于用侧刃定距的连续模中。

当用滚轴自动送料时,为避免侧壁摩擦对送料的阻碍,不能采用侧压装置;当条料厚度小于 0.3 mm 时,也不能采用侧压装置。

8.3.2　板料送进步距的控制

板料送进的步距由挡料装置控制。在单工序模和复合模中，挡料装置保证了冲件轮廓的完整；在连续模中，挡料装置还能决定冲件的精度。

(1)挡料销

当送进材料与挡料销的定位侧面接触时，即停止送进，以保证准确的送进量。挡料销的类型包括固定挡料销、活动挡料销和始用挡料销。

1)固定挡料销

如图 8.22 所示为固定挡料销。送进时，人工抬起条料越过挡料销顶面，并将挡料销套入下一个孔中，向前移送，直到挡料销抵住搭边而定位。图 8.22(a)为圆柱头式挡料销，其结构简单，使用方便，广泛用于各类冲裁模具。图 8.22(b)为钩式挡料销，其固定部分的位置可离凹模刃口较远，有利于提高凹模强度，但由于此种挡料销形状不对称，为防止转动须另加定位装置，适用于材料较厚的冲裁件。

标准的固定挡料销结构如图 8.23 所示。固定挡料销安装在下模的凹模上，安装端 d 按 H7/m6 与凹模过渡配合。

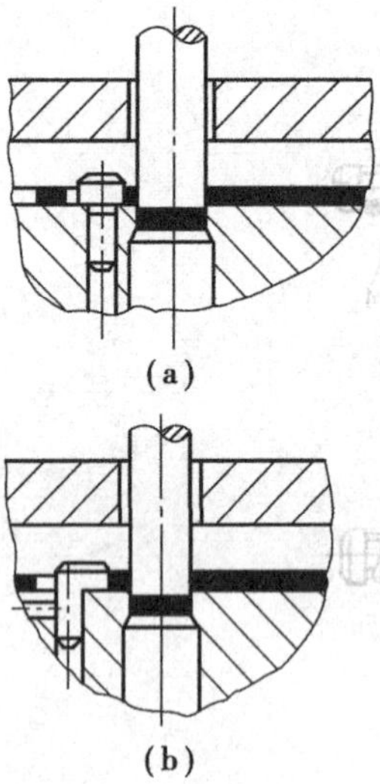

图 8.22　固定挡料销

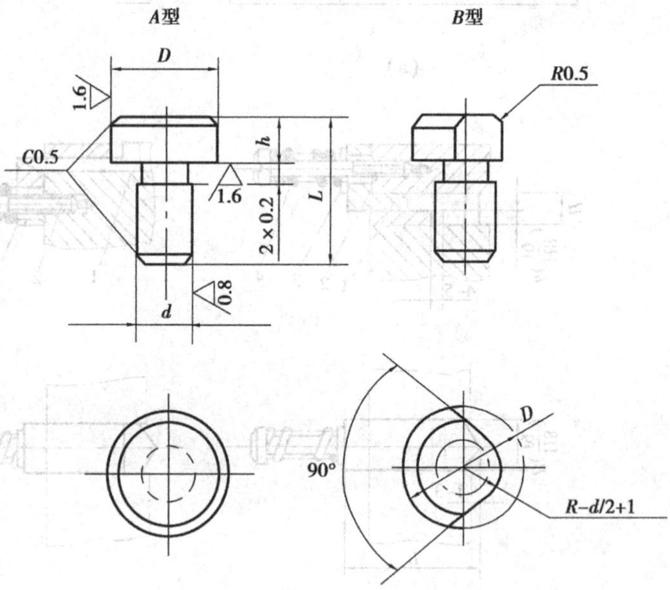

图 8.23　固定挡料销标准结构

2)活动挡料销

当模具闭合后不允许挡料销的顶端高出板料时，需要采用可以伸缩的活动挡料销，复合模具中经常使用活动挡料销。如图 8.24 所示为常用的活动挡料销结构，其中图 8.24(d)为回带式挡料销，送料、定位要先送后拉，两个动作完成，生产效率较低，常用于刚性卸料板的冲裁模中。

3)始用挡料销

始用挡料销用于连续模中，对条料的送进进行首次定位，如图 6.12 所示。使用时，人工将挡料销从导料板中压出，挡住条料完成首次定位；之后，松开挡料销，让其在弹簧的作用下自动退出。

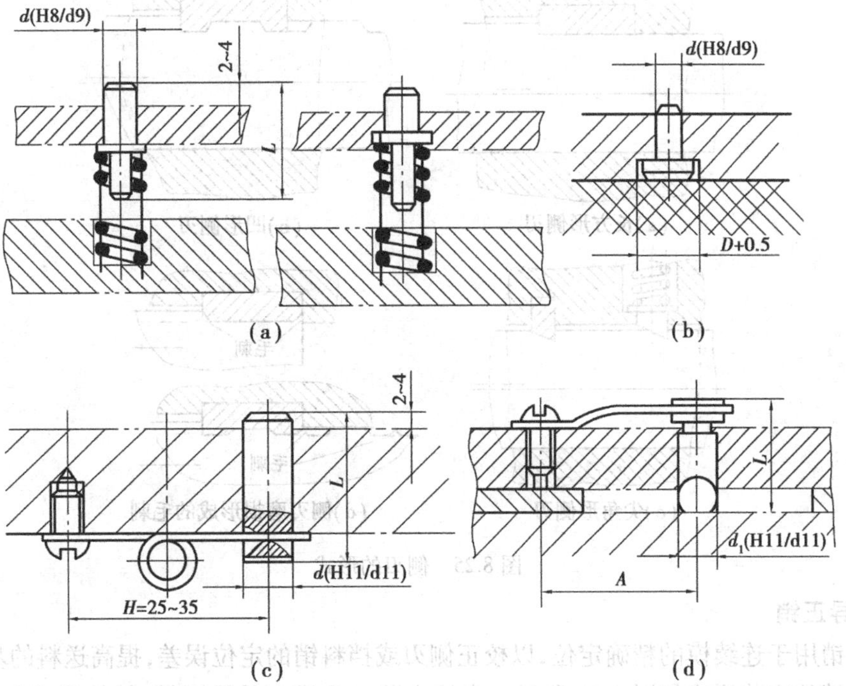

图 8.24　活动挡料销

(2)侧刃

侧刃常用于定位精度要求较高、步距较小的连续模。侧刃常与导尺配合使用,导尺间距小于料宽,切掉条料旁侧少量材料后,条料宽度减小,才能继续送进。

侧刃的种类及结构形式较多,根据其截面形状可分为 3 种,如图 8.25 所示。图 8.25(a)为长方形侧刃,制造简单,但刃口尖角磨损后,条料的侧边易产生毛刺(见图 8.25(d)),影响条料的送进和定位的准确性。图 8.25(b)为凹形侧刃,两端略高于中间,使两端尖角磨损而产生的毛刺处于条料侧边凹槽内(见图 8.25(d)),不会影响条料的送进和定位,步距精度较高,但侧刃形状较复杂,刃口制造难度较大,冲裁废料也较多。图 8.25(c)为尖角形侧刃,与弹簧挡料销配合使用,每送一个步距须将条料向后拉,由挡料销卡住缺口而定位,这种侧刃不浪费材料,但操作较麻烦,只适用于生产率要求不太高的手工送料模具。

侧刃的断面长度 L 应该严格等于步距 A,并按双向偏差标注,偏差值为±0.01 mm。采用侧刃与导正销组合定距的连续模,侧刃只起预定位作用,其冲切长度稍大于步距 A,即

$$L = A + (0.05 \sim 0.1)\text{mm}$$

侧刃断面宽度 B 一般为 6~10 mm。

侧刃可设置一个,也可设置两个;两个侧刃可单侧并列布置,也可对角布置。侧刃的冲裁类似于凹、凸模,其固定、制造也类似于凹、凸模,材质一般为 T10A 钢,硬度为 58~62HRC。

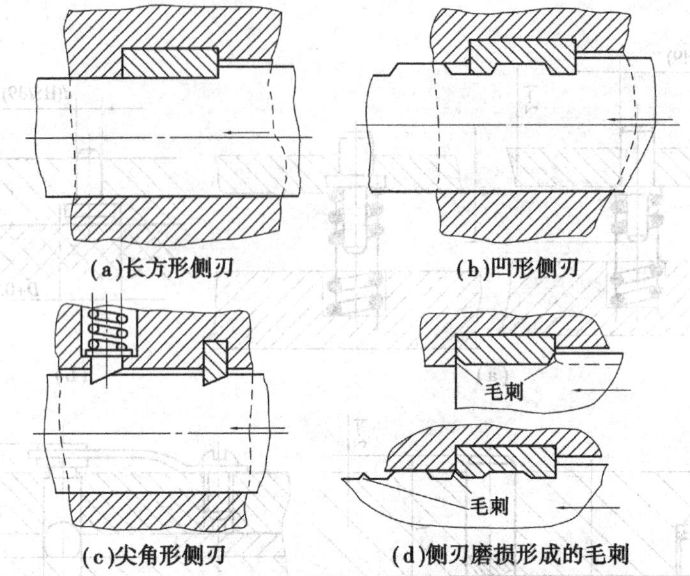

图 8.25　侧刃的形式

(3)导正销

导正销用于连续模的精确定位,以校正侧刃或挡料销的定位误差,提高送料的步距精度。

导正销的安装形式如图 6.11 所示。直接安装在凸模上的导正销,结构形式如图 8.26 所示。图 6.11 中,a 型用于导正直径小于 6 mm 的孔;b 型用于导正直径 4~12 mm 的孔;c 型用于 10~25 mm 的孔;d 型用于 20~50 mm 的孔。c 型和 d 型结构的导正销装拆方便,模具刃磨后导正销长度仍能适应导正需要。

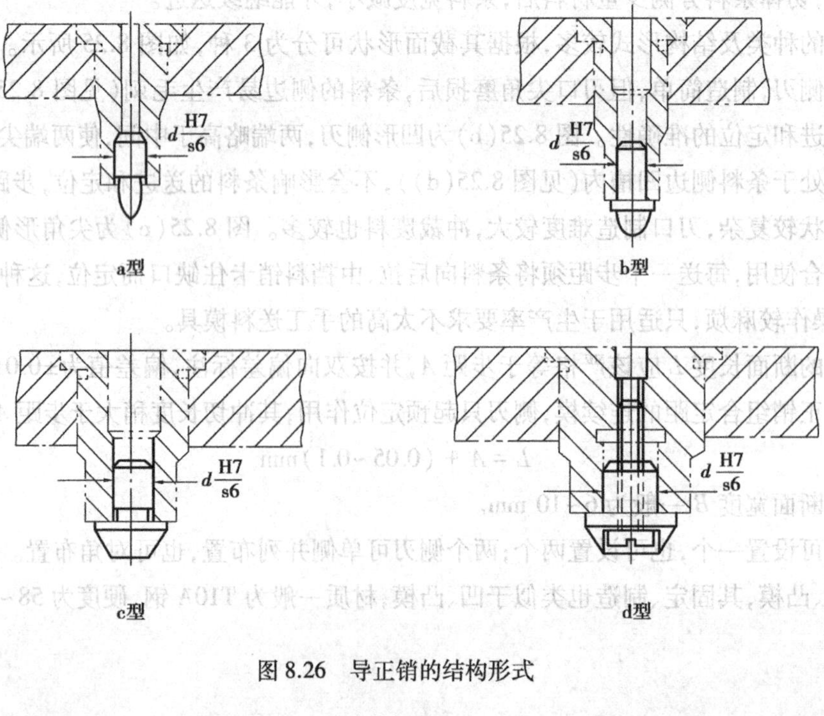

图 8.26　导正销的结构形式

导正销由导入、定位和联接 3 部分组成。联接部分与凸模压入式装配时，采用过盈配合 H7/s6；导入部分为圆弧面或圆锥面。定位部分为圆柱面，直径按 h9 制造，为保证导正销能顺利地插入孔中，导正销与孔之间应该有一定间隙，因此，导正销直径的基本尺寸应比冲孔凸模直径小，其值可在有关设计手册中查取。

连续模同时采用挡料销和导正销时，挡料销的安装位置应保证导正过程中条料有移动的余地，如图 8.27 所示。其相互位置关系如下：

按如图 8.27(a)所示方式定位：

$$e = A - \frac{D}{2} + \frac{d}{2} + 0.1$$

按如图 8.27(b)所示方式定位：

$$e = A + \frac{D}{2} - \frac{d}{2} - 0.1$$

式中　A——送料步距；

D——落料凸模直径；

d——挡料销柱形部分直径；

e——挡料销的位置；

0.1 mm——条料导正的移动量。

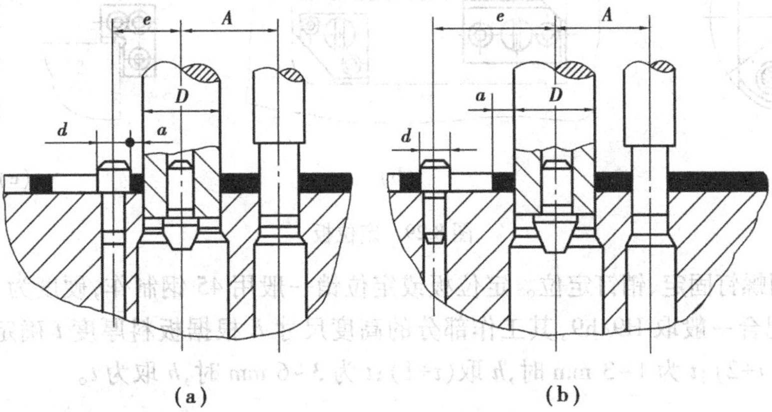

图 8.27　挡料销与导料销的位置关系

8.3.3　定位销与定位板

定位销或定位板一般用作单个毛坯或半成品件的定位，以保证前后工序相对位置精度或工件内孔与外缘的位置精度。工件的定位面可选择外缘，也可选择内孔。

(1)定位销

如图 8.28 所示为定位销的主要形式。图 8.28(a)适用于孔径小于 15 mm 的小型圆孔；图 8.28(b)适用于孔径为 15~30 mm 的中型圆孔。大型工件或毛坯以外缘定位时，定位销的布置如图 8.28(c)所示。

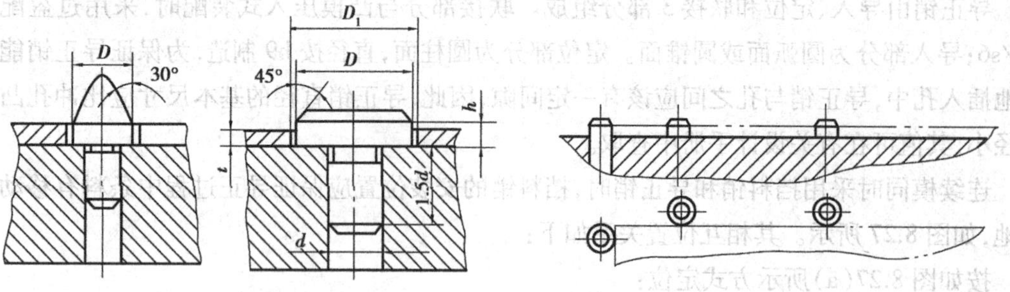

(a)　　　　(b)　　　　(c)

图 8.28　定位销

(2)**定位板**

如图 8.29 所示为定位板的定位形式。图 8.29(a)适用于孔径大于 30 mm 的圆孔;图 8.29(b)将两块定位板对角布置,适用于较大尺寸的矩形孔;图 8.29(c)适用于较大尺寸冲裁件或毛坯的外缘定位。

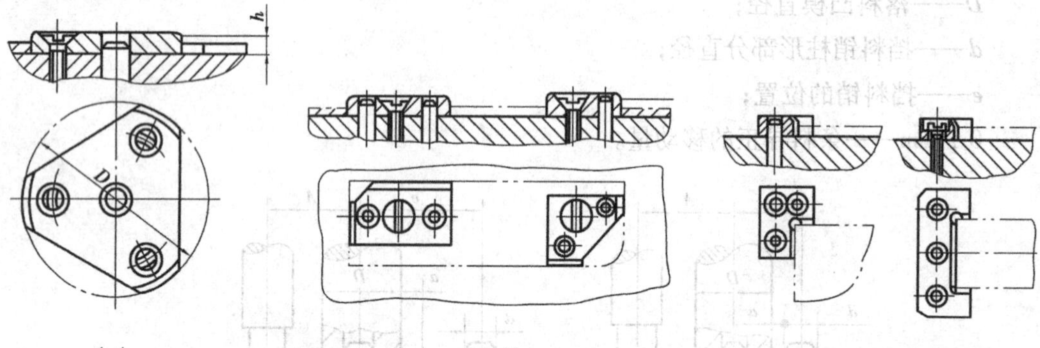

(a)　　　　(b)　　　　(c)

图 8.29　定位板

定位板用螺钉固定、销钉定位。定位板或定位销一般用 45 钢制作,硬度为 43~48HRC,与毛坯间的配合一般取 H9/h9,其工作部分的高度尺寸 h 根据板料厚度 t 确定。当 t 小于 1 mm时,h 取(t+2);t 为 1~3 mm 时,h 取(t+1);t 为 3~6 mm 时,h 取为 t。

8.4　模具的卸料与推件零件

由于材料的弹性恢复,冲裁零件和废料有可能卡在凸模上或凹模型孔内,拉深、翻边、弯曲等成形件也有可能滞留在成形模具中,因此,冲压模具必须设置相应的卸料与推件装置,将工件或废料从模具中脱卸下来,以保证冲压过程能够连续、顺利地进行。

8.4.1　卸料装置

卸料装置用于从凸模上卸下废料或工件,常用的卸料装置有固定卸料板、弹性卸料装置和废料切刀。

(1) **固定卸料板**

固定卸料板安装在凹模上，卡在凸模上的废料随凸模一起上升，当废料的上表面与卸料板的下表面接触时，卸料板阻挡废料的进一步上升，将废料从凸模上卸下。固定卸料板采用刚性卸料，具有结构简单、卸料力大的特点，但由于没有压料作用，板料容易产生变形，常用于较硬、较厚(厚度大于 1.5 mm)且精度要求不太高的工件。

常用的固定卸料板如图 8.30(a)所示，或将卸料板与导料板制成整体式(见图 8.30(b))，对于窄而长的冲裁件，采用如图 8.30(c)所示的形式。卸料板只起卸料作用时，卸料板型孔与凸模之间的双面间隙可根据料厚取为 0.2~0.6 mm。在导板式模具中，卸料板兼作导板，卸料板型孔与凸模之间采用 H7/h6 间隙配合。固定卸料板的厚度与冲裁力大小和卸料尺寸有关，一般取 5~10 mm。

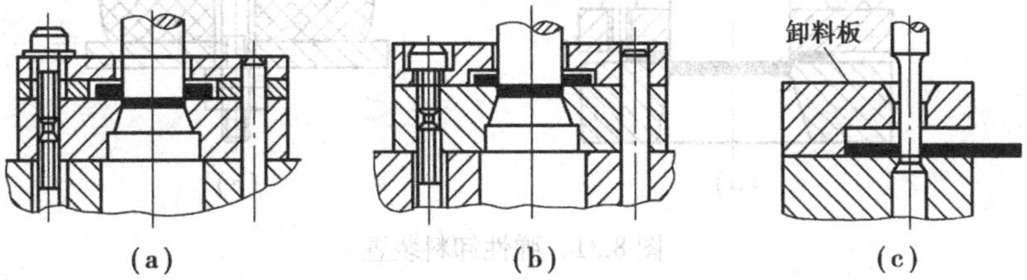

图 8.30　固定卸料板

(2) **弹性卸料装置**

如图 8.31 所示，弹性卸料装置一般由卸料板、弹性元件(弹簧或橡皮)和卸料螺钉组成，并安装在凸模一侧。冲裁时弹性元件受力而被压缩，使卸料板与凸模之间产生相对运动，开模时被压缩的弹性元件张开，使卸料板相对凸模产生相反的运动，从而将卡紧在凸模上的板料卸下，卸料螺钉用于卸料板弹开时的限位。

弹性卸料装置结构较复杂，卸料力较小，但有压料作用，可防止冲裁件翘曲，常用于厚度小于 1. 5 mm 的板料。

如图 8.31(a)、(b)所示的弹性卸料装置装于上模，导料板或导料销的高度一般都大于料厚，为保证压料作用，卸料板需要制成凸台形式，或设置凹坑，使卸料板直接接触板料。如图 8.31(c)所示的弹性卸料装置装于下模座底部，伸入压力机工作台孔内，导料销安装在卸料板上，为保证压料，常采用活动导料销。

弹性卸料板型孔与凸模之间的双面间隙通常取 0.1~0.3 mm，卸料板的厚度与卸料力和卸料尺寸有关，中小型冲裁件一般取 5~10 mm，其外形及尺寸可与凹模相似。

(3) **废料切刀卸料**

大、中型零件的修边，或成形后工件的切边，常采用废料切刀卸料。如图 8.32(a)所示，紧靠凸模安装若干个间隔一定距离的废料切刀，凹模向下运动的过程中，在完成切边冲裁的同时，将环绕在凸模上的废料推向废料切刀，废料在刃口处被切断成若干段，从凸模上脱落，加以人工清理，达到卸料的目的。

废料切刀刃口长度稍大于废料宽度，刃口高度低于凸模，夹角一般为 78°~80°，如图 8.32(b)所示的圆形废料切刀用于小型模具和圆形凸模，切断的废料较薄；如图 8.32(c)所示的方形废料切刀用于大型模具,切断的废料较厚。

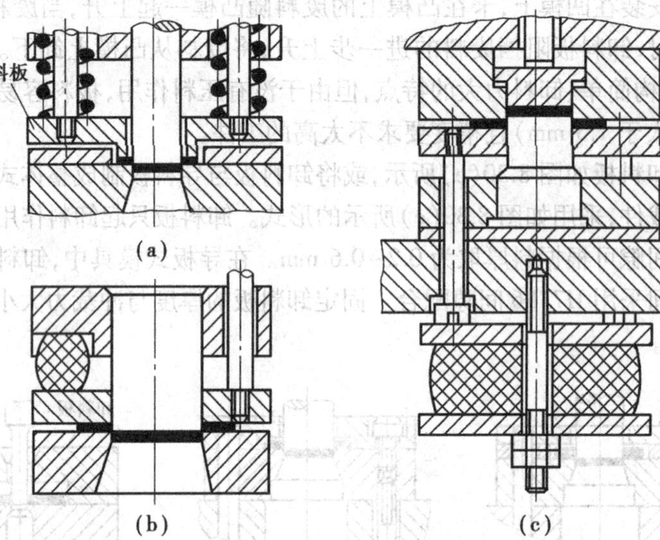

图 8.31　弹性卸料装置

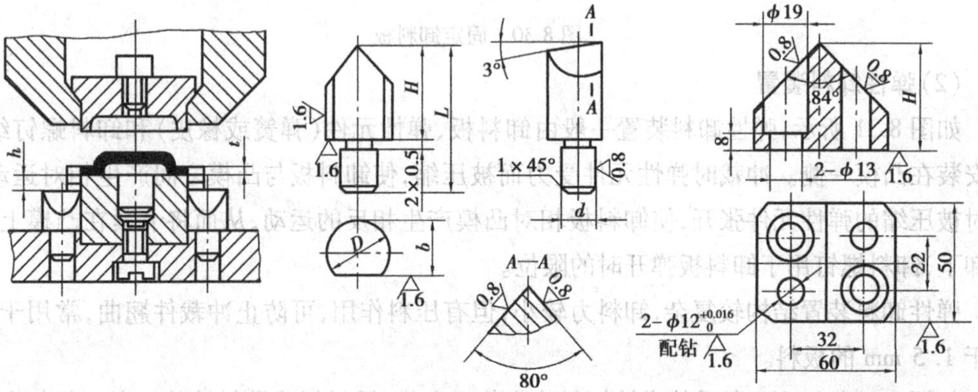

(a)废料切刀工作示意　(b)圆形废料切刀　(c)方形废料切刀

图 8.32　废料切刀

8.4.2　推件装置

(1)刚性推件装置

刚性推件装置安装于上模中,利用压力机滑块提供的刚性力,顺冲压方向将工件从上模的凹模型孔中推出。这种装置推件力大,可靠性高,但无压料作用。

如图 8.33 所示,推件装置有图 8.33(a)、(b)两种形式。当模柄中心位置有冲孔凸模时,采用图 8.33(a)形式,否则就用简单的图 8.33(b)形式。图 8.33(a)形式的推件装置,由打杆、推板、推杆及推件板组成,压力机打料横梁与挡头螺钉产生的撞击力,通过打杆、推板、推杆、推件板传递到工件上,实现推件。

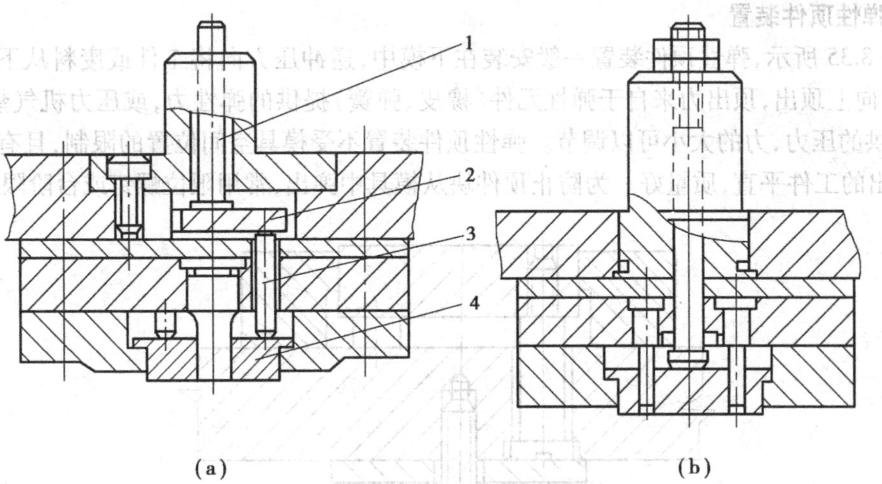

图 8.33　刚性推件装置

1—打杆;2—推板;3—推杆;4—推件板

推件板的形状按被推下的工件形状来设计,常采用台阶限位,也可采用打杆与推件板螺纹联接、横销限位。推板可采用与推件板相似的形状,如图 8.34 所示。但是,推板安装时需在上模座设置安装孔,为了保证冲孔凸模的支承刚度和强度,安装孔的截面应尽量小,推板可采用"爪"形结构(见图 8.34(c)、(d)、(e)),安装孔就可以不全部挖空,以增大有效传力面积。

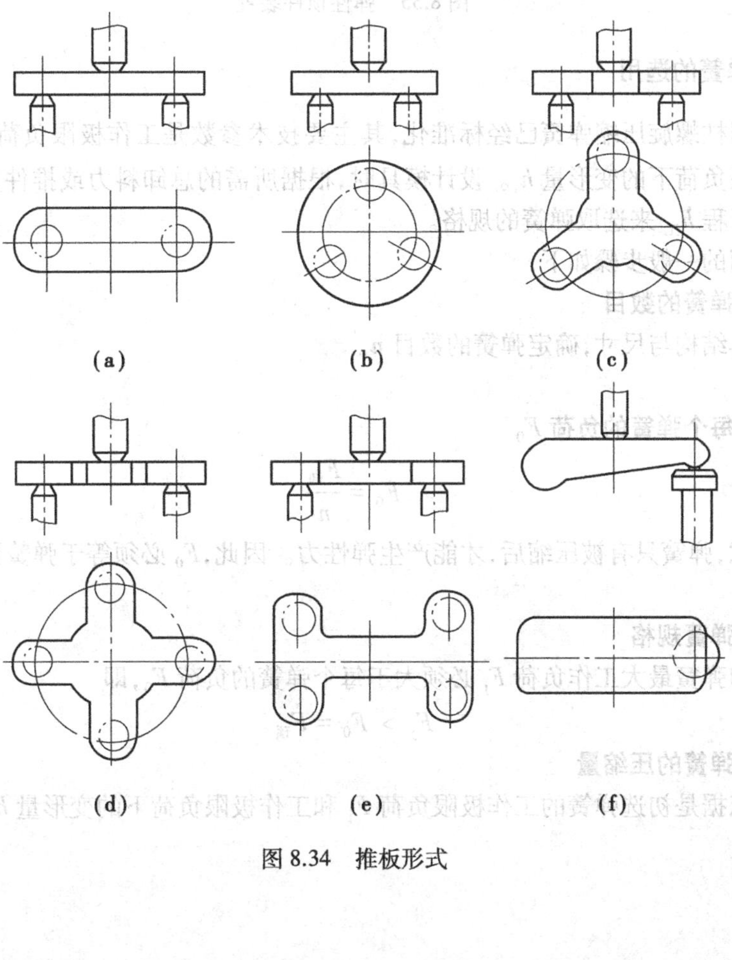

图 8.34　推板形式

(2)弹性顶件装置

如图 8.35 所示,弹性顶件装置一般安装在下模中,逆冲压方向将工件或废料从下模的凹模型孔中向上顶出,顶出力来自于弹性元件(橡皮、弹簧)提供的弹性力,或压力机气垫(或液压垫)提供的压力,力的大小可以调节。弹性顶件装置不受模具空间位置的限制,且有压料作用,使冲出的工件平直,质量好。为防止顶件块从模具中弹出,常用限位螺钉或台阶限位。

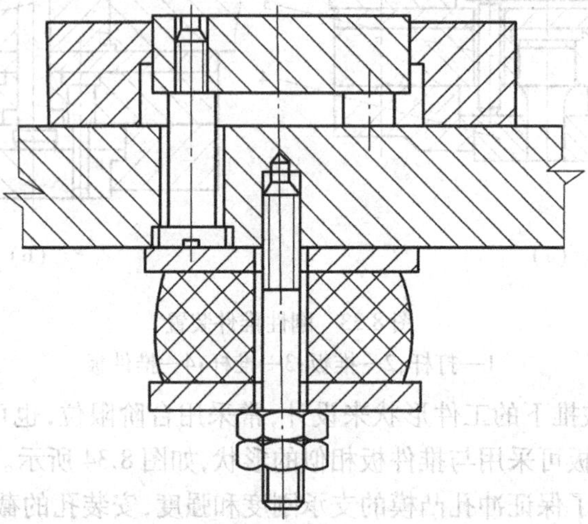

图 8.35　弹性顶件装置

8.4.3　弹簧的选用

常用的圆柱螺旋压缩弹簧已经标准化,其主要技术参数是工作极限负荷 F_j 和与其相对应的工作极限负荷下的变形量 h_j。设计模具时,根据所需的总卸料力或推件力 $F_{卸}$ 以及所需的最大工作行程 $h_{工}$ 来选取弹簧的规格。

弹簧选用的一般步骤如下:

(1)确定弹簧的数目

根据模具结构与尺寸,确定弹簧的数目 n。

(2)计算每个弹簧的负荷 F_0

$$F_0 = \frac{F_{卸}}{n}$$

必须注意,弹簧只有被压缩后,才能产生弹性力。因此,F_0 必须等于弹簧预压缩后产生的预压力 $F_{预}$。

(3)初选弹簧规格

所选用的弹簧最大工作负荷 F_j 必须大于每个弹簧的负荷 F_0,即

$$F_j > F_0 = F_{预}$$

(4)校核弹簧的压缩量

校核的依据是初选弹簧的工作极限负荷 F_j 和工作极限负荷下的变形量 h_j。

1)计算弹簧的预压缩量

$$h_{预} = \frac{h_j}{F_j} F_{预}$$

也就是说,弹簧必须被压缩 $h_{预}$ 的高度后,才能产生 $F_{预}$ 的反弹力。

2)计算卸料板或顶件时所需的最大工作行程 $h_{工}$

冲裁时,最大工作行程 $h_{工}$ 近似等于卸料板与凸模间的相对运动量,它与料厚 t 的关系近似为

$$h_{工} = t + 1 \quad \text{mm}$$

落料拉深时,最大工作行程 $h_{工}$ 近似等于落料凸模进入凹模的深度。

3)计算弹簧的总压缩量 $h_{总}$

$$h_{总} = h_{预} + h_{工} + h_{修磨}$$

式中　$h_{修磨}$——凸、凹模的修磨量,一般取 4~10 mm。

4)校验所选弹簧

若 $h_j \geqslant h_{总}$,则初选的弹簧能满足作用力与行程要求,是合适的。

若 $h_j < h_{总}$,则初选的弹簧不能满足行程要求,必须重新选取。

值得注意的是,落料拉深复合模设计时,由于卸料板工作行程 $h_{工}$ 较大,往往造成 $h_{总}$ 较大。特别是板料厚度较大时,较大的卸料力导致 $F_{预}$ 增大,$h_{预}$ 和 $h_{总}$ 也随之增大,必须选用 h_j 较大的弹簧,才能满足使用要求,但这又会导致模具高度尺寸的加大。因此,板料厚度较大时应该考虑选用固定卸料板。当因为模具结构需要设置弹簧而位置受到限制时,可采用双层弹簧,或选用蝶形弹簧,还可根据卸料力和弹簧的总压缩量自行设计非标准弹簧。

弹簧的安装方式如图 8.36 所示。采用图 8.36(a)的形式有利于缩短凸模或凹模的高度;当卸料螺钉数目与弹簧数目相同时,常采用图 8.36(b)的形式;若弹簧数多于卸料螺钉数时,则多的弹簧可采用图 8.36(c)的形式。

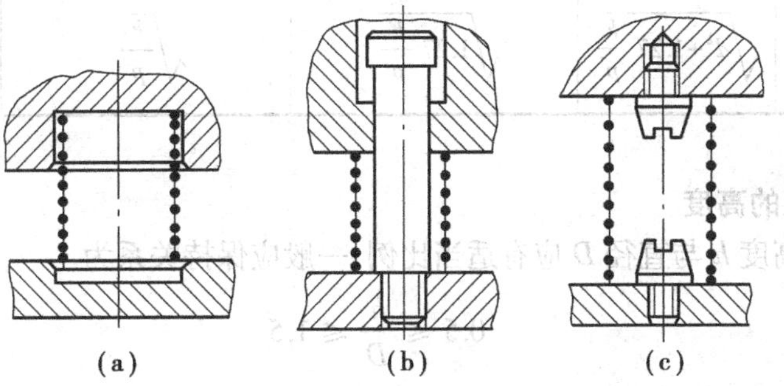

(a)　　(b)　　(c)

图 8.36　弹簧的安装方式

8.4.4　橡皮的选用

以聚氨酯橡胶为代表的橡皮,是冲裁模具中使用最广泛的弹性元件,具有承载负荷大、安装调整方便的特点。橡皮选用的依据是卸料力和总压缩量,其步骤如下:

(1)确定橡皮的压缩量及厚度

橡皮的最大压缩量 L 有一定限制,不能太大,一般为橡皮自由厚度 h 的 35%~45%,即

$$L = (0.35 \sim 0.45)h$$

为了使其产生弹性力，模具安装时必须对橡皮预压缩。预压缩量 L_0 一般取其自由厚度 h 的 10%~15%，即

$$L_0 = (0.10 \sim 0.15)h$$

因此，橡皮的许可工作行程 L_1 与自由厚度 h 的关系为

$$L_1 = L - L_0 \approx (0.25 \sim 0.30)h$$

反过来，根据所需工作行程，就可以确定橡皮的自由厚度。

(2)确定橡皮的截面尺寸

橡皮产生的压力 F(N) 与其横截面积 A(mm^2) 直接相关，则

$$F = p \times A$$

式中　p——与橡皮形状、压缩量有关的单位压力，一般取 2~3 MPa。

因此，根据所需卸料力的大小，就可计算出橡皮的截面积。截面积确定后，再根据选定的橡皮形式，确定其具体尺寸，见表 8.4。

表 8.4　橡皮横截面尺寸计算

橡皮形式	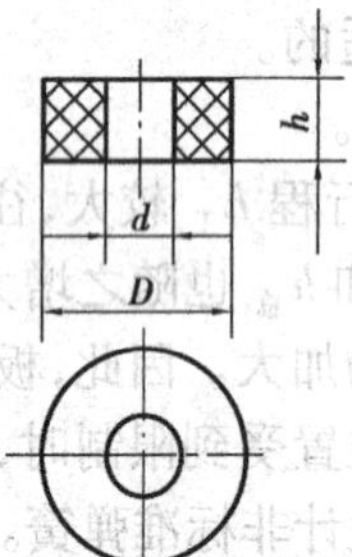		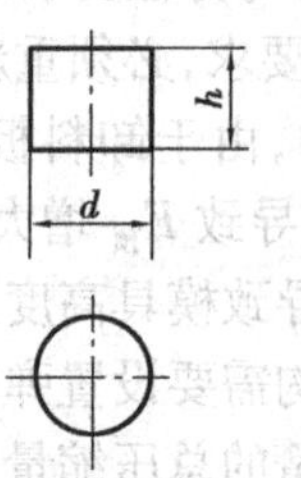	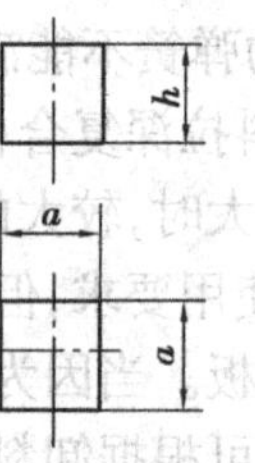		
尺寸/mm	d	D	D	a	a	b
	按结构选用	$\sqrt{d^2+1.27\frac{F}{p}}$	$\sqrt{1.27\frac{F}{p}}$	$\sqrt{\frac{F}{p}}$	$\frac{F}{bp}$	$\frac{F}{ap}$

(3)校验橡皮的高度

橡皮的自由高度 h 与直径 D 应有适当比例，一般应保持关系为

$$0.5 \leqslant \frac{h}{D} \leqslant 1.5$$

如 h 过小，可适当放大预压缩量重新计算；如 h 过大，则应将橡皮分成若干段，每段的 h/D 保持在上式范围内，并在两块橡皮之间加垫钢圈，以免其失稳弯曲。

8.5　模具的结构零件

冲裁模具中除了工作零件、定位零件、卸料零件等工艺零件外，还有起模具联接与安装、运动导向等作用的结构零件。

8.5.1　导向装置

导向装置用于上、下模之间的定位联接和运动导向，以消除压力机滑块运动误差对模具运动精度的影响，保证凸模、凹模之间的间隙均匀，提高模具的使用寿命和冲裁件精度。因此，生产批量大的冲压模具，一般均设置导向装置。

常用的导向装置有导板式、导柱导套式和滚珠导向式。

(1) 导板式导向装置

导板式导向装置由凸模与导板的 H7/h6 间隙配合导向，工作时凸模不脱离导板。导板的导向孔按凸模的截面形状加工和配制，为了加大导向尺寸，导板要有足够的厚度，一般取等于或稍小于凹模厚度，导板的平面尺寸也与凹模相同。

导板导向式模具结构较简单，但导向的稳定性和可靠性较低，应用范围有限，适用于简单冲裁模。

(2) 导柱导套式导向装置

导柱导套式导向装置利用导柱与导套之间的间隙配合进行运动导向。导柱安装在下模座，导套安装在上模座，采用 H7/r6 过盈配合压入安装孔内。导柱导套式导向装置结构简单，加工容易，滑动导向刚度大、精度高、稳定性好，是应用最广泛的导向装置。导柱、导套的结构和尺寸可直接从冷冲模国家标准中选取，常采用两副导柱导套，大型冲模或冲裁件精度要求高的冲模，用四副或六副导柱导套。

导柱导套主要有两种形式：如图 8.37(a) 所示为圆柱形，常用在中小型冲模上；如图 8.37(b) 所示为阶梯形结构，导柱的大端直径等于导套的外径，使上、下模座的安装孔径相等，便于同时加工，保证孔距精度，常用在大型模具中。

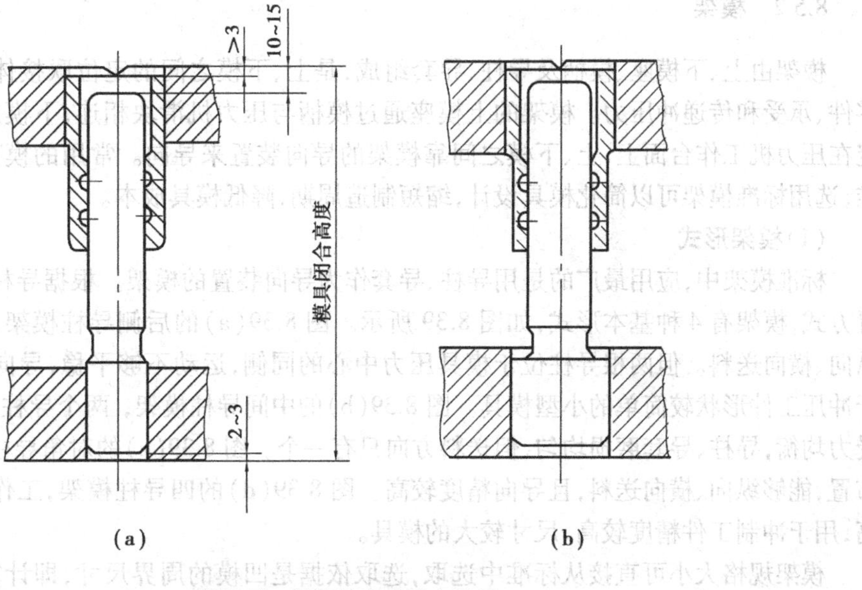

图 8.37　导柱导套式导向装置

导柱与导套之间采用间隙配合,配合间隙应小于冲裁凸、凹模的间隙值。凸、凹模间隙小于0.03 mm,或精度要求高的Ⅰ级精度模架,导柱与导套之间采用H6/h5配合;凸、凹模间隙大于0.03 mm,或精度要求较低的Ⅱ级精度模架,或一般的成形工序模具,导柱与导套之间采用H7/h6配合。在选用导柱长度时,应保证模具闭合状态下导柱上端面与上模座上平面之间的距离大于10~15 mm,以留出模具修磨后闭合高度减小的裕量。

导柱导套间相对滑动,要求配合表面坚硬和耐磨,同时具有足够的韧性,因此,导柱导套常用20钢制造,表面渗碳淬火处理,硬度为58~62HRC,渗碳层深度0.8~1.2 mm。

(3)滚珠导向装置

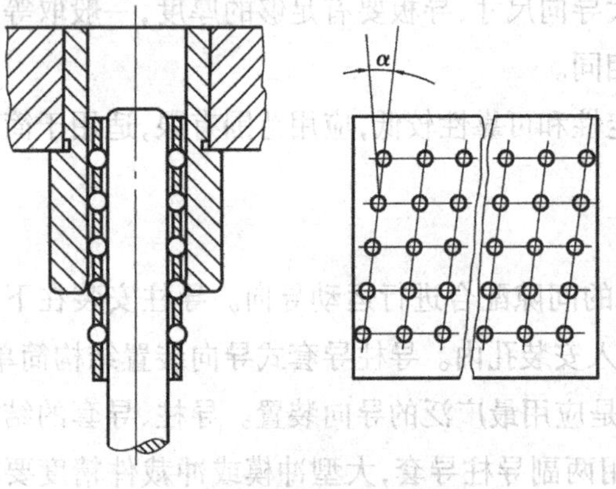

图8.38　滚珠导向装置

滚珠导向装置是一种无间隙导向,精度高、寿命长,适用于高速冲裁模、精密冲裁模、硬质合金模和薄料(≤0.1 mm)冲裁模。

如图8.38所示,滚珠导向装置由导柱、导套、衬套和滚珠组成,滚珠置于衬套上的径向孔中,与导套内孔和导柱外圆柱面相接触,并有0.01~0.02 mm的微小径向过盈量。由于滚珠与导套、导柱之间的接触为点接触,它们之间可以相对运动。滚珠的直径为3~6 mm,按照一定方式排列,保证每个滚珠的轴向运动轨迹独立,运动轨迹的不重合可以减小磨损。

滚珠导向装置的导向精度高,但运动不够平稳,导向刚度差,不能承受侧向力。滚珠导向装置的导柱、导套通常用GCr15轴承钢制造,淬火硬度60~62HRC,衬套用黄铜或铝合金制造。

8.5.2　模架

模架由上、下模座、模柄及导柱、导套组成,是上、下模之间的定位联接体,用于固定模具零件、承受和传递冲压力。模架的上模座通过模柄与压力机滑块相连,下模座用螺钉压板固定在压力机工作台面上,上、下模之间靠模架的导向装置来导向。常用的模架已列入相关标准,选用标准模架可以简化模具设计,缩短制造周期,降低模具成本。

(1)模架形式

标准模架中,应用最广的是用导柱、导套作为导向装置的模架。根据导柱、导套的不同配置方式,模架有4种基本形式,如图8.39所示。图8.39(a)的后侧导柱模架,送料方便,可以纵向、横向送料。但两根导柱位于模具压力中心的同侧,运动不够平稳,导向精度较低,适用于冲压工件形状较简单的小型模具。图8.39(b)的中间导柱模架,两个导柱左、右对称分布,受力均衡,导柱、导套磨损均匀,但送料方向只有一个。图8.39(c)的对角导柱模架,导柱对称布置,能够纵向、横向送料,且导向精度较高。图8.39(d)的四导柱模架,工作平稳,导向精度高,用于冲制工件精度较高、尺寸较大的模具。

模架规格大小可直接从标准中选取,选取依据是凹模的周界尺寸,即计算出的凹模外形尺寸的长和宽 $L\times B$,或外圆直径 D,保证凹模周界尺寸接近但不超过模架能够安装的尺寸 D_0。

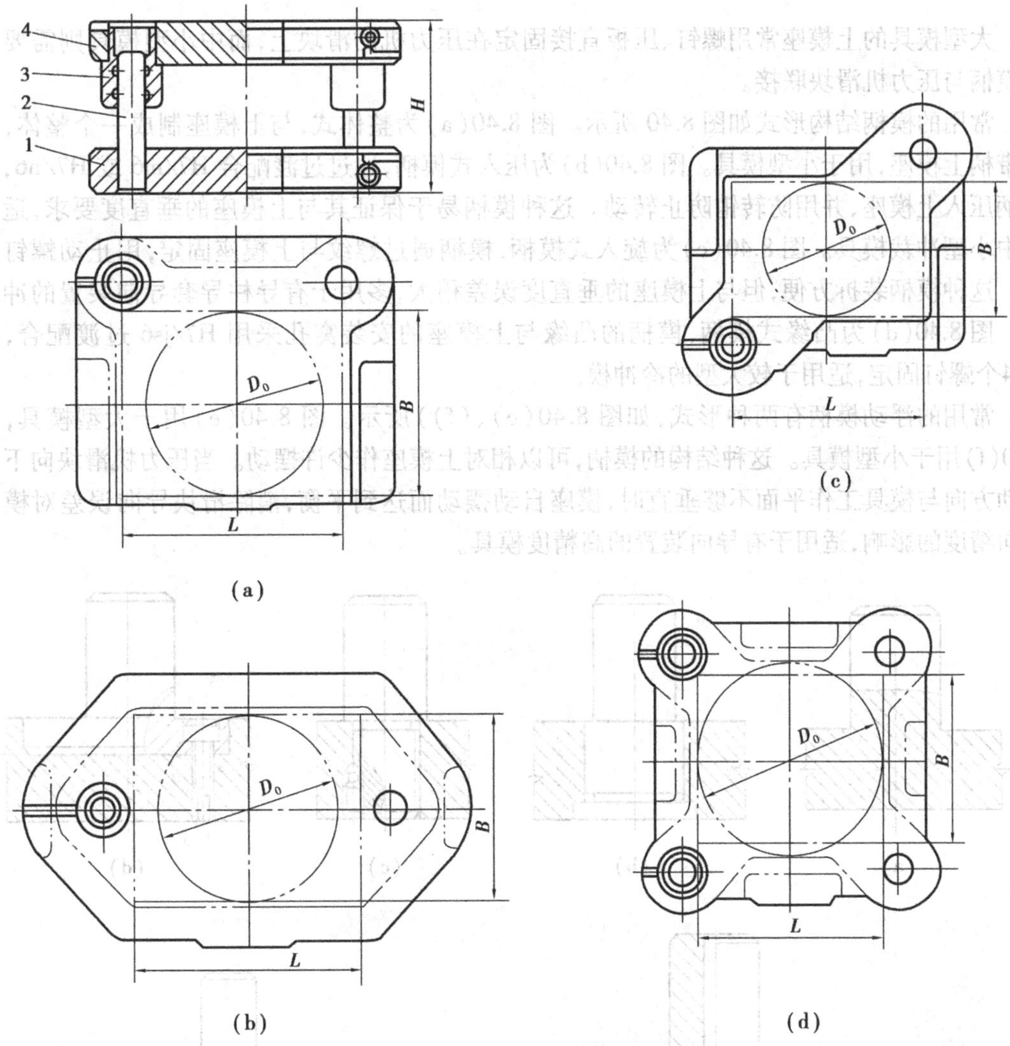

图 8.39　模架的基本形式

1—下模座;2—导套;3—导柱;4—上模座

(2)**模座**

上、下模座用于安装模具零件和传递冲压力,因此,必须有足够的强度和刚度,否则,工作时模座会产生严重的弹性变形而导致模具工作零件的迅速磨损或破坏,降低模具使用寿命。

模具设计时,按相关标准和选定的模架确定模座的类型和尺寸大小。标准模座通常有厚型和薄型两种,冲压力较大的厚料冲裁时,或卸料螺钉行程较大时,采用厚型模座。不能使用标准模座时,需要自行设计模座,设计时应尽量参考标准模座的有关主要几何参数。

模座常采用铸造件,以利用铸造件制造成本低、减振性能好的优点,材质为灰铸铁或铸钢。

8.5.3　模柄

大型模具的上模座常用螺钉、压板直接固定在压力机的滑块上，而中小型模具则需要通过模柄与压力机滑块联接。

常用的模柄结构形式如图 8.40 所示。图 8.40(a)为整体式，与上模座制成一个整体，形成带柄上模座，用于小型模具。图 8.40(b)为压入式模柄，通过过渡配合 H7/m6 或 H7/n6，将模柄压入上模座，并用防转销防止转动。这种模柄易于保证其与上模座的垂直度要求，适用于中小型冲裁模具。图 8.40(c)为旋入式模柄，模柄通过螺纹与上模座固定，用止动螺钉防松。这种模柄装拆方便，但与上模座的垂直度误差稍大，多用于有导柱导套导向装置的冲裁模。图 8.40(d)为凸缘式模柄，模柄的凸缘与上模座的安装窝孔采用 H7/js6 过渡配合，用 3~4个螺钉固定，适用于较大型的冷冲模。

常用的浮动模柄有两种形式，如图 8.40(e)、(f))所示。图 8.40(e)用于大型模具，图 8.40(f)用于小型模具。这种结构的模柄，可以相对上模座作少许摆动。当压力机滑块向下的运动方向与模具工作平面不够垂直时，模座自动摆动而达到平衡，消除滑块导向误差对模具导向精度的影响，适用于有导向装置的高精度模具。

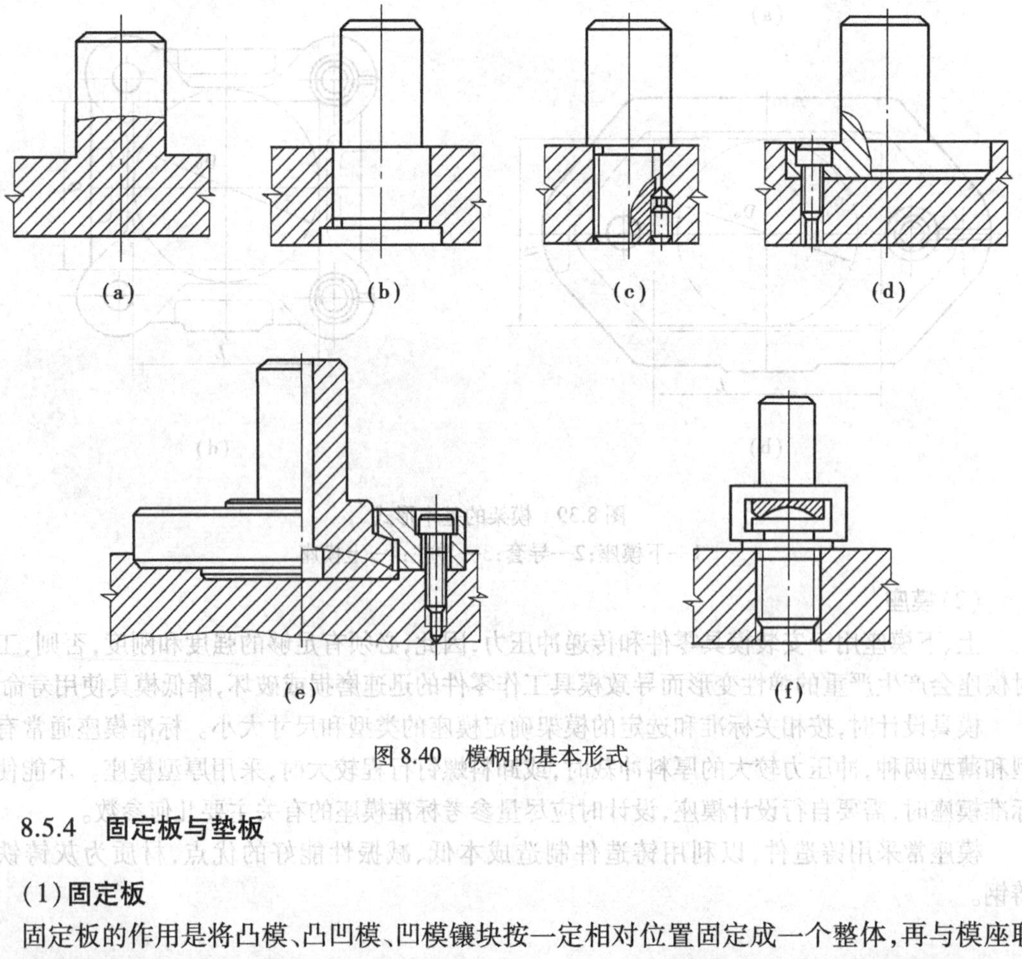

图 8.40　模柄的基本形式

8.5.4　固定板与垫板

(1)固定板

固定板的作用是将凸模、凸凹模、凹模镶块按一定相对位置固定成一个整体，再与模座联接。凸模、凹模、凸凹模与固定板之间按 H7/m6 或 H7/n6 过渡配合，压入后底面磨平。

固定板的尺寸和轮廓应与相应的整体凹模一致，凸模固定板的厚度取凸模长度的 40%，凹模固定板的厚度取凹模长度的 60%～80%。固定板用 Q235 或 Q275 制造，配合面粗糙度 Ra 为 1.6～0.8 μm。

(2)垫板

垫板置于模座与固定板之间，用于分散凸模传递的压力。一般来说，当凸模尾端承力面的压应力大于 100 MPa 时，为防止凸模尾端压损模座，在凸模与模座之间需要安装淬硬磨平的垫板。

垫板的厚度一般为 4～12 mm，外形轮廓和尺寸与固定板相同。垫板常采用 45 钢制造，热处理硬度为 43～48HRC。重载条件下，也可采用模具钢制造，热处理硬度为 54～58HRC。

8.5.5　螺钉与销钉

冲压模具中，通常采用螺钉和销钉进行联接，螺钉用于紧固，销钉用于定位。

螺钉直径为 4～20 mm，根据模具厚度选择，参见表 8.5；拧入被联接件深度：钢为 $1.5d$，铸铁为 $2d$。

销钉直径与螺钉相近，数量为两个，对角布置，按 H7/n6 与销钉孔过渡配合，孔壁表面粗糙度应达到 R_a1.6 μm，压入联接件深度大于 $1.5d$，压入被联接件深度大于 $2.5d$。

表 8.5　螺钉直径与间距/mm

凹模厚度 h	螺钉直径	最小间距	最大间距
≤13	M5	15	50
>13～19	M6	25	70
>19～25	M8	40	90
>25～32	M10	60	115
>32	M12	80	150

除了销钉与销钉孔之间的过渡配合外，冲压零件间还存在其他表面之间的配合，见表 8.6。

表 8.6　冲压模具零件间的配合

配合零件名称	精度及配合	配合零件名称	精度及配合
模柄（带法兰盘）与上模座	$\frac{H8}{h8}$，$\frac{H9}{h9}$	圆柱销与凸模固定板、上下模座	$\frac{H7}{n6}$
凸模与凸模固定板	$\frac{H7}{m6}$或$\frac{H7}{k6}$	卸料板与凸模或凸凹模	0.1～0.5 mm(单边)
凸模（凹模）与上、下模座（镶入式）	$\frac{H7}{h6}$	顶件板与凹模	0.1～0.5 mm(单边)
固定挡料销与凹模	$\frac{H7}{m6}$或$\frac{H7}{n6}$	推杆（打杆）与模柄	0.5～1 mm(单边)
活动挡料销与卸料板	$\frac{H9}{h8}$，$\frac{H9}{h9}$	推销（顶销）与凸模固定板	0.2～0.5 mm(单边)

8.6 冲压模具零件的常用材料及其性能

8.6.1 冲压模具材料的选用原则

冲压凸模和凹模是在强压、连续使用和冲击大的条件下工作的，且伴有温度的升高，工作条件较恶劣。因此，凸模、凹模的材料必须具有良好的耐磨性、耐冲击性、淬透性和切削性，热处理硬度大、变形小，价格低廉。

选用模具材料时，在满足使用条件下，尽量节省成本。

①根据冲压零件生产的批量大小选用模具材料。大批量生产时，应选用质量高、使用寿命长的材料；反之，选用价格低、耐用度较差的材料。

②根据被冲压材料的性质、工序种类及冲模零件的工作条件和作用，选用模具材料。

8.6.2 常用模具材料及热处理要求

冲压模具零件的推荐材料和热处理要求见表 8.7，选用时可参照相关的国家或行业标准。

表 8.7 冲压模具零件的推荐材料和热处理要求

零件名称	推荐材料	热处理硬度/HRC	标准号(参考)
冲孔凸模	Cr12MoV，Cr12，CrWMn	58~62	JB/T 5825，JB/T 5826
	Cr6WV	56~60	
冲孔凹模	Cr12MoV，Cr12，Cr6WV，CrWMn	58~62	JB/T 5830
弯曲凸模、凹模	T10A，Cr6WV，Cr12MoV，Cr12，CrWMn	58~62	
拉深凸模、凹模	T10A，Cr6WV，Cr12MoV，Cr12，CrWMn	58~62	
上模座	HT200		GB/T 2855.1
下模座	HT200		GB/T 2855.2
压入式模柄	Q235A，45		JB/T 7646.1
凸缘式模柄	Q235A，45		JB/T 7646.3
导柱(滑动)	20Cr	渗碳/58~62	GB/T 2861.1
	GCr15	58~62	
导套(滑动)	20Cr	渗碳/58~62	GB/T 2855.2
	GCr15	58~62	
固定板	45	28~32	

续表

零件名称	推荐材料	热处理硬度/HRC	标准号(参考)
垫板	45(一般)	43~48	
	T10A(重载)	56~60	
卸料板	45	43~48	
推件板	45	43~48	
顶板	45	43~48	JB/T 7650.4
顶杆	45	43~48	JB/T 7650.3
推杆	45	43~48	JB/T 7650.1
侧压板	45	43~48	JB/T 7649.3
始用挡块	45	43~48	JB/T 7649.1
导料板	45	28~32	JB/T 7648.5
导正销	9Mn2V	52~56	JB/T 7647.1~4
挡料销、导料销(活动)	45	43~48	JB/T 7649.9
挡料销、导料销(固定)	45	43~48	JB/T 7649.10
侧刃	T10A	56~60	JB/T 7648.1
侧刃挡块	T10A	56~60	JB/T 7648.2~4
废料切刀(圆形)	T10A	56~60	JB/T 7651.1
废料切刀(方形)	T10A	56~60	JB/T 7651.2
圆柱螺旋压缩弹簧	65Mn,60Si2Mn		
圆柱头卸料螺钉	45	35~40	JB/T 7650.5
圆柱头内六角卸料螺钉	45	35~40	JB/T 7650.6
螺钉	45	35~40	GB/T 2089
销钉	45	35~40	

习题 8

1.冲压模具主要分为哪几类？简述各类模具的优缺点及应用范围。
2.冲模由哪几部分构成？每一部分的作用是什么？
3.冲裁凸模有哪些形式？凸模强度校核时主要校核哪些内容？
4.冲裁凹模有哪些形式？它们分别应用在什么场合？
5.分别简述导尺导料和导料销导料的特点。为什么有些模具中采用弹性挡料销？
6.固定卸料板和弹性卸料装置各有什么特点？其应用范围如何？
7.简述废料切刀卸料的工作原理。
8.上下模座的规格大小如何选定？一般采用什么材质制造？为什么选用这种材质？
9.模柄的作用是什么？它有哪些常见形式？

第9章 冲压工艺及模具设计实例

本章从实际应用的角度出发，综合性地阐述冲压件的工艺分析、工艺编排及冲压模具设计的内容和步骤，并作实例示范。本章的学习目的是基本掌握冲压件生产工艺编排和冲压模具设计的原则、方法和步骤。

9.1 设计的一般步骤

冲压工艺及模具的设计过程牵涉面广，要综合考虑、全面兼顾各方面的要求和具体实施条件，大致可按下述步骤进行。

9.1.1 了解原始资料

原始资料是冲压工艺及模具设计的依据，必须加以透彻地了解。

①生产任务书或产品图及其技术条件。若是按样件生产，要了解冲压件的功用及其装配关系、技术要求，并反映于测绘图中。

②原材料的尺寸规格、牌号及相关力学性能指标。

③生产批量(大量、大批或小批)。

④可供选用的冲压设备的型号和主要技术参数。

⑤模具制造能力和技术水平。

⑥各种技术标准及参考资料。

9.1.2 分析冲压件的工艺性

由产品图样，对冲压件的形状、尺寸、精度要求和材料性能进行分析，对其必需的冲压工艺进行技术和经济上的可行性论证。分析时，首先判断该零件所需的基本冲压工序，各工序加工出的中间半成品的形状和尺寸，然后逐个分析各道工序的冲压工艺性，论证冲压加工的可行性。如发现冲压工艺性不好，须会同产品设计人员，在保证产品使用要求的前提下，对冲压件进行适当修改。

9.1.3　分析、比较和确定工艺方案

冲压工艺方案的制订是编制冲压工艺规程的基础，而冲压工艺规程是指导冷冲压件生产过程的重要技术文件，对于提高零件产品质量和劳动生产率，降低零件成本，减轻劳动强度和保证安全生产都有重要影响。制订冲压工艺方案时，通常根据冲压件的特点、生产批量、现有设备和生产能力等，拟订出几种可能的工艺方案，在对各种工艺方案进行周密的综合分析与比较之后，再选出一种技术上可行、经济上合理的最佳工艺方案。

（1）列出冲压工艺所需的全部单工序

首先根据产品的形状特征，判断它的主要属性，如冲裁件、弯曲件、拉深件或翻边件等。然后根据产品属性初步判定它的工序类型，如落料、冲孔、弯曲、拉深、翻边等。

如图9.1所示的平板冲裁件，采用了冲孔和落料工序。如图9.2所示的弯曲件，需经落料、冲孔和弯曲工序才能完成。

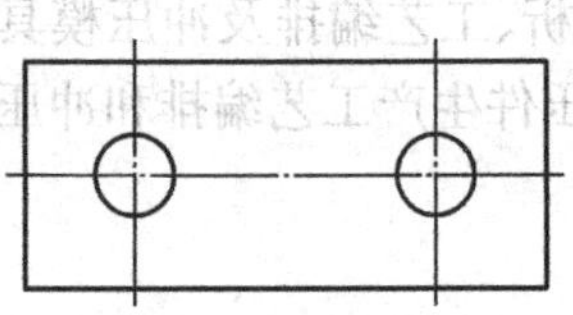

图9.1　冲裁件

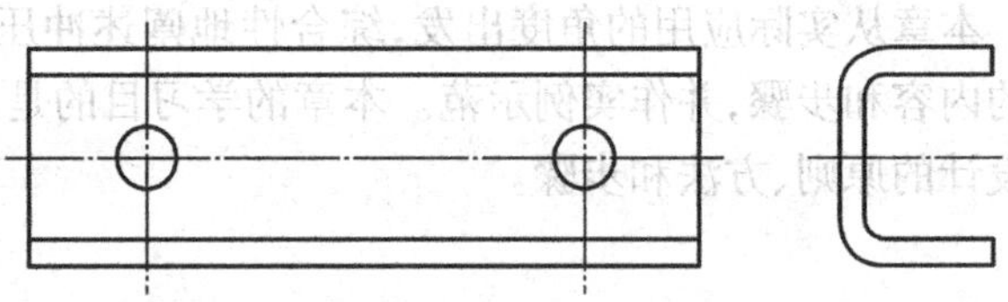

图9.2　弯曲件

有些冲压件必须进行计算才能确定其基本工序。如图9.3所示的油封外夹圈与油封内夹圈，材料均为08钢，厚度及内圆角半径均为1.0 mm，两个冲压件形状相似，但内径和管壁高度不同。

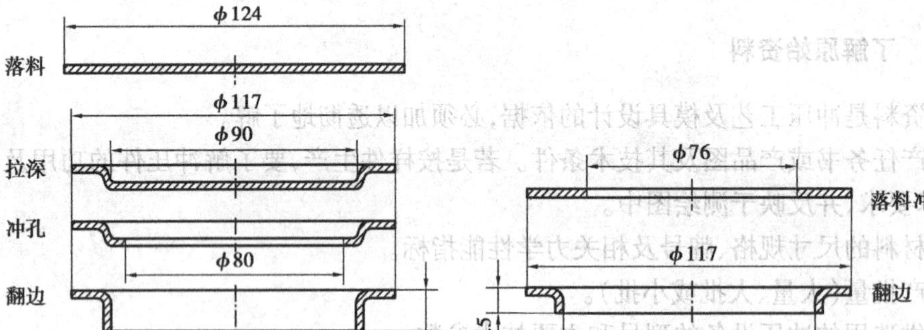

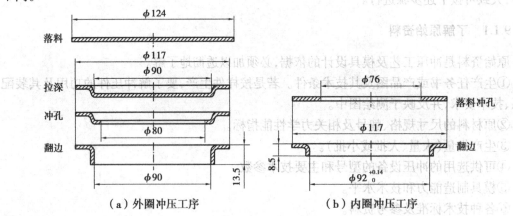

（a）外圈冲压工序　（b）内圈冲压工序

图9.3　油封外夹圈与内夹圈冲压基本工序

内夹圈（见图9.3（b））管壁高8.5 mm，若用落料、冲孔、圆孔翻边3道冲压工序，其预制孔直径约为78 mm，可算得实际翻边系数为0.84。根据 d_0/t 查表5.2，极限翻边系数约为0.8，实际翻边系数大于极限翻边系数，可翻边得到8.5 mm高的管壁，落料、冲孔、圆孔翻边3道冲压工序可以实现。

外夹圈（见图9.3（a）），管壁高13.5 mm，如果仍采用落料、冲孔、翻边3道工序，其预制孔直径约为66 mm，可算得实际翻边系数为0.73。根据 d_0/t 查表5.2，极限翻边系数约为0.78，实际翻边系数小于极限翻边系数，翻边时必定开裂。此时，应采用拉深、冲底孔、翻边的多工

序成形，先用拉深工艺获得一部分管壁高度，然后在拉深件底部冲孔，最后进行圆孔翻边获得零件高度。考虑到零件的过渡圆角较小，拉深后还需整形方可获得 R 为 1 mm 的圆角，这样此零件应由落料、拉深、整形、冲孔、翻边 5 道工序完成。

有时为了保证冲压件的精度和质量，也要改变工序性质和工艺安排。对于拉深件还应进一步计算拉深次数，以确定拉深工序数。弯曲件、冲裁件等也要根据其形状、尺寸和精度要求，确定分为一次或几次加工。

(2) 冲压顺序的初步安排

对于所列各道加工工序，还要根据其变形性质、质量要求、操作的方便性等因素，对工序的先后次序作出安排。其一般原则如下：

①对于带有孔或缺口的冲裁件，单工序模中先落料再冲孔或冲缺口，级进模中应将落料作为最后工序。

②对于带孔的弯曲件，如果孔边距足够，可先冲孔再弯曲，在不影响孔的精度的前提下，先冲的孔还可作为弯曲工序的定位孔。

③对于带孔的拉深件，一般应先拉深，后冲孔，但当孔的位置在材料的非变形区，且孔径相对较小，精度要求不高时，也可先冲孔，后拉深。

④多角弯曲件，有多道弯曲工序，一般先弯外角，后弯内角。

⑤对于形状复杂的旋转体拉深件，一般是以由大到小为序进行拉深，先拉深大尺寸的外形，后拉深小尺寸的外形。非旋转体拉深件则与此相反。

⑥需要采用多种不同类型工序成形的形状复杂冲压件，一般将变形程度大、变形区域大的成形工序安排在前面，往往先拉深，后局部胀形、翻边、弯曲。

⑦整形、校平等工序，安排在相应的基本成形工序之后。

(3) 工序的组合

基本的单工序初步排序后，可根据产品的生产批量、精度要求、尺寸大小以及模具制造水平、设备条件等多种因素，进行综合分析，对某些单工序进行必要而可行的组合或复合，并适当个别调整原来的排序，以充分发挥复合模和级进模的优势，提高生产效率。

一般来说，厚板料、低精度、小批量、大尺寸的冲压件宜单工序生产，用单工序模；薄板料、大批量、小尺寸的冲压件宜用级进模进行连续生产；而大批量、形位精度高的产品，可用复合模生产，也可只复合部分工序。

这样经过冲压工序的顺序安排和组合，就形成了工艺方案。

(4) 最佳工艺方案的确定

技术上可行的工艺方案可能不止一个，且各种工艺方案总是各有其优缺点的，需要从产品质量和生产率、生产操作安全方便、经济效益良好等多方面深入研究，认真分析，反复比较，从中筛选出一个最佳方案。

(5) 进行详细的工艺计算

工艺方案确定后，要对每道工序进行详细的工艺计算，其内容大致如下：

①毛坯形状及尺寸设计、排样图设计、材料利用率计算。

②半成品形状与尺寸计算。

③各种力及压力中心的计算，并得出总的冲压力和冲压功。

④凸、凹模工作部分尺寸计算。

9.1.4 确定冲模类型及总体结构

选择和确定每一副模具的总体结构，主要包括以下内容：

①确定模具类型。确定单工序模、级进模、复合模 3 种类型中的一种，确定正装和倒装式中的一种。

②确定操作方式。操作方式主要有自动化操作、半自动化操作和手工操作 3 种，确定采用其中的一种。

③根据工序内容、特点和零件精度，确定毛坯或工序件的送进、定位方法，保证定位合理、可靠，操作安全、方便。例如，以毛坯的哪部分定位，能否用导正销导正，侧刃的结构类型等。

④确定卸料与推件方式，包括卸料方式的选择、弹性元件的选取与计算、推件装置的结构等。

⑤确定合理的导向方式，包括导向类型、导向间隙、导向数量及分布等。

⑥绘制模具草图，估算模具总体尺寸。

9.1.5 选择冲压设备

根据工艺计算和模具总体尺寸，合理选择各副模具的冲压设备。

①根据该模具完成的各个工序复合状况，计算出复合后的冲压力及其辅助力，结合压力机许用负荷曲线，选用压力机，并留出约 1.3 倍的安全系数。

②深拉深模具，需要进行压力机电机功率的校核。

③校核压力机的装模高度。模具闭合高度与压力机装模高度如图 9.4 所示。

模具闭合高度 H 与压力机最大闭合高度 H_{max} 和最小闭合高度 H_{min} 的关系为

$$H_{max}-5 \geqslant H \geqslant H_{min}+10$$

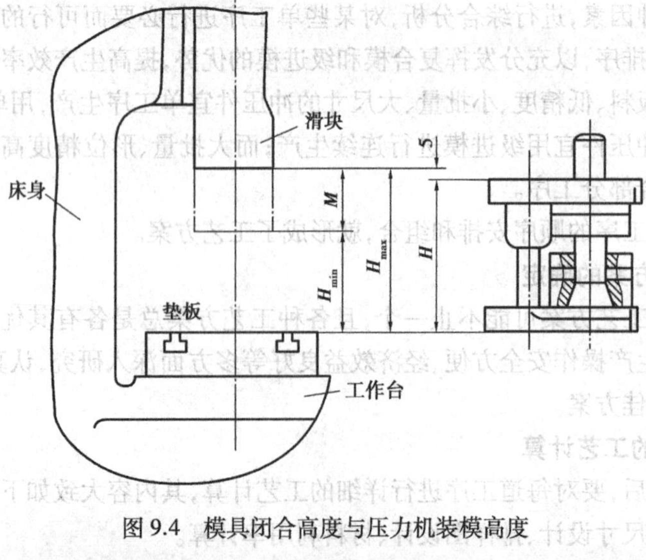

图 9.4 模具闭合高度与压力机装模高度

若 H 大于 H_{max}，模具无法安装；若 H 小于 H_{min}，需要在压力机工作台上附加垫板。

④校核压力机的滑块行程是否满足冲压件的成形要求。弯曲、拉深时，为便于取件，行程

必须大于工件高度的 2~2.5 倍。

⑤压力机的工作台面尺寸应大于模具水平尺寸，一般每边须大 50~70 mm，便于装模；同时，模具平面尺寸还必须大于工作台面上孔的尺寸，一般每边须大 40~50 mm。

9.1.6　完成模具设计

在每副模具总体结构和尺寸的基础上，完成各零部件的结构、装配关系的设计以及标准件的选用，绘制模具装配图和非标准件零件图。其主要内容和要求如下：

①非标准零件的设计。在考虑制造、装配和维修的基础上，作出非标准零部件的结构设计。

②标准零件的选择。模具的很多结构零件，已经由国家标准、行业标准或企业标准实现了标准化，设计时尽量选用标准零件，尤其是已经商品化的零件。选择的内容主要是类型和规格大小。

③根据工件的功用、形状结构和尺寸，合理选用材料及热处理。

④绘制模具装配图和非标准件的零件图。

9.1.7　编写工艺文件和设计计算说明书

冲压工艺文件一般以工艺过程卡的形式表示，内容包括工序名称、工序次数、工序草图（半成品形状和尺寸）、模具形式及种类、选用设备、检验要求等。

设计计算说明书是编写工艺文件及指导生产的重要依据，主要内容有冲压件的工艺性分析，毛坯的展开尺寸计算，排样方式及经济性分析，工艺过程的确定，半成品过渡形状的尺寸计算，工艺方案的技术和经济分析比较，模具结构形式的合理性分析，模具主要零件结构形式，材料选择，公差配合和技术要求的说明，凸、凹模工作部分尺寸的计算与公差的确定，冲压力的计算，模具主要零件的强度计算，压力中心的确定，弹性元件的选用和核算及冲压设备的选用依据等。

9.2　冷冲压工艺规程编制实例

9.2.1　实例一

如图 9.5 所示的焊片，材料为锡磷青铜，厚度 0.3 mm，生产批量 10 万件，设计其冲压工艺及模具总体结构。

（1）工艺性分析

该工件只有冲裁工序，从尺寸精度来看，总长度的公差为 0.2 mm，达 IT12 级精度，其他尺寸未注公差，可视为 IT14 级，都在冲压件的经济精度范围内。由于零件尺寸小，位置公差（对称度、同心度）按宽度方向最大尺寸的尺寸公差（IT14 级为 0.3 mm）的 1/2 确定，为 0.15 mm。

从结构、尺寸来看，零件各部尺寸均较小，需校核右端的槽宽和槽深、左端的孔边距及最小圆角。冲裁件的生产批量 10 万件，槽宽 1.8 mm>1.5t，槽深为 8.75 mm，小于槽宽的 5 倍(5×1.8=9.0 mm)，孔边距 1.1 mm >1.5t，R0.2 mm>0.18t，因而该零件各部分结构、尺寸均满足冲裁件工艺性要求。但材料较薄，冲裁间隙小，模具零件刚性差，模具设计时要予以充分考虑。

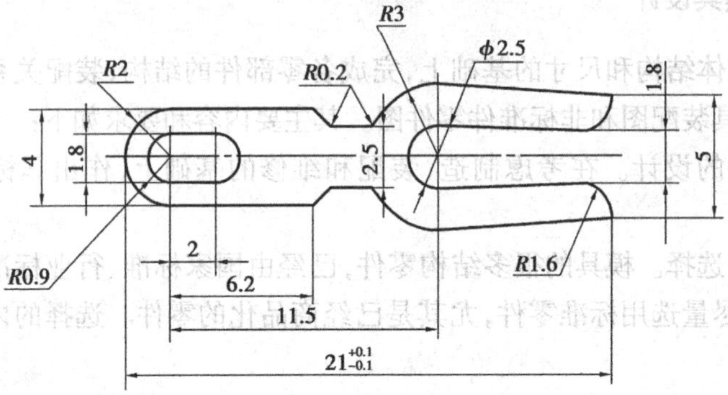

图 9.5　焊片零件图

(2)**确定最佳工艺方案**

1)列出全部单工序

该零件的冲压只有冲孔和落料两道工序。

2)冲压顺序安排

根据该工件的材料厚度、尺寸大小和生产纲领，可以采用条料毛坯在连续模或复合模上生产。采用连续模时，冲压工序安排应是先冲孔，后落料；采用复合模时，冲孔和落料同时完成。

3)工序组合

该工件可行的工序组合只有级进模生产和复合模生产两种。

级进模生产时，采用冲孔、落料两步完成。考虑材料厚度仅 0.3 mm，不便使用导正销精定位，故用成形侧刃定距。

复合模生产时，同时冲孔和落料。检查凸凹模壁厚，最小处为 1.1 mm，大于材料厚度的 1.5倍，但小于 1.4 mm，可用正装式结构，不可用倒装式结构。

以上两个方案在工艺上均可行，且考虑到零件很小，批量很大，都可按一模两件生产，排样图如图 9.6 所示。

4)工艺方案的对比选择

比较如图 9.6 所示的级进模和复合模两个方案可知，级进模方案的板料宽度多出 4 mm，耗材较多；同时，为保证产品位置精度，级进模方案的条料宽度偏差控制严格，复合模方案则对条料宽度偏差无须太高要求；另外，级进模方案的模具尺寸比复合模方案大出约 1 倍；复合模方案的缺点是模具制造难度更大。

综合考虑上述因素，确定采用复合模生产的工艺方案。

(3)**工艺计算**

1)计算条料规格和材料利用率

根据如图 9.6(b)所示的排样图，毛坯条料的宽度 B 为 24 mm，长度可根据公式 $L=n\times 13+2.5$进行计算，并考虑操作的方便性来确定剪板机下料。

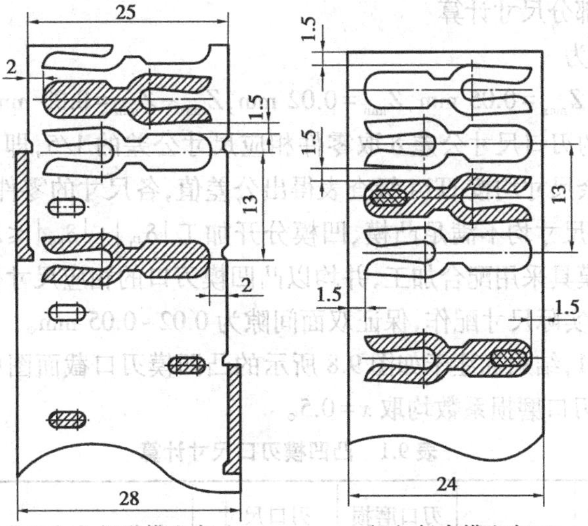

（a）级进模生产　　（b）复合模生产

图 9.6　可行的工艺方案

材料利用率为

$$\eta = \frac{2n \times (21 \times 6)}{24 \times (13n + 2.5)} \times 100\% = \frac{21n}{26n + 5} \times 100\%$$

若取 $n=20$，则 $L=262.5$ mm，材料利用率为 $\eta=80\%$。

2）计算冲压力

根据产品尺寸计算出一模两件的总冲裁长度 L 为 154.8 mm，其中，冲孔冲裁长度为 19.3 mm，落料冲裁长度为 135.5 mm。

查锡磷青铜的抗拉强度 σ_b 为 539 MPa，材料厚度 t 为 0.3 mm，据此分别求得冲孔和落料的冲裁力为

$$F_{冲孔} = Lt\sigma_b = 19.3 \times 0.3 \times 539 \text{ N} = 3\,120.8 \text{ N}$$

$$F_{落料} = Lt\sigma_b = 135.5 \times 0.3 \times 539 \text{ N} = 21\,910.4 \text{ N}$$

$$F_{冲裁} = F_{冲孔} + F_{落料} = 25\,031.2 \text{ N} \approx 25 \text{ kN}$$

采用正装复合模，凸凹模在上、冲孔凸模及落料凹模在下，卸料包括从凸凹模上卸下板料和从冲孔凸模上卸下工件，还有从落料凹模中顶出工件，以及将冲孔废料从凸凹模型孔中推出。卸料和顶件均采用弹性结构，推出废料利用上模的刚性冲击力。因此，需要计算卸料力和顶件力。

查相关经验表格，得卸料力系数、顶件力系数分别为 0.04，0.06，则卸料力、顶件力分别为

$$F_{卸料} = 0.04F_{落料} + 0.04F_{冲孔} = 0.04 \times 25 \text{ kN} = 1.0 \text{ kN}$$

$$F_{顶件} = 0.06F_{落料} = 0.06 \times 21.9 \text{ kN} \approx 1.3 \text{ kN}$$

这样可求出总冲压力为

$$F_{总} = F_{冲裁} + F_{卸料} + F_{顶件} = 27.3 \text{ kN}$$

3）求解压力中心

由于冲裁位置的两个工件呈中心对称，压力中心即为两个工件的几何中心，如图 9.7 所示。

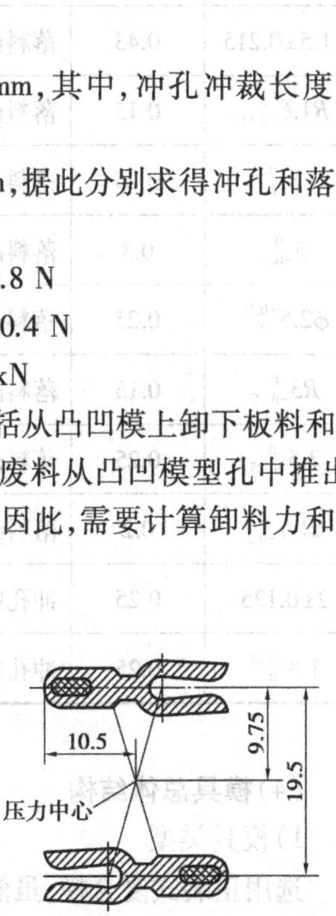

图 9.7　压力中心位置

4)凸、凹模工作部分尺寸计算

查初始冲裁间隙为

$$Z_{max}=0.05\ \text{mm}, Z_{min}=0.02\ \text{mm}, Z_{max}-Z_{min}=0.03\ \text{mm}$$

冲裁凸模、凹模的刃口尺寸公差 δ 取零件相应尺寸公差的1/5,即 $1/5\Delta$,除尺寸21已经标注公差外,零件其余尺寸均按IT14级查表得出公差值,各尺寸的零件公差和刃口尺寸公差见表9.1。可知,所有尺寸均不满足凸模、凹模分开加工 $|\delta_{凸}|+|\delta_{凹}|\leqslant Z_{max}-Z_{min}$ 的条件,且工件形状复杂,故冲裁模具采用配合加工,并均以凸凹模刃口的相应尺寸作为基准,落料凹模和冲孔凸模按凸凹模的实际尺寸配作,保证双面间隙为0.02~0.05 mm。

计算过程见表9.1,结果标注于如图9.8所示的凸凹模刃口截面图中。计算时,所有尺寸按“入体”原则标示,刃口磨损系数均取 $x=0.5$。

表9.1　凸凹模刃口尺寸计算

零件尺寸	零件公差 Δ/mm	刃口性质	刃口磨损尺寸变化	刃口尺寸公差 δ/mm	凹凸模刃口尺寸
$4_{-0.3}^{\ 0}$	0.3	落料凸模	变小	0.06	$4-0.5\times0.3-Z_{min}=3.83_{-0.06}^{\ 0}$ mm
$R2_{-0.15}^{\ 0}$	0.15	落料凸模	变小	0.03	$2-0.5\times0.15-0.5Z_{min}=R1.915_{-0.03}^{\ 0}$ mm
$6.2_{-0.22}^{\ 0}$	0.22	落料凸模	变小	0.04	$6.2-0.5\times0.22-0.5Z_{min}=6.08_{-0.04}^{\ 0}$ mm
11.5 ± 0.215	0.43	落料凸模	不变	0.08	$11.5\pm0.5\delta=11.5\pm0.04$ mm
$R1.6_{-0.15}^{\ 0}$	0.15	落料凸模	变小	0.03	$1.6-0.5\times0.15-0.5Z_{min}=R1.52_{-0.03}^{\ 0}$ mm
$1.8_{\ 0}^{+0.25}$	0.25	落料凸模	变大	0.05	$1.8+0.5\times0.25+Z_{min}=1.94_{\ 0}^{+0.05}$ mm
$5_{-0.3}^{\ 0}$	0.3	落料凸模	变小	0.06	$5-0.5\times0.3-Z_{min}=4.83_{-0.06}^{\ 0}$ mm
$\phi2.5_{\ 0}^{+0.25}$	0.25	落料凸模	变大	0.05	$2.5+0.5\times0.25+Z_{min}=\phi2.64_{\ 0}^{+0.05}$ mm
$R3_{-0.15}^{\ 0}$	0.15	落料凸模	变小	0.03	$3-0.5\times0.15-0.5Z_{min}=R2.92_{-0.03}^{\ 0}$ mm
$2.5_{-0.25}^{\ 0}$	0.25	落料凸模	变小	0.05	$2.5-0.5\times0.25-Z_{min}=2.37_{-0.05}^{\ 0}$ mm
$21.1_{-0.2}^{\ 0}$	0.2	落料凸模	变小	0.04	$21.1-0.5\times0.2-Z_{min}=20.99_{-0.04}^{\ 0}$ mm
2 ± 0.125	0.25	冲孔凹模	不变	0.05	$2\pm0.5\delta=2\pm0.025$ mm
$1.8_{\ 0}^{+0.25}$	0.25	冲孔凹模	变大	0.05	$1.8+0.5\times0.25+Z_{min}=1.94_{\ 0}^{+0.05}$ mm

(4)模具总体结构

1)模具类型

选用正装式复合模,虽然冲孔废料不能自动落下,但设置在下模的弹性顶件装置对工件有压料作用,对保证厚0.3 mm的薄料工件的平直度非常有利。

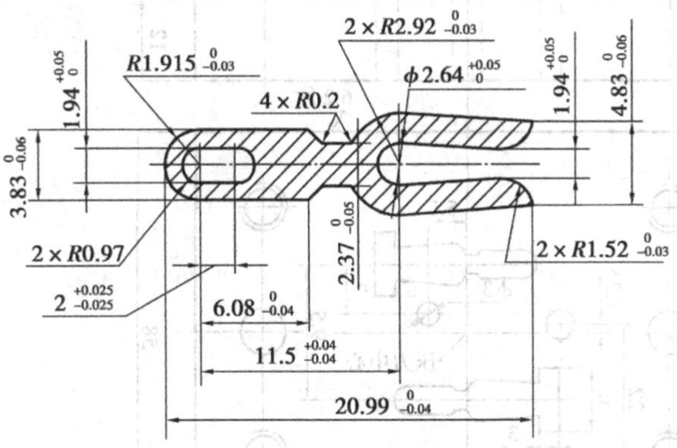

图 9.8　凸凹模刃口截面图

2）毛坯形式及定位

毛坯采用条料，条料送进过程中采用导料销和挡料销定位，手动操作。首件用条料前端定位，以后各件以落料孔后侧定位。

3）卸料方式

上模弹性卸料板压料、卸料，下模弹性顶件，冲孔废料由上模推杆刚性打出。

4）模架及导向

选用标准的中心导柱模架，双导柱滑动导向，对称分布，防止侧偏力。为防止合模错位，两导柱直径分别为 ϕ18 mm 和 ϕ20 mm。导柱与导套之间 H6/h5 配合。

5）大致结构和总体尺寸

根据排样图，一模两件，考虑合适的螺孔、销孔布置区域，落料凹模的总体尺寸大约为 80 mm×60 mm×12 mm，并据此选定 $L\times B$ 为 80 mm×63 mm 的模架。

模具其他部件厚度：上模座 25 mm，上模垫板 6 mm，上模固定板约 15 mm，上模卸料板约 8 mm，橡皮约 10 mm；下模座 30 mm，下模垫板 6 mm，下模固定板约 15 mm，过渡垫板约12 mm，落料凹模 12 mm。初步计算的模具闭合高度为 138~145 mm，水平尺寸为 184 mm × 120 mm。

（5）选择压力机型号

本题未给出现有设备情况，只能根据一般情况选取。

压力机公称压力为

$$F_{公称} \geqslant 1.3F_{总} = 1.3\times 27.3\ \text{kN} = 35.5\ \text{kN}$$

查压力机规格，考虑闭合高度和台面尺寸，选用公称压力为 63 kN 的 J23-6.3 开式双柱压力机较合适，该压力机立柱间距 150 mm，能满足前后送料时料宽的要求。根据压力机的装模高度 150 mm，确定模具闭合高度为 142 mm。

（6）模具设计

1）主要零件的结构设计

落料凹模有一部分为最窄仅 1.8 mm、总长约 10 mm 的悬臂，强度和刚度都很薄弱，虽然冲裁力较小，但容易受侧偏力而弯折，考虑将此部分制成镶块，视同冲孔凸模，固定于下模固定板，并与落料凹模无间隙镶拼，既能改善其受力状态，增大其刚度，又便于拆换，降低维修成本，如图 9.9 所示。

凸凹模制成直通式，便于用线切割加工，但宽 1.8 mm 的槽口不宜为直通型，以保证零件的刚度；冲孔凹模刃口也为直通式，保证凸凹模壁厚，相应的推杆也制成扁形。凸凹模的结构图如图 9.10 所示。

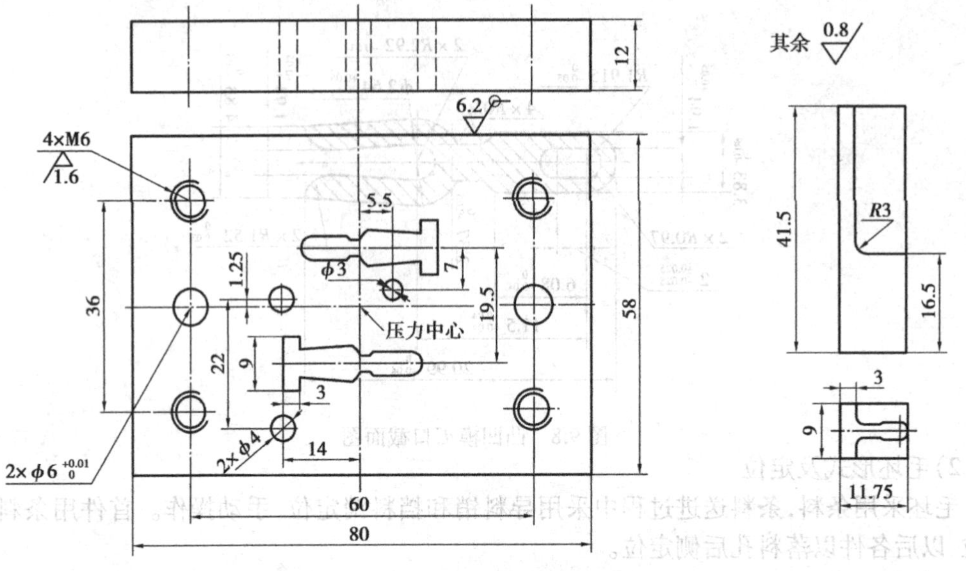

图 9.9　落料凹模及凹模镶块

下模两个顶件块和托板若制成一体,结构太复杂,位置要求也很高,不便加工。若分别制作,由于顶件块尺寸太小,与托板的联接困难。考虑是弹性顶件,且顶件力不大(单件 0.65 kN),采用黏结的办法装配,如图 9.11 所示。

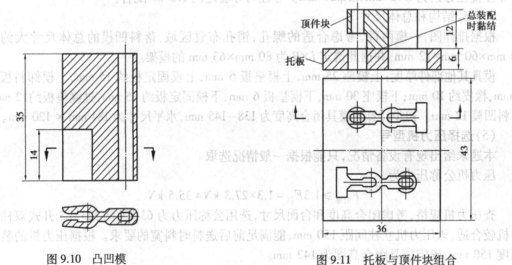

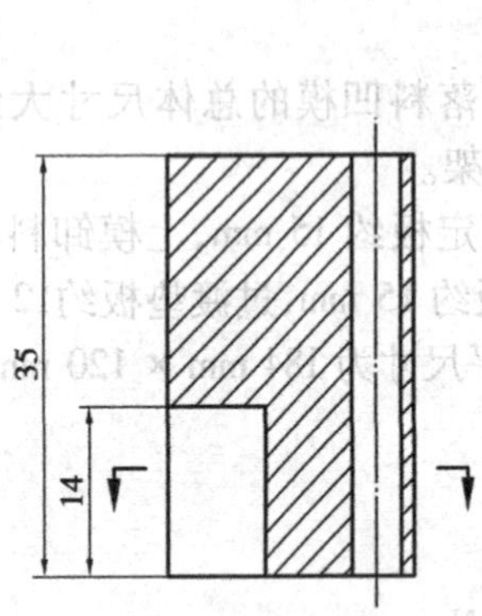

图 9.10　凸凹模

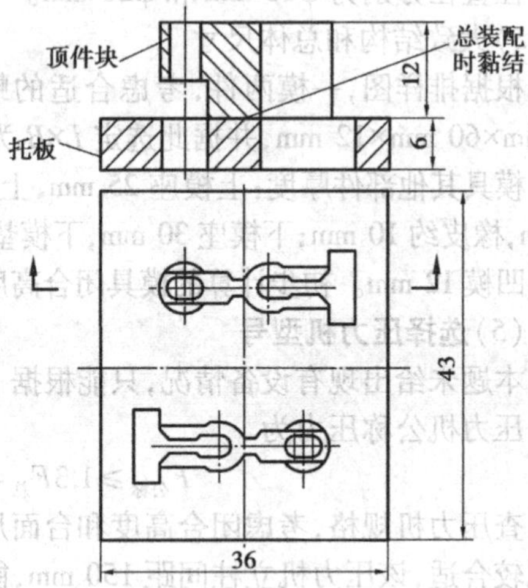

图 9.11　托板与顶件块组合

2)主要的装配关系和要求

凸凹模、凹模镶块和冲孔凸模与相应固定板的配合取较紧的过渡配合 H7/n6。其中,凹模镶块还与落料凹模无间隙镶配。另外,凸凹模和凹模镶块与固定板装配后,尾部铆开、磨平,故要求尾部 15~20 mm 的长度不得淬火。

推杆与凸凹模,顶件块与凹模和凹模镶块,卸料板与凸凹模,以及托板与凹模镶块的 3 直边之间,均取单边 0.1~0.15 mm 的间隙配合,保证滑动自如。由于首次只冲一个零件,托板和顶件块的组合体受侧偏顶力,容易卡死,为此,下模增设一直径为 $\phi 6$ mm 的小导柱给托板导向,二者配合取 H7/h6,而小导柱与下模固定板过渡配合。

3) 主要零部件的材料和热处理

凹模、凹模镶块、凸模和凸凹模的工作部分尺寸很小，淬火时易变形和开裂，故选用 Cr12，Cr12MoV 等合金工具钢，而不宜用 T10A 等碳素工具钢。还要注意凸凹模和凹模镶块的固定形式，不得整体淬火。

推杆、顶杆、打杆等受压的细长件应选 45 钢，调质处理。上、下模垫板直接承受冲裁力的冲击，须淬火到 50HRC 以上。托板和推板由于尺寸小、受冲击，也应选用 45 钢，并调质处理，顶件块可用 Q235。

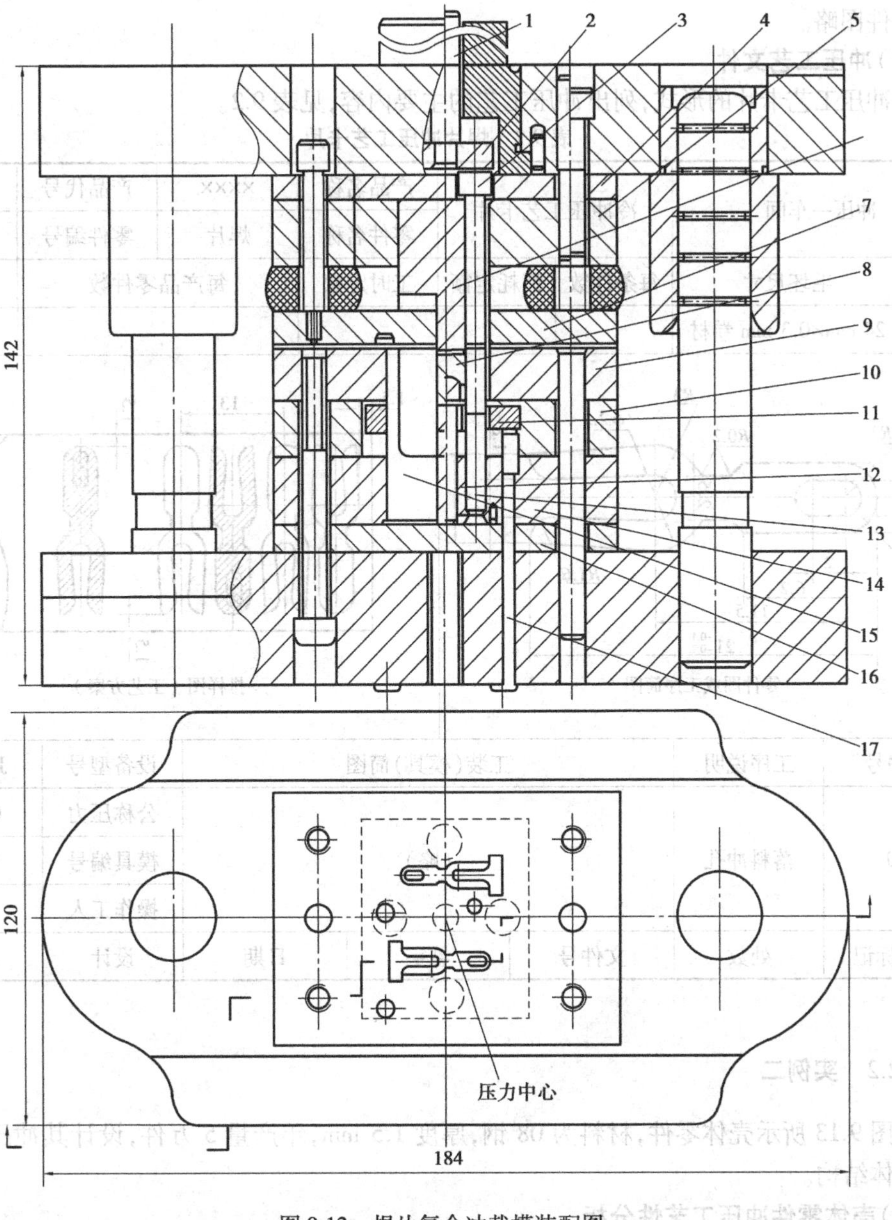

图 9.12　焊片复合冲裁模装配图

1—打杆；2—推板；3—推杆；4—上垫板；5—上固定板；6—凸凹模；7—卸料板；8—顶件块；9—落料凹模；10—过渡垫板；11—托板；12—小导柱；13—冲孔凸模；14—下固定板；15—凹模镶块；16—下垫板；17—顶杆

4)模具装配图

如图 9.12 所示,此模具的主要特点是落料凹模的镶拼结构和下模顶件装置的黏结形式,由于形状不规则,尺寸小,装配精度要求高,需要较高的模具制造水平,制作过程中要用线切割、数控铣等高精度设备加工,保证各部的位置精度,并减少人工修配工作量。

模具安装、调试时,要控制上、下模刃口吃入深度不超过 0.5 mm。

5)非标准件零件图

模具中使用的非标准零件,必须绘制零件图,表示出零件结构、详细尺寸、尺寸公差、形位公差、表面粗糙度、选用材料及其热处理要求、表面硬度以及其他技术要求等。本实例的非标准件零件图略。

(7)冲压工艺文件

以冲压工艺卡片的形式,列出冲压工艺的主要内容,见表 9.2。

表 9.2　焊片冲压工艺卡片

<table>
<tr><td colspan="2" rowspan="2">冲压一车间</td><td colspan="2" rowspan="2">冷冲压工艺卡片</td><td>产品名称</td><td>××××</td><td>产品代号</td><td>××××</td></tr>
<tr><td>零件名称</td><td>焊片</td><td>零件编号</td><td>××××</td></tr>
<tr><td>材料</td><td>毛坯尺寸</td><td>每条件数</td><td>消耗定额</td><td>工时定额</td><td colspan="2">每产品零件数</td><td>第 1 页</td></tr>
<tr><td>QSnP</td><td>24 mm×0.3 mm 卷材</td><td></td><td></td><td></td><td colspan="2"></td><td>共 1 页</td></tr>
<tr><td colspan="4">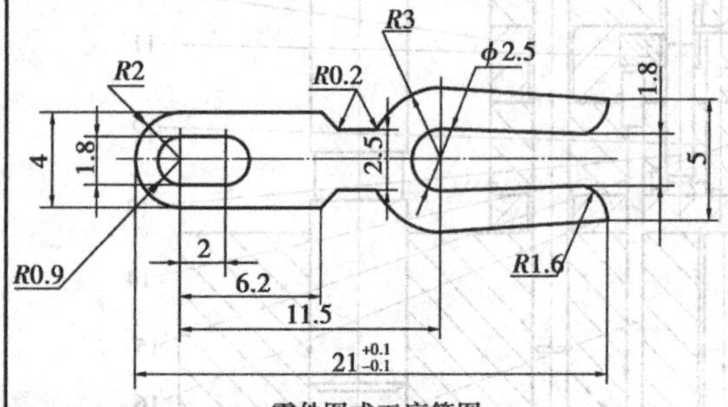

零件图或工序简图</td><td colspan="4">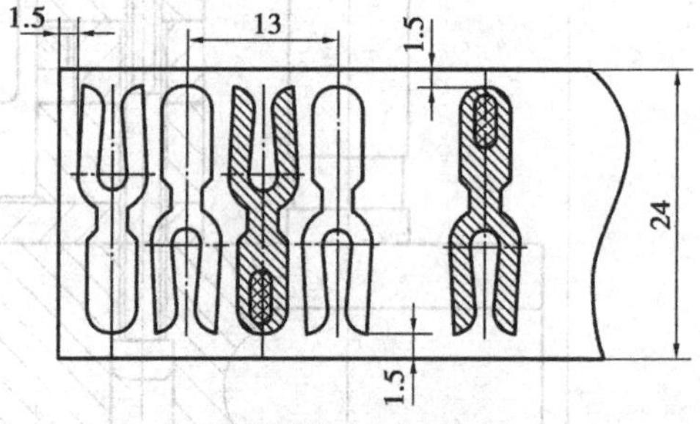

排样图（工艺方案）</td></tr>
<tr><td>工序号</td><td>工序说明</td><td colspan="4">工装（模具）简图</td><td>设备型号</td><td>J23-6.3</td></tr>
<tr><td rowspan="4">10</td><td rowspan="4">落料冲孔</td><td colspan="4" rowspan="4">（略）</td><td>公称压力</td><td>63 kN</td></tr>
<tr><td>模具编号</td><td>××××</td></tr>
<tr><td>操作工人</td><td>1</td></tr>
<tr><td></td><td></td></tr>
<tr><td>更改标记</td><td>处数</td><td>文件号</td><td colspan="2">签字</td><td>日期</td><td>设计</td><td>审核</td></tr>
</table>

9.2.2　实例二

如图 9.13 所示壳体零件,材料为 08 钢,厚度 1.5 mm,年产量 5 万件,设计其冲压工艺及模具总体结构。

(1)壳体零件冲压工艺性分析

零件材料为 08 钢,材料厚度 1.5 mm,属于带凸缘的筒形件,相对高度不大,很适合冲压成形。

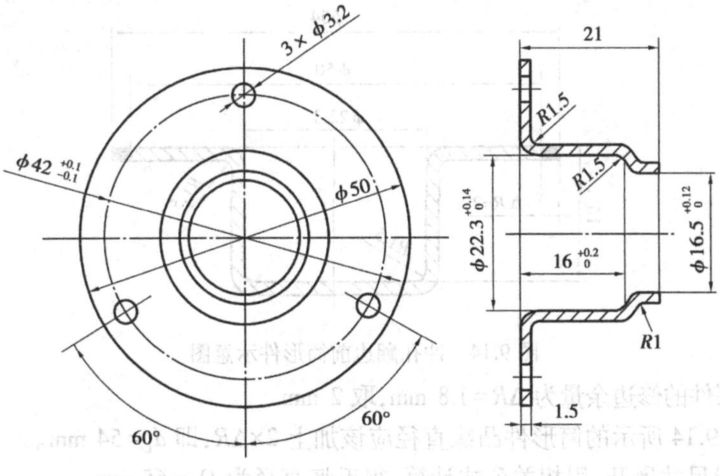

图 9.13　壳体零件图

内腔的 $\phi22.3^{+0.14}_{0}$ mm，$\phi16.5^{+0.12}_{0}$ mm，$16^{+0.2}_{0}$ mm 以及 3 个小孔的位置尺寸 $\phi42\pm0.1$ mm 为 IT12—IT11 级，要求拉深模有较高精度和较小的凸、凹模间隙，并需要整形工序；冲孔模需以内腔精确定位同时冲出 3 个孔，精度要求也较高。

总的来说，该零件是带凸缘圆筒形件的拉深成形，从形状、结构、尺寸以及材料性能方面看，冲压工艺性都比较好。

(2) 冲压工艺方案确定

1) 底部 $\phi16.5^{+0.12}_{0}$ mm 通孔的成形方法

该通孔可采用拉深成阶梯形再车去底部、拉深成阶梯形再冲去底部、拉深后冲底孔再翻边等方法成形，零件高度尺寸未注公差，用翻孔的方法成形底部应能满足要求，工艺上也最简单，而且节省材料。

采用翻边成形，需要通过计算才能确定能否一次翻成。

将 $t=1.5$ mm，$r=1$ mm，$H=(21-16)=5$ mm，$D=(16.5+1.5)=18$ mm 代入公式，得预冲孔径 d_0 为

$$d_0=D-2(H-0.43r-0.72t)=11\text{ mm}$$

实际翻边系数为

$$k=\frac{d_0}{D}=\frac{11}{18}=0.61$$

根据 $\frac{d_0}{t}=\frac{11}{1.5}=7.33$ 查表，用平底凸模冲制底孔的极限翻边系数为 $K_{\min}=0.50$，实际翻边系数大于极限翻边系数，可以一次翻孔成形。

2) 确定带凸缘筒形件的拉深次数

冲孔翻边前的工序件如图 9.14 所示，为一带凸缘筒形件。该筒形件的拉深工艺需要详细计算。

①毛坯直径计算

根据凸缘相对直径，即

$$\frac{d_t}{d}=\frac{50}{22.3+1.5}=2.1$$

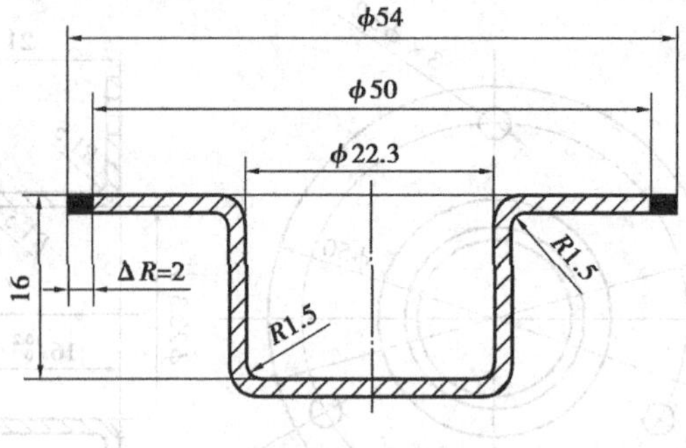

图 9.14 冲孔翻边前筒形件示意图

查表得拉深件的修边余量为 $\Delta R=1.8$ mm，取 2 mm。

因此，如图 9.14 所示的筒形件凸缘直径应该加上 $2\times\Delta R$，即 $d_t=54$ mm。

按料厚中线尺寸展开，用相关公式计算，得毛坯直径为 $D_0=65$ mm。

②判断能否一次拉深成形

根据凸缘相对直径 $\frac{d_t}{d}=\frac{54}{(22.3+1.5)}=2.27$ 和毛坯相对厚度 $\frac{t}{D_0}=\frac{1.5}{65}=2.3\%$，查得首次拉深的极限相对高度为 $\left(\frac{h_1}{d_1}\right)_{\max}=0.35$，而工序件的实际相对高度为 $\left(\frac{h_1}{d_1}\right)_{实际}=\frac{16}{23.8}=0.67>0.35$，故不能一次拉深成形，需多次拉深。

③试算首次拉深尺寸

确定首次拉深直径时，其拉深系数和相对拉深高度都必须不超过极限值。

A.首次拉深系数 m_1

采用逼近法确定首次拉深系数，不妨试取首次拉深直径为

$$d_1=\frac{d_t}{1.5}=\frac{54}{1.5}=36\ \text{mm}$$

查表得首次极限拉深系数为 $m_{1\min}=0.47$，而实际首次拉深系数为 $m_1=\frac{d_1}{D_0}=\frac{36}{65}=0.55$。从拉深系数计算，直径 36 mm 能够拉深得出。

B.首次拉深相对高度

必须计算出首次拉深高度后，才能计算和校核其相对高度。

根据凸缘件拉深原则，首次拉深流入凹模的坯料面积增加 3%，而增加的这部分材料在第二次和第三次拉深时逐步转移到零件口部凸缘上来（1%和 2%），使凸缘增厚。

首次拉深的凹模圆角半径为

$$R_{凹1}=0.8\sqrt{(D_0-d_1)t}=0.8\times\sqrt{(65-36)\times1.5}\ \text{mm}=5.3\ \text{mm}$$

取 $R_{凹1}=5$ mm。

取首次拉深的凸模圆角半径为

$$R_{凸1}=0.8\times5=4\ \text{mm}$$

工序件凸缘平面的材料面积为

$$A_t=\frac{\pi}{4}\left\{d_t^2-\left[d_1+2\left(R_{凹1}+\frac{t}{2}\right)\right]^2\right\}=\frac{\pi}{4}\times\left\{54^2-\left[36+2\left(5+\frac{1.5}{2}\right)\right]^2\right\}\text{mm}^2=\frac{\pi}{4}\times660\ \text{mm}^2$$

首次拉入凹模的材料面积为

$$A_{in}=\frac{\pi}{4}D_0^2-A_t=\frac{\pi}{4}\times(65^2-660)\ mm^2=\frac{\pi}{4}\times 3\ 565\ mm^2$$

实际多拉入 3%，应为

$$A_{in实际}=\frac{\pi}{4}\times 3\ 565\times 1.03\ mm^2=\frac{\pi}{4}\times 3\ 672\ mm^2$$

毛坯总面积为

$$A=A_t+A_{in实际}=\frac{\pi}{4}\times(660+3\ 672)\ mm^2=\frac{\pi}{4}\times 4\ 332\ mm^2$$

毛坯直径应为

$$D_0=\sqrt{4\ 332}\ mm=65.8\ mm$$

取 66 mm。

这时，可计算首次拉深工序件的高度为

$$\begin{aligned}h_1&=\frac{0.25}{d_1}(D_0^2-d_t^2)+0.43\left(R_{凸1}+\frac{t}{2}+R_{凹1}+\frac{t}{2}\right)+\frac{0.14}{d_1}\left[\left(R_{凸1}+\frac{t}{2}\right)^2-\left(R_{凹1}+\frac{t}{2}\right)^2\right]\\&=\frac{0.25}{36}\times(66^2-54^2)\,mm+0.43\times(4+5+1.5)\,mm+\frac{0.14}{36}\times\left[(4.75)^2-(5.75)^2\right]mm\\&=14.5\ mm\end{aligned}$$

C.校验首次拉深的工艺参数

拉深系数为

$$m_1=\frac{d_1}{D_0}=\frac{36}{66}=0.545(大于\ m_{1min}=0.47)$$

相对高度为

$$\frac{h_1}{d_1}=\frac{14.5}{36}=0.40>0.35$$

显然，所选数据超过了极限变形程度，不合适，需要重新选定。

④重新计算首次拉深尺寸

A.首次拉深系数 m_1

试取首次拉深直径为 40 mm，$\frac{d_t}{d_1}=1.35$，查表得首次极限拉深系数为 $m_{1min}=0.47$，而实际首次拉深系数为 $m_1=\frac{d_1}{D_0}=\frac{40}{65}=0.62$。从拉深系数计算，直径 40 mm 能够拉出。

B.首次拉深相对高度

凹模圆角半径为

$$R_{凹1}=0.8\sqrt{(D_0-d_1)t}=0.8\times\sqrt{(65-40)\times 1.5}\,mm=4.9\ mm$$

取 $R_{凹1}=5$ mm。

取凸模圆角半径为

$$R_{凸1}=0.8\times 5\ mm=4\ mm$$

工序件凸缘平面的材料面积为

$$A_t=\frac{\pi}{4}\left\{d_t^2-\left[d_1+2\left(R_{凹1}+\frac{t}{2}\right)\right]^2\right\}=\frac{\pi}{4}\times\left\{54^2-\left[40+2\left(5+\frac{1.5}{2}\right)\right]^2\right\}\text{mm}^2=\frac{\pi}{4}\times 264\ \text{mm}^2$$

首次拉入凹模的材料面积为

$$A_{in}=\frac{\pi}{4}D_0^2-A_t=\frac{\pi}{4}\times(65^2-264)\ \text{mm}^2=\frac{\pi}{4}\times 3\ 961\ \text{mm}^2$$

实际多拉入 3%,应为:

$$A_{in实际}=\frac{\pi}{4}\times 3\ 961\times 1.03\ \text{mm}^2=\frac{\pi}{4}\times 4\ 080\ \text{mm}^2$$

毛坯总面积为

$$A=A_t+A_{in实际}=\frac{\pi}{4}\times(264+4\ 080)\ \text{mm}^2=\frac{\pi}{4}\times 4\ 344\text{mm}^2$$

毛坯直径应为

$$D_0=\sqrt{4\ 344}\ \text{mm}=65.9\ \text{mm}$$

取 66 mm。

这时,可计算首次拉深工序件的高度为

$$\begin{aligned}h_1&=\frac{0.25}{d_1}(D_0^2-d_t^2)+0.43\left(R_{凸1}+\frac{t}{2}+R_{凹1}+\frac{t}{2}\right)+\frac{0.14}{d_1}\left[\left(R_{凸1}+\frac{t}{2}\right)^2-\left(R_{凹1}+\frac{t}{2}\right)^2\right]\\&=\frac{0.25}{40}\times(66^2-54^2)\text{mm}+0.43\times(4+5+1.5)\text{mm}+\frac{0.14}{40}\times\left[(4.75)^2-(5.75)^2\right]\text{mm}\\&=13.5\ \text{mm}\end{aligned}$$

C.校验首次拉深的工艺参数

拉深系数为

$$m_1=\frac{d_1}{D_0}=\frac{40}{66}=0.61,\text{大于 }m_{1\min}=0.47$$

相对高度为

$$\frac{h_1}{d_1}=\frac{13.5}{40}=0.34,\text{小于}\left(\frac{h_1}{d_1}\right)_{\max}=0.35$$

因此,重新计算的首次拉深直径 40 mm,符合要求。

⑤确定后续拉深次数

查表 4.1,得到后续各次拉深的极限拉深系数为 $m_{2\min}=0.73$,$m_{3\min}=0.76$,$m_{4\min}=0.78$,推算拉深次数,即

$$d_2=m_{2\min}d_1=0.73\times 40\ \text{mm}=29.2\ \text{mm}$$

$$d_3=m_{3\min}d_2=0.76\times 29.2\ \text{mm}=22.2\ \text{mm}$$

已经小于筒形件尺寸 $d=22.3+1.5=23.8$ mm,不必再继续拉深。

因此,该凸缘筒形件的总拉深次数为 3 次。

3)工序组合

综合以上分析计算,该工件的冲压需要 9 道单工序,即

落料→首次拉深→第二次拉深→第三次拉深→整形→冲翻孔预制孔→翻孔→冲 3 个小

孔→切边

对上面列出的9道单工序,作可行的组合,得到以下5种冲压工艺方案:

A方案:落料与首次拉深复合,其余按基本单工序。

B方案:落料与首次拉深复合,冲3个ϕ3.2 mm的孔与切边复合,冲ϕ11 mm底孔与翻孔复合,其余按基本单工序。

C方案:落料与首次拉深复合,冲3个ϕ3.2 mm的孔与冲ϕ11 mm底孔复合,翻孔与切边复合,其余按基本单工序。

D方案:落料与首次拉深和冲ϕ11 mm底孔复合,其余按基本单工序。

E方案:采用级进模或多工位压力机生产。

4)最佳工艺方案的确定

比较上述5个方案,E方案效率最高,但模具结构复杂,制造成本高,周期长,或需要多工位压力机,而本例零件批量不太大,不适合用此方案。

D方案在首次拉深时复合冲出ϕ11 mm的翻孔预制孔,在后续拉深工序中,材料的变形区将有所变化,底部材料会参与变形,ϕ11 mm的孔径会变大,最终影响翻孔的高度。

C方案中,由于3个ϕ3.2 mm的孔与底部ϕ11 mm的翻孔预制孔不在同一平面,并且这两个平面的距离要求为$16^{+0.2}_{0}$ mm,此时整形工序已完成并保证了该尺寸,若将这两道冲孔工序复合,模具制造和维修的难度加大,尤其两平面磨损不一致时。切边与翻孔的复合也存在同样的问题,故此方案也要放弃。

B方案将冲3个ϕ3.2 mm的孔与切边复合,冲ϕ11 mm底孔与翻孔复合,可计算出凸凹模的壁厚太薄(分别为2.4 mm和2.75 mm,都小于最小壁厚3.8 mm),模具极易损坏,此方案仍不适合。

A方案避开了上述所有缺点,但工序复合程度低,生产率也较低,不过模具结构简单,制造费用低,正与本件的中小批量生产相适应,因此决定选用A方案。本方案中,第三次拉深和翻孔工序对零件都兼起整形作用;至于将切边工序安排在最后,是因为若切边后再冲3个ϕ3.2 mm孔,孔边距为2.4 mm,已接近最小极限值($1.5t=2.25$ mm)。

这样,最后确定的冲压方案为

落料及首次拉深→第二次拉深→第三次拉深及整形→冲翻孔预制孔→翻孔及整形→冲3个小孔→切边

(3)**工艺计算**

1)工序件尺寸计算

工序件尺寸均为料厚中心层位置的尺寸。3道拉深工序件尺寸见表9.3,其他工序的工序件尺寸见表9.4。

①第一次拉深的工序件尺寸

第一次拉深的工序件尺寸按计算结果,即直径40 mm,高度13.5 mm。

②后续拉深直径

计算第二次、第三次拉深直径时,适当调整拉深系数,以均衡负荷。

取$m_2=0.75$,$m_3=0.793$,则

$$d_2=m_2d_1=0.75\times40\ \text{mm}=30\ \text{mm}$$

$$d_3=m_3d_2=0.793\times30\ \text{mm}=23.8\ \text{mm}$$

表 9.3　3 道拉深工序件尺寸

工序号	工序内容	拉深系数 m_1	凸缘直径 d_1/mm	凸缘圆角半径 R_{Ai}/mm	底部圆角半径 R_π/mm	工序件直径 /mm	工序件高度 /mm	简　图
01	落料	落料直径 $D_0=\phi66$ mm						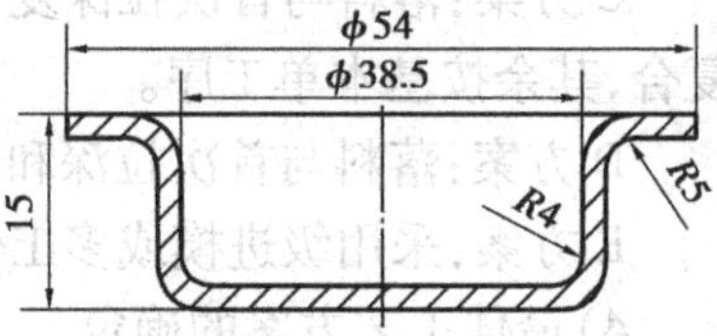
	首次拉深	$m_1=0.62$	$\phi54$	5	4	40	13.5	
02	二次拉深	$m_2=0.75$	$\phi54$	2.5	2.5	30	14.4	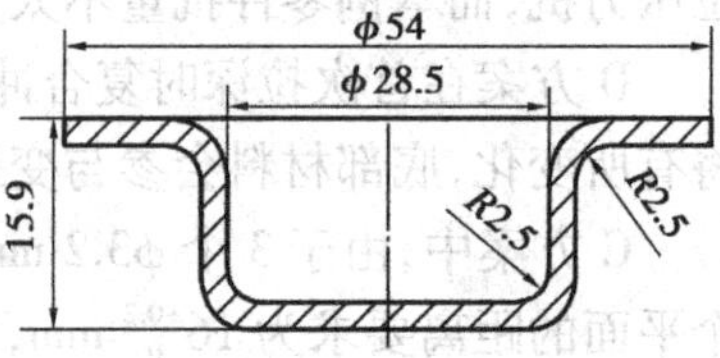
03	三次拉深及整形	$m_3=0.793$	$\phi54$	1.5	1.5	23.8	16	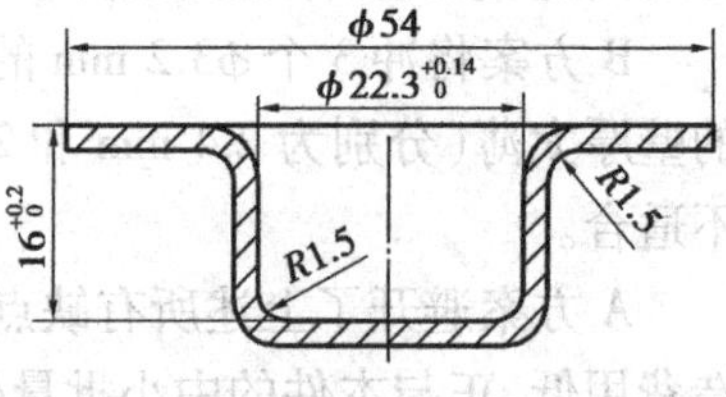

③第二次拉深工序件尺寸

由于第三次拉深后工件的圆角半径为 1.5 mm，第二次拉深的圆角半径也不能太大，取为 $R_{凹2}=R_{凸2}=2.5$ mm

设第二次拉深时多拉入凹模的材料面积为 2%，其余 1%返回凸缘使其增厚，则第二次拉深进入凹模的假想坯料面积为

$$A_{in假想}=\frac{\pi}{4}\times3\ 961\times1.02\ mm^2=\frac{\pi}{4}\times4\ 040\ mm^2$$

假想坯料的总面积为

$$A_{假想}=A_t+A_{in假想}=\frac{\pi}{4}\times(264+4\ 040)\ mm^2=\frac{\pi}{4}\times4\ 304\ mm^2$$

假想坯料的直径为

$$D_{假想}=\sqrt{4\ 304}\ mm=65.6\ mm$$

则工序件的高度为

$$h_2=\frac{0.25}{d_2}(D_{假想}^2-d_t^2)+0.43\left(R_{凸2}+\frac{t}{2}+R_{凹2}+\frac{t}{2}\right)$$

$$=\frac{0.25}{30}\times(65.6^2-54^2)\ \text{mm}+0.43\times(2.5+2.5+1.5)\ \text{mm}$$

$$=14.4\ \text{mm}$$

④第三次拉深工序件尺寸

如图 9.14 所示的冲孔翻边前的尺寸，即为第三次拉深及整形的工序件尺寸。

⑤其他工序件尺寸

其他工序件尺寸见表 9.4。

表 9.4 其他工序件尺寸

工序号	工序内容	工序尺寸计算	简 图
04	冲翻孔预制孔	前面已计算出孔径 $\phi11$ mm，按 IT13 级计算，冲孔尺寸为 $d_0=\phi11^{+0.27}_{0}$ mm	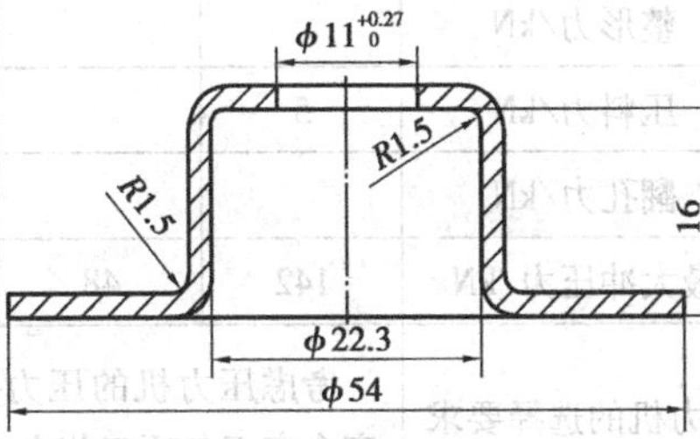
05	翻孔整形	直接保证零件尺寸	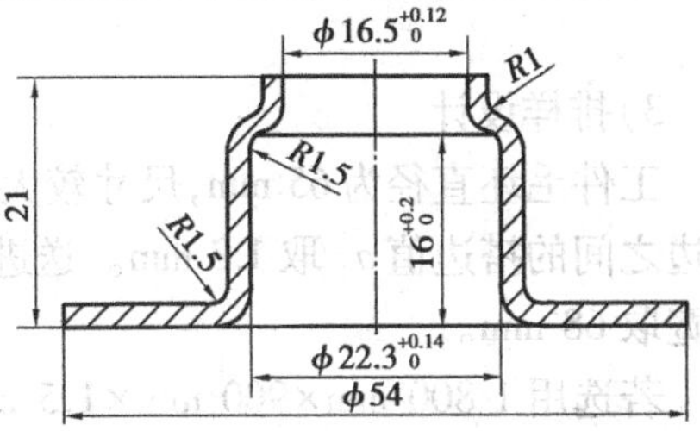
06	冲孔	按 IT13 级，3-$\phi3.2^{+0.18}_{0}$ mm	略
07	切边	按 IT13 级，$\phi50\pm0.23$ mm	略

2）力的计算及压力机选择

①压边圈的采用与压料力的计算

根据各次拉深时材料的相对厚度（t/D）和拉深系数，可查表得首次拉深须采用压边圈。而第二、第三次拉深仍然设置压边圈，以对毛坯定位。压料力的计算参见相关公式。

②其他冲压力的计算

拉深力、整形力、内孔翻边力、冲裁力及相应的卸料力、推件力、顶件力计算，参见各章节相关公式。

各工序力的粗略计算结果见表 9.5，其中，第一道落料拉深复合工序最大冲压力为冲裁力、卸料力和压料力的叠加，第三道拉深整形复合工序、第五道翻边整形复合工序的最大冲压力均为整形力，成为各自压力机选取的依据。

表 9.5　各工序力的计算结果

工序号	01	02	03	04	05	06	07
工序内容	落料拉深	拉深	拉深整形	冲孔	翻孔整形	冲孔	切边
冲裁力/kN	124			21		18	98
卸料力/kN	6			1		1	废料切刀 5 kN
推件力/kN				6		5	
顶件力/kN	7	4	3				
拉深力/kN	69	44	34				
整形力/kN			173		27		
压料力/kN	5				1		
翻孔力/kN					7		
最大冲压力/kN	142	48	173	28	27	24	98
压力机的选择要求	考虑压力机的压力-行程曲线完全高于各项工艺力-行程曲线			公称压力≥28 kN	公称压力≥27 kN	公称压力≥24 kN	公称压力≥98 kN

3)排样设计

工件毛坯直径为 65 mm,尺寸较大,采用单排。工件之间的搭边值 a 取 1 mm,工件与条料侧边之间的搭边值 a_1 取 1.3 mm。送进步距为 66 mm,条料宽度为 67.6 mm,为方便下料操作,料宽取 68 mm。

若选用 1 800 mm×900 mm×1.5 mm 的钢板,采用材料利用率较高的纵裁方式,即裁成 900 mm×68 mm 的条料。

4)模具工作部分尺寸计算

计算方法参见相关章节,结果列于表 9.6 中。

表 9.6　模具工作部分尺寸

工序号	工序内容	单边间隙/mm	凸模直径/mm	凸模圆角/mm	凹模直径/mm	凹模圆角/mm
01	落料	0.065~0.12	$\phi65.72_{-0.02}^{0}$	—	$\phi65.85^{+0.03}_{0}$	—
	首次拉深	1.7~1.8	$\phi38.1_{-0.03}^{0}$	$R4$	$\phi41.5^{+0.05}_{0}$	$R5$
02	二次拉深	1.6~1.7	$\phi28.3_{-0.03}^{0}$	$R2.5$	$\phi31.5^{+0.05}_{0}$	$R2.5$
03	三次拉深及整形	1.4~1.45	$\phi22.36_{-0.03}^{0}$	$R1.5$	$\phi25.16^{+0.05}_{0}$	$R1.5$
04	冲孔	0.065~0.12	$\phi11.14_{-0.02}^{0}$	—	$\phi11.27^{+0.02}_{0}$	—
05	翻孔整形	1.1~1.15	$\phi16.59_{-0.02}^{0}$	$SR8.3$	$\phi18.8^{+0.02}_{0}$	$R1$
06	冲孔	0.065~0.12	$\phi3.36_{-0.02}^{0}$	—	$\phi3.49^{+0.02}_{0}$	—
07	切边	0.065~0.12	$\phi49.87_{-0.02}^{0}$	—	$\phi50^{+0.03}_{0}$	—

(4)**模具结构设计**

根据确定的工艺方案,工件需 7 个工序完成,每个工序各一副冲压模具,共 7 副冲压模具。7 副模具的主体结构,如图 9.15—9.21 所示。

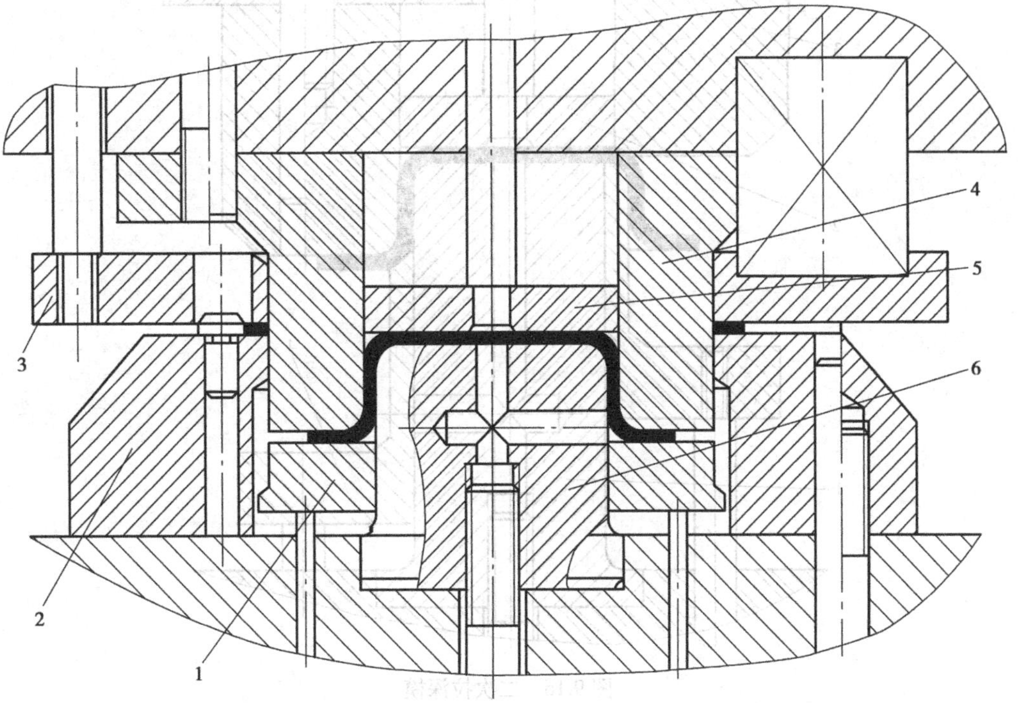

图 9.15　落料拉深复合模

1—压边圈;2—落料凹模;3—卸料板;4—凸凹模(落料凸模、拉深凹模);5—顶件块;6—拉深凸模

如图 9.15 所示为落料拉深复合模,用条料生产,挡料销和导料销定位,弹性卸料板卸料,压边圈起压边和顶件作用,压力由下部可调弹顶器提供。如图 9.16 所示为二次拉深模,左、右各表示开模、闭模状态,压边圈兼有定位、压边和顶件作用。如图 9.17 所示为三次拉深及整形模,模具位于最低闭合位置时完成拉深,同时压件块和压件板均被压死,产生刚性校正力,对零件整形。

如图 9.18 所示为冲 ϕ11 mm 的翻孔预制孔模具,采用倒装结构,废料自动漏料,冲孔毛刺位于外表面而不影响后续翻边,弹性卸料板卸料,工件由定位板定位。如图 9.19 所示为翻边及整形模,压边圈兼具定位、压边、整形和顶件作用,翻边结束后,凹模、压边圈与上下模座刚性接触,产生整形力。如图 9.20 所示为冲 3 个 ϕ3.2 mm 孔的模具,工件由导正销精定位。如图 9.21 所示为切边模,废料清除不用卸料板,而用对称分布的两把废料切刀将废料切成两块,使其不再卡紧在凸模上,人工将切断的废料集中清除。

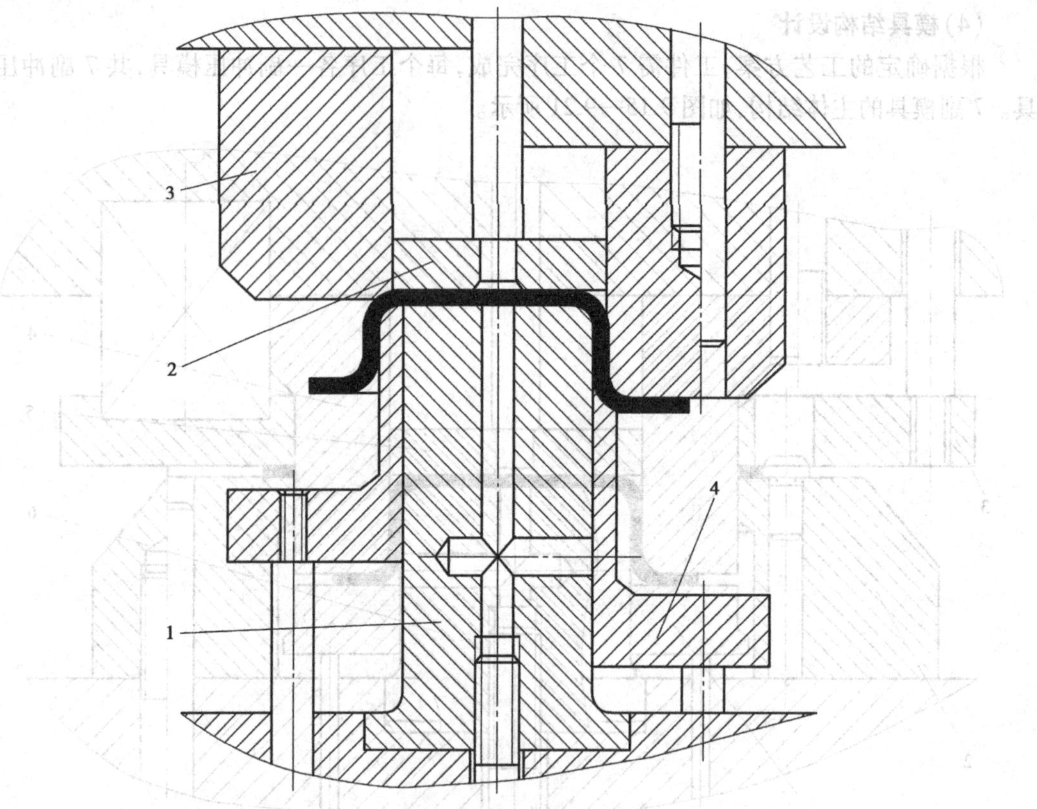

图 9.16　二次拉深模
1—凸模;2—顶件块;3—凹模;4—压边圈

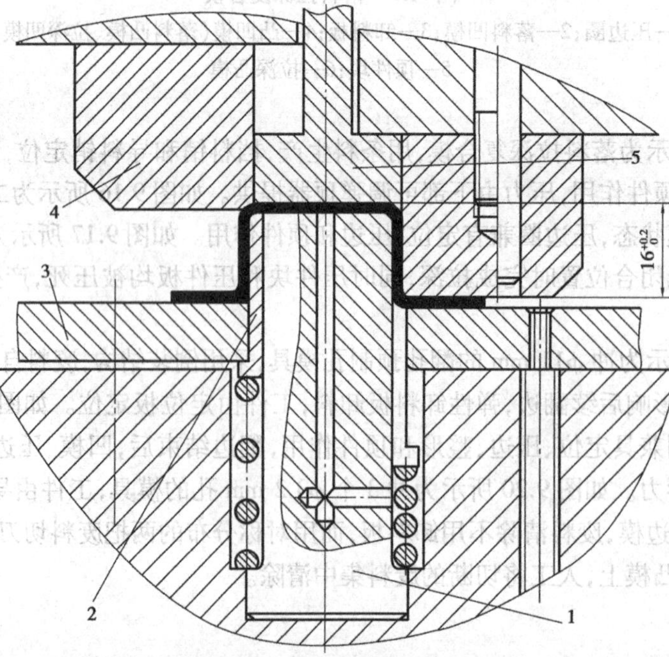

图 9.17　三次拉深及整形模
1—凸模;2—压边圈;3—压件板;4—凹模;5—压件块

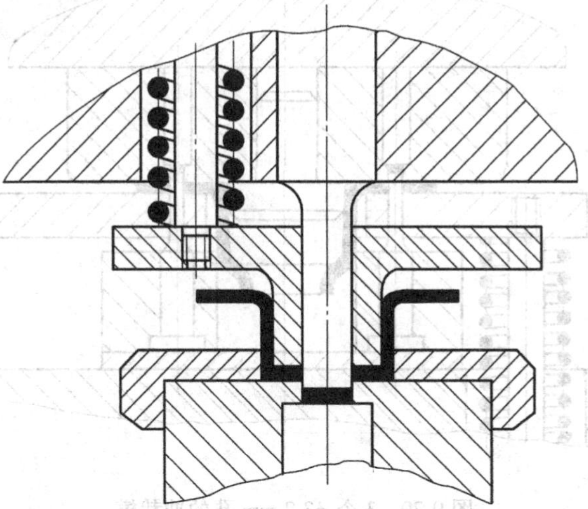

图 9.18　ϕ11 mm 预制孔冲裁模

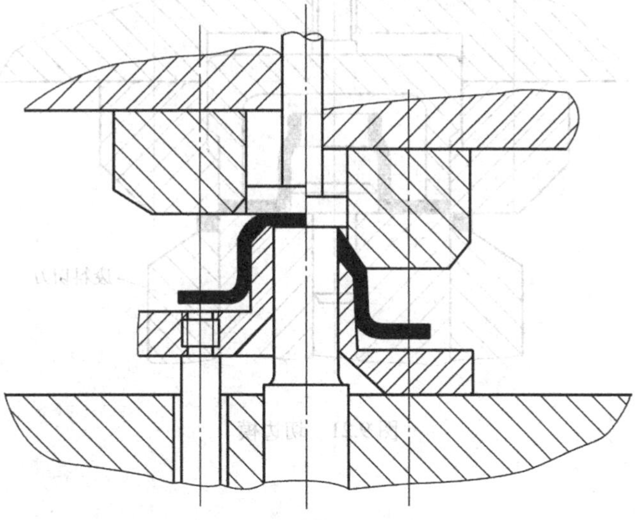

图 9.19　内孔翻边及整形模

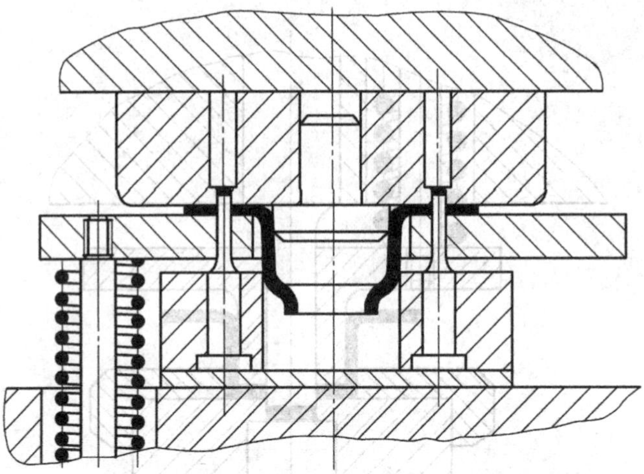

图 9.20　3 个 ϕ3.2 mm 孔的冲裁模

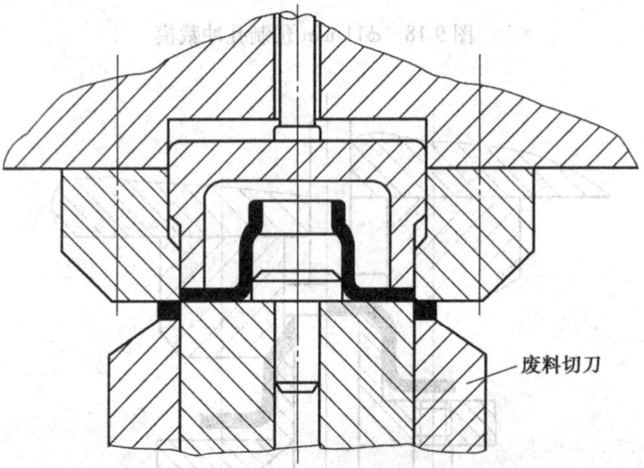

图 9.21　切边模

习题 9

1.如图 9.22 所示的铰支板,材料为 10 钢,厚度 1.2 mm,中等批量生产。试设计其冲压工艺与模具。

2.如图 9.23 所示的焊片,材料为硬黄铜,厚度 1.0 mm,生产批量 10 万件。试设计其冲压工艺与模具。

3.如图 9.24 所示的壳体,材料为 08 钢,厚度 1.5 mm,大批量生产。试设计其冲压工艺与模具。

4.如图 9.25 所示的齿盘,材料为 Q235 钢,厚度 1.0 mm,生产批量 15 万件。试设计其冲压工艺与模具。

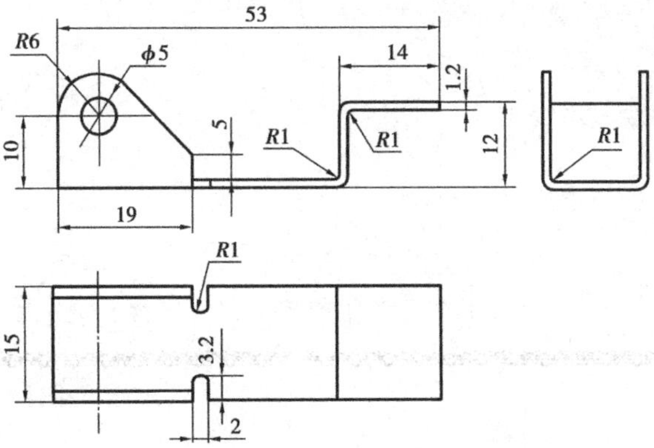

图 9.22　铰支板示意图

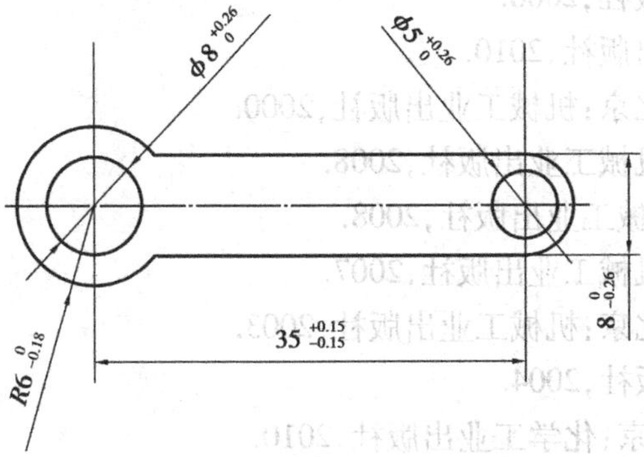

图 9.23　焊片示意图

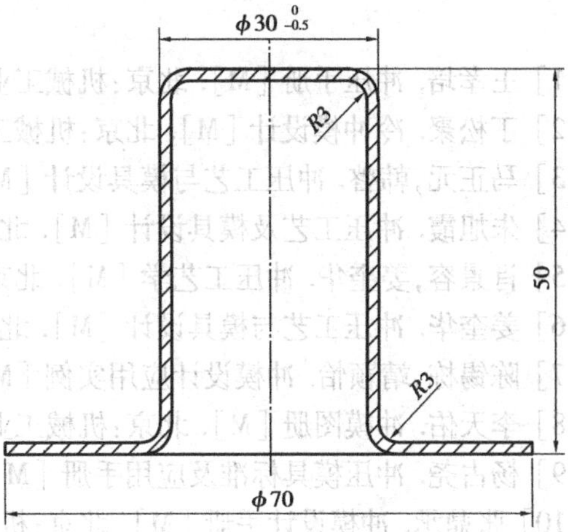

图 9.24　壳体示意图

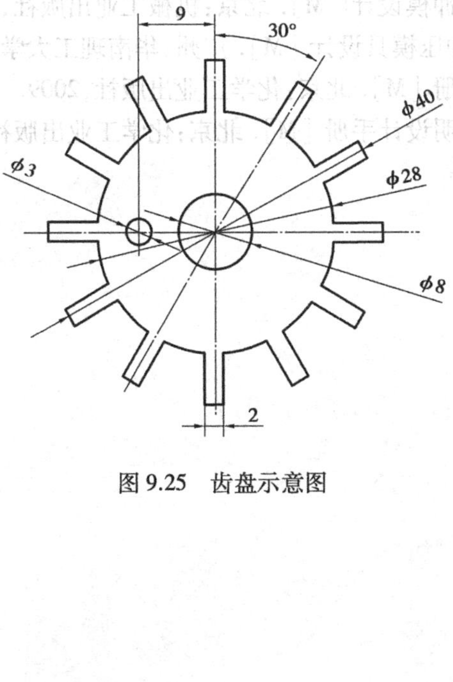

图 9.25　齿盘示意图

参考文献

[1] 王孝培. 冲压手册 [M]. 北京:机械工业出版社,2000.
[2] 丁松聚. 冷冲模设计 [M]. 北京:机械工业出版社,2010.
[3] 马正元,韩啓. 冲压工艺与模具设计 [M]. 北京:机械工业出版社,2000.
[4] 朱旭霞. 冲压工艺及模具设计 [M]. 北京:机械工业出版社,2008.
[5] 肖景容,姜奎华. 冲压工艺学 [M]. 北京:机械工业出版社,2008.
[6] 姜奎华. 冲压工艺与模具设计 [M]. 北京:机械工业出版社,2007.
[7] 陈锡栋,靖颖怡. 冲模设计应用实例 [M]. 北京:机械工业出版社,2003.
[8] 李天佑. 冲模图册 [M]. 北京:机械工业出版社,2004.
[9] 杨占尧. 冲压模具标准及应用手册 [M]. 北京:化学工业出版社,2010.
[10] 张鼎承. 冲模设计手册 [M]. 北京:机械工业出版社,2002.
[11] 刘心治. 冲压手册 [M]. 重庆:重庆大学出版社,1995.
[12] 翁其金. 冲压工艺与冲模设计[M]. 北京:机械工业出版社,2011.
[13] 江维健,林玉琼. 冷冲压模具设计 [M]. 广州:华南理工大学出版社,2005.
[14] 马朝兴. 冲压模具手册 [M]. 北京:化学工业出版社,2009.
[15] 郝滨海. 冲压模具简明设计手册 [M]. 北京:化学工业出版社,2004.